鄂尔多斯盆地油气勘探开发理论与技术丛书

苏里格致密砂岩气
储层定量表征

张　吉　余浩杰　马志欣　王文胜　著

石油工业出版社

内 容 提 要

本书依托苏里格气田密井网试验区丰富的动静态资料，重点论述苏里格气田储层构型分析、干扰试验、水平井定量解剖、古露头统计、现代河流沉积观察，定量表征了苏里格致密砂岩气藏储层，构建了苏里格气田河流相储层地质知识库，并提出“确定与随机相结合、分级相控、动态约束”的有效储层建模思路，建立了可靠的地质模型。

本书可供从事油气勘探开发的科研人员和大专院校相关专业师生参考阅读。

图书在版编目（CIP）数据

苏里格致密砂岩气储层定量表征 / 张吉等著 . —北京 ：石油工业出版社，2019.11

ISBN 978-7-5183-3652-4

Ⅰ . ①苏… Ⅱ . ①张… Ⅲ . ① 致密砂岩 – 砂岩油气藏 – 储集层 – 研究 – 内蒙古 Ⅳ . ① TE343

中国版本图书馆 CIP 数据核字（2019）第 217416 号

出版发行：石油工业出版社
（北京安定门外安华里 2 区 1 号　100011）
网　址：www. petropub. com
编辑部：（010）64253017　图书营销中心：（010）64523633
经　　销：全国新华书店
印　　刷：北京中石油彩色印刷有限责任公司

2019 年 11 月第 1 版　2019 年 11 月第 1 次印刷
787 × 1092 毫米　开本：1/16　印张：16.5
字数：420 千字

定价：150. 00 元
（如出现印装质量问题，我社图书营销中心负责调换）

序　一

随着国家和社会清洁绿色发展步伐加大，国民经济对低碳清洁能源的需求日益旺盛，天然气越来越受到社会的重视和青睐。长庆油田是中国石油重要的地区公司，是我国重要的油气生成基地，工作区域主要在鄂尔多斯盆地，位于中国中北部，同时地处我国陆上天然气管网中心，油气资源丰富，地理位置优越。长庆油田在20世纪末采取油气并举重大举措，揭开了大油气区崛起的帷幕；21世纪初攻克致密油气勘探开发关键技术，建成西部大庆，成为国内重要的油气生产基地和天然气枢纽中心，为保障国家能源安全做出突出贡献。

长庆油田在推进天然气业务快速发展过程中，创立了致密气成藏理论和缓坡型三角洲沉积理论，按照整体部署、分步实施的勘探开发思路，成功地发现了苏里格气田，这是21世纪初我国天然气勘探史上的最大发现。苏里格气田具有“低渗、低压、低丰度、强非均质”特征，与国外致密气相比，苏里格气田储层埋藏更深、厚度更薄、压力系数更低，储量品质更差，开发难度更大。因此，苏里格气田曾被形象地比喻为“烫手的山芋”。其主要原因就在于苏里格气田储层地质情况特别复杂，未能形成针对苏里格气田特殊地质条件的开发配套技术。正如世上不存在完全相同的两片树叶一样，不同地方的同类型油气藏，其储层特征虽然有共同性，但更有各自的独特性，这是由事物发展遵循规律的必然性和受偶然事件的随机性共同决定的。类似苏里格同类型低品位气藏在国内外并没有成功的开发经验和开发模式可以借鉴，一切都只能依靠自己。

要成功开发苏里格气田，最基础、最重要的一步就是正确认识苏里格气田。但是，清楚地认识苏里格气田复杂的储层地质特征并非易事。愈是艰难，愈是磨练和考验人的心志。为了揭开苏里格气田神秘复杂的面纱，锐意进取的长庆人在苏里格气田整体勘探、前期评价和规模效益开发中从未停下脚步，先后开辟了重大开发试验区、变井网试验区、密井网试验区和极限井网试验区，历经辫状河三角洲大面积成藏理论认识、富集区与井位优选、水平井提高单井产量、密井网提高采收率、大井组混合井网立体开发提高开发效益等多个重要技术攻关阶段。在每个技术攻关阶段，都打出一套地质与工程、地下与地面、降本与增效的组合拳。其中，地质综合研究中的储层精细描述始终坚持地震与地质结合、静态与动态结合、地质与工程结合、理论与实践结合的思路，紧扣阶段特点、阶段内容和阶段目标，由粗到细、由表及里，对苏里格气田储层的描述技术与方法逐渐成熟，对储层的认识也逐渐深入和清晰起来，这种正确而宝贵的认识有效指导了气田开发从初期直井到定向井，再到水平井的开发方式顺利转变。形成了目前“整体研究、集群化部署、大井组开发、差异化设计、多层系动用”的立体开发模式，单井产量、储量动用程度和气田采收率显著提升。正确的实践诞生正确的理论，正确的理论又指导正确的实践，这是理论与实践的辩证关系，二者相辅相成，有机融合，不可剥离。

苏里格气田于2001年发现，2007年开始规模开发，2013年建成年产230亿立方米生产能力的大气田。岁月如歌，苏里格气田勘探开发工作者在一个个时间节点，用一组组亮丽的数据铸就一座座丰碑，凝聚成“解放思想、锐意进取”的苏里格精神。凡为过往，皆为序章。当前，鄂尔多斯盆地油气资源储量品位劣质化日趋严峻。“雄关漫道真如铁，而今迈步从头越”。矢志不渝的长庆人秉持“爱国、创业、求实、奉献”的初心，牢记“奉献能源、创造和谐”的历史使命，迎难而上，擂响了“二次加快”发展的战鼓。在新时代的召唤下，油田更加迫切地需要发扬“大胆假设、小心求证”的科学态度和“攻坚啃硬、拼搏进取”的企业精神，不断突破油气开发领域新极限，努力开创油气资源持续增产的新篇章，为保障国家能源安全做出新贡献。我为此欣然作序，以示鼓励。

中国石油长庆油田分公司党委书记、总经理：付锁堂

2019年7月

序 二

天然气是重要的高效清洁能源，国际能源署将21世纪称为“天然气世纪”。目前，非常规天然气革命已使天然气在“煤、油、气”能源消费结构中三分天下有其一，而且天然气发展势头十分强劲，前景非常广阔。致密砂岩气就是一种重要的非常规天然气资源，鄂尔多斯盆地致密砂岩气资源丰富，主要赋存于陆相河流—三角洲储层中。其中，苏里格气田是我国最大的天然气田，也是致密砂岩气的典型代表。其储层为辫状河三角洲沉积，具有低渗、低压、低丰度和强非均质的不利地质条件，但气田又具有砂体复合连片、展布面积大、含气范围广、储量规模大的有利条件。

苏里格气田自2001年发现以来，经历了艰难曲折的评价与开发历程，可划分为前期评价、快速上产和持续稳产三个阶段。随着开发的深入和资料的丰富，基于储层构型层次分析理论，苏里格气田储层描述也历经“河道带预测—复合砂体刻画—单砂体解剖—砂体构型研究”四个阶段。其中，在苏里格气田单砂体解剖和储层构型研究阶段，苏里格气田开发地质科研工作者主要依托于气田密井网试验区丰富的动态、静态资料，从储层构型分析、干扰试验、水平井定量解剖、古露头统计、现代河流沉积观察，将今论古，类比论证，定量表征了致密砂岩气藏储层地质特征，构建了苏里格气田河流—三角洲储层地质知识库。基于储层地质知识库，提出了“确定与随机相结合、分级相控、动态约束”的有效储层建模思路，大幅提升了砂体规模、井间连通性与动态认识，建立了可靠的地质模型，为气田开展数值模拟和稳产技术研究奠定了坚实的基础。

人们常说抽丝剥茧，破茧成蝶。解剖苏里格气田的储层地质特征就是抽丝过程，开发进程虽然加快，但研究过程没有逾越；对应储层地质特征而采取的开发技术政策和开发技术手段就是剥茧方法，正确的方法最终实现了苏里格气田规模经济有效开发，化蛹成蝶。“不畏浮云遮望眼，自缘身在最高层”。只有过来人才能更清楚地认识走过的路，也才能更志向坚定、从容不迫地走脚下铺满荆棘的路。

本书的作者是苏里格气田评价、开发的研究者和实践者，具有较深厚的理论功底和强烈的求实创新精神。作者以开放的眼光把握国际储层地质精细描述的前沿与主流，及时消化与吸收，并转化应用于苏里格气田的科研生产实践中。作者在苏里格致密砂岩气田储层构型定量分析、储层地质知识库构建、三维地质建模等方面提出很多独特的见解和方法，效果显著，贡献突出。本书内容既能让读者更进一步深入认识苏里格气田致密砂岩气藏储层地质特征，又能让大家熟悉和掌握地下储层定量解剖的技术与方法。“非常之事，必待非常之人”。我期待广大科技工作者能立下非常之志，学会非常规思维，采用非常规方法，开发好非常规油气田。对此，我很乐意将此书推荐给大家，以飨读者。

中国科学院院士：[signature]

2019 年 7 月

前　言

鄂尔多斯盆地是上天恩赐的聚宝盆，苏里格气田是聚宝盆中一颗闪亮的明珠。但天地不仁，美好的东西不会让人唾手可得，苏里格气田这颗明珠也是“带刺的玫瑰”。气田自2001年发现，一路走来，历经波澜和挫折，经过长达6年的前期评价和持续攻关，长庆人最终揭开了苏里格气田的真面目：一个储量巨大、储层非均质性极强、典型的“三低”气田。与国外致密气相比，苏里格致密气储层更薄，仅为国外的1/10；压力系数更低，约为国外的2/3。同类型低品位气藏，国内外尚无成功开发的先例。采用常规方式开发，投资大、效益差，难以经济有效开发，必须走技术集成创新与低成本开发道路。这种正确的认识非常难得，也极为宝贵，打破了传统思维和固有观念。苏里格气田由此进入了开发的春天，开发建设如火如荼，开发技术日新月异，认识成果层出不穷。

本书是苏里格气田储层精细描述科研攻关和生产实践应用的总结，是苏里格气田储层精细描述技术与方法的提炼，是长庆油田从事苏里格气田开发地质广大科技人员劳动成果和辛勤智慧的共同结晶。成功的道路没有坦途，科学研究永无止境，苏里格气田储层精细描述与定量表征技术攻关也永远在路上。希望本书对国内类似河流—三角洲储层精细描述提供借鉴，尚未解决的技术难题得到更多专家学者的关注。在大家共同的努力下，深入推进我国致密砂岩气储层精细描述技术向纵深发展，从而进一步提升研究水平与认识成果。

本书第一章、第二章、第四章由张吉撰写，绪论、第三章由余浩杰撰写，第五章至第七章由马志欣撰写，第八章由王文胜撰写，全书由张吉统稿、审定完成。在本书写作过程中，得到中国石油长庆油田分公司各级领导和广大同仁的大力帮助和支持，得到中国石油勘探开发研究院贾爱林教授、何东博教授、冀光高级工程师、程立华高级工程师，中国石油大学（北京）吴胜和教授、尹志军教授，西南石油大学张烈辉教授、雷卞军教授，东北石油大学马世忠教授，西北大学任战利教授、李继红副教授，中国石油大学（华东）林承焰教授、孙致学副教授，重庆科技学院戚志林教授、李继强教授，长江大学罗顺社教授、单敬福副教授等国内相关院校、科研机构和石油工业出版社专家的帮助和指导，尤其得到中国石油长庆油田分公司付锁堂总经理和中国石油勘探开发研究院邹才能院士的审阅并作序，提出宝贵意见，甚为感动。在此一并表示衷心地感谢！

书成之年，恰逢伟大祖国 70 华诞，让人情不自禁地唱吟着《我和我的祖国》雄伟乐曲，故谨以此书作为平凡岗位上为伟大祖国的生日献礼。

由于著者理论与技术水平有限，书中内容难免存在缺点和不足，恳请读者批评指正。

目　录

1. 宽缓型辫状河三角洲沉积，砂体大面积展布

在主力储层盒 8 段沉积时期，沉积古地形平缓，主要为宽缓的辫状河三角洲沉积。沉积盆地北部物源供给充足，砂体延伸远，横向展布宽，砂体展布面积超过 $4 \times 10^4 km^2$，这是形成大型岩性气藏的沉积基础。储集砂体受高能河道的心滩和河道底部充填等沉积微相控制，垂向上多期叠置。

2. 有效储层规模小，连通性差

气田加密区块试验表明，储层河道横向迁移叠置非常频繁，虽然砂体侧向复合连片，但受河流相沉积间断面及成岩作用影响，有效砂体规模小、尖灭快、连通性差、分散孤立。从加密区块气藏剖面定量表征上看（图 3）：有效单砂体薄（厚 2～6m），规模小（宽 400～800m，长 600～1200m），同时含气砂体与砂岩并不对应，找到砂体并不一定就找到了有效储层。这也说明有效砂体预测困难，气田开发难度大。

由于河道砂体垂向多期叠置构成，虽然叠置砂体规模较大，但砂体内部结构复杂，隔夹层发育。苏里格气田主力层盒 8 段、山 1 段平均单井钻遇夹层 8 个，单个夹层厚 1～2m。

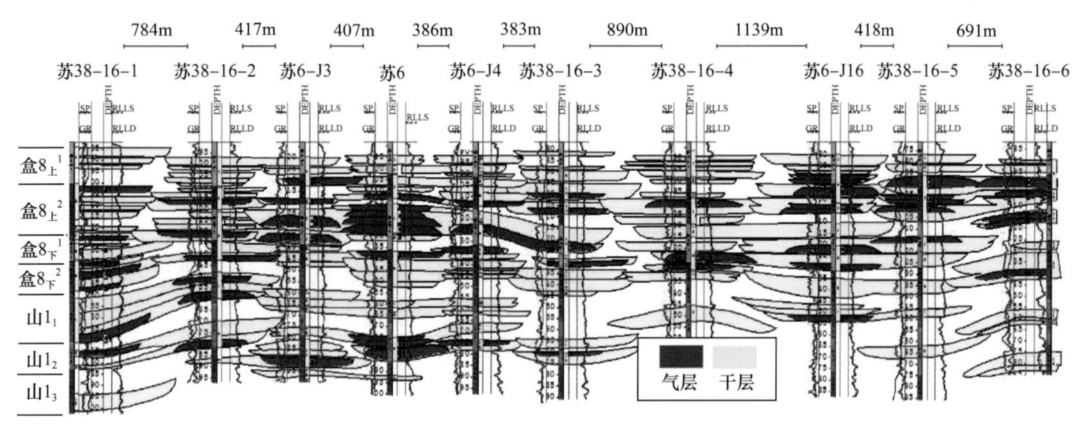

图 3　苏里格气田气藏剖面图

3. 储层致密，非均质性强

储层岩性以石英砂岩、岩屑石英砂岩为主。有效储层孔隙度分布主频为 6%～12%，平均为 8.9%，渗透率平均为 0.737mD。储集空间以溶孔、晶间孔为主，孔隙结构为低孔细喉型，填隙物以泥质、硅质和钙质为主。储层束缚水饱和度高，亲水性较强。

苏里格致密气地质条件复杂，与北美致密气相比（表 1），储层条件更差，主要表现在：埋藏深（2800～3700m），储层薄（3～15m），单井钻遇有效砂体平均厚度仅 9m，且横向连续性差；储量丰度低［（1.1～1.6）$\times 10^8 m^3/km^2$］，储量品质差；压力系数低（0.7～0.98），气藏能量小，开发难度大。

表 1　苏里格致密气与美国致密气地质条件对比表

对比特征		美国（16 个致密气藏）	鄂尔多斯盆地苏里格气田
地质特征	储层特征	（1）主力层埋深主要集中在 1500m～3000m； （2）孔隙度为 8%～14%，渗透率为 0.01～0.1mD，裂缝发育； （3）砂体厚 50～400m，气层厚 30～240m，平均为 150m	（1）埋深 2800～3700m； （2）孔隙度为 5%～14%，渗透率为 0.01～0.1mD，裂缝不发育； （3）砂体厚 40～60m，气层厚 3～15m，平均为 9m
	地层压力	压力系数 1.1～1.4，属常压—高压气藏	压力系数 0.7～0.98，属低压压气藏
	储量丰度	（1）皮申斯盆地 Rulison 气田，$45\times10^8m^3/km^2$； （2）大绿河盆地 jonah 气田，$41.3\times10^8m^3/km^2$； （3）美国圣胡安盆地致密气藏，（5～10）$\times10^8m^3/km^2$	（1.1～1.6）$\times10^8m^3/km^2$

二、气田开发简况

苏里格气田自 2001 年发现以来，经历了前期评价、快速上产和持续稳产三个阶段。

2001—2005 年为前期评价阶段。2001 年 5 口修正等时试井使人们初步认识到气田储层连通性差、非均质强的特点。为了沟通储层砂体和提高单井产能，2002 年部署并试验了 2 口水平井，但试验目的没有达到。2003 年，长庆油田积极开辟苏 6 开发试验区，部署加密评价井 12 口，开展二维和三维储层地震攻关试验。配套工艺也积极跟进，开展大型压裂 8 口，CO_2 压裂 8 口，欠平衡钻井试验 4 口，小井眼 6 口等。随着试验评价的深入，最终认识到苏里格气田是一个储量巨大、储层非均质性极强、大面积分布的“三低”（低渗、低压、低丰度）气田。采用常规方式开发，投资大、效益差，有效开发难度大，必须转变思路。由此制定了苏里格气田“依靠科技、创新机制、简化开采、低成本开发”的开发新思路。苏里格气田开发目标从追求单井“高产”调整为追求“整体有效”，并确定单井 $1\times10^4m^3/d$、稳产 3 年，单井综合成本控制在 800 万元以内的目标。

2006—2013 年为快速上产阶段。2006—2008 年长庆油田集成创新了十二项开发配套技术，实现Ⅰ类 +Ⅱ类井比例 80%、单井综合成本 800 万元以内的两大目标，保证气田经济有效开发。其中，2009—2013 年，紧抓稳定并提高单井产量“牛鼻子”工程，持续技术创新。开发井型由直井、丛式井转变为水平井；储层改造由直井多层到水平井多段、段内多缝、体积压裂；生产管理由人工巡护到数字化、智能化管理，气田开发水平和开发效益显著提升。2013 年底苏里格气田形成产能 $240\times10^8m^3/a$，提前两年实现“$230\times10^8m^3$ 规划”目标。

2014 年至今。长庆油田认真贯彻“有质量、有效益、可持续”的发展精神，落实“三个转变”，以提高储量动用程度、提高单井产量、提高采收率、降低成本、降低递减“三提两降”为核心，积极推进变井距密井网试验区试验，加大技术攻关，提出“整体研究，整体开发，整体动用”的开发新思路，并创建了直井、定向井和水平井三种井型“集群化部署、大井组开发、差异化设计、多层系动用”的立体开发模式，努力实现气田长期稳产目标。

截至2018年底，苏里格气田累计投产气井12998口，日均开井9142口，日均产气$7468.4\times10^4m^3$，平均单井日产量$0.82\times10^4m^3$，平均套压8.6MPa。自2013年底形成$230\times10^8m^3$规模以来，已连续稳产5年，历年累计产气量为$1946.8\times10^8m^3$（图4）。

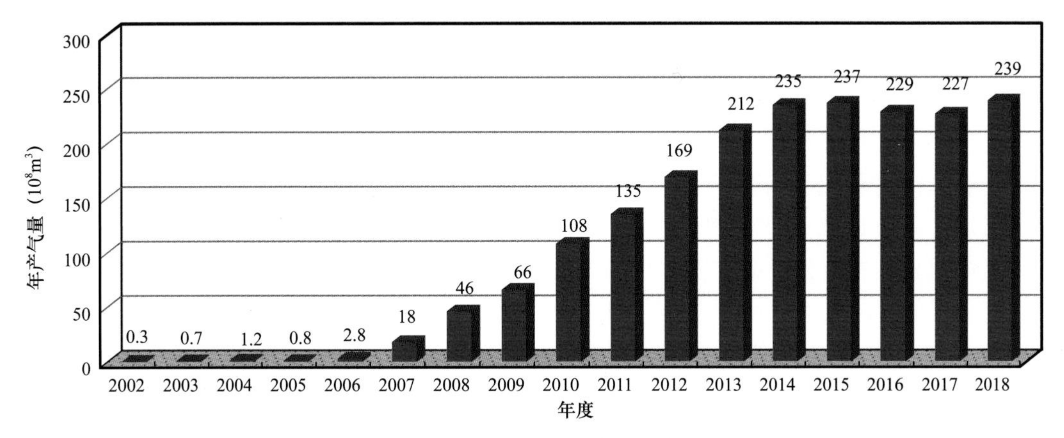

图4　苏里格气田年度产量生产图

三、气田成功开发的启示

1. 牢牢把握时代脉搏，积极响应国家号召，勇于承担历史使命

天然气是一种清洁环保高效的优质能源，国际能源署称21世纪是天然气世纪。早在20世纪初，美国开始了天然气商业规模开发，天然气产业由此诞生。1970年以后天然气产业大规模发展，20世纪90年代初期美国率先推出了天然气期货交易，而我国天然气发展还在起步发展阶段。20世纪90年代中后期，中国石油人开始了奋起直追，先后建设了陕京管线工程和西气东输工程。2004年京津地区罕见的冷冬又把中国石油推到了风口浪尖，如何保证京津及华北地区的安全稳定供气，成为大家的关注焦点。在中国石油的坚强领导下，长庆油田发挥勇于奉献的担当精神，迎难而上，坚持"创新驱动发展"，攻坚克难，努力把苏里格气田巨大的储量优势转化为产量优势，满足国家和社会对天然气清洁能源的需求。

当前，在世界能源结构中，尤其在欧美发达国家，天然气占比接近三分之一，且天然气消费增幅领跑其他能源。而我国天然气在能源消费结构中比重仍很低，仅占8%左右。社会的发展和国家的需要是时代赋予的历史责任。中国石油正大力实施天然气发展战略，用实际行动承载企业的责任和国家的担当，我国天然气开发正方兴未艾，必将大器晚成。

2. 以解放思想、实是求是的科学态度，坚持不懈地攻关评价，精诚所至揭开了大气田神秘的面纱

2000年，苏里格气田一批探井获得中—高产气流，当时普遍认为苏里格是一个储层连通性好的优质高产气田。但是，2001年动态评价显示气田单井控制储量小、非均质强、连通性差。2002年开展水平井开发与大规模压裂试验，目的是沟通含气砂体、提高单井产量，但试验目标未能达到。2003—2005年，开辟了苏6开发试验区，部署了加密解剖井，开展了大量的地质与工程试验与攻关。对气田的反复探索既让长庆人困惑，又激发了

奋斗激情。长庆人始终坚持解放思想，辩证地分析苏里格气田优劣，抓住富集区的主控因素，以实事求是的科学态度，持之以恒地开展针对性攻关，最终认清了气田本质。苏里格气田具有以下五点基本特征：（1）储量落实可靠；（2）砂体多期叠置并复合连片；（3）有效砂体规模小，连通性差，非均质强；（4）储层大面积含气，局部相对富集；（5）典型的"低渗、低压、低丰度"致密岩性气藏。这些认识十分宝贵，有效指导了气田开发思路从追求单井"高产"到"整体有效"的重大转变，并激发了管理与技术创新活力，坚定了致密气能够建成大气田的信心。

发现和开发苏里格气田，自始至终都体现了辩证唯物主义的矛盾论、认识论和实践论。鄂尔多斯盆地属于克拉通盆地，整体上构造虽然简单，但针对数万平方千米的大气田，地质情况仍然十分复杂，稳定与变化、富集与贫乏、高产与低产必然共存。几口井甚至几十口井不足以认清气田的全貌。当开发凯歌高奏的时候，应保持审慎态度；当开发遭遇挫折低估徘徊的时候，更需要增强信心，创新思路。

3. 强化管理创新，发挥中国石油整体优势和市场配置资源作用，集中力量办成大事

2004年6月，中国石油天然气集团公司召开了苏里格气田专题研讨会，会议形成了"坚定信心，面对现实，依靠科技，创新机制，简易开采，低成本开发苏里格气田"的共识。2005年1月，中国石油天然气集团公司作出了"引入市场竞争机制、加快苏里格气田开发步伐"的决定。2005年6月，长庆油田公司召开苏里格气田开发技术交流会，邀请中国石油天然气集团公司内部未上市企业合作开发苏里格气田。同年底，长庆油田引入中国石油旗下五个单位，合作开发苏里格气田的7个区块，建立战略合作伙伴关系。通过合作开发，创新了"5+1""六统一、三共享、一集中"合作开发模式，形成了苏里格气田"技术集成化、建设标准化、管理数字化、服务市场化"的开发方略。同时加强合作，引入社会化队伍，着力构建多个主体共同参与、平等竞争的市场格局。不仅调动了百余部钻机、上万人的力量会战苏里格气田，而且保证了气田建设市场的秩序和效率。在当时就创造了一个月建成一座集气站，一年建成一座大型天然气处理厂的"苏里格速度"。集中力量干大事就是需要强有力组织和有效的管理模式，发挥市场的调配作用，汇聚强大的社会力量，实现宏伟目标。

4. 集成技术创新，技术突破保证了气田的规模经济有效开发

针对苏里格气田"单井产量低、开发效益差"的技术难题，在苏里格气田规模建产阶段，集成创新"井位优选、快速钻井、储层改造、丛式井水平井、井下节流、井间串接、数字化管理"等十二项开发配套技术，突破了制约苏里格气田经济有效开发的技术瓶颈。长庆油田紧密依托技术集成，大力开展提速提质、提产提效工程，开发效益大幅提升。

例如，井位优选中的全数字地震预测技术实现储层预测从"模拟到数字，叠后到叠前，二维到三维，砂层到气层"的四大转变，利用叠前AVO属性分析、弹性阻抗反演和弹性参数反演预测含气砂体。快速钻井中的丛式井钻完井技术通过平台井数、井身剖面、钻具组合、PDC钻头设计等关键技术参数优化，钻井周期不断缩短，直井控制在20天，水平井控制在60天以内。水平井开发技术形成了适合苏里格气田的整体部署、评价部署和加密部署的三种布井模式、"六图一表"的水平井设计标准和"两阶段、三结合、四分

析，五调整”的水平井随钻地质导向技术。形成了不动管柱水力喷射和裸眼封隔器两项水平井多段压裂技术，单井产量大幅提高，是直井的3～5倍。直井多层压裂技术实现了一趟管柱由分压3层到7层的突破。井下节流技术研制了适合水平井、定向井、直井的两种系列四种规格十二种产品，井筒及地面水合物堵塞问题迎刃而解，创新形成了苏里格气田的中—低压集气模式，有效防止了井筒及地面管线水合物堵塞。数字化技术形成了气井“自动采集、智能监控、远程操作”的生产管理、集气站“智能安防无人值守、远程实时监控、安全紧急截断”的运行管理和气藏管理决策系统“产能建设、生产管理、水平井监控与导向”一体化协作工作平台。数字化技术减少生产定员50%以上，减少集气站面积20%。

在苏里格气田开发的每一个进程中，都凝聚着广大科技人员的心血。科学的道路没有终点，技术创新永无止境。目前，水平井固井桥塞提高单井产量、密井网提高采收率、“集群化部署、大井组开发、差异化设计、多层系动用”立体开发提高开发效益等多个新技术把苏里格气田开发水平提高到一个新阶段。

5. 坚持低成本战略，促进气田经济效益开发，将低品位资源最终转化为福泽万家的天然气产量

管理创新与技术创新为低成本开发注入了活力，带来了保障。长庆油田始终坚决贯彻“一切成本皆可控制”的理念，坚持与国内外、行业内外的对标管理，定措施、补短板、强弱项。根据苏里格气田的实际开发情况和技术发展水平，在遵守国家法律法规的前提下，构建成本预算与实施效益倒逼机制，明确降本增效目标。PDC钻头应用提高了机械钻速，钻井周期缩短了1/2以上；中—低压集气模式使地面投资降低了约1/2。通过技术进步和降低成本，实现单井（直井）综合投资控制在800万元以内的目标，与评价初期相比降低了1/3，实现了经济有效开发。水平井产量保持在直井3倍以上，但成本始终控制在直井3倍以内，确保水平井规模开发与应用，实现气田开发方式的转变，进一步提升气田开发水平和开发效益。低成本开发战略不仅推动了苏里格致密砂岩气的成功开发，而且带动了鄂尔多斯盆地内其他低品位致密砂岩气储量的规模效益开发。

第一章　储层精细描述的内容、技术及方法

第一节　储层精细描述阶段与描述内容

20世纪80年代末以来，精细油藏描述研究成为全球油田开发领域中的一个关键问题。自油藏地质师和工程师们集中地质、地球物理和油藏工程等多学科多专业联合攻关以来，精细描述取得重大进展。“精”就是要定量化和提高精确度；“细”是描述的内容和尺寸越来越细，也就是分辨率要求越来越高。在西方国家，油藏表征（reservoir characterization）逐渐代替“油藏描述”（reservoir description），其内涵就是油藏描述由定性向定量、由宏观向微观、由静态向动态、由单一学科向多学科综合发展的历程。随着天然气产业的快速发展，气藏描述（表征）的重要性也越加凸显。油气藏表征最重要、最核心的内容就是储层表征。

储层表征是指定量确定储层的性质、识别地质信息及空间变化的过程。这里所指的地质信息（geological information），应包含两个方面的内容：（1）储层的几何特性（geometry），即储层在空间上的外观形体特征——三维空间上砂体的变化特征、延伸范围或叠置关系，故也称构型（architecture），在进行储层建模过程中多是指其各向异性（anisotropy）；（2）储层的物理特性（property），主要是指某一储层内部物理特征的不均匀性——非均质性（heterogeneity）。前者的核心主要是研究储层沉积微相及空间展布，后者则重点分析其内部物性，尤其是储层内部、层间及平面上孔隙度、渗透率和饱和度的分布特点。而控制和影响储层这两大特性的关键，首先是制约其形成的沉积作用，其次是成岩作用，即沉积格局或沉积作用的多样性与成岩作用的复杂性。

精细油藏描述的主要任务在于：研究微构造、沉积微相、流动单元划分与对比、层内及微观非均质性、水驱后储层结构的变化、水淹层及低阻层，结合油藏工程的生产动态分析和油藏数值模拟历史拟合量化剩余油空间分布，建立油藏预测地质模型，为油田开发综合调整，增加可采储量，进一步提高采收率提供地质依据。精细气藏描述的主要任务与精细油藏描述类似，但是没有水驱后储层结构的变化与水淹层解释，但最终目的都是精细解剖储层地质特征，为制定合理的油气田开发技术政策和稳产技术对策服务，提高单井产量、储量动用程度和油气采收率。

而实现高精度储层预测、定量刻画储层内部结构才是精细储层描述的核心，其含义体现在四个方面：定量化、精细化、可视化和综合一体化。在新技术和新方法的推动下，精细油藏描述研究开始了由定性到定量、由宏观向微观、由单一学科向多学科综合发展的历程。勘探开发不同阶段，由于资料、目的、任务、内容、手段等不同，储层描述可以划分为不同的阶段。

一、勘探阶段

勘探阶段的储层描述，主要任务是明确储层的基本框架，包括构造、储层地质参数等基本信息，确定主力储层的基本情况，确认油气藏类型及分布，即在此阶段，储层描述是为油气田开发做好可行性评价，为制订开发计划提供资料。勘探阶段是油气田开发的基础阶段，所要收集的主要资料有：

（1）区域地层、构造特征，区域沉积背景，油气生成、油气运移和形成条件。

（2）岩心、岩屑、气测、泥浆等录井资料。

（3）岩石物理分析、岩石学分析、岩石力学分析和岩石化学性质分析。

（4）地球物理资料。

主要描述的内容有：

（1）圈闭描述。层位标定、编制油组（或油气层）顶面圈闭形态图、圈闭特征描述与圈闭发育史、圈闭构造发育史、圈闭对油气的控制作用。对于隐蔽性油气藏圈闭描述就比较少。

（2）储层、盖层描述。储层成岩作用研究、储层储集特征研究、测井储层解释、地震储层横向预测、储层综合评价、盖层描述与评价。

（3）沉积相研究。主要确定目标区目的层段的沉积体系及沉积相的时空展布。层序划分与对比、单井相研究（岩心相分析、测井相分析和单井划相）、地震相分析、沉积相综合研究、沉积相对储层、盖层发育的控制（沉积相与储层岩性、储集物性、盖层岩性发育和分布的控制规律）。

（4）油气藏特征描述。油气解释及油气水系统划分（层间和井间对比分析，确定流体性质和变化规律）、类型（油气类型和油气分布规律）、含油气边界的确定、油气水性质及其分布、油气层压力和温度特征（油气层温度、地温梯度及变化特征）、油气井产能（日产量、采油强度和采油指数）。

（5）油气藏地质模型和油气藏综合评价。油气储量计算（控制储量、探明储量和预测可采储量）、油气藏地质模型、综合评价（油气富集高产部位和分布情况）、经济评价和开发可行性评价（油气储量丰度、经济效益和可行性研究）。

二、开发早期阶段

开发早期阶段包括前期评价、开辟重大试验和试生产阶段，储层描述主要任务是对小层进行精细划分与对比，研究小层沉积微相、岩石物理相、储层特征及非均质性、储层渗流特征，建立油气藏地质模型，计算技术经济可采储量，编制油气田开发方案。

该阶段收集的主要资料有：（1）物性、粒度、压汞、薄片分析（铸体、图像分析等）、CT 扫描、黏土矿物分析、岩性实验、敏感性分析、润湿性实验、流体测验等。（2）岩性、岩相识别、粒度中值、泥质含量、孔隙度、渗透率、含油饱和度、含水饱和度、油层有效厚度、孔喉结构（孔隙、喉道、骨架）、油气水综合辨别模式。（3）地层测试、钻杆测试、试井、完井、试油、试气、生产数据测试、剖面对比。（4）二维和三维地震资料。

主要描述的内容有：（1）油气层精细划分与对比。（2）研究小层沉积微相、岩石相。描述砂体几何形态、各向连续性、连通性，建立小层沉积模型。（3）关键井研究及多井评价。分层、分块、分相带建立测井综合解释模型。在油气田测井资料和试井资料的基础上，建立试井模型和确定地下油气 p、V、T 参数。（4）渗流地质特征研究。渗流屏障特征、渗流差异特征、储层敏感性特征及孔隙渗流地质特征（孔隙几何特征、孔隙骨架特征、孔隙网络几何特征、孔隙内黏土矿物特征和孔壁黏性特征）。（5）流体非均质性研究。（6）建立油气藏静态地质模型。（7）目前技术经济条件下可动用地质储量和可采储量计算。

三、开发中后期阶段

开发中后期阶段以剩余油气分布研究为核心，研究油气藏的各种参数和油气藏的井间储层展布。油藏着重研究注入水驱动过程中，储层和流体的性质变化特征，并根据水驱动用程度、控制程度，剩余油分布规律和形成机理建立剩余油分布模型，为下一步的三次采油或调整挖潜措施提供地质依据。气藏着重研究井网完善程度、老井与替补层挖潜潜力等。

该阶段收集的主要资料有：岩心资料（岩石学分析、储层敏感性分析、水驱油实验、微观水驱油模拟实验、岩心长期水驱实验）、测井资料（水淹层测井资料及开发井网原始测井资料）、地层测试和试井资料（井间连通性、宏观参数、裂缝分布、渗流屏障、水淹层）、产水和吸水剖面（注入水体积、注水强度、吸水强度、注采比）、开发动态资料（生产不同时期的油气水产量、性质、温度、压力变化等）。

主要描述的内容有：（1）井间储层表征及精细储层地质模型所有静态、动态地质资料，开发井网、井间砂体规模、连续性、连通性、各种界面特征和砂体内渗透性、非均质分布特征。（2）开发过程中，储层性质和动态变化特征。（3）开发过程中，流体性质和动态变化特征。（4）剩余油气分布特征。

储层描述的内容要求由于每个阶段占有的基础资料不同，所要解决的问题不同，因而储层描述的重点内容和精度也有所差别，这要根据油气田实际情况和资料情况具体确定。在参考、总结了国内外储层描述基础上，结合我国储层描述的发展趋势，在这里归纳出每个阶段储层描述的主要内容和精度要求（表 1–1，表 1–2）。

表 1–2 同时对比列出了油藏三类或三大阶段储层描述的研究重点和精度要求，可以看出精细储层描述的重点和精度与另两个阶段储层描述的区别与联系，可供气藏描述参考。

表 1–1　不同阶段储层描述的主要任务、技术和方法（据夏朝晖等，2000，修改）

油藏描述阶段		阶段研究的主要任务和内容	储层描述的主要任务和内容	主要技术和方法	储层描述阶段
勘探	评价	计算油藏的探明地质储量和预测可采储量，编制可行性开发方案	油藏的主要构造、储层特点和宏观的油气水系统及油藏类型；建立初步的油藏概念模型	地震构造储层分析、层序划分与对比、随机建模技术	早期
开发	设计	编制油藏、钻井、采油和地面建设的总体设计	进一步落实可采储量、构造、储层及油气水分布，完善油藏地质概念模型	精细地震构造解释，沉积微相研究和概念模型建立技术	

续表

油藏描述阶段		阶段研究的主要任务和内容	储层描述的主要任务和内容	主要技术和方法	储层描述阶段
开发	方案实施和管理	制定射孔方案和初期配产配注方案，提出调整意见，进行动态监测，实施各种增产增注措施	编制大比例尺构造图、分层油气水分布图，全油田小层对比统层、沉积微相研究，建立储层数据库和静态模型	小层划分对比统层技术、以钻井资料为主的构造编图技术、储层综合评价和预测技术，动态监测、跟踪模拟技术，静态地质模型建立技术	中期
		分析储量动用、能量保持和利用的现状和潜力，编制综合调整方案	综合静动态资料，完善和精细化储层静态模型，并逐步向预测模型发展		
	提高采收率	搞清油田的剩余油分布特征及其控制因素，开展各种改善水驱提高采收率的工作及三次采油试验和工业化推广	微构造和微相研究，流动单元划分与对比，分隔体和隔夹层预测，注水开发过程中储层物性和油气水动态变化规律研究，建立储层预测模型	层次界面和流动单元研究技术，精细随机建模技术，开发地震新技术，动态集成化预测油藏模型建立技术	精细

表 1-2　不同阶段油藏描述的研究重点和精度要求（据夏朝晖等，2000，修改）

储层描述阶段		研究重点和精度要求							
		主要资料	地层	沉积相	储层非均质级别	含水	构造研究精度	地质模型类型	地质模型网络精度
早期	评价	以二维地震为主，少量探井、评价井	含油层系、油层组、砂层组	沉积体系、沉积相、沉积亚相	油藏规模层系规模	无水	顶面或标准层1∶2.5万构造图，三级以上断层	概念地质模型	视地震和钻井资料多少而定
	设计	有开发资料井，可能有先导试验区或三维资料	砂层组、小层	沉积亚相、微相	主力油层规模（平面层间）		顶面或标准层1∶1.0万构造图，准确确定四级以上断层		三维网格200m
中期	实施	开发井网的大量测井资料、三维地震资料及处理结果	小层	微相	小层规模	中低含水（<80%）	各油层1∶1万构造图，构造幅度≥10m，构造面积≥0.3km^2；断层>5m，长度≥300m	静态地质模型	三维网格200m
	调整	分层测试试井生产动态资料	小层	微相	单层规模				
精细	提高采收率	更丰富的井网和动静态资料，加密井、检查井等资料	流动单元	成因单元岩石相	单砂体规模（重点）、层内规模（重点）、层理规模、孔隙规模	高含水（>80%）	提供单层顶底面构造图、构造幅度≤5m，构造面积<0.1km^2；断层断距≤5m，长度<100m	预测地质模型	三维网格100m

第二节　储层精细描述的技术方法

储层精细描述的核心是实现高精度储层描述与预测、定量刻画储层内幕储层结构与流体分布。因此，在综合运用储层描述最新技术的基础上，以揭示储层特征为核心，综合运用多种技术手段，遵循从宏观到微观、从整体到局部的研究思想，分层次、按步骤地逐级解剖、认识储层，其基本流程如下（图 1–1）。

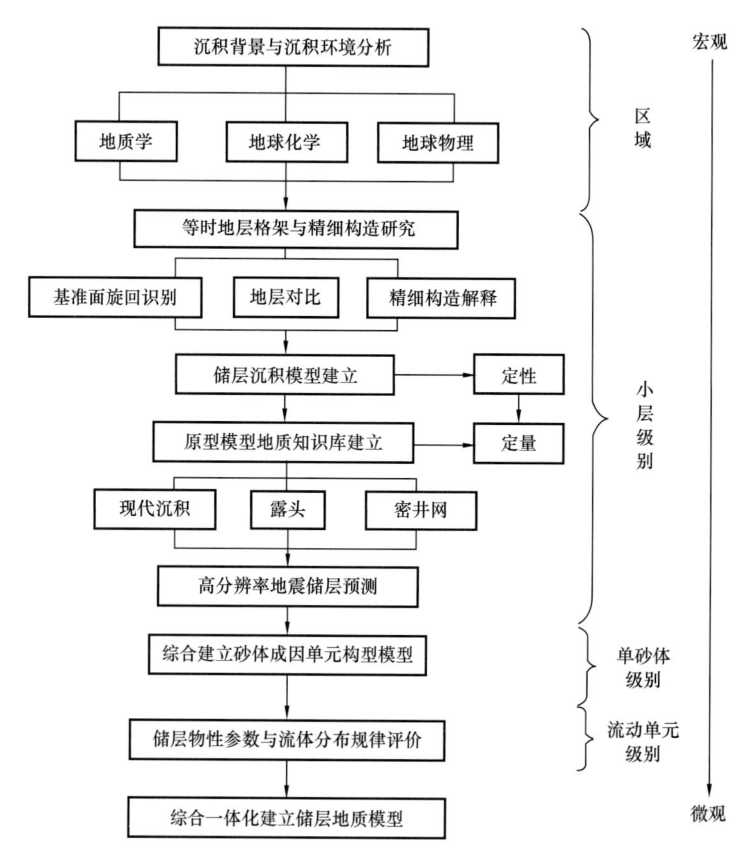

图 1–1　储层精细描述基本流程

储层描述的技术方法繁多，从学科角度分析可概括为四个方面；地质综合分析技术、储层地震预测技术、测井综合解释技术、地质建模与数值模拟技术。

一、地质综合分析技术

1. 高分辨率层序地层学分析技术

应用高分辨率层序地层学进行河流相高精度小层划分，对于指导河道砂体的精细划分对比有重要意义。开发阶段应用高分辨率层序地层学进行河流相高精度小层划分时，应该考虑以下几个问题，包括河流相地层各类自旋回沉积、沉积间歇面的作用、河型和砂体叠置样式的变化以及基准面旋回级次的划分。宏观上要综合分析河流相模式的特点并对成因做出合理解释，微观上要充分利用河流相岩相、相序的组合特征，结合各种关键面的约束控制、油气水界面在小层内部空间的分布位置以及河道的切割充填作用，进行精细河流相小层划分。

2. 精细沉积微相研究技术

在目前阶段，以常规沉积微相分析技术为依托，结合录井相、测井相和地震相的沉积微相分析方法已经得到广泛的应用。从纵向研究精度来看，开展以砂组或单砂层为单元的沉积微相分析是勘探或开发的最小地层单元。近年来，已由各种统计识别方法将人工定性划分沉积相的方法发展成以计算机为工具的定量化方法。但由于统计识别方法自身的局限性，沉积相定量化识别方法正处在逐步形成的过程中，神经网络技术的引入又为沉积相识别增加了一条有利途径。沉积微相研究流程如下：首先通过系统取心资料分别建立各油气层组的单井相模式，然后建立测井相模式图版。利用测井相模式和单井相模式，并结合相分布位置和所有井点测井曲线形态的组合特征进行综合分析，划分出沉积微相（图 1–2）。

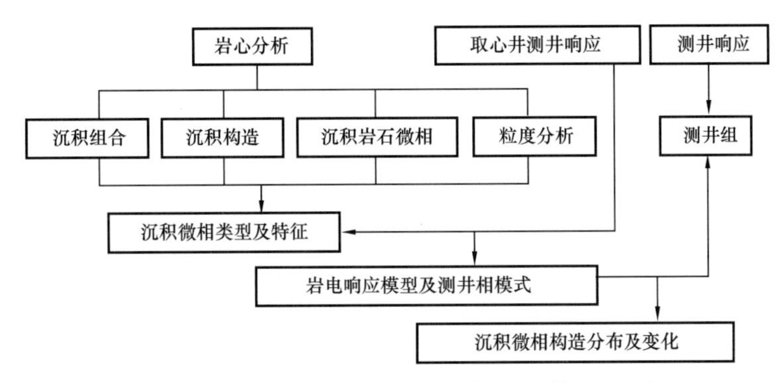

图 1–2　沉积微相研究流程图（据王君等，2006）

3. 储层原型模型构建技术

对于储层原型模型地质知识库的研究，国内外都有非常典型的实例。国外实例当首推 BP 石油公司投资研究的 Gypsy 剖面，该项研究大大丰富了河流相原型模型地质知识库。在国内，针对山西大同与河北滦平两个露头，不但进行了详细的描述、测量、取样等工作，而且进行了钻井和测井资料录取分析，全面详细地解剖了滦平扇三角洲沉积和大同辫状河沉积的内部结构特征和变化规律，建立了两类露头储层原型模型地质知识库。另外还与随机建模技术结合，概括和总结出了两类砂体的预测方法。

原型模型地质知识库的建立方法包括露头精细解剖、密井网解剖、现代沉积和模拟试验研究，这几种方法结合运用、取长补短、相互印证是最理想的方式。

4. 储层构型分析技术

开展储层构型研究工作，需要的资料多种多样，主要包括野外露头、测井、地震、钻井取心、分析测试和生产动态等。对于油气田构型解剖的实践，测井资料和地震资料是最直接的资料基础。特别是地震资料，对于大型构型界面以及不同级次界面所限定的构型单元的刻画，都起着十分重要的作用。Brett T. McLaurin 等主要基于野外露头资料，对美国犹他州书崖地区下 Castlegate 组变形的薄层河流沉积砂岩构型及其成因进行了研究，研究中对河流沉积体系的规模进行了定量统计。HR Jo 等人从沉积角度对韩国东南部 Kyongsang 盆地西北部白垩纪冲积层序构型进行了分析，其中主要针对厚砂岩、薄砂岩和泥岩三种组分。

目前储层构型研究中仍存在一些问题，但生产技术的不断进步与各种新资料的加入使得构型的研究更加精细化和准确化，储层构型研究逐渐由定性和半定量化向定量化方向发展。

5. 储层流动单元的空间结构研究技术

流动单元的提出将结构单元划分出的静态地质体与在其内注采过程中的油气水运动规律相结合，使储层研究定量化和精细化。通过对储层流动单元的划分和研究，深化储层认识，搞清剩余油气分布，为制定挖潜方案奠定基础（图 1-3）。

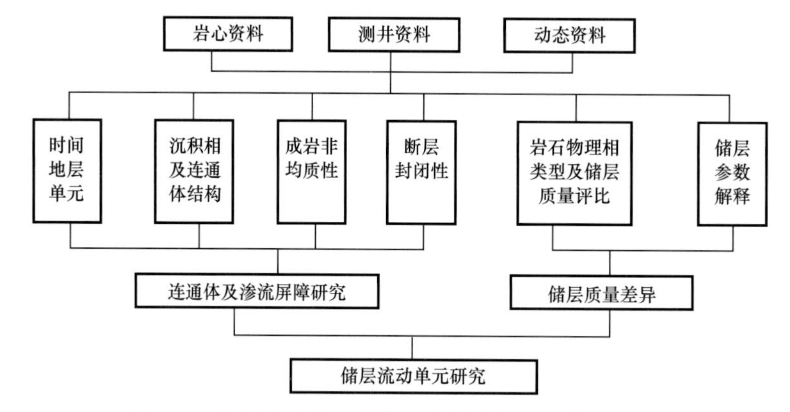

图 1-3　储层流动单元研究流程图（据王君等，2006）

在河流体系中流体流动单元是以遮挡层为边界而划分的孤立或半连通砂体的空间（图 1-4）。

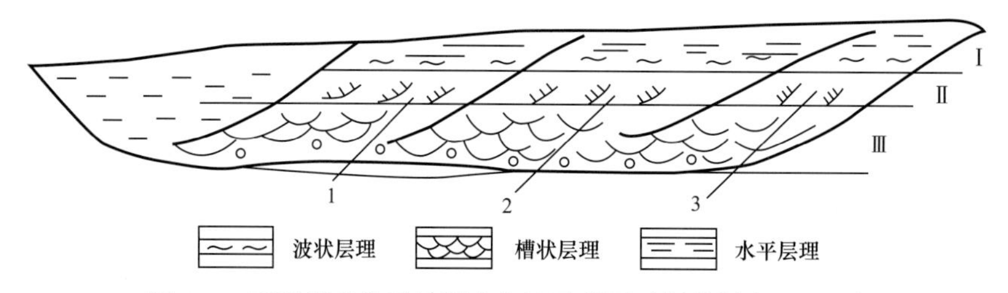

图 1-4　两种流动单元的划分方法示意图（据曹树春，2001）

Ⅰ，Ⅱ，Ⅲ—根据沉积岩相划分的流动单元；1，2，3—根据地质露头研究成果划分的流动单元

二、储层地震预测技术

在储层精细描述方面，除了地质认识和建模方法的迅速发展外，最大的发展可能在地球物理技术，尤其是地震技术。地震技术不但能够解决构造精细研究问题，而且在解决层序、储集体识别、储层及其参数求取、剩余油分布、油气藏动态监测等方面发挥着越来越重要的作用。

以地震资料为基础，通过一系列的地震处理方法从地震资料中提取能够反映地质体岩性、物性、流体性质、沉积地貌形态和沉积体内部结构等信息，以地质模式为约束条件在地质思维的指导下研究沉积体岩性、地貌、内部沉积结构和盆地沉积史。目前采用的研究技术主要包括以下六项：地震反射构型分析、地震参数属性分析、地震反演、90° 相位转换岩性标定、地层切片和分频解释。

近年来，可视化与全三维地震精细解释技术的发展为储层进行描述提供了新手段。可视化是用于显示描述和理解地下和地面诸多现象的一种特殊工具。对三维地震解释来说，可视化的最大优点是用原始的三维数据体直接进行观察、推测，因此可以直接看到构造形态、断层分布、沉积物的分布和河流的形态等（图 1–5）。全三维可视化解释技术是一项全新的地震解释技术，它能够快速地显示地质体的整体形态特征和内部结构变化特征，充分发挥三维数据体的作用，综合利用地质、测井等多学科资料，从多角度、多个面、多类型、多渠道在三维空间对地震波的振幅、频率、相位、空间信息进行全三维解释，直观地将地下地质体的面貌清楚地呈现在解释人员面前，有效地指导油气勘探和开发。

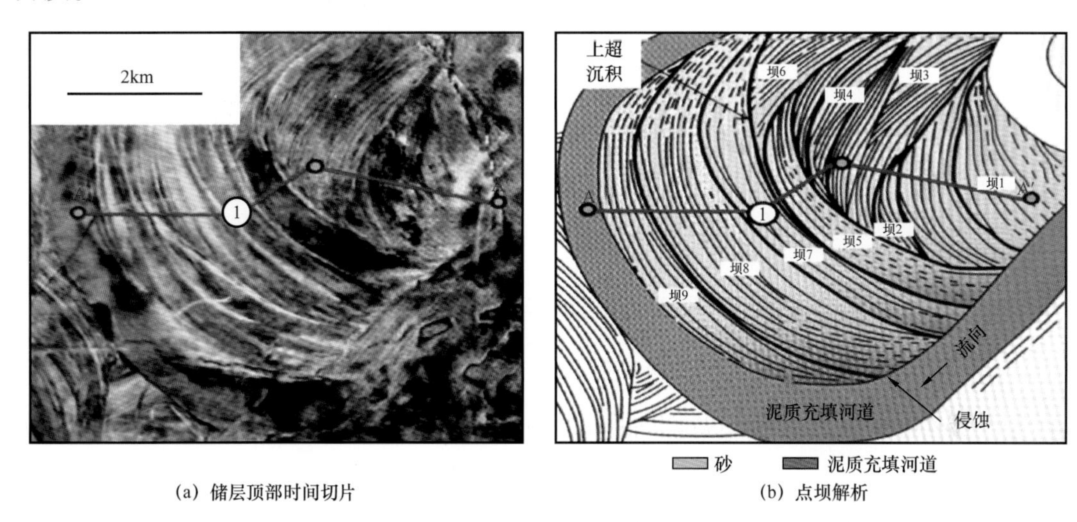

(a) 储层顶部时间切片　　(b) 点坝解析

图 1–5　Athabasca 油砂组点坝砂体三维储层地震预测与解释模型

三、测井综合解释技术

测井技术历来被认为是油气田地下储层的“眼睛”，是油气田开发过程中最重要的技术手段之一。目前，传统的测井技术手段仍是储层描述的主要工具。对于一般的砂泥岩地层，测井主要解决问题有：储层、有效层和隔夹层的划分；储层内流体性质和类型划分，即油、气、水层识别；储层参数解释，包括孔隙度、渗透率和油气水饱和度。一般来说，对于常规油气藏而言，只要根据四性关系正确的、合乎本油气藏特点的解释图版，测井手段解释的储层参数，其精度已可以满足勘探开发实际生产需要。

但随着勘探开发逐渐转向非常规油气藏，传统的原始分辨率较低的测井技术和测量方法已经难以满足目前复杂油气储层识别的需求。就当代的储层勘测而言，需要的是高分辨率深层探测和高测量精准度的油气测井仪器。只有在高精度的测井技术协助之下，才能对储层精细描述做出最准确的刻画。成像测井、核磁共振测井、随钻测井等新技术的出现，为储层裂缝识别、多重孔隙介质和复杂流体关系的解释提供了有力利器。

四、地质建模与数值模拟技术

1. 地质建模技术

油气藏地质模型是油气藏描述综合研究的最终成果。油气地质储层建模处于蓬勃发展的时期，储层建模技术已成为油气藏描述研究的核心技术之一。近年来，国外一些石油公司、大学院校的科研机构都致力于这方面的研究工作，理论研究的同时，许多地质模拟软件也随之出现。例如，美国 Schlumberger 公司的 Petrel 建模软件，美国 Stanford 大学的 GSLIB（Geostatistical Software Library and User's Guide），挪威 Smedvig Technologies 公司的 RMS/STORM（Reservior Modeling System/Stochastic Reservoir Modeling），法国 HERISIM 集团的 HERISIM 3D 软件包，Paradigm 公司的 GOCAD（Geological Object Aided Design）等。

一般来说，油气藏地质建模主要有两种方法。一是确定性建模，由于地下储层的不确定性和随机性，应用确定性建模方法得出的唯一结果为决策带来一定风险。二是随机建模，这是近 20 年发展起来的一门新型技术，主要是运用露头、测井、地震以及其他地球物理资料等对井间的储层发育情况进行预测。随机模拟已经成为油气藏描述的一种重要手段，其结果可以反映储层的非均质性和不确定性，因此，必将在今后的油气藏描述中得越来越广泛的应用。随着计算机计算能力的提高以及新理论、新方法的引入，随机模拟技术将在各个邻域显示其广阔的应用前景。

在油气藏开发阶段，储层地质建模研究主要倾向于利用地质、地震、测井和动态信息进行多学科协同一体化建模，更科学合理地描述和预测地下地质目标体。

2. 数值模拟技术

河流数值模拟实质上是采用数值近似计算方法来模拟研究河段的水流现象和动力学地貌演变过程。河流数值模拟以河流动力学、河床演变学、流体力学、紊流力学等学科为基础，融入了数值计算技术和技巧（程序设计及可视化），涉及面广，是一门具有广阔前景的应用性学科。

储层精细描述研究的最终目的是准确表征储层的内部结构，预测剩余油气分布。因此剩余油气的准确预测也就成为储层研究十分重要的环节。Gouw M. J. P. 对河流—三角洲沉积地层的冲积构型进行了分析总结，建立了简单的冲积构型模型，利用模型模拟了河道粗粒沉积和泛滥平原细粒沉积的比例和展布特征。数值模拟方法可以将储层构型研究的实效性充分体现出来，其缺点是必须依靠比较可靠的地质模型作为基础。

第三节　储层精细描述的主要发展方向

一、储层构型单元等新理论的应用

近 20 年来，随着油气勘探开发难度不断增加，对储层表征要求也越来越高。储层精细表征重点关心的不仅是储层连续性的问题，还有储层的分隔性和储层质量评价问题。因为各种被分隔独立而未被注入水波及到的分隔体是剩余油分布的主要富集区，储层质量与油气井的生产能力密切相关。要研究分隔体，其首要问题是在剖面上划分出来，而对储层进行细分流动单元并尽可能描述出最小一级的分隔体则是研究的关键。最近十几年尤其近年来迅速发展的层序地层、储层构型及流动单元分析这三项研究理论和方法为这一问题解决奠定了基础，为现代油藏精细描述和分层次建模提供了理论依据。随着很多老油田进入开发中后期，精细储层表征和剩余油预测成为储层研究的重要内容，高分辨率层序地层学、流动单元、储层结构、岩石物理相等理论以及计算机技术不断发展，推动储层表征不断向精细化、可视化发展，形成了具有预测技术的储层表征和可视化建模技术。

早期地下储层构型研究主要集中在密井网区域。对于稀井网区域，可以参考密井网试验区建立的储层构型划分方案和构型要素定量参数，以地震信息为主开展储层构型精细解剖。20 世纪 90 年代以来，全球各油田普遍加强了储层预测技术研究，以层序地层学、地震相、地震反演、属性分析等为核心的地震综合储层预测有了很大进步。近年来，地震沉积学正逐渐兴起，地震沉积学是利用地震资料进行综合解释和沉积演化研究，为薄储层预测提供了新思路和新方法，也使稀井网的储层构型精细表征成为现实。层序地层学与地震属性分析结合进行储层预测早已被大家应用，层序地层学研究的中心思想是充分利用地质、钻井、测井、露头及测试化验资料，尽可能精细地建立等时地层格架，并在此格架中以成因上的内在联系为基本准则来分析沉积体系的发育演化和分布规律，以期提高岩性圈闭的可预测性。层序地层学的介入，使得储层预测可以在精确的层序地层格架内进行。层序分析与储层反演两项技术有机结合使用，可以准确地对储层形态、展布范围、侧向接触关系进行描述和刻画。随着沉积学、储层地质学、计算机技术等相关学科的不断发展和进步，综合野外露头、现代沉积、测井、地震、分析测试和油气田开发生产动态资料的储层构型分析等使得河流相储层研究在地质成因的指导下更加精细，研究者对于河流相储层的三维内部结构认识得更加精细和清楚。在实践中野外露头和现代沉积在精细储层地质研究中的指导作用将会越来越突出。

地质建模研究从传统的变差函数拟合转而采用多点地质统计学等新方法，使得地质成因模式的控制作用在建模过程中充分体现，建立的模型更加接近地下的地质实际。地质模型的建立一直是精细油藏描述研究的核心内容，而成因模式的控制程度又决定了地质模型的准确性，多点地质统计学可以最大程度在建模过程中体现地质成因的控制作用，使得地质模型更合理。虽然该项技术目前还存在着诸多问题，但相信在不久的将来，随着技术方法的不断改进和完善，多点地质统计学方法将成为精细油藏描述地质建模中的主流方法和技术。综合生产动态分析的数值模拟技术，修正并完善静态地质模型，并建立考虑储层地质参数随生产动态变化而变化的动态模型，即地质动态一体化的精细描述技术也是目前和今后发展的重点方向。

二、测井新技术的应用

1. 成像测井技术

成像测井仪是第五代测井仪器，可提供高分辨率的真实井壁情况，可用于地层倾角、裂缝、孔洞、薄储层和断层位置判识，是测井的重大技术突破。成像测井为解决更多的地质油藏问题提供了新的手段和可能，提高了传统测井方法在解决石油地质问题上的精确性，为储层的精细解释与刻画提供了更直观的数据支撑，其技术上的优势越来越受到地质学家们的青睐。

1）在构造解释方面的应用

井眼成像资料为描述地层构造特征提供了很有价值的信息，可以准确地描述构造倾角，在构造解释方面一般有如下用途：

（1）确定构造倾角方向和走向；（2）绘制井旁地质剖面图，可以用于井间地层对比；（3）用来标定和验证地震资料得出的构造剖面，提高地震解释的精度；（4）清楚识别小到裂缝级的断层，更能帮助地震解释内幕断层。

利用这些包括构造倾角、方位和断层密度等信息，可以提高地震资料解释构造模型的准确性，可显著地改进在断层附近的布井方式，同时提供了一种在构造不十分落实或者构造复杂地区通过成像测井进行构造分析的新方法。

2）在沉积分析方面的应用

（1）岩性分析。

与钻井取心相比，FMI图像有两大优势：可以在短期内获得长井段的井壁描述图像；比取心价格低许多。

识别岩性：结合常规测井，利用精细的成像能简单快速地分辨出泥岩、砂岩、油页岩。

薄层分析：在砂泥岩相交互的薄层中，井眼成像资料是除岩心资料以外的一种比较理想的确定产层有效厚度的方法；另外，成像测井能弥补常规测井系列垂向分辨率不高的缺点，可以识别与评价较薄的油气层，为油田稳产起到关键作用。

非均质性分析：利用成像的高分辨率分析储层的非均质程度，为以后的射孔、产能分析、注水效果等方案设计提供依据。

（2）古水流方向研究。

通过成像测井解释的地层倾角包括构造倾角和沉积倾角。应用专业软件通过拾取泥岩倾角作为地层构造倾角，然后将成像测井得出的地层倾角减去这个构造倾角，即为古沉积环境当时的沉积倾角，由此来研究古水流方向才真正有意义，这比以前采用倾角测井模式来分析古水流方向更加准确，从而为砂体展布预测提供有力依据。

（3）沉积相研究。

在成像图上根据岩性突变和纹理的组合特征能明显识别沉积韵律、冲刷面、不整合面、断层等地质特性，成像测井是用来做沉积相研究的有效手段。

通过岩心精细描述，建立了能够准确表征目的层位不同岩性和沉积构造特征的测井相模型，结合常规测井曲线形态特征可以进一步划分研究区主要的岩相类型。然后根据岩相类型，结合地质背景就可以对研究区目的层位的沉积微相进行解释，建立精细的小层砂岩沉积相分布图，进而绘制连井沉积相剖面图。由该沉积相剖面图可以分析不同沉积微相砂体空间展布规律及储层非均质性，为储层井间预测、剩余油研究、调整井位部署、射孔方案编制、注水方案等提供科学的指导依据，直接为油田科研、生产服务。

2. 随钻测井技术

随钻测井可以在钻井液侵入地层之前获得地层的真实信息。由于一般的测井仪器探测深度都比较浅，特别是高分辨率及成像类的测井仪器，其测量参数受钻井液侵入的影响严重。随钻测井解决了这些问题，并且随钻测井有利于进行时间推移测井，对比多次测量的测井曲线，可以获得区分油、气、水层的宝贵信息，可以开展钻井液侵入机理研究。

时效性是随钻测井的特点之一。测井数据现场分析、处理、解释最大程度地发挥了随钻测井优势。在勘探过程中，利用随钻测井获得的资料可以及时、有效地进行随钻地层评价。用随钻测井技术获取的电阻率、自然伽马、中子孔隙度、岩石密度等资料，配合岩心、井壁取心资料，参考钻时、转盘扭矩等参数变化可以建立单井地层剖面、岩性剖面及单井沉积相和岩相古地理分析。

随钻测井技术可以在现场提供从单井油气层的发现、解释到储层的分析、评价，在钻探现场及时准确地进行油气资源评估。从单井评价到区域评价都可以快速进行，并能及时作出评价报告。

随钻测井技术不仅可以快速、准确地发现油气显示，而且还可以结合其他技术进行油气层的综合解释，如确定储层类型、含油级别、估算产能、现场计算单层油气地质储量等，大大提高了现场资料的运用效果。

三、地震新技术应用

1. 时移地震（四维地震）

时间推移地震（简称时移地震），又称为四维地震，是每间隔一定的时间进行一次三维地震观测，对不同时间观测的三维地震数据体进行互均化处理。四维地震在寻找老油田剩余油、监测注入流体等方面有其特殊的作用，因此目前受到了世界各石油公司的普遍重视，每年投入都在大幅度增加。美国对一些油田的研究表明，四维地震可以使采收率提高到 70% 左右。

时移地震技术已被广泛接受为是一种监测油藏中流体的流动情况、优化油藏管理、提高采收率的有效手段。随着时移地震技术研究和应用程度的提高，新方法、新技术不断涌现。Korneev 等探索了把过去认为是干扰的管波用于井间时移地震监测。Zhao Bo 等把常规地震解释中常用的谱分解技术运用到了时移地震资料的分析中。Dasgupta 研究了用微地震作碳酸盐岩油藏监测的可能性，并提出可用微地震记录与重复 VSP 相结合的方法来解决中东地区碳酸盐岩储层的监测问题。

时移地震资料解释的目标不再是储层，它是在识别有效储层的基础上，通过研究由于注采等油气开发活动引起的油藏弹性特性的变化，确定过水区域、油气水接触面变化、注水前缘等，调整开采方案，优化油藏管理策略，提高油气采收率。

时移地震资料解释所应用的关键技术与一般三维地震资料解释技术没有大的差别。但油气开发活动引起的油藏弹性特性的变化十分复杂，如 Kahar 等在挪威 Heidrun 油田时移地震资料的解释中发现，流体现象可以分为与油藏相关和与断层相关两大类。因此，在模拟和解释中需要考虑储层和上覆层压实、流动屏障、流体通道和流体本身等多方面的影响。

2. 井间地震

井间地震是井中地震学的重要组成部分，它是将震源与检波器都置入井中进行地震波观测的新型物探方法。由于避开了地表低速带对地震信号高频成分的吸收，因此利用它可以获得极高分辨率的地震信号，由此可以得到井间地层、构造、储层等地质目标极为精细的成像。

井间地震资料由于具有高分辨率和高信噪比的特征，因而被用于井间油气储层的精细研究。与常规方法相比，它更有利于进行连通性、流体含量、气体前缘和残余油分布等方面的研究，能够解决薄互层序列、储层连通性、流体分布、注气效果和压裂效果等复杂的地质问题，能更精细地揭示井间微小的构造和岩性细节，与地面地震互补，大幅度地提高了复杂陆相储层的描述精度，进而建立更为精确的三维非均质油藏模型。

3. 地震沉积学兴起

1998 年，美国学者曾洪流、Henry、Riola 等在《Geophysics》杂志上发表了关于利用地震资料制作地层切片的文章，首次使用了“地震沉积学”一词，标志着地震沉积学的诞生。2005 年 2 月，地震沉积学国际会议在美国休斯敦召开，标志着地震沉积学作为一门新的学科开始受到人们的关注。从地震地层学、层序地层学到地震沉积学的发展，意味着地震信息和技术在地质学领域应用的逐步深入。利用三维地震资料和钻井、测井资料，研究沉积类型和沉积演化历史是地震沉积学的发展趋势（Posamentier，2004），并在油气勘探和开发方面取得了明显的效果。目前在国际上已经掀起了地震沉积学的研究热潮，在北美、印度等含油气盆地进行了一系列的地震沉积学研究，并在油气勘探和开发方面取得了明显的效果。2006 年第一届世界地震沉积学大会的召开，标志着地震沉积学的研究已经进入了一个蓬勃兴起的阶段。

地震沉积学有别于传统的地震地层学。地震地层学主要是利用地震资料的垂向分辨率和地震数据的纵向特征来对地震属性进行刻画，而很少考虑与沉积地貌和沉积模型相联系的地震数据的横向特征。地震沉积学分析是建立在这样一个事实的基础上：一般的沉积体系都具有宽度远远大于厚度这一特征，因此，在垂向上无法识别的地质体在平面上有可能被识别出来。与传统的分析方法相比，地震沉积学能识别出更薄的砂体，具有更高的分辨能力，它更强调利用地震资料的横向分辨率识别不同成因类型沉积砂体的地貌形态，恢复沉积类型及其分布特征。地震沉积学仅局限于地震岩性学（seismic lithology）、地震地貌学（seismic geomorphology）、沉积结构和沉积史研究。地震岩性学和地震地貌学是地震沉积学的主要支柱。

1）90° 相位转换技术

标准的地震资料处理通常把零相位的地震数据体作为提供给解释者的最终结果。零相位地震数据中，波峰、波谷对应地层界面，岩性地层与地震相位间不存在必然的对应关系。要建立地震数据和岩性测井曲线间的联系很困难，尤其是在许多薄地层互层的情况下。90° 相位转换的方法通过将地震相位旋转 90°，将反射波主瓣提到薄层中心，以此来克服零相位波的缺点，地震反射相对于砂岩层对称而不是相对于地层顶底界面对称，这使得地震反射的同相轴与地质上的岩层对应，地震相位也就具有了岩性地层意义。

2）地层切片技术

Brown 等首先提出了利用三维地震的水平地震成像产生高分辨率沉积相图像的方法。荷兰沉积学家 Wolfgang Schlager 指出，三维地震提供了研究古代沉积形态平面展布的简单方法，并将密西西比河三角洲的航拍照片与古代沉积在地震切片上的响应进行了对比。自20世纪90年代起，大量研究证实，地震地貌学是沉积成像研究的有力工具。地震地貌成像就是利用沿沉积界面（地质时间界面）提取的振幅，来反映地震工区内沉积体系的展布范围，这样的地震切片被称为地层切片，它主要是通过在等地质时间的地震同相轴间进行线性内差来实现的。地层切片不但在平面上可以较为精确地刻画出薄砂体的分布范围，在垂向上，连续的等时地层切片演化分析方法还可以确定出沉积相在纵向上的变化特征。

随着地球物理技术的发展及其在石油地质研究中的广泛应用，地震沉积学开始受到人们的关注。近年来，国内学者也提出并开展了地震沉积学的研究，董春梅、张宪国、林承焰在2006年和2007年对地震沉积学的概念、理论、主要方法和关键技术进行了阐述和初步应用。利用地震沉积学再造高分辨率层序地层格架、识别沉积体系，进而预测薄层砂体分布是三维地震资料解释方法的一个重要革新，从地震地层学、层序地层学到地震沉积学的发展，意味着地震信息和技术在地质学领域应用的逐步深入，利用三维地震资料和钻井、测井资料研究沉积类型和沉积演化历史是地震沉积学的发展趋势。勘探开发发展形势要求储层预测向储层精细表征方向发展，而达到这项要求要将地质理论和先进的地球物理技术相结合。地震储层预测技术就是通过井震标定，在地质模式指导下，利用地震数据包含的丰富信息进行储层预测的一项综合技术。地震技术的快速发展推动着储层预测技术的不断更新，20世纪初期储层预测在二维地震勘探技术背景下，主要用于构造圈闭的砂体预测，包括利用地震地层学和宏观地震相两大手段进行分析并预测砂体。20世纪90年代以来，全球各石油公司普遍加强了储层预测技术研究，以层序地层学、地震相、地震反演、属性分析等为核心的地震综合储层预测技术有了很大进步。近年来，地震沉积学正逐渐兴起，地震沉积学是利用地震资料进行综合解释和沉积演化研究，为储层预测提供了新思路和新方法，将储层预测的精度推到一个新高度。

将层序地层学与地震属性分析结合进行储层预测早已被大家应用，从油气勘探角度来讲，层序地层学研究的中心思想是充分利用地质、钻井、测井、露头及测试化验资料，尽可能精细地建立等时地层格架，并在此格架中以成因上的内在联系为基本准则来分析沉积体系的发育演化和分布规律，以期提高岩性圈闭的可预测性。层序地层学的介入，使得储层预测可以在精确的层序地层格架内进行。包括地震储层预测技术，虽然已得到普遍应用，但如果没有层序地层格架来约束，反映的只能是多套复合砂体的分布，而难以预测单个砂体分布和接触关系。只有将层序分析与储层反演两项技术有机结合使用，才能保证地震储层预测精度。而三维地震解释技术的普及，恰恰推动了层序地层和地震属性分析的有机结合，将可以准确地对储层形态、展布范围、侧向接触关系进行描述和刻画。

第二章　河流相储层构型理论与方法

河流沉积模式是沉积相和沉积环境在一维（钻井剖面）和二维（地震剖面或露头剖面）研究基础上建立的。有时也是仅依据二维研究结果，拟想勾画出块状图表示沉积相和沉积环境三维的空间展布。实践证明，许多沉积环境相当复杂，用二维不可能反映其特征和复杂性，或者说不能全面地反映其特征，特别是空间的几何形态。三维构型的提出可以解决一维、二维难以解决的问题。1985 年，加拿大 Toronto 大学地质系教授 A.D.Miall 根据多年的研究，在《Earth Science Reviews》发表了“Architectural–Element Analysis：A New Method of Facies Analysis Applied to Fluvial Deposits”，将河流分成了 12 类，并首次系统而完整地提出了一种新的研究方法，即“构型（或建筑结构）要素分析法（architectural element analysis）”，并指出无论现代还是古代，每一条河流都具有其特殊的一面，传统的河流分类和相模式存在较多的局限性。模式化仅仅是构成要素的简化，而能够反映河流本质特征的正是它们所具有的基本构成要素。界面分级（bounding surface hierarchy）、岩相模型（lithofacies）和构型要素（architectural elements）三大内容构成了构型研究方法的基本格架和研究主体。这代表了储层构型理论分析方法的诞生。

第一节　河流相储层构型基本概念与理论

一、储层构型概念及含义

储层构型亦称为储层建筑结构（architecture），是指不同级次储层构成单元的形态、规模、方向及其叠置关系。储层构型研究内容是河流相砂体的岩相特征、外观形体（几何形态）及其内部结构（岩相组成），分析研究的目标是描述储层内部的非均质性，最终用于剩余油气分布成因及规律的解释，明确挖潜对策，提高油气采收率。

构型规模（architectural scale）：沉积物是由各种规模的岩相及结构组成的，从小型沙纹到整个河流相沉积体系。

构型要素（architecture elements）：构型要素是由几何形态、相组合及其规模所表现出的岩性体，并能代表其沉积体系内的特定沉积作用或一套沉积过程。每一种规模的沉积单元是随着特定时间范围内的沉积作用产生的，并且可以依据不同的界面等级将其区分开来。

二、构型界面

J.R.L.Allen（1983）通过对威尔士泥盆系褐色砂岩的研究，提出了河流沉积分级界面（bounding–surface hierarchy）系列的概念，将其划分为三类界面。当 A.D.Miall（1985）首先提出构型要素分析法时，则将河流的界面划分为四级，1988 年他又将其增加至 6 级划分方案，也是目前河流沉积界面主流分级方案（图 2–1，表 2–1）。

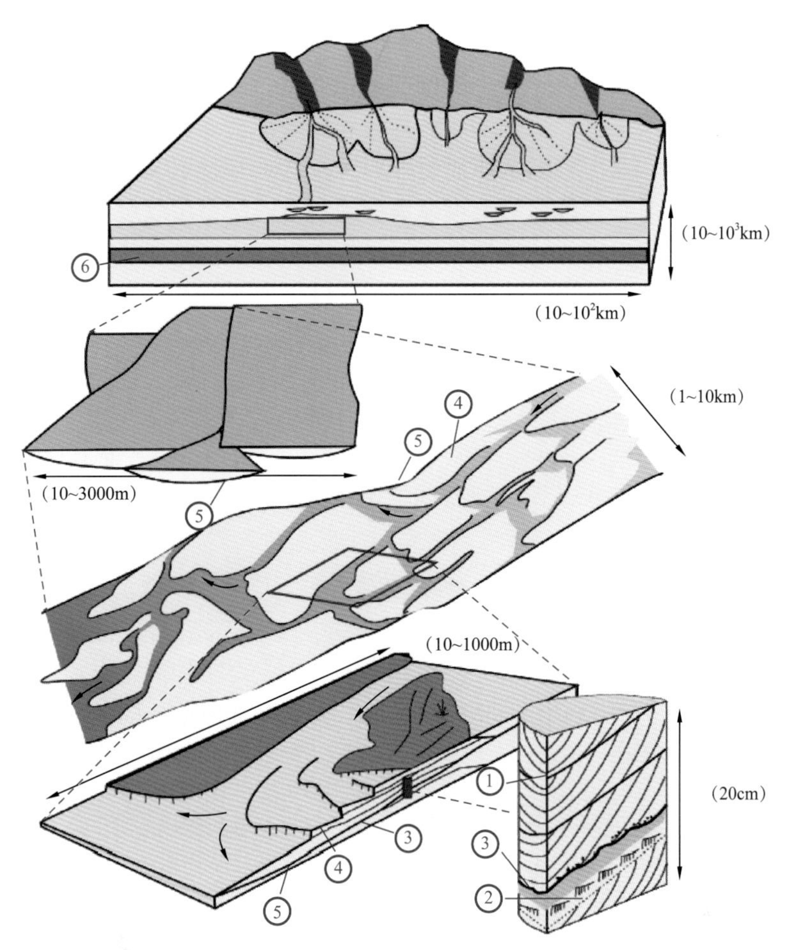

图 2-1　河流沉积层次结构划分及 1～6 级构型界面模式图（据 Miall，1985a）
圆圈数字代表构型界面级别

表 2-1　河流沉积层次结构规模（据 Miall，1981）

构型级别	构型单元（以河流—三角洲为例）	时间规模（a）	沉积过程（举例）	瞬时沉积速率（m/ka）
0	纹层	10^{-6}	脉动水流	
1	波痕、沙丘内部增生体（微型底形）	10^{-5}～10^{-4}	底形迁移	10^{5}
2	中型底形，如沙丘	10^{-2}～10^{-1}	底形迁移	10^{4}
3	大型底形内增生体	10^{0}～10^{1}	季节事件、十年洪水	10^{2}～10^{3}
4	大型底形，如点坝、天然堤、决口扇	10^{2}～10^{3}	百年洪水、河道及坝迁移	10^{2}～10^{3}
5	河道、三角洲舌体	10^{3}～10^{4}	河道改道	10^{0}～10^{1}
6	河道带、冲积扇	10^{4}～10^{5}	5 级米兰科维奇旋回	10^{-1}
7	大型沉积体系、扇裙	10^{5}～10^{6}	4 级米兰科维奇旋回	10^{-1}～10^{-2}
8	盆地充填复合体（三级层序）	10^{6}～10^{7}	3 级米兰科维奇旋回	

（1）第 0 级界面：沉积砂体中最小的构型单元界面，一般说来，河流相砂体纹层之间的界面即为 0 级构型界面。纹层也称细层，是组成层理最基本、最小的单位。该级别界面主要从岩心上进行识别，对于判断水体能量强弱及方向具有一定的指示意义，但对具体构型划分意义不大。有些取心井段岩心上可以观察到明显的交错层纹层及其界线，但有的岩心呈块状构造，无法识别出有效的构型界面。另外在出露较好的河流相剖面上，可以看到比较明显的前积层纹层，这些纹层间的界面即为 0 级构型界面（图 2–2）。

图 2–2　河流相构型的 0 级界面（据张金亮，2016）

（2）第 1 级界面：交错层系界面。是一组或多组 0 级构型的组合界面，代表的是相同交错层理之间的边界面，界面层系内的纹层性质基本保持一致，界面上下岩性相类型相同，界面无明显侵蚀作用，表明沉积环境相对稳定。一般横向延伸有限，无法进行井间对比。常常在露头和岩心上通过交错前积层的削蚀或尖灭来识别（图 2–3）。

（3）第 2 级界面：层系组边界（图 2–4）。代表的是交错层系之间的界面，如河道层序底部冲刷构造中常见的槽状交错层理层系组、中上部的板状交错层理层系组、滨浅海环境中大型楔状交错层理的层系组等。界面上下岩性相类型一般不同（与 1 级界面的区别），代表流动条件或流动方向的变化，岩性相类型的改变主要是由流动条件或流动方向的改变造成，但无明显时间间断，无明显侵蚀作用。在露头和岩心上，这种界面很容易识别。

（4）第 3 级界面：大型底形（相当于河流心滩或边滩）内的增生体或大规模再作用面（图 2–5）。代表的是同种相组合的加积界面，界面上下相组合相同，常呈低角度切割下伏交错层，一般削蚀之前沉积的一个或多个交错层系。界面上具明显侵蚀作用，常可切割 1 级、2 级界面，并具有内碎屑角砾披覆，3 级界面分隔的两种岩相组合相似。这种界面在露头和岩心上易于识别，但井间对比仍比较困难。

苏里格地区盒 $8_{下}$亚段主要为辫状河沉积，其砂体内部的 3 级构型界面多为心滩内增生体的顶、底界面，沉积意义上为两期心滩的分隔层，是划分心滩内单一增生体的主要标志。3 级构型界面可以是再作用面、钙质夹层、落淤夹层，落淤夹层岩性以灰色泥质粉砂岩或粉砂质泥岩为主，测井曲线上 GR 有较为明显的回返。

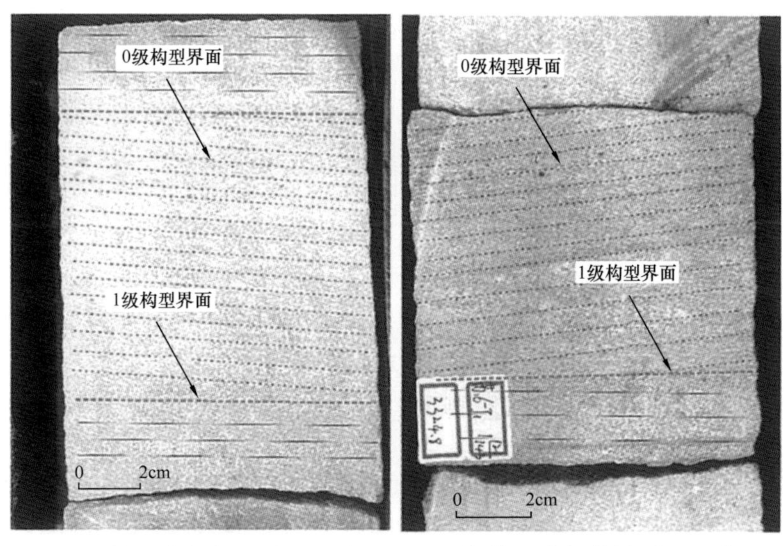

（a）苏6-J1井盒8段取心（3321.6m）　　（b）苏6-J1井盒8段取心（3324.8m）

图 2-3　苏里格地区盒 8 段 1 级、0 级构型界面岩心特征

图 2-4　储层构型 2 级界面（据张金亮，2016）

图 2-5　松原市三部落大型厚层叠置砂质辫状河河道砂体内部 3 级界面露头

（5）第4级界面：大型底形界面。代表一种大型构型单元的上边界面，相当于点坝或心滩的顶面，形态上常呈平面或上凸，界面上下构型单元发生变化，界面上具明显侵蚀作用，可以截切大型构型单元内部所发育的1、2、3级界面，界面下常具泥岩披露层（图2–6）。对于河流相储层来说，一般指大型底形的上部界面，即一期河流层序的结束。辫状河沉积体内部心滩和曲流河沉积体内部点坝要素的最高一层顶界面都属于4级构型界面。4级构型界面总体呈现为前积层的特征，规模一般较大，从几米到几百米不等。这种界面有时与3级界面在岩心上难以区分，但在露头剖面上仍易于识别。4级界面连续性一般较好，在横向上较大范围内显示同一沉积特征，具有良好的可追踪性，多为明显的岩性或沉积构造变化面。

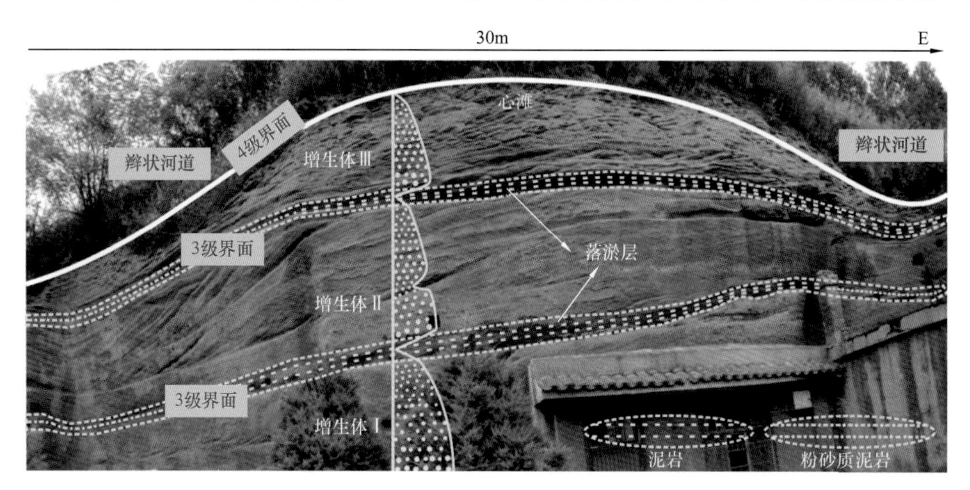

图2–6　延安宝塔山辫状河剖面心滩3级、4级界面

（6）第5级界面：大型沙席边界。对于河流相沉积地层来说，代表一期完整河流沉积地层的开始，如大型河道及河道充填复合体的界面，形态上常呈平面或上凹，它们横向延伸广泛（可达数百米），局部可见切割充填现象，并发育内碎屑，这种界面常常构成一组构型单元的下界面（图2–7）。当构型单元出现垂向叠复时，有时易与大型单元的上界面

图2–7　松辽盆地松原市三部落古近—新近系大型厚层辫状河道砂体露头5级界面

1，2，3，4—河道期次

（即第 4 级界面）重叠，这是由于侵蚀作用对下伏构型单元的切割，并且可从横向延伸范围上（至少数百米）与第 4 级界面加以区分。如果大型界面顶部仍呈上凸形态，没有很明显的截切，则说明上界面仍应归属于第 4 级界面。

（7）第 6 级界面：河道（谷）界面。限定河道群或河谷的边界（图 2–8），大致相当于段或亚段地层单元分界面，也大体相当于目前国内油气田普遍应用的砂组或油组级别界面。6 级界面内是一组河流或古河谷，可填图的段、亚段地层单位，属于复合砂体级别，单砂体间无明显的界线。在横向上也基本代表了一种沉积体系的最小等时分界面（图 2–9）。

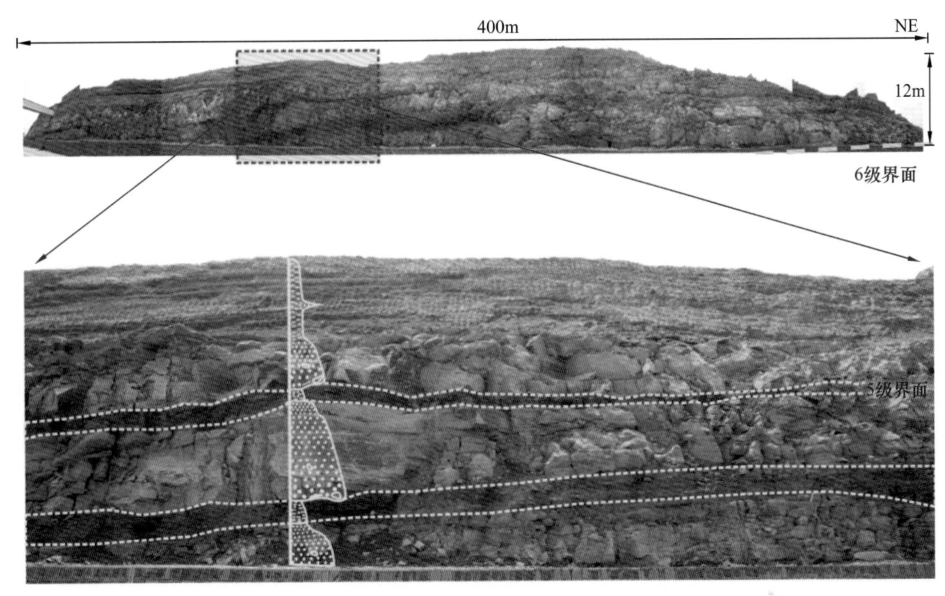

图 2–8　山西大同吴官屯剖面辫状河道 5 级、6 级界面

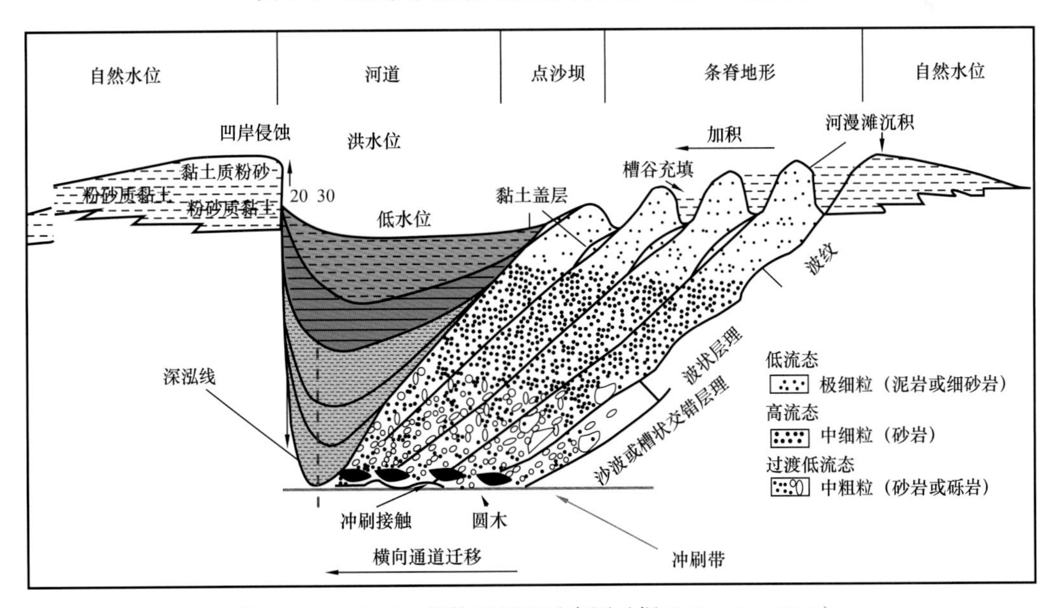

图 2–9　Miall 的 6 级构型界面示意图（据 Holbtook，2014）

（8）第 7 级界面：多个河谷复合体的界面。在层序上相当于体系域界面。在野外露头和钻井取心上，往往可以见到泥岩直接覆于砂岩之上或者砂岩直接沉积于泥岩之上的岩性

突变面，多对应于辫状河道冲刷面。

Holbrook 通过大量实例研究，根据河谷岩石的特点将 7 级界面划分为两种类型（图 2-10）。一类是坚硬的基岩河谷，7 级界面一般呈收紧的“U”形或近似“V”形，河谷内冲刷比较强烈，砂体以粗粒底部沉积和粉砂质及泥质细粒沉积接触为主要特征；另一类是松散岩石河谷，该类型的 7 级界面一般呈宽泛的“U”形，沉积的砂体类型较多，底部滞留沉积向上呈线性过渡到细粒沉积，冲刷相对较弱。

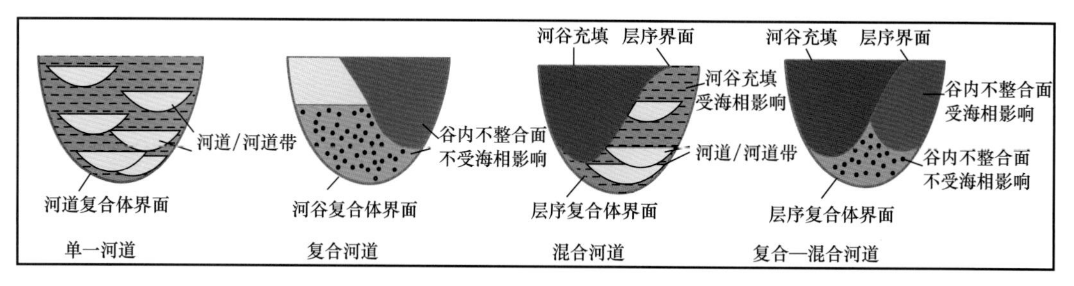

(a) 河谷型（由强烈的河道冲刷面/层序界面形成）

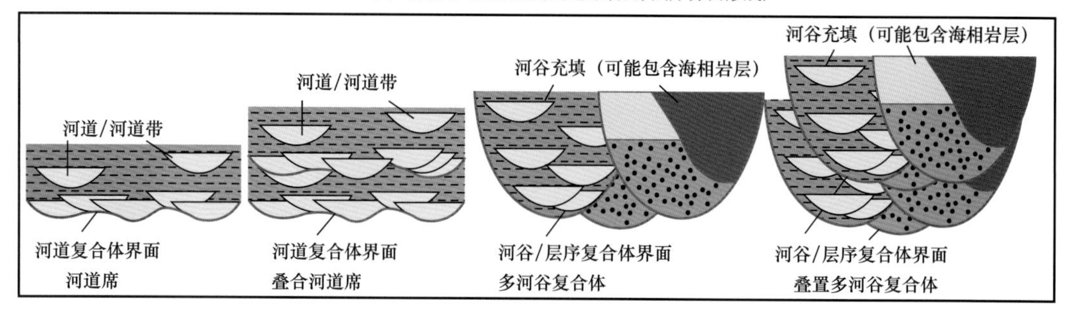

(b) 平地型（由平缓或近平缓的河道冲刷面/层序界面形成）

图 2-10　两种河谷类型的 7 级界面形态（据 Holbtook，2014）

（9）第 8 级界面：8 级构型界面是构型期次划分里最大一级构型的分隔界面，在层序地层学中相当于 3 级层序界面。该界面是指在同一构造旋回演化过程中，由于受构造活动强度变换和沉积充填作用的双重影响，而造成湖水位周期性大幅度上升和下降，形成盆地范围内较大规模的侵蚀不整合界面和与之可对比的大型相转换面（图 2-11）。

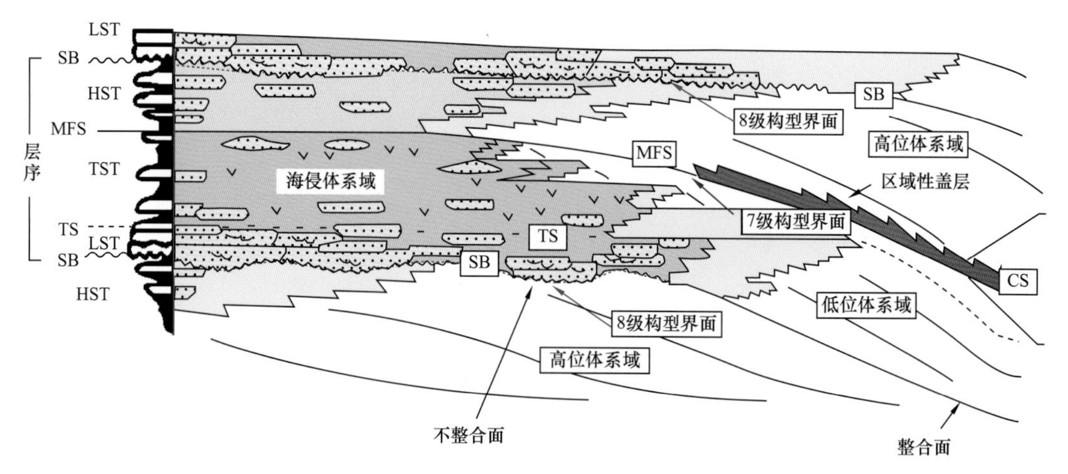

图 2-11　8 级构型界面示意图（据 Catuneanu，2006）

SB—层序界面；TS—海侵面；MFS—最大洪泛面；CS—凝缩段

各层次界面的横向对比，有助于构型单元的划分和解剖，并表征其复杂的展布特征与规律性认识。由于受到沉积作用和侵蚀作用双重影响，河流相地层各构型级次之间未必依次按顺序排列，可能出现间断或重复。因此，在岩心或钻井上区别它们，从目前研究水平来看，还有许多问题亟待解决，即使在露头出露较好，界面的区分也不是一件简单的事。因此，为了更好地开展构型界面对比，Miall（2006）在提出构型界面划分方案基础上，充分考虑各级别地质体岩相（如粒度、岩性和成分等）及界面彼此接触关系（如上超、下超和削截等），提出了相应的识别原则，使构型界面的对比变得更容易。其具体原则有如下几方面：（1）任一级别界面可被同级或更高级界面削截或不整合，但不能被低级界面削截；（2）老界面可以在形成之前被削截；（3）较小级别的构型界面可在横向上改变为其他级别界面。

经过构型单元及其界面的分析研究，最后应确定构型的样式，从三维空间表示构型单元的展布。河流相构型的样式，根据构型单元的特征可确定：（1）河流相层序组成特征；（2）沉积旋回性特征；（3）岩性相特征；（4）水动力能量特征；（5）古水流特征；（6）古河道深度；（7）古河流弯曲程度；（8）储集层（体）物性特征。

三、构型单元

构型界面和构型要素实际上是同一事物的两个不同方面，界面限定构型单元，因此，可以通过对构型界面的识别去识别和圈定构型要素空间分布范围。构型要素的概念是沉积环境中最基本的概念，目前国内外学者对这一问题已普遍达成共识，即微相单元为最基本的沉积构成单位，以此为基础，再逐级进行层次结构细分。通过确定河流相沉积体的各级构型界面，划分构型要素，对砂体进行纵向解剖，有助于开展横向地层对比。

为了能充分展示不同规模储层结构非均质性特征，同时又兼顾河流沉积作用的基本成因过程，河流相构型分析应对基本河流沉积过程所造成的各个岩性体进行研究，Allen（1983）称其为构型单元，既揭示由这些单元构成的特定地区的河流样式，展示这些元素因空间配置造成的较大规模的非均质性特点，又研究每个基本单元的内部非均质性特征。Miall（1996）通过研究发现，将河流沉积体系划分为河道内沉积和越岸沉积，然后在此基础上，将河道内沉积细分为 8 种构型要素（图 2-12，表 2-2），越岸沉积细分为 5 种构型要素（表 2-3）。由于 8 个基本构型要素单元的大小、规模都有很大差别。因此，在河流相构型分析时，应在露头上识别出最小规模的 8 个基本构型单元，并分别对之开展研究。

（1）河道（CH）：剖面呈顶平底凸结构，被平或上凹的侵蚀性界面分隔。河流体系中存在多个这样的河道，规模大小并不一致。较大的河道通常含有复杂的充填物，由任何岩性相组合而成，这些充填物由一个或多个次级构型要素组成。主河道被 5 级构型边界限定，内部可包含次级河道和点坝等构型要素。这类构型单元的河道几何结构可以通过宽深比、曲率和深度等参数表征。砂体厚度一般可以粗略地看作初始河道深度，但砂体宽度和砂体规模不可能存在简单的线性关系。河道内部既发育垂向加积也发育侧向加积，两者不同的成分比例，导致河道宽深比规律性较差。

（2）砾石质底形（GB）：一般由平板状或交错层理砾石组成简单的纵向坝或横向坝，板状或槽状交错层砾岩组成底形。河道中的坝一般发育有河道内部和靠近堤岸两种常见类型，根据其外形和发育的位置，可定名为点、交错或者侧向坝。

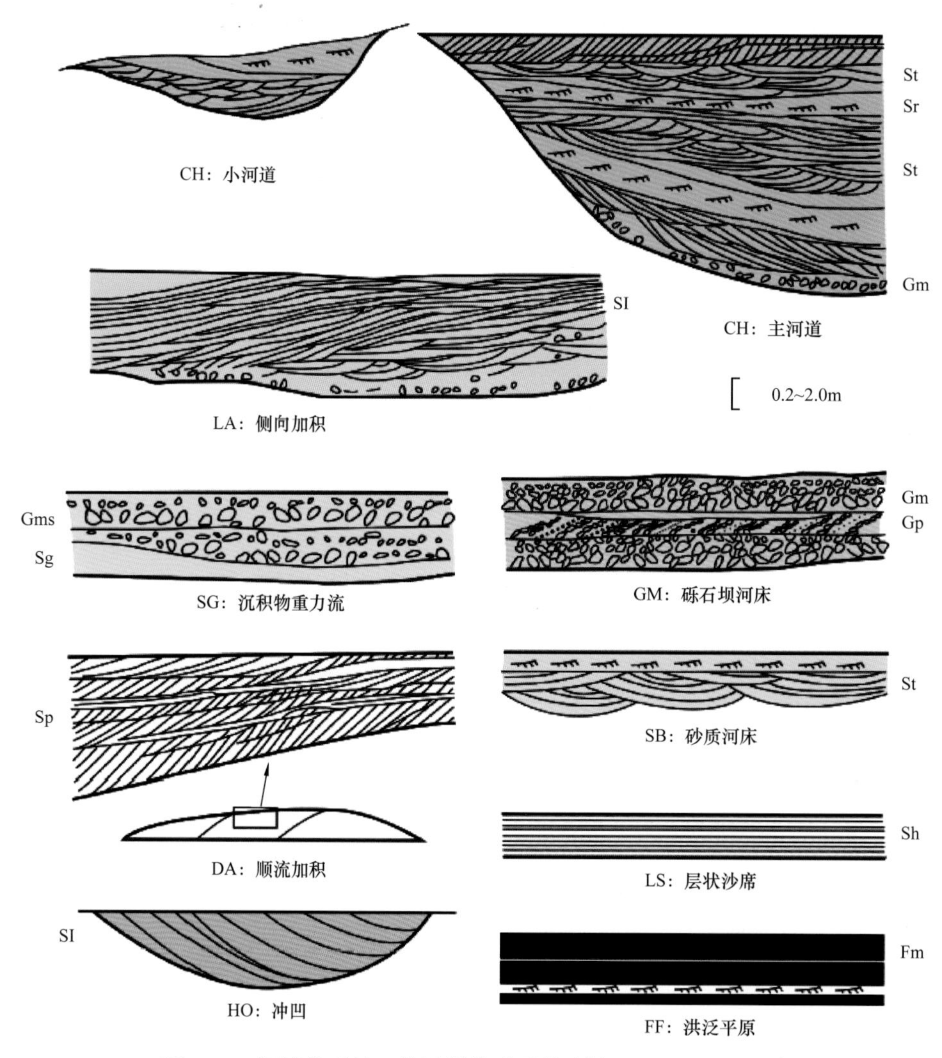

图 2–12　河流体系的 8 种级别构型要素（据 A.D.Miall，1985）

表 2–2　河流沉积体系构型要素划分与特征（据 Miall，1996）

构型要素	符号	几何形态及相互关系
河道	CH	指状、透镜状或席状；下凹、底部侵蚀；规模和形状变化大
侧向增生巨型底形	LA	楔状、席状、舌状；侧向加积，常见于点坝，内部具有侧向增生的 3 级界面
顺流增生巨型底形	DA	透镜状；顺流加积，常见于纵向心滩坝，内部具有上凸的 3 级侵蚀面
砾质坝及底形	GB	透镜状、毯状；常为板状体；垂向加积，常与 SB 互层
砂质底形	SB	透镜状、席状、毯状、楔状；垂向加积，常见于河道充填、小型沙坝中
层状沙席	LS	席状、毯状；垂向加积
沉积物重力流沉积	SG	窄的长舌状或多层席状；常与 GB 或 SB 互层；单层平均 0.5～3m，平面呈舌状，宽可达 20m，长可达数千米
冲凹	HO	铲状凹地，对称充填

（3）沉积物重力流（SG）：这是由碎屑流沉积过程形成的以砾石沉积为主的岩性体。典型的沉积物重力流沉积一般呈舌状、朵叶或者多层席状。重力流多为与岩石突然垮塌作用有关的混合块体流。该沉积单元具有典型的不规则、非侵蚀边界特征，与下伏岩层一般为整合接触，其形成的重力流块体非侵占性地充填在先存的侵蚀河床中，或充填在由更早的沉积物重力流或片流形成的不规则地貌单元中，呈孤立或不定型镶嵌在碎屑流块体中。

（4）砂质底形（SB）：流动方式以层状为主，岩相类型单元常常位于河道底、沙坝顶或决口扇上的板状沙席。包括河床底部沙丘单元、浅水河道充填单元、沙坝顶部组成单元、决口河道和决口扇沉积单元等。

（5）顺流增生大型沉积底形（DA）：该单元的岩性相类型组成类似于 SB 单元，二者之间的区别是 DA 具有上凸的内部或上部边界面。这种单元类型代表了向下游加积增长的复合沙坝沉积（即纵坝）。

（6）横向加积沉积底形（LA）：这种构型单元即为点坝。点坝与纵坝之间可出现过渡类型，特别是在多河道中。点坝与纵坝的一个主要鉴别特征在于加积界面（即第 3 级界面）的倾角，前者角度一段高于后者。

（7）纹层状沙席（LS）：这种构型单元主要是洪泛时期形成的。常见于暂时性河流中。这种构型要素形成的单个沙席厚度一般为 0.4～2.5m，侧向延伸可达 100m 以上。

（8）漫滩细粒沉积（OF）：这种构型单元常形成于洪泛平原和废弃河道中，主要由泥岩、硅质岩、细粉砂岩组成，古土壤、钙结壳、煤、沼泽沉积和蒸发岩是这种构型单元最重要的组成。

由 8 种构型要素主要岩相组合与构型要素几何形态及其相互关系（表 2–2）可以看出，不同构型要素其岩性组合方式众多。因此，在砂体构型研究中，砂体不同级别层次界面与岩性共同使用，是准确实现构型的关键。

表 2–3　越岸沉积构型要素（据 Miall，1996）

构型要素	符号	几何形态
天然堤	LV	楔状，可达 10m 厚，3km 宽
决口水道	CR	条带状，可达数百米宽，5m 深、10km 长
决口扇	CS	透镜状，范围可达 10km × 10km，厚 10m 级
洪泛平原	FF	席状，侧向延伸数千米，厚 10m 级
废弃河道	CH（FF）	条带状，规模近似于活动河道

河流沉积体的内部构成特征是非常复杂的，不同地区有其各自的构型样式。对于一个特定的地区，其内部构成单元大小、规模变化也很大。因此在开展具体相构型单元分析时，通过界面级次来确定构型单元的大小、规模是解剖沉积体结构的关键。

第二节　储层构型分析方法与原型模型建立

储层构型目前主要包含两个方面，一个是基于露头观察的储层构型，另一个是地下储层构型。两者构型方式和精度有很大差别，前者更为直观，而后者需要进行井间预测，大尺度的构型单元尽量用地震信息表征，小尺度地震难以分辨的构型层次，则需要选择多井信息的方法（吴胜和，2010）。在构型单元大于井距的情况下，可以采用井间插值的方法进行井间预测，如地质统计学中的克里金插值方法。如果构型单元的规模小于井距时，构型单元井间预测将难以完成，需要采用一些合理的方法，如吴胜和（2010）与穆龙新（2010）提出的层次分析、模式拟合与多维互动的方法，进行储层构型研究，从而摸索出了一种实践性较好的储层构型表征方法。

一、储层构型层次分析

储层构型层次研究可以系统概括为层次划分、层次描述、层次界面与事件地层学解释、层次建模和层次归一五个方面（穆龙新等，2000）。储层构型的关键在方法的合理选择，对描述结果的成因进行解释，得出规律认识和结论，从而建立适合不同层次的模型。借助地质和数学的方法，以及先进计算机技术，使不同层次结构统一在一个体系中进行层次整合归一，最终达到预测目的。

1. 确定沉积微相

在进行层次划分之前，需要对相类型进行明确和归类，然后才能对其构型层次进行识别和划分。不同的相类型，其空间展布模式不同，因此，其层次划分也有差别。就河流相而言，不同类型的河流，微相砂体的分布模式及层次划分会大不相同，定相主要依据岩心、测井、录井、地震等资料。就岩心而言，主要分析岩石颜色、岩性、沉积构造、韵律等相标志；测井主要是通过测井相（测井曲线外形特征，即形态、幅度和齿化特征等）、厚度和韵律辅助相的识别；地震则主要通过地震属性分析（地层切片、砂体检测和层速度岩性预测）所反映的储集体宏观形态进行相分析。

2. 划分层次结构

在油田实际生产中，常常将含油气盆地地层划分为群、组、段和阶，再次级的层次还包括油层组、小层组、小层和单层。小层及单层既可以对应一个成因单砂体，也可以是几个相同或不同成因单元的复合体，依据构型理论，还可以进一步再次细分。Miall（1985）曾将河流砂体内部划分出 6 级谱系，砂体内部的沙坝底形界面、冲刷面或再作用面、层系组、层系和纹层界面，直到颗粒级别。穆龙新（2010）认为，层次编号是一个可变的开放系统，依据研究对象的复杂程度，可以根据实际需求确定相应的层次级别划分方案。复杂区域层次结构谱系多，简单区域层次划分少。陆相主要沉积储层构型层次划分见表 2-4。

3. 描述层次特征

层次描述的任务是弄清这些界面的形成机制、形态、连续性、分布范围和厚度变化趋势等，并落实层次界面级别。层次界面可以是板块边界、构造面、整合或不整合界面、相边界、层系组或层系界面及纹层界面，甚至可以是颗粒接触面。此外，微量元素揭示的异常沉积界面，碎屑岩中包夹的泥灰岩、区域稳定的泥岩夹层、古风化壳及生物碎屑层等也可以是具有相当意义的界面。层次界面根据实际需要对层次的几何形态、空间展布、相互接触关系及内部组构特征进行描述，力求对三维结构进行完整揭示。不同层次结构表征应该用不同比例尺的地质图件，如果想表达高级层次界面，对层次界面全局完整性把握，应采用小比例尺，如果要描述砂体内部建筑结构要素，甚至层理或纹理级别的层次结构单元，则通常采用大比例尺。

表 2-4　陆相主要沉积储层层次划分方案（据吴胜和等，2010）

构造级别		冲积扇	辫状河	曲流河	三角洲	滩坝	浊积扇
层次结构	构型界面						
一	6	冲积扇体	河谷 / 河道带	河谷 / 河道带	三角洲体		浊积扇体
二	5	辫流带	河道	河道	坝复合体 / 水道复合体	滩坝复合体	扇朵叶体
三	4	辫流体	心滩坝 / 辫流河道	点坝 / 废弃河道	单一坝体 / 分流河道	滩 / 坝	单一水道体
四	3	流沟 / 沙坝	垂积体 / 落淤层 / 串沟	侧积体 / 侧积层 / 串沟	韵律层	增生体	增生体
五	2	层系组	层系组	层系组	层系组	层系组	岩相 / 层系组
六	1	层系	层系	层系	层系	层系	层系
七	0	纹层	纹层	纹层	纹层	纹层	纹层

4. 解释层次界面

运用事件沉积学观点进行层次解释，是一种重要的解释方法，但需要遵循如下几方面原则。

1）事件的代表性和普遍性

事件代表性是指该类事件是在特定条件下发生，且对正常沉积过程产生重要影响，由此可以分隔有成因联系的沉积单元。因此，该事件平面追踪和解释可以作为沉积单元顶底界线。当然，不同级别的事件与不同层次的地质界线相对应，如大规模物种灭绝事件与区域乃至全球地层界面相一致，湖平面升降可以在同一盆地内进行对比，而冲刷面则是沉积体系之间或沉积体内部的不整合界面。以此类推，事件的普遍性是指不论哪一个级别的事件都与相应的层次界面相对应，而不是局部无法横向对比的孤立事件。

2）事件成因及其地质意义

对事件成因的正确认识和合理解释，有助于层次界面的识别和划分。在层次界面解释过程中，要注重从成因机制上进行层次的划分和解释，进而达到层次解释的整体性和系统性。

3）事件一致性解释

事件级别一致性是进行事件地层学解释中应注意的关键问题之一。地层对比和解释一定要在相同级别中进行，否则将影响层次界面划分和识别的准确性。

4）事件的级次性

地质事件的划分一定要遵循由大到小的原则，与层序地层学对比和解释相类似，这样才能够使层次界面的识别具有层次性，保证层次界面识别的连续性和等时性。

5. 建立层次模型

层次建模是地质建模的一种技术手段，随着地质建模技术发展和计算机技术在地质学中广泛应用而逐步发展起来。随着地质模型在油田勘探、开发和评价各个阶段的广泛应用，单一的地质模型已远远不能满足实际生产需要，只有多层次、多级别系列地质模型的建立，才能在不同规模尺度上更加准确地描述储层。另外，随着计算机运算能力的不断提高，复杂和多级次地质模型的建立已变为可能。在复杂多级次地质模型建立过程中，可以首先建立盆地整体演化形成的充填模式和充填序列，然后建立各地层单位的沉积模式，指出有利的储层分布特征，运用盆地和油气藏数值模拟技术建立定量的地质模型。

盆地级别建模是宏观模型，主要用于勘探阶段。油层组模型主要用于指导油气田开发和方案调整，该地质模型已成为当下研究的热点，其内容主要包括：（1）砂体内部建筑结构模型，即各构型要素的形态、大小、泥岩夹层分布及其相互配置关系；（2）构型要素内部结构特征，包括组成各要素的内部构成的岩相类型、规模、三维接触关系及其储集性能；（3）层理规模地质模型，包括层系界面和层系内部渗透率的非均质性，因为交错层理的存在，会对油气水运动规律产生影响，因此，近年来利用微渗透仪直接测定交错层理，直到纹层规模的渗透率特征；（4）显微规模模型，交错纹层中有些纹层含有的矿物具有明显的定向排列或定向性不太明显，会直接影响渗透率在三维空间的分布，形成纹层主导的渗透率各向异性，表现出不同的面孔率和孔喉特征，这一特征可以直接从扫描电镜或薄片鉴定获得。可见，层次划分和采样密度会对建模的精度及模型属性产生重要影响。

6. 归一层次结构

层次归一包括两方面内容。一是地质模型的整合，二是数学方法的整合归一。依据相类型及不同算法得到的模型是分散和孤立的，还需要找出其关系，整合成统一整体。大尺度的模型不能反映小尺度的结构构型特征，小尺度模型反映的是大尺度模型的局部。因此整合的过程要根据各层次模型在空间上的相互关系进行组合，综合考虑哪些是储层的有效部分，哪些是无效部分，哪些是高渗区，哪些是低渗区，哪些是连通区，哪些是隔夹层广泛分布区。在此综合考虑基础上，合理取舍，完成模型的整合，然后通过计算机系统进行系统显示和综合管理，形成定量数据库。为油气田勘探开发有利区块评价、调整方案、加密井网、调整井位和实施三次采油提供参考。要建立有预测功能的地质模型，必须借助数学和计算机这个地质辅助工具，尤其是相关系列建模技术、数据库管理系统和三维图像显示技术，使层次建模和层次归一能够得到更好的整合和归一，使层次建模更好地服务实际生产实践。

二、储层构型研究方法

1. 构型体的选择

构型研究可以划分为广义的构型研究和狭义的构型研究。广义的构型研究是不考虑具体的油气田沉积体和储层（体），选择典型的和具有代表性的沉积体和储集层（体），进行三维研究。构型单元研究的结果起一般性或理论上的标准作用或指导作用。而狭义的构型研究则是针对具体油气田的沉积体和储集层（体），在选择构型体时，首先要明确被模拟的具体油气田的沉积体和储集层（体）的类型或大体类型。在此基础上，首先在盆地的边缘，选择类似的露头，在构造单元上、沉积相类型上、时代层位上尽可能一致或相似，这样才能保证研究结果对盆地内部覆盖区的勘探与开发起指导作用。如果盆地边缘难以选择，可以在类似类型的盆地中选择。在选择类似沉积体时，最重要的是要注意沉积作用的类似，确保选择的构型体的成因是一致的。

2. 构型单元的研究

（1）划分构型单元界面：构型单元界面是构型研究的基本要素，对不同类型沉积体和储集体（层）可划分出不同级别的单元界面。

（2）划分构型单元：构型单元是根据构型界面划分的，依据不同级别构型单元界面，划分出不同类型的构型单元。不同构型单元包含一种或几种岩相。

（3）建立构型样式：经过构型单元界面和构型单元的分析研究，最后确定构型样式，从三维空间上表示构型单元的展布。对于储集体（层）构型单元的分析研究，还应包括不同构型单元的物性分析。

3. 构型样式的运用

储层构型研究是对沉积单元三维空间展布样式的研究，比沉积微相的研究更细化，能够对单砂层、不同成因砂体的分布做出有效预测，另外储层构型对油气分布有着重要的控制作用，因此，储层构型样式的运用对油气勘探和开发能起到有益的指导作用。构型样式的运用取决于类比程度，类比程度越高，则构型样式的运用越有效。

三、原型模型建立方法

原型模型是指与模拟目标区储层特征相似的露头、开发成熟油气田的密井网区或现代沉积环境的精细储层地质模型。原型模型的选择有两个基本原则：一是原型模型的沉积特征与模拟目标区沉积特征相似；二是具有密度采样的条件，采样点密度必须比模拟目标区的井点密度大得多。对于露头区和现代沉积区，可以进行三维空间的砂体结构测量，并可在三维空间进行密集采样和岩石物性（孔隙度、渗透率）测定，取样网格可密至米级甚至厘米级。因此，可建立十分精细的三维储层地质模型。在开发成熟油气田的密井网区，尤其是具有成对井的密井网从原型模型中可以总结出地质规律，用于指导相似沉积类型的储层预测，获得各种参数的统计特征，如变异函数、砂体密度及宽厚比等，作为模拟及约束条件来进行目标砂体随机建模，从而保证其非均质性特征的可靠性。河流相储层原型模型建立基于野外露头、现代沉积、水槽实验、密井网解剖等，是目前精细描述的主要研究方向之一。

1. 野外露头

野外露头研究所建立的原型模型具有直观性、完整性、精确性、便于大比例尺研究的特点。通过对储层进行精细的地质描述和测量，然后通过室内分析、统计来确定储层原型模型的参数，其理论研究意义十分重大。但是受限于沉积环境、沉积条件的不确定性，该方法具有一定的局限性。近几十年，欧美各国改变了传统的以区域地质勘探为目的的工作方法，而花费巨资从事为油田开发服务的精细露头储层研究工作。其中最有影响的是由BP投资Doyle J. D. 等（1995）在美国俄克拉何马州吐尔萨附近对Gypsy组砂岩所开展的露头调查工作研究。整个研究工程包括露头调查、覆盖带浅井数十口、地震与雷达勘探、钻深部实验井5口。这些露头研究工作一方面是为了建立含油层系规模的地质模型，另一方面是为了建立砂体规模地质模型，对于研究相似沉积环境的储层分布预测有很好的理论借鉴意义。

Jose Matildo Paredes等（2015）对阿根廷的戈尔弗圣豪尔赫盆地上白垩统巴乔巴雷亚尔组的露头进行详细解剖，确定露头剖面的界面、砂体分布和砂体参数，从而建立该露头的原型模型，指导阿根廷建立多层河流河道地质模型，包括界面、剖面几何形状、内部岩相和层理构造的信息。该露头河道砂体厚度平均为5m，宽度在1500～3500m之间；心滩坝砂体厚度为3～8m，宽度为350～650m，宽厚比为80～150，长度在800～1500m之间，长宽比在1.5～2.5之间。砂体横截面宽200～900m，中值为300m；砂体横截面厚10～18m，中值为13m；河道比例为13%。模拟时沿剖面布虚拟井，根据空间物体的几何形态（沉积相、流动单元等）分布规律模拟物体的空间展布，选用基于目标法进行模拟，再现目标体几何形态。

国内开展以建立储层地质模型为目的，为油田开发应用的露头和现代沉积研究始于20世纪80年代，如青海油砂山辫状河三角洲和分流河道砂体露头调查（林克湘等，1995；雷卞军等，1998）；阜新盆地辫状河三角洲露头调查（王建国，王德发，1995）；永定河辫状河现代沉积、岱海现代辫状河沉积、扇三角洲露头调查和拒马河曲流河现代沉积点坝研究等，都对不同类型储层非均质性描述做出了贡献。目前国内开展露头研究最精细的是中国石油勘探开发研究院承担的中国石油天然气集团有限公司“九五”重点科技攻关项目“储层露头精细描述及应用研究”，是国内第一个有关扇三角洲和辫状河储层露头的综合解剖研究项目，穆龙新和贾爱林等（2000）通过对山西大同辫状河露头和滦平桑园营子扇三角洲沉积露头的研究，建立了辫状河和扇三角洲沉积体系的详细储层地质知识库和露头原型，对于研究相似沉积环境的储层分布预测有很好的理论借鉴意义。

2. 现代沉积

现代沉积研究所建立的原型模型同样具有直观性、完整性、精确性、便于大比例尺研究的特点。通过Google Earth等二维分析现代沉积手段和探地雷达等三维分析现代沉积手段对储层进行精细的地质描述和测量，然后通过室内统计分析来确定储层原型模型的参数。张斌等（2007）基于Google Earth图像，定义了河曲参数并进行了测算，指出了嘉陵江深切河曲是世界上最复杂、最不规则和最弯曲的河道之一；李宇鹏（2008）等利用Google Earth对现代河流影像图片测量得出了河流宽度和点坝长度之间具有正相关性的函数关系，并指出它具有指导曲流河点坝地下储层构型定量分析的功能；张昌民等（2012）利用Google Earth提供的卫星图片，对洞庭湖、鄱阳湖进行现代沉积研究，发现了两种类型的三角洲。在地质学中的应用都表明Google Earth确实具有很大的用途，尤其在宏观指导方面。但在油气田开发的中后期，为了提高油气采收率，建立精确的地质模型至关重要，而地质知识库的精度，是影响地质模型精度的重要因素（石书缘等，2012）。

Na Yan 等（2017）通过 FAKTS 数据库（河流体系结构知识传递系统，截至 2017 年 2 月，FAKTS 数据库包括来自 104 个露头和 27 条现代河流沉积的 186 个案例研究），提取曲流河砂体定量表征参数，包括不同沉积砂体的长度、宽度和厚度及其比例，用于曲流河构型模型建立的约束条件（图 2-13，图 2-14）。

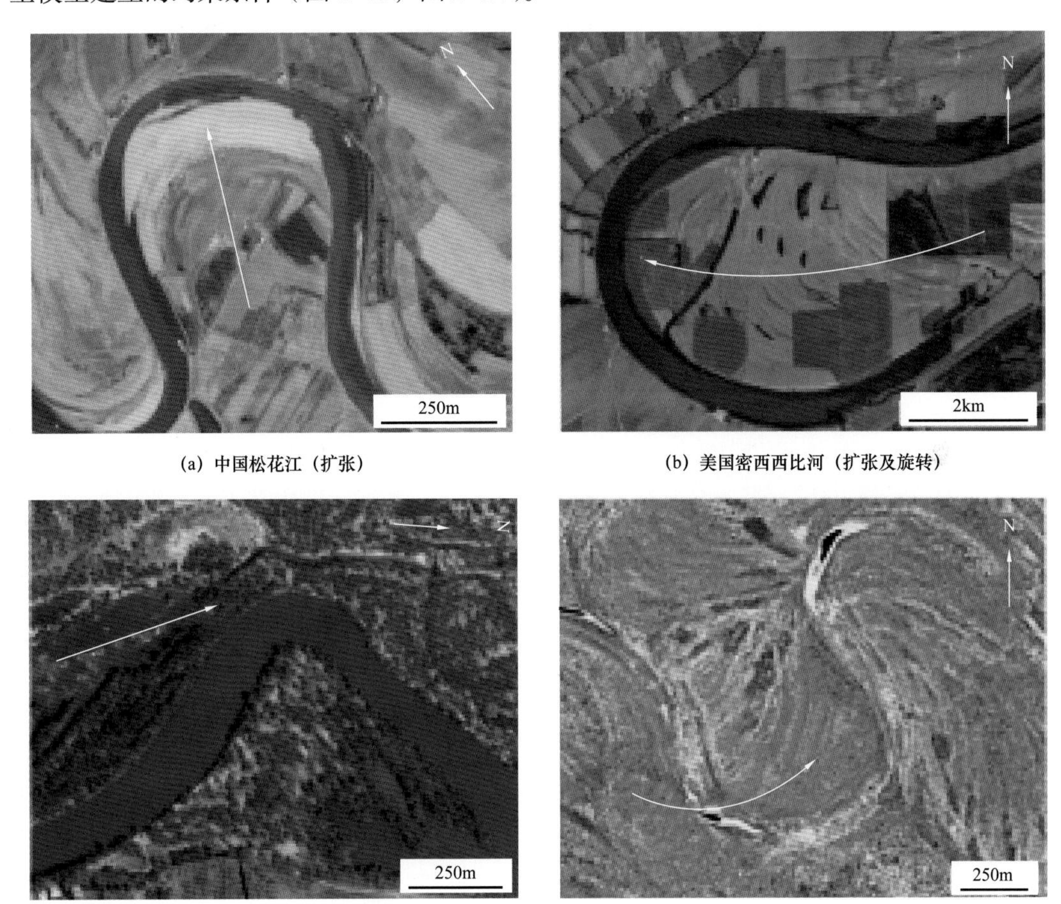

(a) 中国松花江（扩张）　(b) 美国密西西比河（扩张及旋转）

(c) 澳大利亚莫瑞河（变换）　(d) 阿根廷里奥内格罗河（变换及旋转）

图 2-13　不同曲流河弯曲类型

沉积相建模方法主要包括确定性方法和随机建模方法，在随机建模方法中，序贯指示模拟、基于目标的模拟方法、多点地质统计学方法等常用来进行河流相储层微相的模拟。

为研究河流相储层沉积微相建模算法的适用性，以及不同井距控制下的相建模精度，选取与研究区储层沉积微相几何特征相近的辫状河现代沉积模式，并按照固定的井距及排距加设虚拟井。基于现代河流沉积卫星照片（图 2-15），进行二值化图像处理，然后部署相同密度下的井网，分别对比序贯指示模拟方法、基于目标体模拟方法、多点地质统计学模拟方法模拟实现，从而优选河流相储层原型建模方法，如图 2-16 所示。

综合相建模算法模拟结果对比及各类方法适应性评价得出：基于前期对研究区定量地质知识库的研究，对储层河道相的几何形态和组合方式有了比较详细的认识，获得的先验地质认识可以应用到基于目标的方法相建模当中。因此对于井距较大的区块可以使用基于目标的方法进行储层相建模。对于密井网区可采用河流相储层常用的序贯指示法进行模拟。

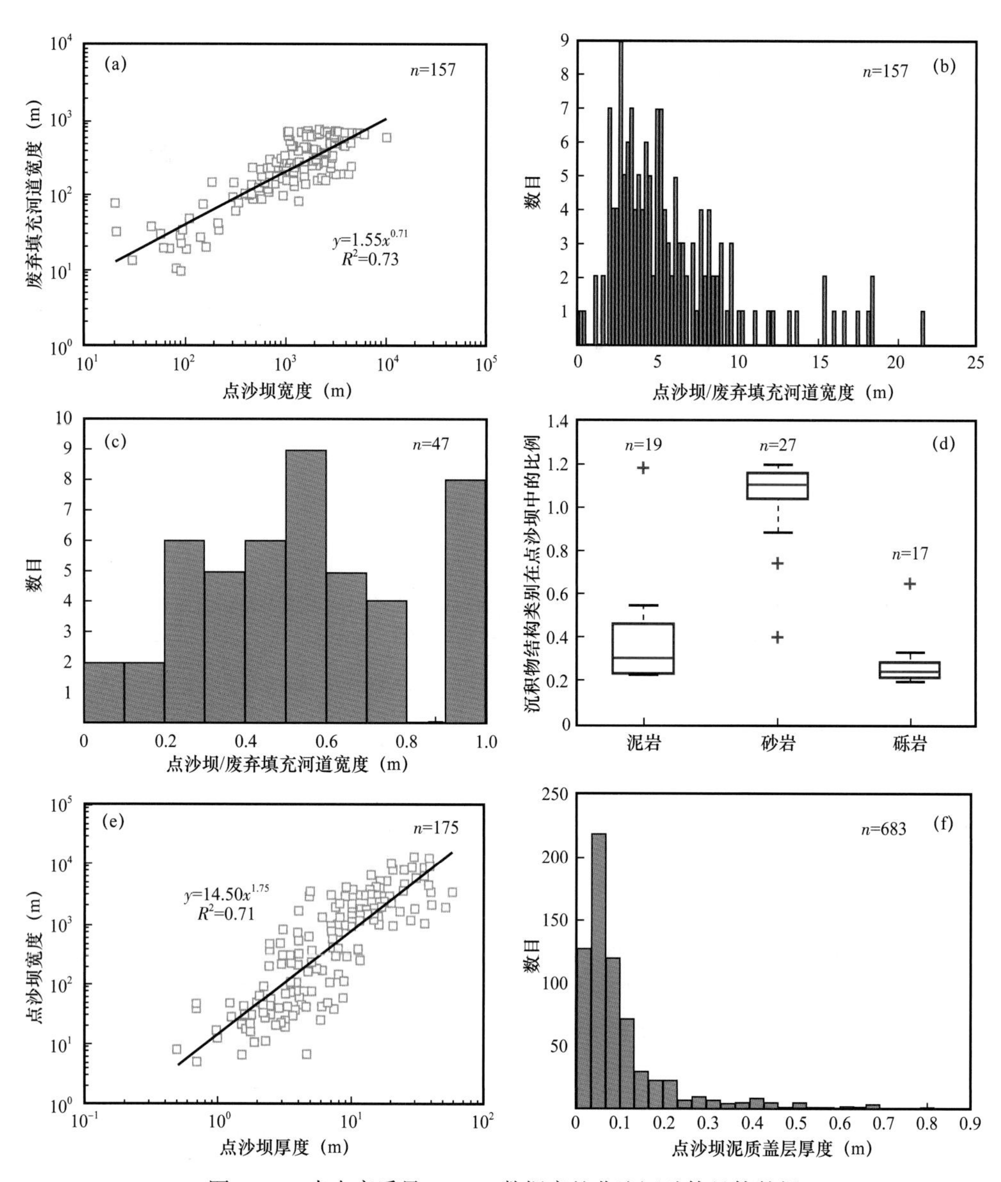

图 2-14　来自高质量 FAKTS 数据库的曲流河砂体具体数据

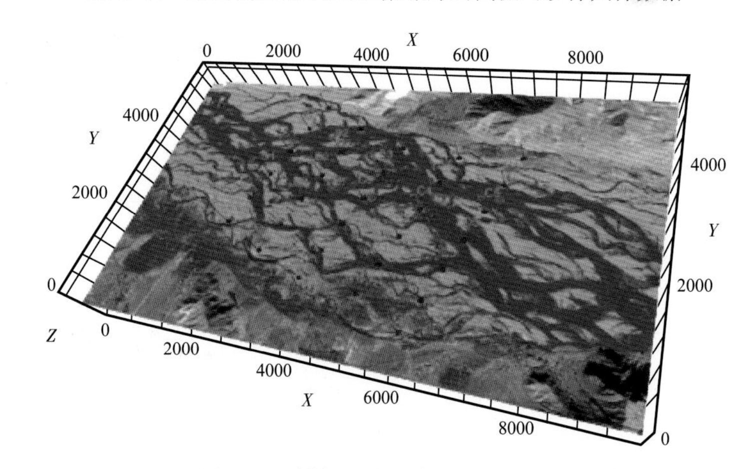

图 2-15　辫状河流现代沉积卫星照片

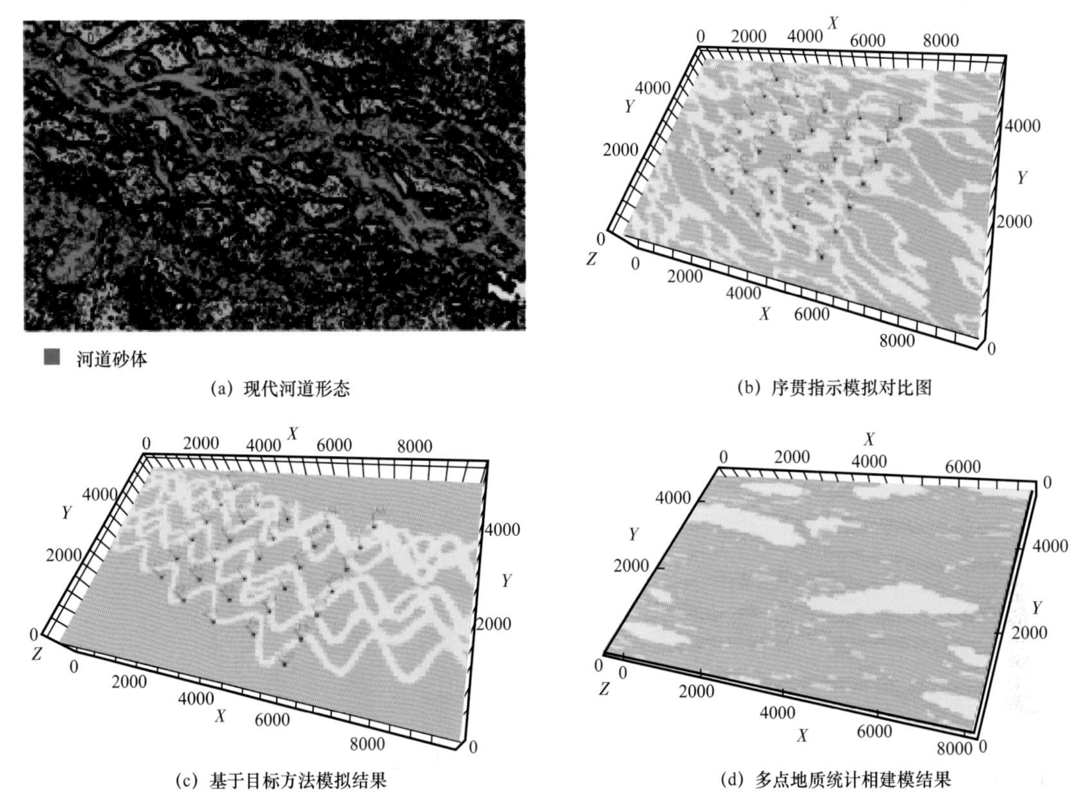

图 2-16　河流相储层地质建模方法对比

3. 密井网解剖

密井网条件建立原型模型是充分利用开发成熟区块的静态、动态资料，进行精细的油气藏地质研究（包括地层学研究、构造学研究、沉积学研究、储层评价研究等）。该方法是针对油气田覆盖区建立储层原型模型的经济有效的方法。大量实践证明：密井网区高分辨率层序地层学划分与对比、沉积微相的精细研究、详细的开发动态分析、小层段和大比例尺的工业制图等方法和技术的广泛应用，足以获得可靠的储层原型地质模型。密井网区所建原型模型的优点是可以根据密井网大量的动态、静态资料，对地下情况进行详细的研究，但受井距的限制，对于井间储层预测需要结合其他信息。

牛博（2014）基于密井网解剖手段对大庆油田萨中密井网区的辫状河储层砂体及其内部构型进行精细解剖，总结出辫状河砂体具有“心滩坝顺流平缓前积、垂向多期增生体加积”的构型沉积模式，建立密井网区辫状河储层构型模型（图 2-17）。

通过多井连井剖面横纵向对比分析心滩坝内部构型，对落淤层平面及其剖面各向异性进行表征，并统计分析落淤层倾向、倾角、长度、宽度、厚度、产状及平面几何形态等参数，从而建立辫状河落淤层原型模型，提高辫状河构型随机建模可靠性（图 2-18）。

Colombera L. 等（2014）设计了一种概率方法，通过定井距的井网横向追踪地质体来评价地下井间的储层构型和井间砂体几何参数，从而建立河流相储层原型。地质体相关性模型（基于相关性和渗透性地质体之间的比例）是从渗透率和相关性的总概率中获得的，这些概率本身取决于地质体类型横向范围的分布。使用露头模拟数据来约束地质体的宽度分布，可以生成一个模型，描述给定类型沉积系统的真实井间相关模式。

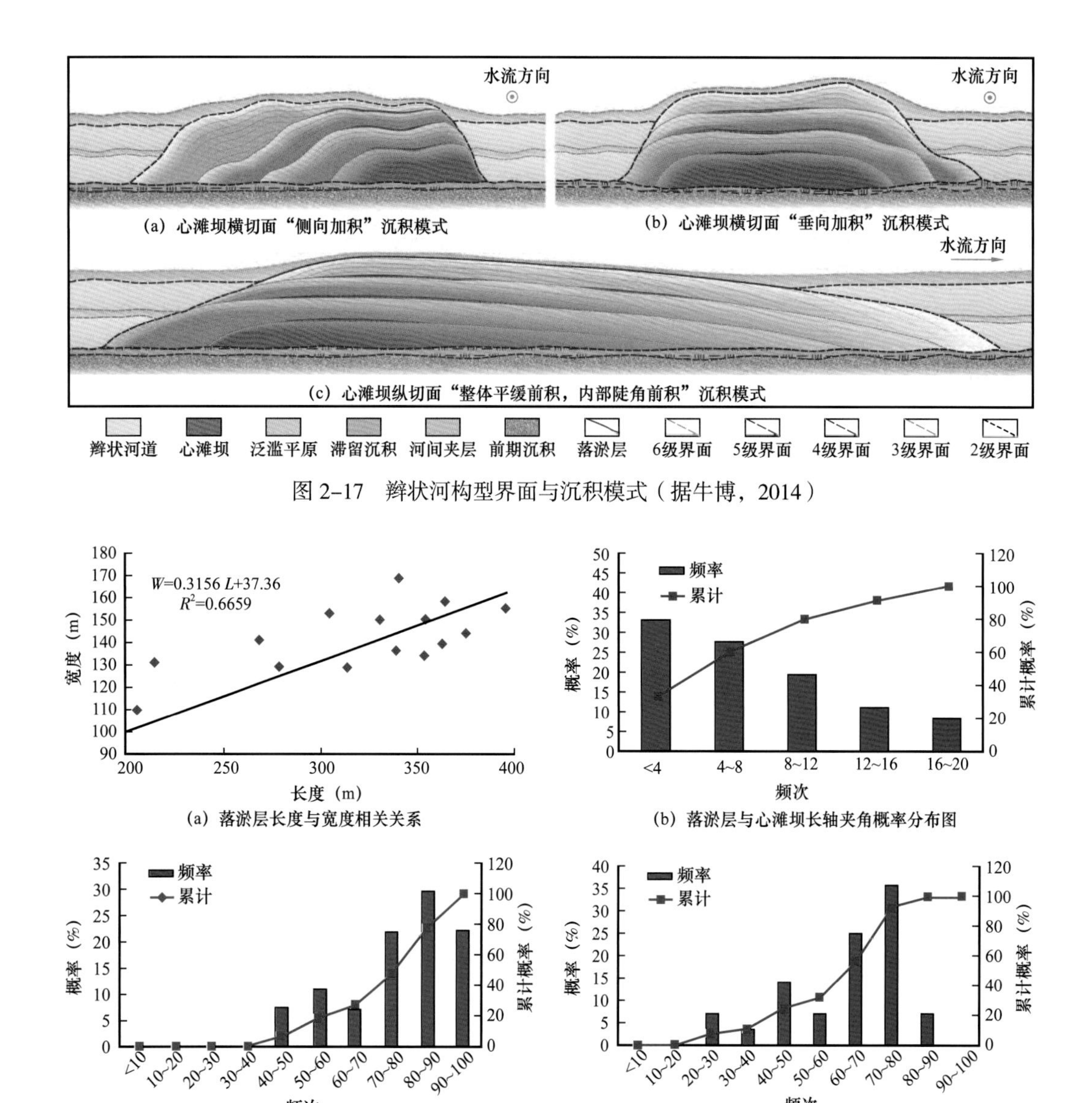

图 2-17 辫状河构型界面与沉积模式（据牛博，2014）

图 2-18 落淤层参数统计分析图

4. 井间地震

井间地震方式确定密井网区井间储层展布方式、井间砂体连通性、构型分析、几何和岩石物性等参数，提高河流相储层原型模型可靠性。井间地震资料由于具有高分辨率和高信噪比的特征，能够解决薄互层识别、储层连通性、流体分布、注气效果和压裂效果等复杂地质问题，能更精细地揭示井间微小构造和岩性细节，与地面地震互补，大幅度地提高了复杂陆相储层的描述精度。

利用井间地震资料进行沉积界面识别、曲流河侧积层产状判断和侧积体规模预测等研究，明确储层构型，确定侧积体的统计参数，利用经验公式确定曲流河河道宽度、深度以及侧积体倾角等参数，为储层建模提供反映曲流河规模和形状的结构参数，约束修正变差函数的相关取值（图 2-19，图 2-20）。

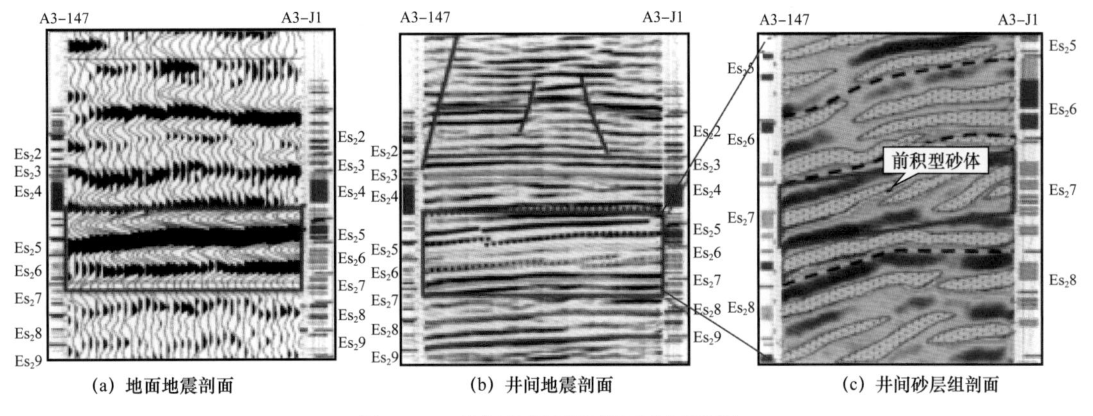

图 2-19　井间地震精细刻画砂层组图

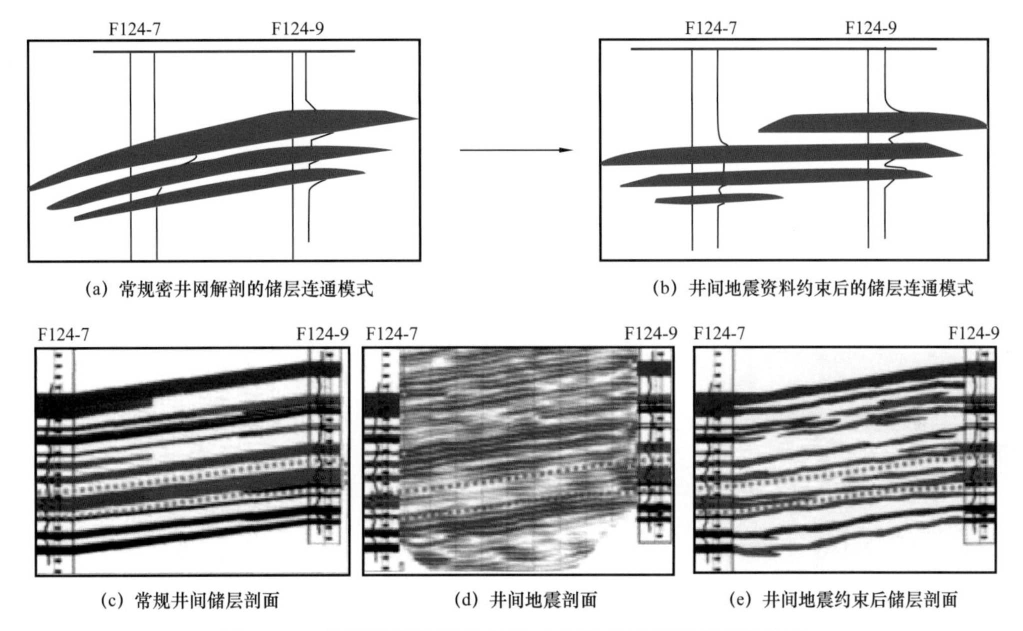

图 2-20　井间地震资料确定的对比模式对储层剖面的修改

由于井间地震主要作为常规原型模型建立手段基础上的补充手段，该方法只能明确井间有限储层的储层参数，故需结合测井、地面地震等手段综合分析储层，从而建立储层原型模型，提高原型模型的精度和可靠性。

5. 物理模拟

物理模拟建立原型模型也是一种非常可靠的原型模型建模方法。物理模拟是对沉积物理过程的室内模拟，通过模拟当时的沉积条件，在实验室还原自然界沉积物的沉积过程。由于物理模拟技术是在室内对物理过程进行模拟，所以，把握原型与模型的相似性是关键。该方法是在分析地质原型的基础上，设计实验参数，在几何、运动、动力等相似理论的约束下，建立地质模型、物理模型。进而建立原型与模型之间的对比标准，然后进行实验设计，并展开模拟实验。比如，通过水槽模拟实验，可以得到大量关于不同沉积类型的储层砂体模型。这种模型与露头是类似的，其最大的优势在于测量方便（可以随意切片、取样），对沉积过程记录详细，成因机理明确。

国内学者张春生（2001）以于兴河等（2004）的云冈石窟辫状河露头研究成果为基础，进行了物理实验模拟。模拟结果表明，在放水初期，可以观察到水流先形成小河，然后河道逐渐展宽，中下游河床展宽幅度大于中上游。随着实验进行，河道内开始逐步发育沙坝。沙坝类型主要包括斜列沙坝、纵向沙坝、横向沙坝、斜向沙坝及河道充填砂体。由此建立了辫状河水槽物理模式（图 2–21）。

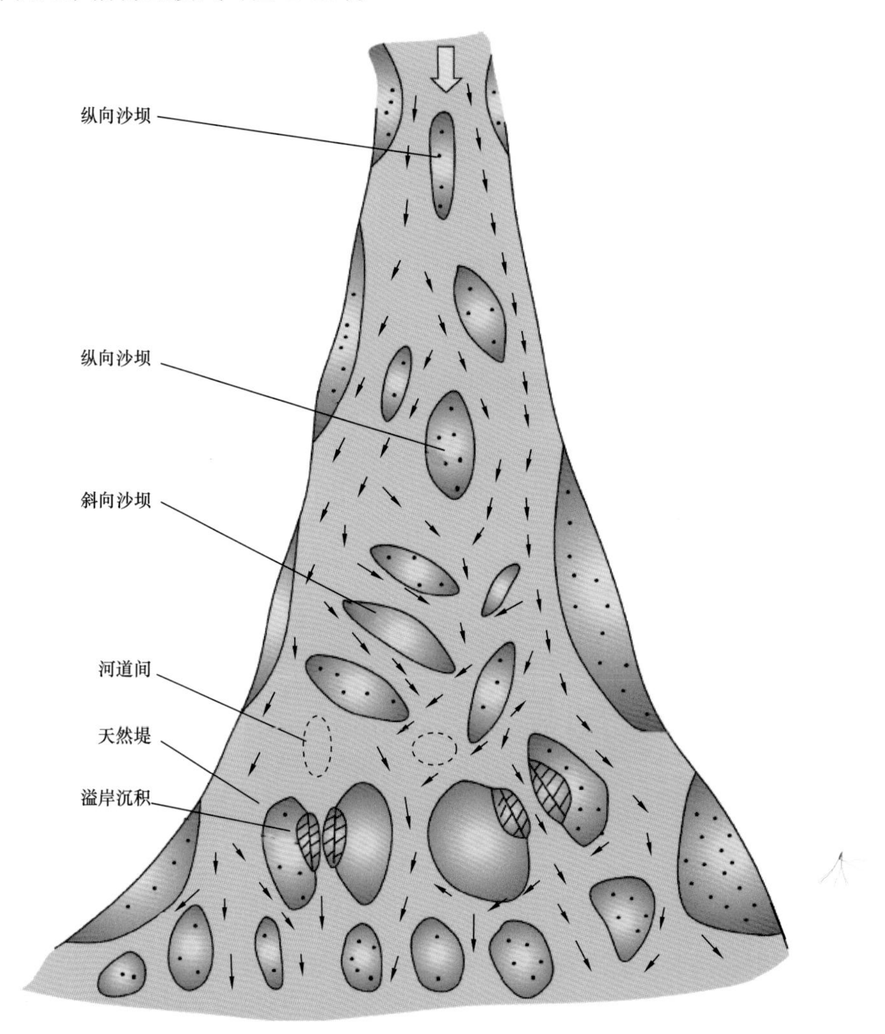

图 2–21　辫状河水槽物理模式图（据张春生，2001）

何宇航（2012）等以辫状河沉积相的物理模拟实验为例，模拟了河道及心滩沉积体的沉积过程，分析了辫状河道及心滩等微相类型及其分布特征（图 2–22）。

通过实验得到了辫状河构型参数模型，对统计出的心坝长度、宽度、厚度进行分析，模拟出心坝长度、宽度与厚度之间的线性相关关系，求出了水槽实验条件下的河流参数数据库（图 2–23）。以此为基础，可以开展不同规模辫状河沉积体规模的预测。模拟结果显示，心滩的长宽比为 1.5∶1～2.5∶1，宽厚比为 75∶1～95∶1。为了与深埋地下 3000m 的古辫状河心滩的宽厚比有可比性，需进行正向压实校正，校正系数可参考庞雄奇等（1993）的砂岩压实模拟结果，取 3000m 压实率为 0.8（压实率为压实后与压实前厚度比值），由此估算宽厚比为 50∶1～80∶1。

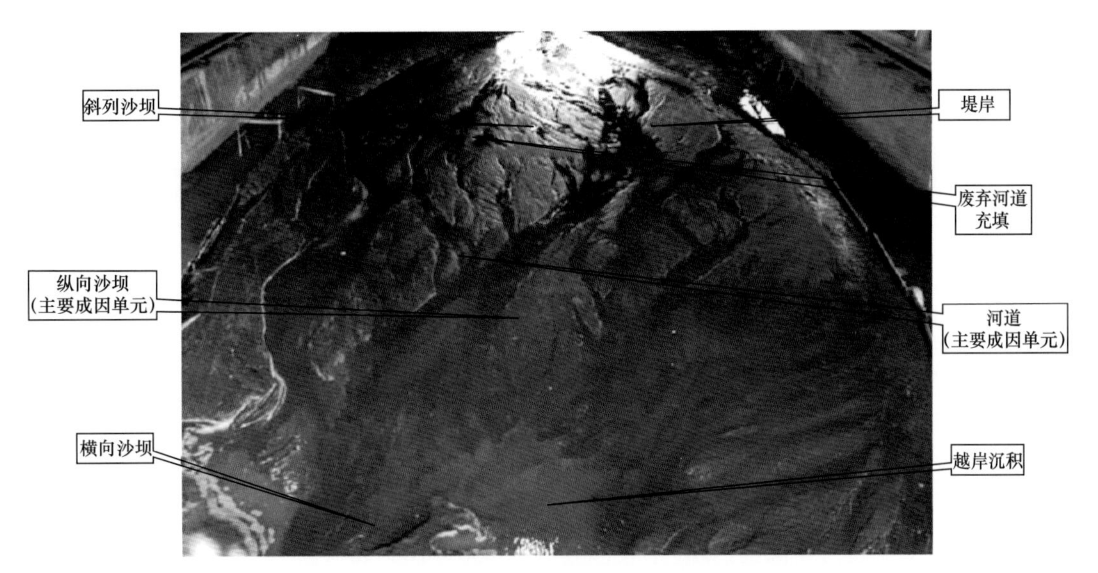

图 2-22　辫状河水槽实验平面图（据何宇航，2012）

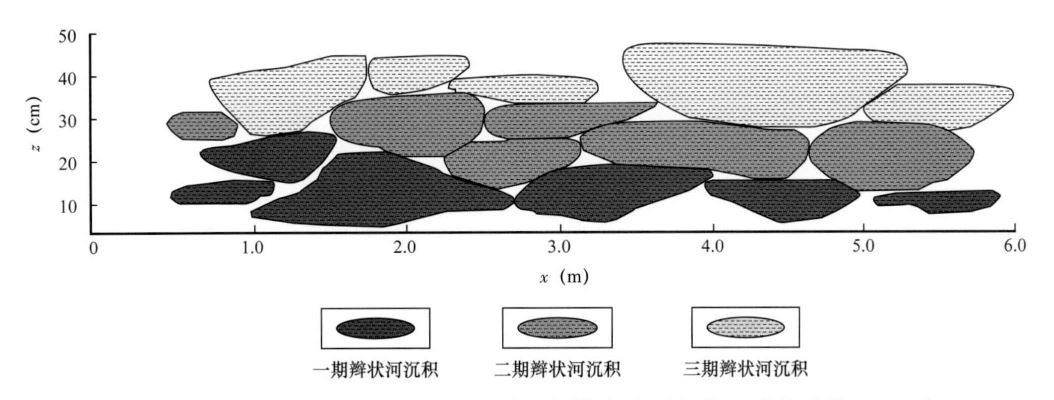

图 2-23　水槽实验条件下心滩间的形态、规模及叠置关系图（据何宇航，2012）

第三章　苏里格气田基本地质特征

苏里格气田位于鄂尔多斯盆地西北部，勘探面积 $6\times10^4km^2$。北部隶属内蒙古自治区，南部处于陕西省。北部为沙漠、草原区，地势相对平坦，海拔 1200～1350m；南部为黄土塬，沟壑纵横、梁峁交错，海拔 1100～1400m。2000 年实施的苏 6 井在上古生界石盒子组试气获 $120\times10^4m^3/d$ 的高产工业气流，发现了苏里格气田。截至 2018 年底，苏里格气田累计提交探明储量（含基本探明储量）$4.72\times10^{12}m^3$，是目前我国储量规模最大的天然气田。

苏里格气田自 2000 年发现以来，经历了评价、上产和稳产三个阶段，2013 年底建成 $230\times10^8m^3/a$ 生产能力。截至 2018 年底，气田以 $230\times10^8m^3/a$ 生产规模已稳产 5 年。

第一节　地层特征

鄂尔多斯盆地是一个多构造体系、多旋回演化以及多沉积类型的大型沉积盆地。在大地构造位置上，它位于华北板块的西缘，盆地内沉积了自古生代以来的多套生储盖组合。在漫长的地质构造演化过程中，它经历了太古宙—古元古代的基底形成阶段，中—新元古代的大陆裂谷发育阶段，早古生代的陆缘海盆地形成阶段，晚石炭世—中三叠世的内克拉通盆地形成阶段，晚三叠世—早白垩世的前陆盆地发育阶段，新生代的盆地周缘断陷盆地形成六个大的构造演化阶段。盆地今构造格局奠基于中燕山运动，发展完善于喜马拉雅运动。根据现今构造形态，结合盆地演化史、构造发展史和构造特征，将鄂尔多斯盆地内部划分为伊盟隆起、渭北隆起、晋西挠褶带、伊陕斜坡、天环向斜和西缘逆冲带六个构造单元。

苏里格气田构造上处于伊陕斜坡、伊盟隆起和天环坳陷三大构造单元。上古生界自下而上发育上石炭统本溪组、下二叠统太原组、下二叠统山西组、中二叠统下石盒子组、中二叠统上石盒子组、上二叠统石千峰组，总沉积岩厚度在 700m 左右（表 3–1）。苏里格气田上古生界具有多层含气的特征，本溪组至石盒子组各小层都不同程度地钻遇气层和含气层。主力气层为上古生界下二叠统山西组山 1 段和中二叠统下石盒子组盒 8 段，埋藏深度为 3200～3600m，地层厚度为 120～140m，为砂泥岩地层。

（1）上石炭统本溪组（C_2b）：本溪组与下奥陶统平行不整合接触，底以铁铝岩之底为界，顶以下煤组（8#、9# 煤层）之顶为界，8#、9# 煤层是石炭系与二叠系（以下煤组顶部为界）的分界标志。根据沉积序列及岩性组合自下而上分为本 3 段、本 2 段和本 1 段共三段，苏里格庙区本溪组由东向西变薄，普遍缺失下部地层，古隆起区缺失本溪组。

（2）下二叠统太原组（P_1t）：太原组连续沉积于本溪组之上，以北岔沟砂岩之底为顶界，以庙沟灰岩底为底界，区内分布广泛，厚度在 60m 左右。根据沉积序列及岩性组合自下而上分为太 2 段（毛儿沟段）、太 1 段（东大窑段），且由东向西减薄。苏里格庙区太 2 段（毛儿沟段）石灰岩较发育，毛儿沟灰岩时常变薄分叉，与砂岩、泥岩交互出现。庙沟—毛儿沟海侵期是华北晚古生代最大的海侵期。

表 3–1　鄂尔多斯盆地西北部上古生界二叠系地层划分

地层				主要岩性	厚度（m）	沉积相
系	统	组	段			
二叠系	上二叠统	石千峰组（P_3s）		紫红色含砾砂岩与紫红色砂质泥岩互层	150～300	河流湖泊
	中二叠统	上石盒子组	盒 1（P_2sh_1）	红色泥岩及砂质泥岩互层，夹有灰绿色薄层砂岩及粉砂岩	120～180	河流及湖泊三角洲
			盒 2（P_2sh_2）			
			盒 3（P_2sh_3）			
			盒 4（P_2sh_4）			
		下石盒子组	盒 5（P_1sh_5）	以含砾粗砂岩、中粗砂岩及细砂岩，岩屑砂岩为主，夹有砂质泥岩及粉砂岩	140～160	
			盒 6（P_1sh_6）			
			盒 7（P_1sh_7）			
			盒 8（P_1sh_8）			
	下二叠统	山西组	山 1（P_1s_1）	细—中粒岩屑砂岩、岩屑质石英砂岩	40～60	
			山 2（P_1s_2）	岩性为灰—深灰色或灰褐色粗—细砂岩，主要为岩屑砂岩，少量石英砂岩，夹薄层粉砂岩和黑色泥岩	40～60	
		太原组	太 1（P_1t_1）	石灰岩及煤层	60～80	潟湖—滨海沼泽
			太 2（P_1t_2）	石英砂岩，顶部煤层		

（3）下二叠统山西组（P_1s）：山西组以北岔沟砂岩底为底界，以骆驼脖砂岩底为顶界，厚度一般在 70m 左右。根据沉积序列及岩性组合自下而上分为山 2 段、山 1 段共两段。山 2 段区内主要是一套三角洲含煤地层，一般有 3～5 个成煤期，在含煤层系中分布着河流、三角洲砂体，以灰色、深灰色或灰褐色中—细粒、粉—细砂岩为主，夹黑色泥岩，厚 30～40m。山 1 段区内以分流河道沉积的砂泥岩为主，砂岩由中—细粒岩屑砂岩、岩屑质石英砂岩组成，厚 30m 左右。

（4）中二叠统石盒子组（P_2s）：以骆驼脖砂岩之底为底界，该砂岩的顶部有一层杂色泥岩，其自然伽马值高，便于确定石盒子组与山西组的相对位置。根据沉积序列及岩性组合自下而上分为下石盒子组和上石盒子组两段。下石盒子组为一套浅灰色含砾粗砂岩、灰白色中—粗粒砂岩及灰绿色岩屑质石英砂岩，砂岩发育大型交错层理，泥质含量少，未见可采煤层。根据沉积旋回，由下而上，分为五个气层组，即盒 8 段上亚段、盒 8 段下亚段、盒 7 段、盒 6 段和盒 5 段。在分流河道中心见中—粗粒砂岩及含砾砂岩，分选较差。下石盒子组厚度一般为 120～160m。上石盒子组根据沉积旋回，由下而上，分为四个气层组，即盒 4 段、盒 3 段、盒 2 段和盒 1 段。上石盒子组主要为一套红色泥岩及砂质泥岩互层，夹薄层砂岩及粉砂岩，上部夹有1～3层硅质层，厚度一般为140～160m。它是一套以干旱湖泊环境为主的沉积，在测井曲线上反映出高电阻、高自然伽马。

（5）上二叠统石千峰组（P_3s）：为上古生界最顶部地层，石千峰组为紫红色含砾砂岩与紫红色砂质泥岩互层，局部地区夹有泥灰岩钙质结核。石千峰组与上石盒子组比较，特点是泥岩为紫红色、棕红色，色彩鲜艳、质不纯，且含砾、含钙质。砂岩成分除石英外还有岩屑、钾长石，一般为长石岩屑石英砂岩。重矿物中绿帘石含量普遍增高。该区沉积厚度在250m左右，分布稳定，是一套以干旱湖泊环境为主的沉积。在测井曲线上反映出高电阻、高自然伽马。根据沉积旋回自下而上分为五段，即千5段、千4段、千3段、千2段和千1段。

第二节 沉积特征

鄂尔多斯盆地晚古生代沉积是在华北板块西部、历经风化剥蚀后的早古生代沉积基础上发育而成的。晚加里东运动后，秦岭—祁连海关闭，华南板块与华北板块发生碰撞，并造成华北板块整体抬升，该区受其影响，沉积中断长达1.3亿～1.5亿年之久，缺失中奥陶统—下石炭统，形成多种侵蚀地貌。鄂尔多斯盆地在晚古生界石炭纪末期，受海西构造运动的影响，海水开始退出鄂尔多斯盆地，沉积环境由石炭纪的陆表海盆演变为二叠纪的内陆湖盆，陆上冲积平原与三角洲沉积逐渐发育。在整个晚古生代的演化历程中，鄂尔多斯盆地经历了本溪组沉积期—太原组沉积期的陆表海盆地（东部）和裂陷—坳陷盆地（西部）、山西期的近海湖盆到石盒子组沉积期—石千峰组沉积期的内陆湖盆三个演化阶段；沉积体系经历了本溪组沉积期—太原组沉积期的潮坪（潟湖）—障壁岛体系到山西组沉积期—石千峰组沉积期的冲积扇—三角洲—湖泊体系的演变；沉积物则由碳酸盐岩、煤层、陆源碎屑的交互沉积过渡到陆源碎屑沉积。

晚古生代沉积古构造背景恢复研究表明（杨俊杰，1991），盒8段厚度差异小于20m，古沉积坡度在1°～2°之间，沉积古地形构造稳定平缓，无明显坡折带。古气候为亚热带温湿气候，物理风化作用强，北部阴山古陆物源供给充足。湖盆为淡水流淌型，湖岸线变化频繁、范围大。河流水动力较强，河道横向迁移频繁。这种宽缓、温湿、物源充足、水动力强的古环境造就了苏里格气田盒8段—山1段大型缓坡型河流—三角洲沉积（图3-1），砂体大面积分布（何自新，2002）。

相对于经典三角洲而言，河流作用始终控制着浅水三角洲的形成与发育，苏里格河流水系携带大量粗碎屑物质向湖盆快速推进的过程中，河道的分支性逐渐增强，横向展布面积有减小趋势，三角洲平原分布广，三角洲前缘相对次之，显示出“大平原、小前缘”的特征（杨华，2001）。

在盒8段下亚段沉积时期，河道带交互汇聚频繁，形成了辫状的河道带网络。河道带之间存在相对的古地貌高地（泛滥平原），这些高地在洪泛时期有决口水道注入，形成了决口河道沉积；在河道带内，心滩为河道所分隔，形成了辫状河道网络，其沉积模式如图3-2所示。辫状河道快速侧向迁移使得心滩砂体在侧向相互叠置的同时，早期的河道逐步废弃，充填细粒沉积，也导致砂体的横向连续性受到限制，而一定规模的决口与泛滥沉积致使砂体在纵向上被分割。复合心滩的叠置部位是水平井部署的有利区域。

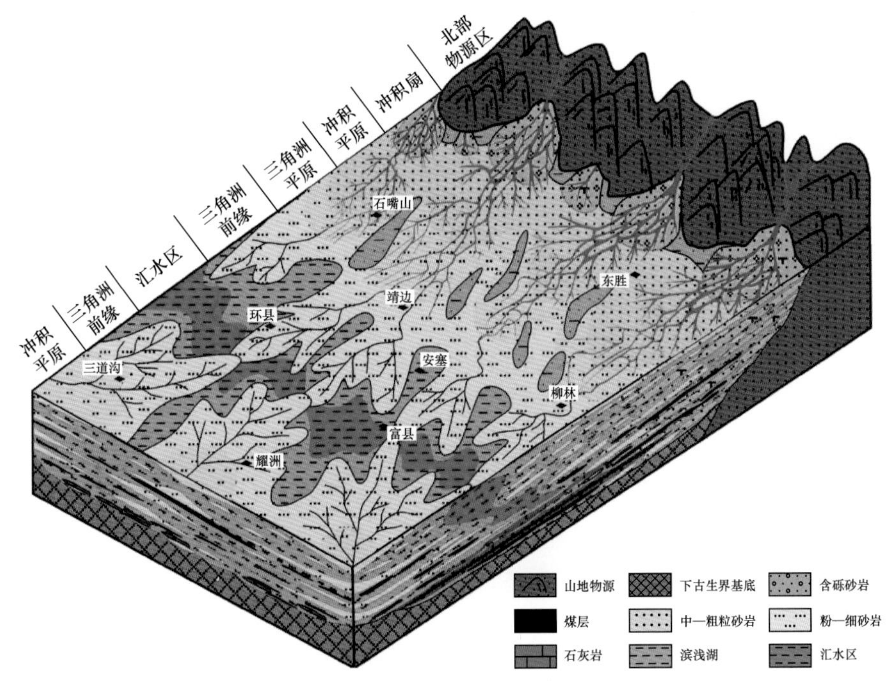

图 3-1　鄂尔多斯盆地晚古生代盒 8 段沉积期缓坡型三角洲沉积环境模式图

在盒 8 段上亚段和山 1 段沉积时期，为多河道低弯度曲流河交织沉积，依据盒 8 段上亚段和山 1 段主要含气层段河道砂体与泛滥平原的平面展布特征，其沉积模式如图 3-3 所示。河道砂体包括河床滞留砂体、边滩砂体、天然堤砂体和决口扇砂体。曲流河道以侧向迁移为主，可以形成宽度极大的河道砂体，在平面上成片状。受河道摆动、侵蚀的影响，如果上部的天然堤被剥蚀，不同时期沉积的边滩砂体可以连续叠置在一起。河道之间的河漫沉积阻隔了砂体之间的连通。河漫的泥质沉积范围比较大，水平井部署一定要避免河漫沉积。

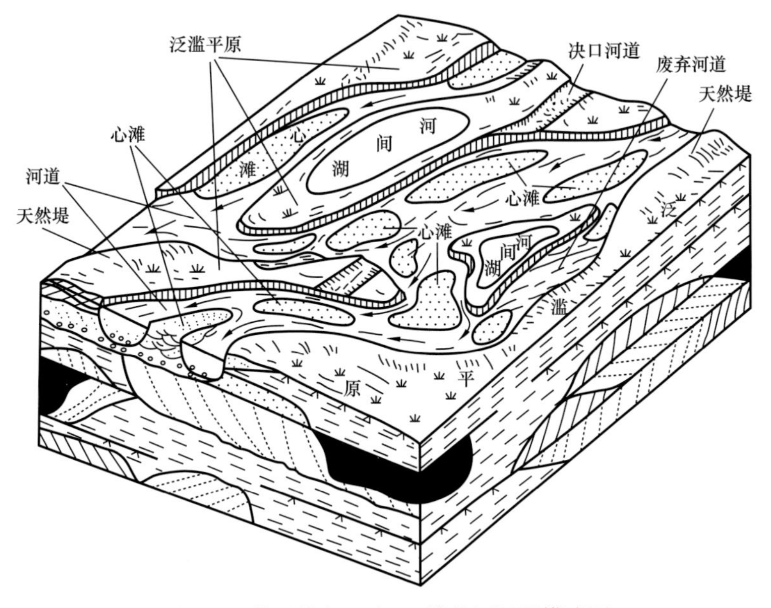

图 3-2　苏里格气田盒 $8_{下}$辫状河沉积模式图

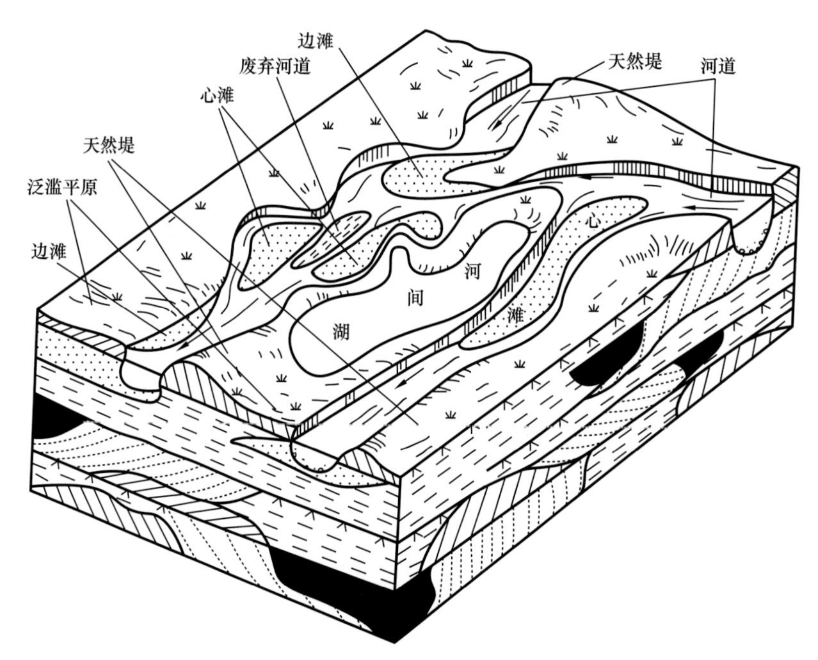

图 3-3　苏里格气田山 1 段曲流河沉积模式图

一、山 1 段和盒 $8_{上}$

苏里格气田由下至上，依次沉积了山 1 段的曲流河道砂体、盒 $8_{下}$的辫状河道砂体、盒 $8_{上}$的曲流河道砂体，形成了基准面先下降，后抬升这一升降旋回。山 1 段和盒 $8_{上}$主要发育曲流河三角洲相，属于三角洲平原亚相单元，内部进一步细分为分流河道等微相类型（表 3-2）。曲流河道垂向砂体累计厚度较薄，平面呈条带状，复合河道宽为 1～2km，单期河道宽 300～500m，垂向孤立分散（尹志军，2006）。河道砂体包括河床滞留砂体、边滩砂体、天然堤砂体和决口扇砂体。

由 Cross（1999）高分辨率层序地层学相分异原理可知，随着基准面的上升，同样的位置相存在分异，即由辫状河演化成了曲流河不同的相模式，砂体在三维空间上多孤立分散，整体呈现出泥包砂的特征。如果在山 1 段和盒 $8_{上}$实施水平井，在现有的技术条件下，将给水平井部署、优化设计、地质导向等技术的实施带来很大挑战。因此，这两套层系不是水平井的有利部署层段。

二、盒 $8_{下}$

该层段主要发育辫状河三角洲相，河道带交互汇聚频繁，形成了辫状的河道带网络。苏里格气田大部分都属于辫状河三角洲平原部分，内部又划分为 4 种微相 7 类能量单元（表 3-1）。在基准面最低的盒 $8_{下}$，辫状河道快速侧向迁移，使得河道砂体在侧向相互叠置，平面上砂体规模大，复合河道砂体宽可达 3～8km，单期河道宽度一般达到了 1～2km。由于砂体多期切割叠置，复合砂体厚度大，累计厚度可达几十米，单期垂向厚度一般可达到 5～8m。因此，盒 $8_{下}$砂体纵向分布较厚，横向展布较宽，规模较大，总体呈现砂包泥特征（付金华，2000），是水平井开发的有利层段，复合心滩的叠置部位是水平井部署的有利区域。

表 3-2　沉积微相类型划分

<table>
<tr><th>相</th><th>亚相</th><th>微相</th><th colspan="2">能量单元</th><th>层位（砂组）</th></tr>
<tr><td rowspan="9">辫状河三角洲</td><td rowspan="9">辫状河三角洲平原</td><td rowspan="5">辫状分流河道</td><td colspan="2">心滩（一类河道）</td><td rowspan="9">盒 $8_{下}$</td></tr>
<tr><td colspan="2">底部滞留</td></tr>
<tr><td rowspan="3">河道充填</td><td>二类河道</td></tr>
<tr><td>三类河道</td></tr>
<tr><td>河道边部</td></tr>
<tr><td>废弃河道</td><td colspan="2">废弃河道充填</td></tr>
<tr><td>堤岸</td><td colspan="2">天然堤</td></tr>
<tr><td rowspan="2">辫状分流间</td><td colspan="2">薄层砂（决口扇、溢岸砂）</td></tr>
<tr><td colspan="2">道间泥</td></tr>
<tr><td rowspan="9">曲流河三角洲</td><td rowspan="9">三角洲平原</td><td rowspan="5">分流河道</td><td colspan="2">点坝（一类河道）</td><td rowspan="9">盒 $8_{上}$、山 1 段</td></tr>
<tr><td colspan="2">底部滞留</td></tr>
<tr><td rowspan="3">河道充填</td><td>二类河道</td></tr>
<tr><td>三类河道</td></tr>
<tr><td>河道边部</td></tr>
<tr><td>牛轭湖</td><td colspan="2">废弃河道充填</td></tr>
<tr><td>堤岸</td><td colspan="2">天然堤</td></tr>
<tr><td rowspan="2">分流间</td><td colspan="2">薄层砂（决口扇、溢岸砂）</td></tr>
<tr><td colspan="2">道间泥</td></tr>
</table>

第三节　砂体特征

一、宏观展布特征

苏里格气田上古生界气藏主要分布在中二叠统下石盒子组的盒 $8_{上}$、盒 $8_{下}$和下二叠统山西组的山 1 段。这三个层段可进一步细分为 7 个小层（相当于砂层组）和 14 个砂体（图 3-4，表 3-3）。小层砂体是水平井部署和实施要落实的基本地层单元（卢涛，2006）。盒 8 段—山 1 段纵向主要分布 8～12 个砂体，砂体纵向多期叠置，横向大面积分布。苏里格气田的沉积相类型决定了其砂体的发育类型和发育规模，辫状河沉积由于其河道能量强、砂体宽厚比大（统计资料显示宽厚比一般为 80～120），且多个砂体切割叠置，因此形成了宽条带状或大面积连片分布的复合砂体。

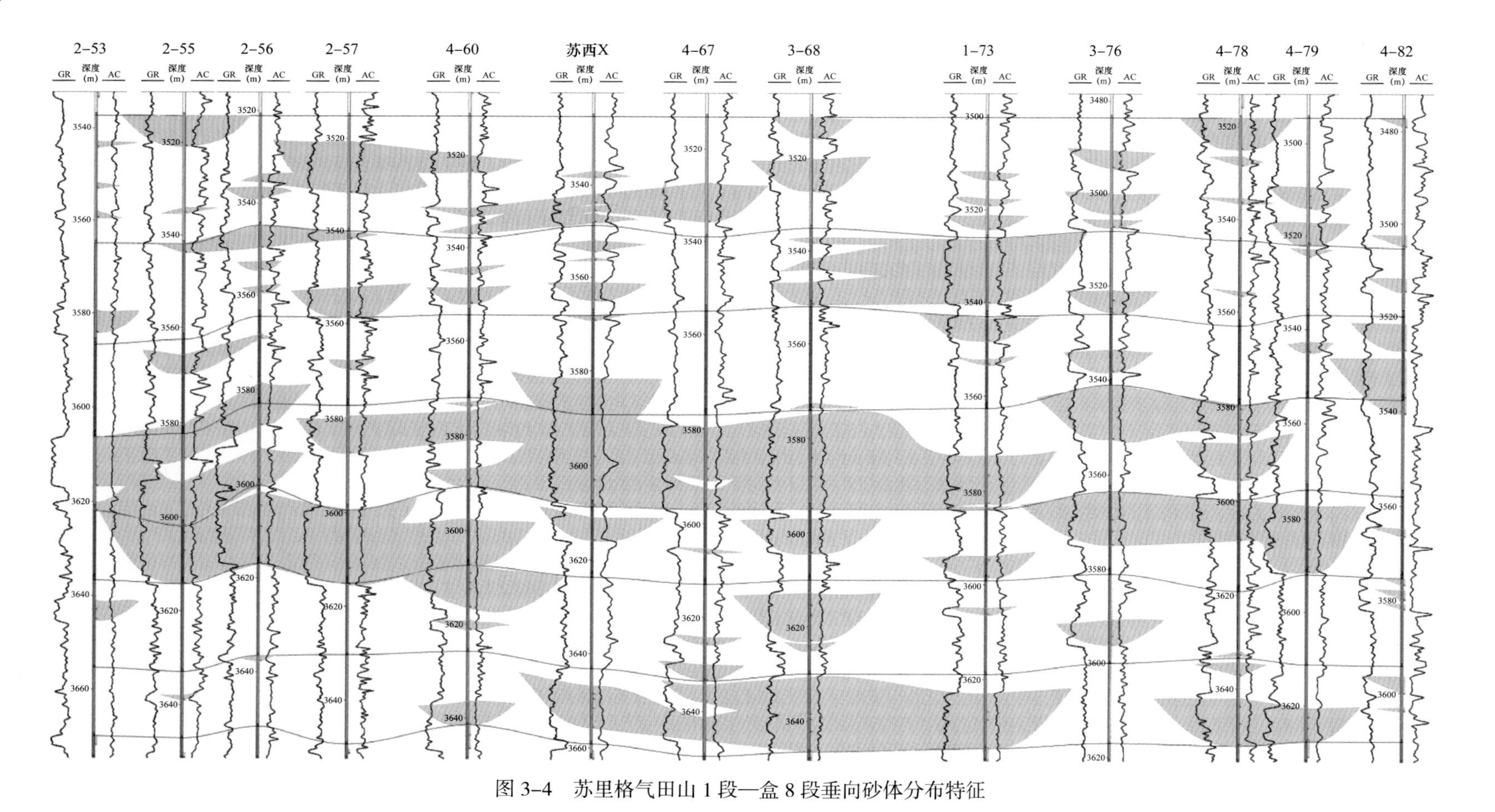

图 3-4　苏里格气田山 1 段—盒 8 段垂向砂体分布特征

表 3–3 苏里格气田上古生界气藏地层及砂体划分

地层及砂体					
系	统	组	段	小砂层	砂体编号
二叠系	中二叠统	下石盒子组	盒 $8_{上}$	盒 $8_{上}^{1}$	1
					2
				盒 $8_{上}^{2}$	1
					2
			盒 $8_{下}$	盒 $8_{下}^{1}$	1
					2
				盒 $8_{下}^{2}$	1
					2
	下二叠统	山西组	山 1	山 1_1	1
					2
				山 1_2	1
					2
				山 1_3	1
					2

砂体钻遇率和砂地比是揭示、描述砂体产出特征和砂体连续性的重要参数，艾伦（1979）根据众多现代沉积研究得出了砂体钻遇率、砂地比与储层发育的关系（表 3–4）。从苏里格气田完钻井各砂层组的砂体钻遇率（图 3–5）可见，纵向上盒 $8_{下}^{1}$ 和盒 $8_{下}^{2}$ 钻遇率最高，均达到 95% 以上，表明这两个小层砂体在平面上是大面积连片分布的；而盒 $8_{上}^{1}$、盒 $8_{上}^{2}$ 和山 1_1、山 1_2 四个砂层组砂体钻遇率在 65%～80%之间，反映出砂体呈连续的宽带状和带状分布，山 1_3 砂层组的钻遇率不到 65%，这说明该砂层组的砂体规模相对较小，呈局部的带状和窄带状分布，横向不稳定。

表 3–4 钻遇率、砂地比与储层发育关系

钻遇率（%）	>90	65～90	40～65	<40
砂地比（%）	>70	50～70	30～50	<30
砂体几何形态和连通性	大面积分布的连通席状和宽带状分布的稳定砂体	连通宽带状和带状分布的较稳定砂体	局部连通带状和窄带状砂体，分布不稳定	不连通的窄带状和孤立状、透镜状砂体
与沉积微相关系	以辫状河心滩和曲流河边滩为主，次为河床的沉积区	以辫状河和曲流河河床为主，次为辫状河心滩和曲流河边滩的沉积区	辫状河和曲流河河床与河漫滩交替发育的沉积区	以决口扇和天然堤为主的河漫滩沉积区
与储层发育关系	最有利	有利	中等有利	不利

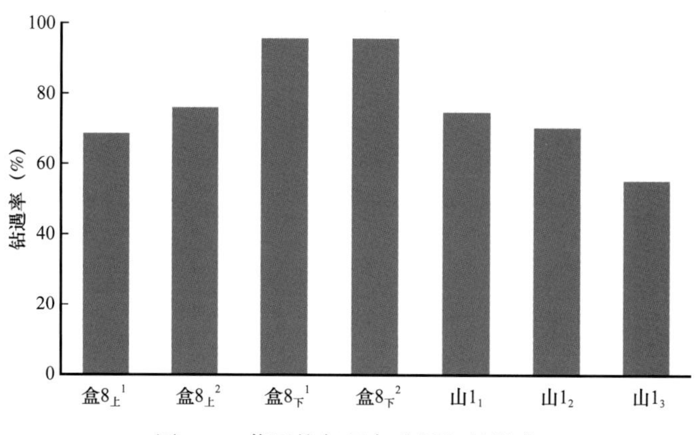

图 3–5　苏里格气田各砂层组钻遇率

砂地比表示某一层段砂岩和砾岩厚度所占地层厚度的百分比，在描述砂体几何形态及砂体连续性上的应用非常有效（张明禄，2002）。统计结果表明：盒 $8_{下}^{1}$ 和盒 $8_{下}^{2}$ 砂地比较高，约 60%，砂体呈宽带状连续较稳定分布；其余各小层的砂地比在 30%～50% 之间，结合盒 $8_{上}$和山 1 段为曲流河沉积环境，说明这两个层段各砂层组砂体整体为窄带状，连续性较差。因此，盒 $8_{下}^{1}$ 和盒 $8_{下}^{2}$ 是水平井实施的主要目的层段。

充足的物源、宽缓的古环境和较强的水动力使苏里格气田古河道频繁改道、砂体不断侧向迁移、纵向上向前推进，最终导致砂体大面积分布。盒 8 段复合砂体宽度一般为 10～25km；砂体纵向上叠置厚度大，普遍大于 20m；平面上复合连片，延伸长度在 150km 以上（图 3–6）。

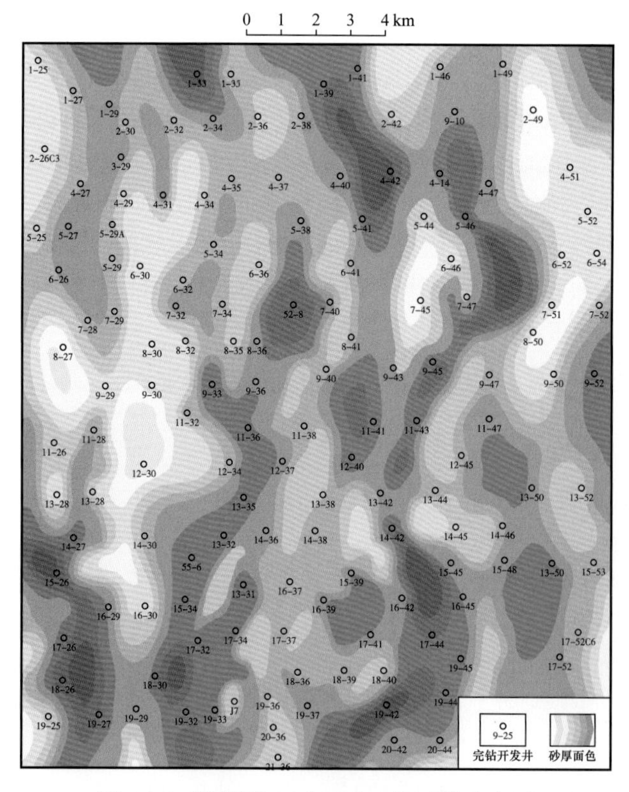

图 3–6　苏里格气田中区盒 8 段砂体分布图

二、砂体内部建筑结构

苏里格气田河道沉积尤其以辫状河道沉积最为复杂，其主要沉积微相有心滩、河道充填、废弃河道和底部滞留。有效储层的发育受沉积相控制明显，水动力较强的心滩及河床滞留沉积（单期河道底部）的粗砂岩、含砾粗砂岩等粗岩相是形成有效储层的主要沉积微相类型。由粗粒沉积物垂向加积形成的心滩砂体更是沉积的主体，其内部结构复杂，非均质性强。从图 3–7 盒 8$_{下}$细分地层单元的心滩平面展布特征来看，单个心滩大小不一，最大的有可能是小的数倍。按目前井网密度，规模较小的单个心滩，井控较差。因此，单纯依靠钻井很难对心滩边界准确界定，按目前钻井资料结果推测，大多数复合心滩宽度一般为 0.5～3km，长度一般为 1～5km，大小不等。

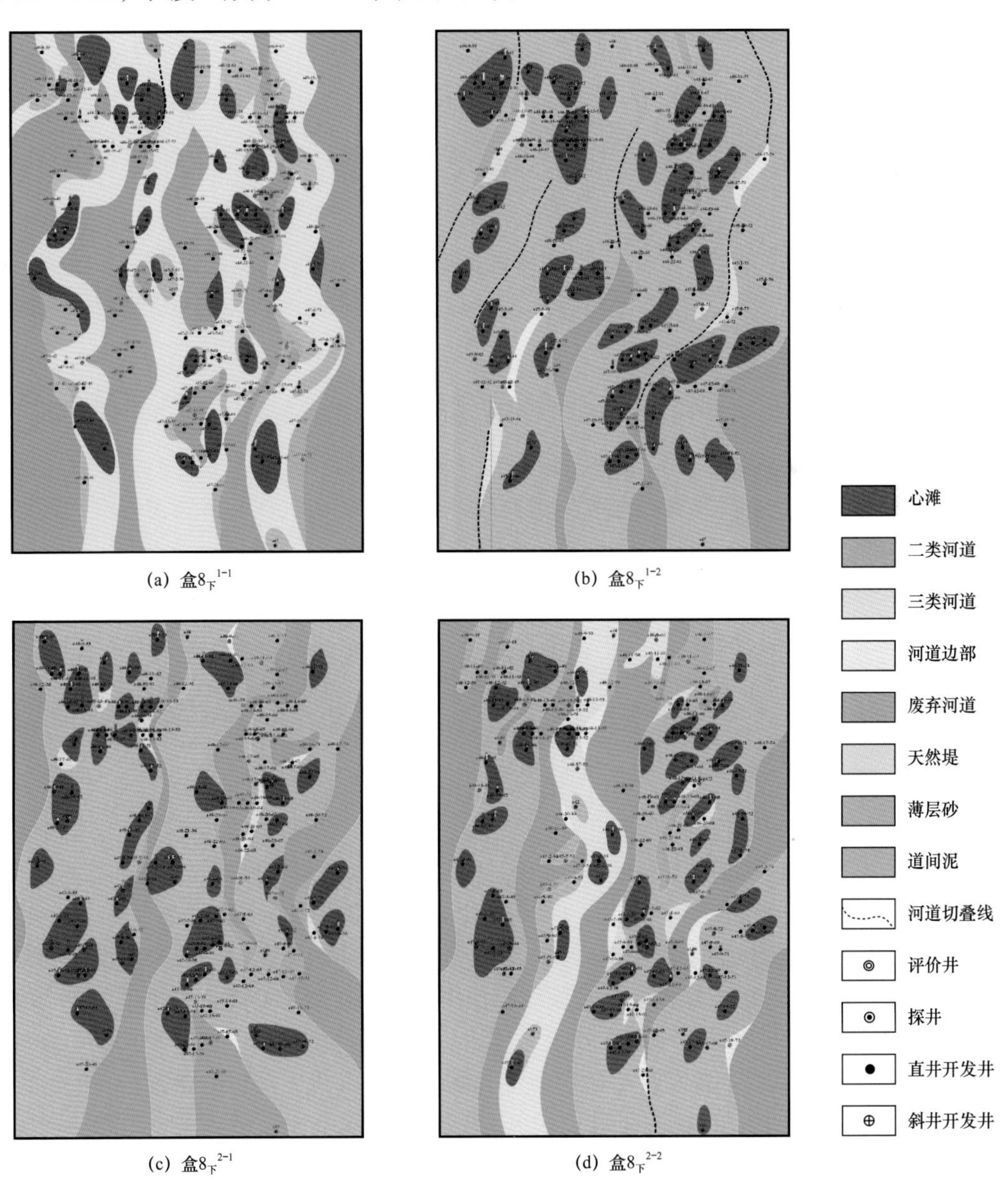

(a) 盒8$_{下}^{1-1}$　　(b) 盒8$_{下}^{1-2}$

(c) 盒8$_{下}^{2-1}$　　(d) 盒8$_{下}^{2-2}$

图 3–7　苏里格气田西区盒 8$_{下}$心滩平面展布图

心滩砂体在平面上沿水流方向展布，呈菱形或纺锤形。在纵、横剖面上呈近似倒盆形，厚度总体稳定，两端厚度快速减薄（图 3–8）。心滩砂体顶面略有起伏，局部发育泥质沉积的小型水道及坝上沟道，在水平井钻遇过程中表现为泥质含量高，但坝上沟道一般厚度薄、横向宽度较小，分布不稳定，水平段轨迹较容易穿过坝上沟道（图 3–8b，c）。

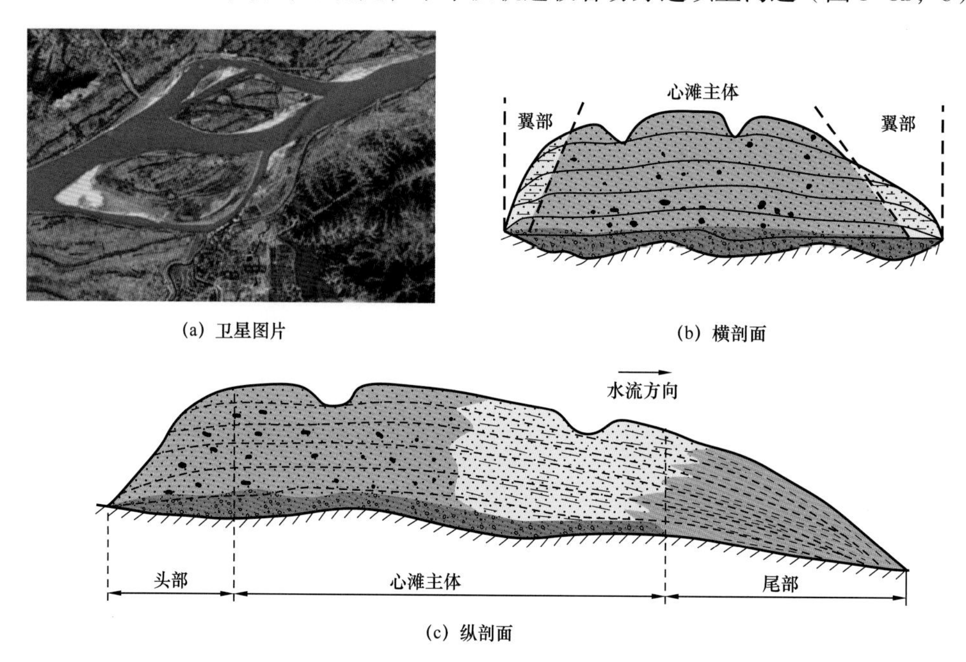

(a) 卫星图片　　(b) 横剖面

(c) 纵剖面

图 3–8　心滩现代沉积卫星图片与砂体结构示意图

单期河道心滩孤立分布，与活动河道呈现“两河一滩”的格局（图 3–9）。苏 6 加密区盒 $8_{下}$沉积相平面上主要发育心滩和河道充填，河床沉积中沉积心滩约占 60%，河道充填占 40%。

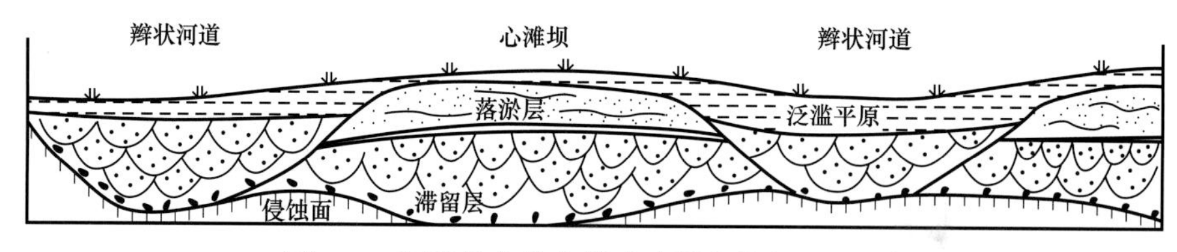

图 3–9　河床纵向分布模式（据廖保方，1998）

现代野外露头沉积调查结果表明（见图 2–6），心滩内部结构普遍由多期增生体叠置而成，增生体的界面一般是泥质、粉砂质沉积物，在沉积地质学上称为落淤层。落淤层为泥质夹层，厚度薄，但分布较稳定，在水平井水平段钻进过程中显示明显。苏里格气田盒 $8_{下}$辫状河心滩普遍发育 2～3 期增生体，单一增生体厚 3～6m，其界面一般是泥质、粉沙质落淤层。受可容空间、沉积物供给及水流切割作用的影响，河道心滩大小不一，单个心滩规模确定难度大。单期河道心滩孤立分布，与活动河道呈现“两河一滩”的格局。苏 6 加密区盒 $8_{下}$沉积相平面上主要发育心滩和河道充填，河床沉积中沉积心滩约占 60%，河道充填占 40%。由于单个心滩规模有限，在水平井实施过程中往往钻遇多个心滩与河道充填，辫状河中泥质含量较高的河道充填与心滩交替沉积，致使有效储层钻遇率低，大大增加了水平段钻进难度。

苏里格气田盒8砂体多薄层，泥质隔夹层较为发育，砂泥互层特征明显，夹层厚度一般小于2m，隔层厚度大于2m，水平井实施效果也证明了隔夹层的发育和影响。例如，苏东41-45H2井目的层砂体由四期河道叠置而成，在水平段钻进过程中，三次钻遇叠置砂体间的泥岩夹层（图3-10）。

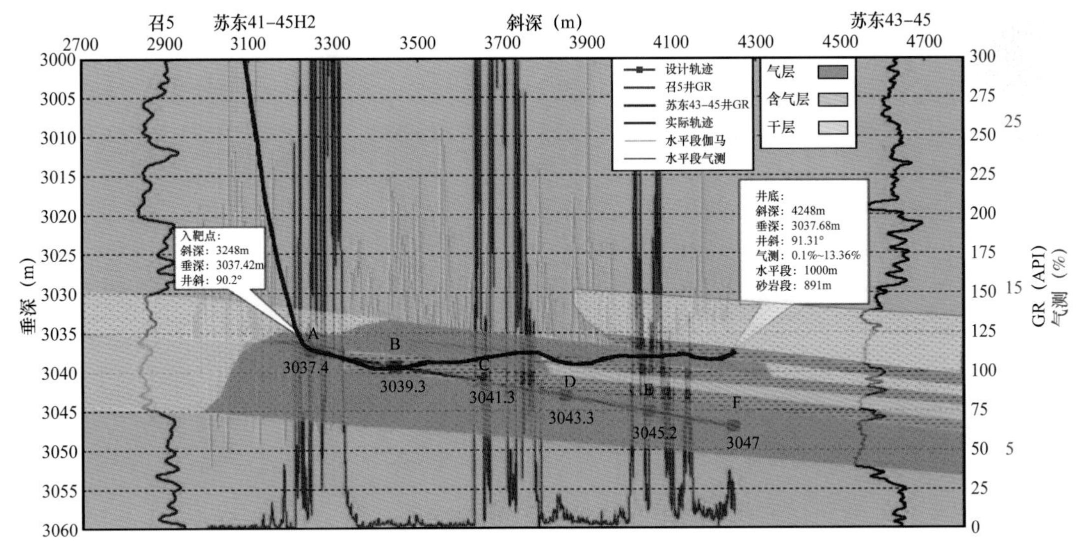

图3-10　苏里格气田苏东41-45H2井水平段实钻轨迹

三、有效砂体分布特征

苏里格气田地质情况十分复杂，主要表现为砂岩虽然发育，但不是所有砂岩均可形成有效储层。有效砂体整体表现为分布规模小，连通性差，有效储层仅为砂岩中的粗岩相。即使砂体是连续的，但有效砂体仍可能是孤立、分散的。生产过程中气井产量低、压力下降快，关井后压力恢复慢、恢复程度低均反映储层连通性差、单井控制储量低的特点（何东博，2005）。

有效砂体规模是指其在三维地质空间的分布范围，纵向规模通过厚度反映出来，大量的钻井资料已经证实苏里格气田有效砂体在纵向上呈薄层多段分布；而有效砂体横向规模则可以通过其宽度来表征。应用露头测量、加密井解剖和试井解释等多种动态静态方法综合研究，可对有效砂体规模进行定量分析。

前期评价已经充分认识到苏里格气田储层分布的复杂性。随着气田开发逐步深入，迫切需要进一步开展不同开发井网试验。2007—2008年分别在苏F井区和苏N井区部署实施了30口变井距（300m、400m、500m、600m）、变排距（600m、800m）多种开发井网试验和干扰试井。

依据密井网试验区有效砂体厚度主要分布区间，结合相同沉积类型砂体宽厚比、长宽比经验参数和干扰试井分析结果，可知有效单砂体厚度分布在2～6m之间，占钻遇砂体的60%左右，单层厚度大于4m，仅占33%。依据水平井开发要求的纵向相对集中气层厚度大于4m的地质条件，水平井实施的有利区域不到40%，同时无法动用气层厚度小于4m的其他产层，降低纵向储量的动用程度。

有效砂体厚度在 2～6m 之间，有效砂体宽度在 500～600m 之间，长度在 700～900m 之间（图 3-11、图 3-12 和图 3-13），叠置后可形成较大规模砂体。可见苏里格气田有效砂体规模小，水平井部署和实施长水平段难度大。

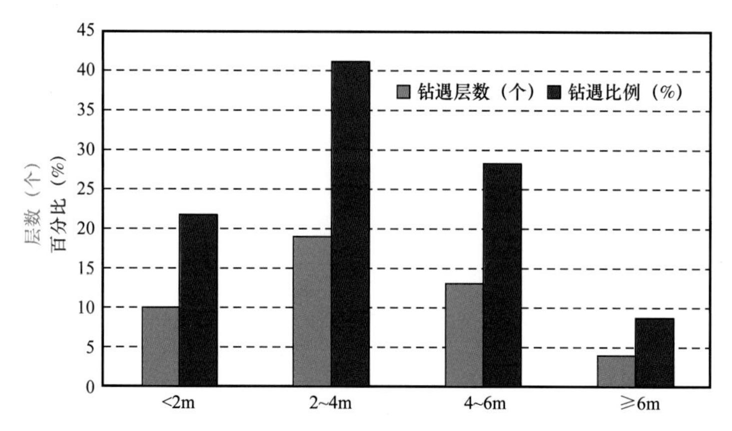

图 3-11　密井网区盒 8 段有效单砂体厚度统计图

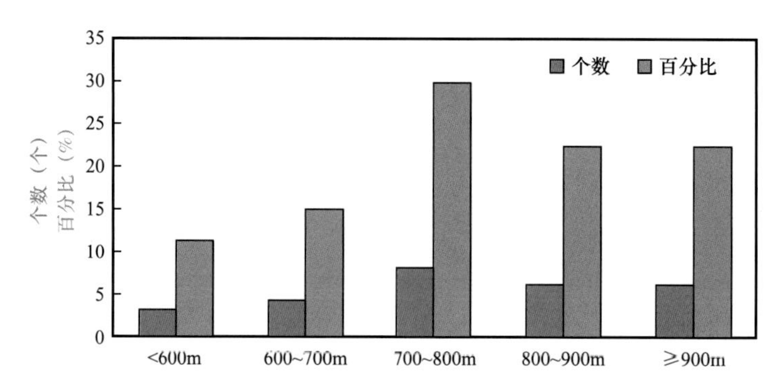

图 3-12　密井网区盒 8 段有效砂体长度分布频率图

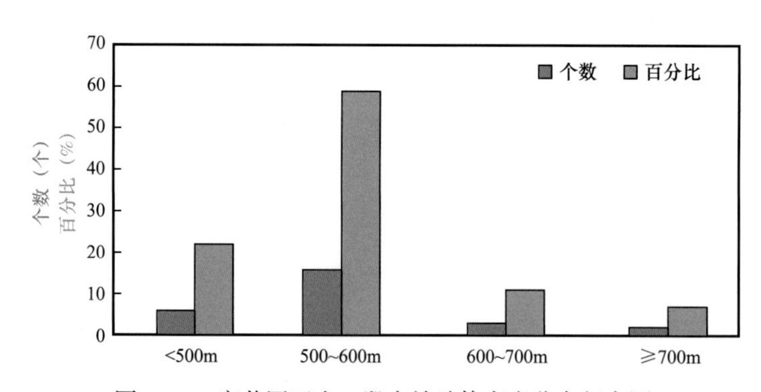

图 3-13　密井网区盒 8 段有效砂体宽度分布频率图

试井解释成果也验证了对有效砂体规模的认识。苏里格气田气井试井解释认为单井控制有效砂体几何形态主要表现为两区复合、平行边界和矩形三种模型，供气范围小，解释边界距离在几十至几百米范围内，单井控制储量低。试井解释结果进一步说明了苏里格气田有效砂体分布规模小，连通性较差这一地质特征（表 3-5）。

表 3-5　苏里格气田部分气井试井解释结果表

井号	解释结果					
	渗透率（mD）	表皮系数	裂缝半长（m）	复合半径（m）	边界情况	
					类型	距离（m）
苏 d	0.304	0.01	139		矩形	d_1=137，d_2=150 d_3=60，d_4=1085
苏 e	0.56	0.085	61		矩形	d_1=110，d_2=211 d_3=85，d_4=330
苏 f	K_1=7，K_2=0.06，K_3=0.03	−5.8		R_{12}=82.3，R_{13}=192		
苏 a	1.7	0.7	48		矩形	d_1=60，d_2=281 d_3=60，d_4=1600
桃 e	0.84	0	51.3		矩形	d_1=37，d_2=2060 d_3=51，d_4=2960

根据解释结果：苏 d、苏 e、苏 a、桃 e 四口井为矩形边界，矩形平均长 1800m、宽 140m，控制面积 0.25km^2。

以上分析清晰地反映了地下有效砂体的规模。加密井的解剖是一种静态方法，可以反映有效砂体规模的上限；而试井解释则是一种动态方法，反映了有效砂体规模的下限；有效砂体实际规模应在两者之间，即百米级的范围。

通过有效砂体的分布特征研究，结合沉积微相分析，总结有效砂体的叠置模式有以下三种类型。

（1）有效砂体以心滩类型为主，分布为孤立状，横向分布局限（图 3-14），宽度在 300～500m 之间。

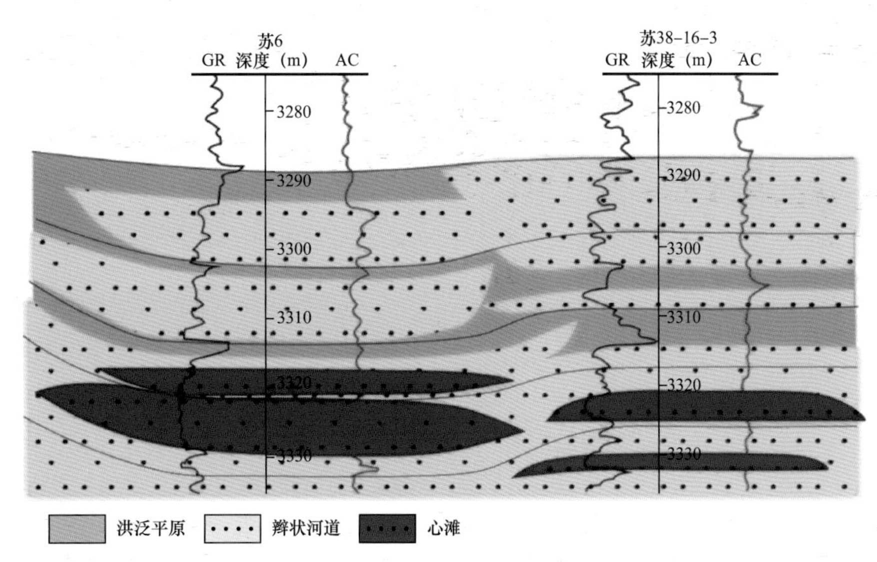

图 3-14　心滩侧向独立

（2）心滩与河道下部粗岩相相连，形成的有效砂体规模相对较大，主砂体仍为300～500m宽，薄层粗岩相延伸较远，并有可能沟通其他主砂体（图3-15）。

（3）心滩横向切割相连，局部可连片分布（图3-16），有效砂体连通规模可能达1km以上。

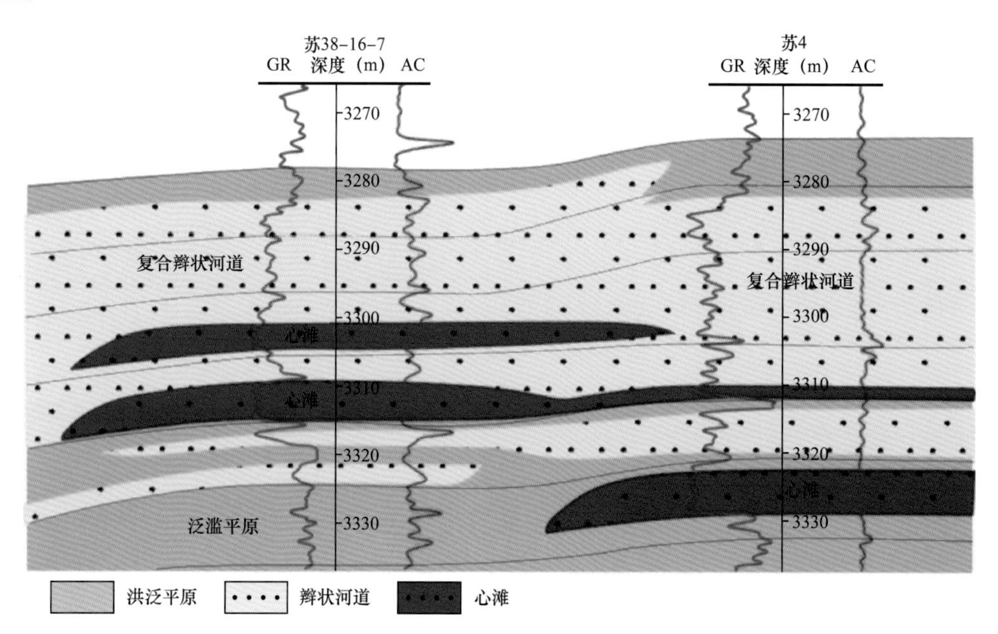

图3-15 心滩与河道充填有效砂体侧向连通

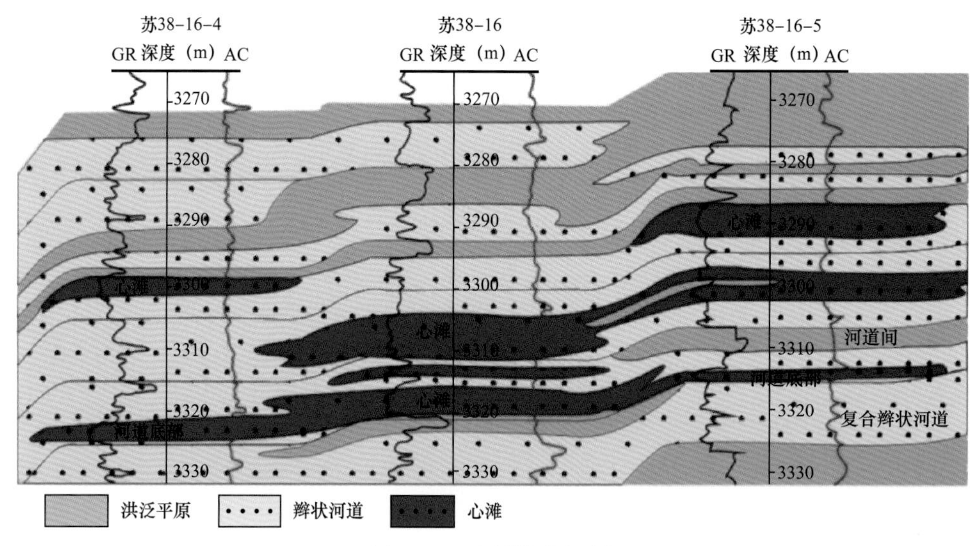

图3-16 心滩横向切割

第四节 构造特征

苏里格气田在西倾单斜背景上发育多排鼻状构造，幅度一般为10m左右，宽度为2～3km。盒$8_{\text{上}}$、盒$8_{\text{下}}$、山1段顶面微构造形态具有很好的继承性。鼻状构造存在多种变形构造，发育四种常见的鼻状构造组合和小幅度构造样式（图 3-17）。小幅度构造形态与伊陕斜坡其他地区的小幅度构造形态大致相同，局部发育小断层。小幅度构造精确性对于水平井地质导向十分重要。水平井目的层构造相对平缓，无断层区域，有利于水平井轨迹控制，便于施工。

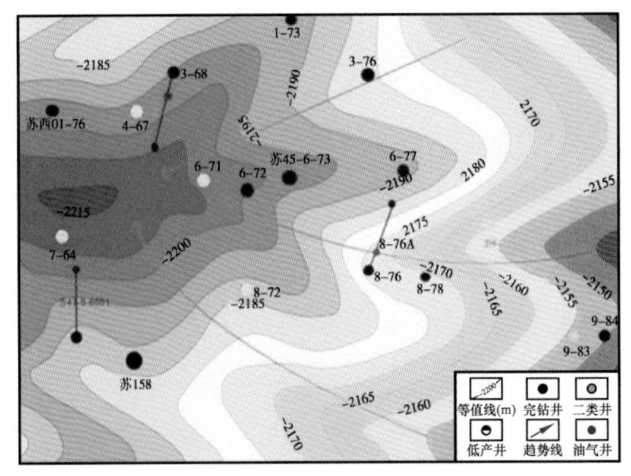

(a) 枢纽发散，鼻隆上发育次级鼻状构造

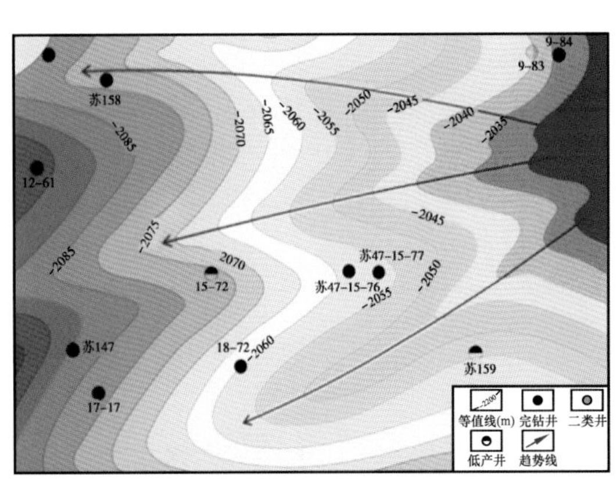

(b) 枢纽收敛，鼻隆消失，鼻凹部位发育小型盆状构造

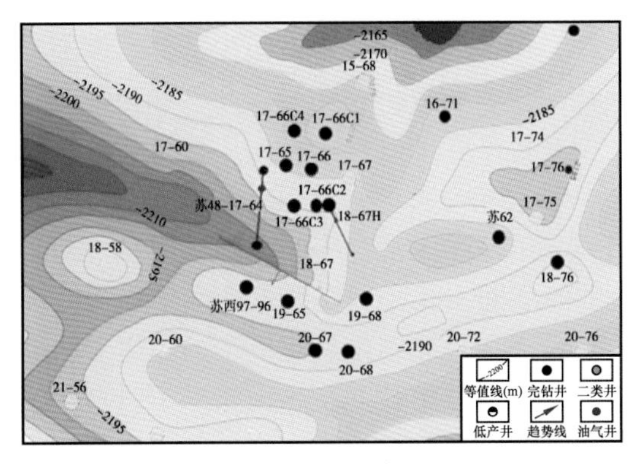

(c) 构造起伏大，发育小断层

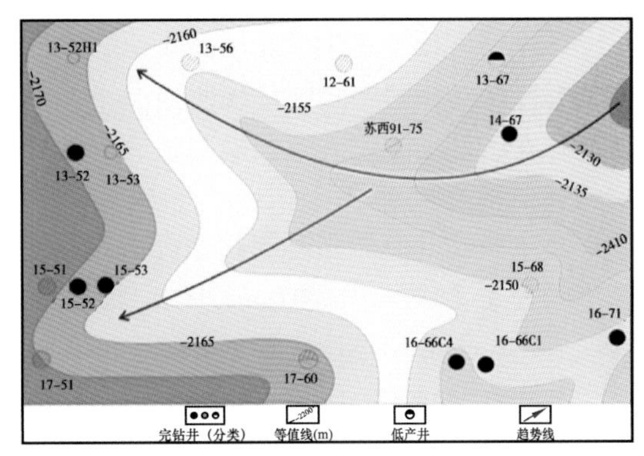

(d) 鼻状构造枢纽分叉，派生出另一组鼻状构造

图 3-17 鼻状构造常见组合样式

西倾单斜构造总体平缓，但局部起伏较大。水平段方向构造变化较大主要由三种原因造成：一是总体构造平缓，起伏不大，但局部变化较大；二是水平井部署方向是南北向，与鼻状构造走向呈垂直关系，引起构造变化较大；三是局部存在小断距断层，这种断层地震无法识别，但是对水平井钻进影响甚大。

苏里格气田水平井目的层厚度约为 6m。当水平段钻进方位构造变化较大时，容易从储层顶、底穿出。

受到近南北方向的挤压作用，局部鼻状构造起伏较大，有时可形成小型断层（图 3-18），断距在 10～15m 之间，使水平井实施存在较大困难。而复式鼻褶小幅度构造平缓的部位是水平井部署的有利部位。

受地震预测精度限制，微幅度构造的认识主要依赖于井点控制，地质预测构造幅度与实际幅度预测常存在一定误差，从而增加了水平井实施难度。

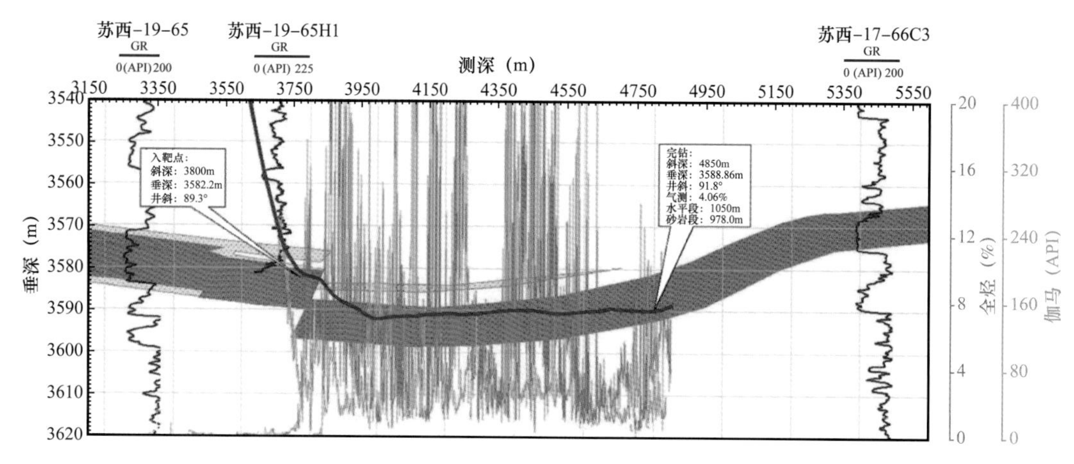

图 3-18　苏西 -19-65H1 井水平段实钻轨迹

第五节　储层特征

苏里格气田上古生界储层储集空间主要是孔隙，微裂缝在岩样中占很少部分。储层岩样的孔隙度与渗透率之间呈现明显的正相关，且储层段岩心分析物性与测井解释物性参数间亦存在较好的相关关系，说明渗透率的变化主要受控于孔隙发育的程度，这是孔隙性储层的典型特征。

次生溶孔和高岭石晶间孔在孔隙构成中占主导地位，孔径在 5～400μm 之间，平均孔隙半径介于 11.98～107.07μm 之间，根据储层类别的不同，孔径分布的范围和集中程度存在差异。由于苏里格地区盒 8 段储层埋藏深度大、埋藏历史长，经历了复杂的成岩作用改造，在强烈的压实—压溶作用和胶结作用改造下，大部分原生粒间孔丧失殆尽（对富含塑性软岩屑组分的岩屑砂岩，粒间孔丧失程度更大）；然而，储层砂岩在中—晚成岩阶段的溶蚀作用，使其孔隙性得到了一定程度的恢复，各种岩屑和火山物质溶蚀形成大量的粒内溶孔、粒间溶孔及铸模孔；在颗粒溶蚀的同时，形成了丰富的自生高岭石，其晶间孔十分发育。

根据各类孔隙在储层中出现的频率和对储集空间的贡献，可分出粒间孔 + 微孔 + 溶孔型、溶孔 + 微孔 + 粒间孔型、溶孔 + 微孔型、微孔型四种组合形式。粒间孔 + 微孔 + 溶孔型组合以残余粒间孔和微孔（主要是高岭石晶间孔）发育为特征，在石英砂岩中常见，所占比例小于 15%。溶孔 + 微孔 + 粒间孔型组合属于复合型孔隙网络，是苏里格气田常见的孔隙组合类型，在岩屑石英砂岩中常见，所占比例达 30%，其主要的孔隙类型为可溶组分形成的溶蚀孔。由于蚀变作用形成的微孔（高岭石晶间孔）也占有重要的地位，溶孔 + 微孔型组合是研究区最为常见的孔隙组合类型，在岩屑砂岩中发育这种孔隙组合，所占比例可达 40%。微孔型组合的出现标志着岩性已致密化，物性明显变差，构成储层的比例不足 15%。

储层属典型的低孔低渗储层，储层的毛管压力普遍偏高，根据曲线的歪度和分选性可将曲线分为四类（图 3-19）。

Ⅰ类曲线为单平台型，孔喉分选较好，中偏粗歪度，排驱压力小于 0.4MPa，中值半径大于 0.5μm，喉道均值不大于 10.5μm，分选系数大于 2.6，主渗流喉道大于 2μm，形成连续相饱和度小于 20%。

Ⅱ类曲线一般都具有双阶梯形的孔隙结构特征，中偏细歪度，分选中等，说明构成的孔喉主要为两类孔隙喉道，排驱压力在 0.4～0.8MPa 之间，一般为 0.7MPa。中值半径为 0.5～0.1μm，大于 0.075μm 孔喉半径的进汞量在 50%～70% 之间。喉道均值在 10.5～12.5μm 之间，分选系数在 2.0～2.6 之间。主渗流喉道半径在 0.3～0.59μm 之间，相应的连续相饱和度在 20%～25% 之间。

Ⅲ类曲线仍为双台阶形，曲线歪度细偏中，分选中等。此类储层排驱压力在 1～2MPa 之间，中值半径在 0.04～0.1μm 之间，大于 0.075μm 孔喉对应的进汞量在 35%～50% 之间。喉道均值在 12.5～14μm 之间，分选系数在 1.2～2.0 之间。该类储层主渗流喉道峰值在 0.15～0.3μm 之间，主贡献喉道半径在 0.3～0.6μm 之间。

Ⅳ类毛细管压力曲线表现出双阶梯形和单阶梯形两种。其排驱压力一般都大于 2MPa，饱和度中值压力小于 0.04um。喉道均值大于 14μm，分选系数小于 1.2，0.075μm 孔喉半径相应的进汞量一般都小于 35%。

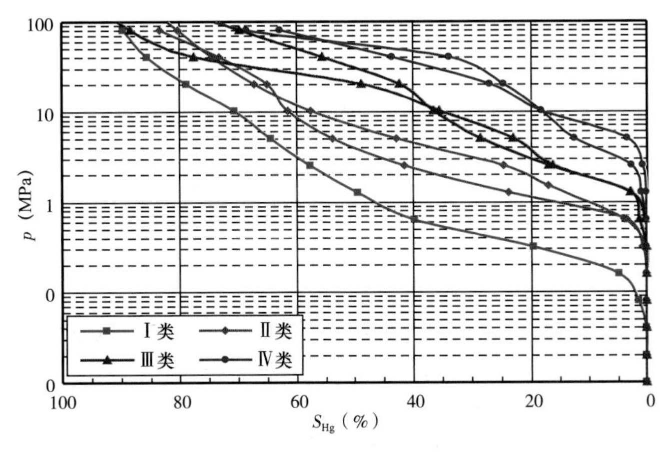

图 3-19　不同类型毛管压力曲线特征

储层孔隙结构具有“大孔隙、小喉道、少裂缝、孔喉连通性差”的特点，这种孔隙结构的储层开发的主要难点在于：（1）气田开发初期，油气渗流动用范围有限，气体的启动压差较大，如果储层不进行压裂改造人工造缝，储层很难获得较高的产能。（2）开发过程中，储层具有潜在的水锁伤害。

第六节　气水特征

致密砂岩气藏储层普遍特征是孔隙结构复杂，束缚水饱和度高，苏里格气田也不例外，但气水分布同时有自身特点。与中国大中型气田的生烃强度相比，鄂尔多斯盆地上古生界没有明显的生烃中心，表现为广覆式生烃特征。苏里格气田西北部所在区域生烃强度普遍小于 $20\times10^8m^3/km^2$，局部生烃强度仅为（8～12）$\times10^8m^3/km^2$。受烃源岩厚度分布控制、生烃强度限制和距离下伏烃源岩远近的影响，区域上，苏里格气田西区含水相对严重；纵向上，从下往上山 1 段、盒 $8_{下}$、盒 $8_{上}$含气饱和度逐渐减小。

晚三叠世鄂尔多斯盆地上古生界进入生烃期时，其构造已由东低西高转变为东高西低的构造形态。苏里格气田的天然气在整个生烃阶段有从低部位向相对高部位富集的趋势，低部位的西区地层水分布较中区、东区分布广（赵文智等，2005）；同一砂带构造低部位含水较高部位多。同时，储层非均质特征对储层流体分布具有明显的控制作用。河道砂体中部物性较好，含气饱和度高，而砂体边部或致密砂岩区含水较多。

在储层致密、连通砂体规模小、构造倾角小的背景下，天然气向上浮力难以有效克服低孔隙、低渗透致密储层毛细管阻力，气、水分异作用不明显，气、水分布基本不受区域构造的控制，未见边水、底水和统一的气水界面。

依据地层水的宏观类型及其垂向分布规律，苏里格气田地层水可分为三种类型（图 3-20）：构造低部位滞留水、低渗带部位滞留水、毛细管滞留水。构造低部位滞留水分布于构造底部，而低渗带部位滞留水多分布于构造翼部的砂体尖灭部位，毛细管滞留水受非均质性影响，分布存在不确定性，既存在于构造低部位，又可以出现在构造高部位，但共同的特点是毛细管滞留水分布的区域储层物性普遍较差，大多数分布于砂体的边部。苏里格气田完钻井及生产情况表明，受构造演化、生烃强度、成藏时间与储层致密时间匹配关系等因素影响，不同区带含气性存在明显差异。中区含气性好，东区含气性较差，西区储层含水明显。

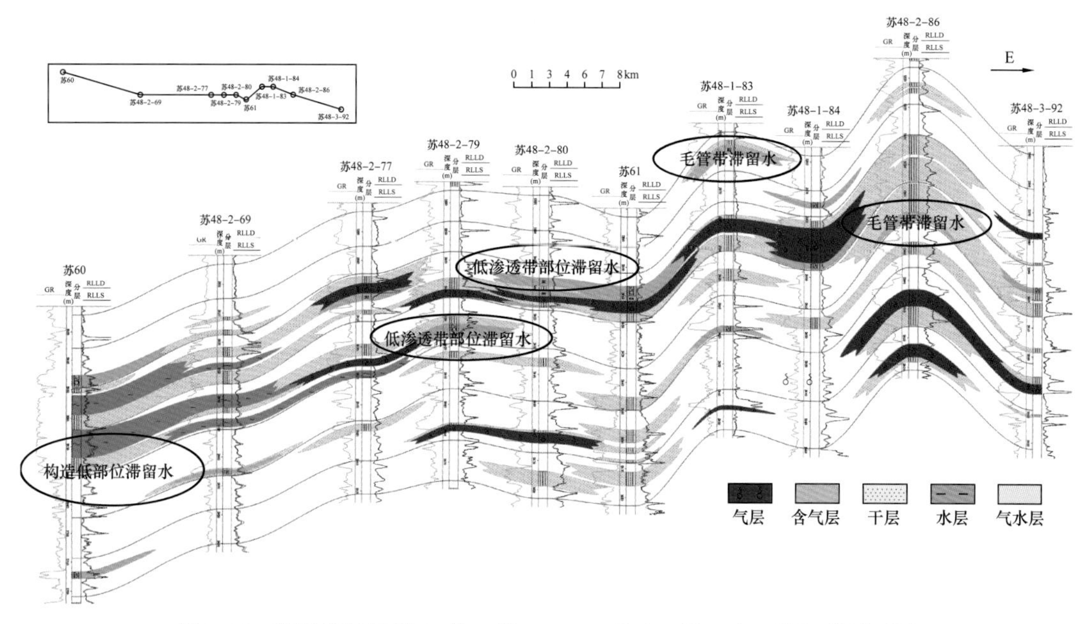

图 3-20　苏里格气田苏 60 井—苏 48-3-92 井盒 8 段、山 1 段气藏剖面图

地层水对气井尤其是水平井单井产能和稳产能力影响十分严重，水平井部署应避开富含水区域，在水平井改造中也尽量避开含水饱和度高的层段，以提高水平井开发效果。

第七节　气藏特征

苏里格气田是一个典型的“三低”砂岩岩性气藏。岩心分析统计结果表明，苏里格气田气层段孔隙度分布范围为 5%～12%，平均值为 8.9%；渗透率分布范围为 0.06～2.0mD，平均值为 0.73mD。总体上，气层属于低孔低渗致密储层。苏里格气田气藏分布受构造影响不明显，主要受砂岩的平面展布和储集物性变化控制，属于砂岩岩性气藏。

气藏原始压力数据主要来源于气井开采初期的地层压力测试，压力系数为 0.771～0.914，平均值为 0.86，属于低压气藏。

尽管苏里格气田砂体大面积分布，但气田储量丰度很低。按照国家天然气储量规范，天然气储量丰度分为 4 级，其中在（1～5）$\times 10^8 m^3/km^2$ 之间为低丰度，小于 $1 \times 10^8 m^3/km^2$ 为特低丰度。苏里格气田储量丰度在（0.8～1.6）$\times 10^8 m^3/km^2$ 之间，与同类型气田比较明显偏低（图 3–21），属于典型的低—特低丰度气田（赵政璋，2002）。

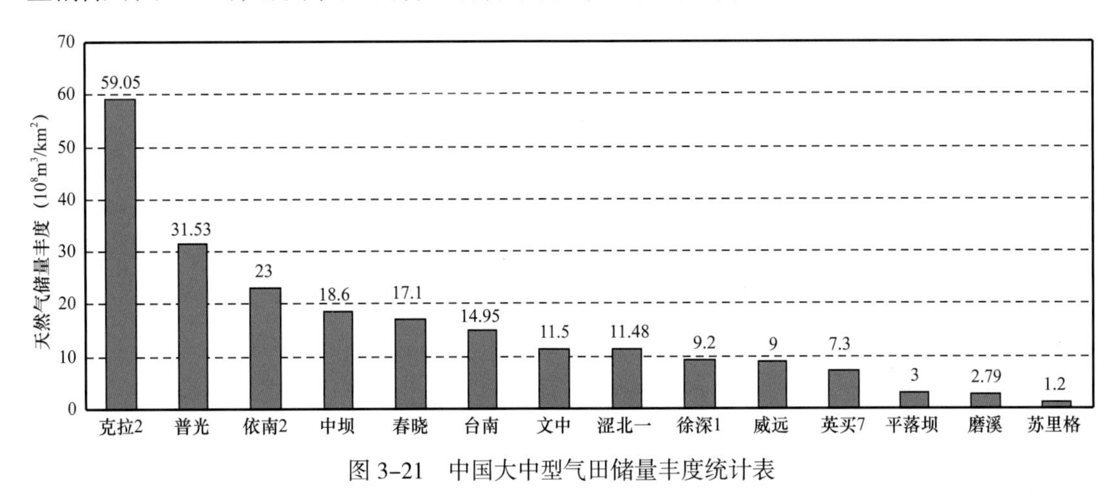

图 3–21　中国大中型气田储量丰度统计表

可见，苏里格气田属于典型的“低渗、低压、低丰度”砂岩岩性气藏，同时具有强烈的非均质性。在直井开发中，除了少部分井（约 10%）试气无阻流量大于 $15 \times 10^4 m^3/d$，90% 以上的井无阻流量小于 $15 \times 10^4 m^3/d$，且多数小于 $5 \times 10^4 m^3/d$，也属于低产气藏，开发难度较大。采用水平井开发，可沟通多个有效单砂体，扩大渗流面积，从而提高储量动用程度和单井产量。

第四章　苏里格气田致密砂岩气藏曲流河储层构型

第一节　曲流河沉积环境与沉积机制

河流是流水由陆地向汇水盆地汇聚的通道，是侵蚀改造大地地形并把风化物由陆地搬向湖泊和海洋中去的主要营力。河流在地表流动主要受气候、地质构造、地貌形态、基岩性质和植被等因素影响，因而河流的几何形态、沉积负载、稳定性、发育阶段等存在较大差异，据此可将河流划分为不同的类型。

现代河流沉积相模式的研究始于20世纪60年代的沉积学研究热潮，从曲流河与辫状河沉积模式的提出，到网状河沉积模式的推广，直到20世纪80年代中期建筑结构要素分析法的兴起，河流沉积学不断发展。近20年来，河流沉积学研究理论和方法取得了一些重大进展，从对端点河型的解剖到对控制河道形态和建筑结构变化的多因素分析，人们逐渐认识到河流不仅仅只有四种类型，不同河道类型在时间空间上既可以共生，也可以相互转换。地貌学家、工程师和沉积学家都注意到河道形态的复杂性，认为冲积河道平面形态的变化是连续而不是离散的，天然河道的平面形态是相互过渡的，河道沉积物的粒度变化是连续、没有截然分界的。有些河道在某一段同时具有曲流河、辫状河甚至网状河的特征。河道类型主要受河道比降、粗颗粒沉积物含量、来水来砂大小和变幅、河岸抗冲性和泥质含量的影响；河型转换受构造背景、源区岩性、流域气候、基准面升降、河道比降、河谷形态、流量变幅、河岸粗粒沉积物含量、植被的影响。

哲学家曾对河流的演变做了精辟的概括，赫拉克利特（Heraclitus，公元前530年—前470年）说：“人不能两次踏进同一条河流”，说明人们早就认识到河流在不断地变化，河型转换与河床演变在时间和空间上都表现出连续性和多样性的特点。根据河流的发育阶段、河道平面形态、河流负载类型、河流构型样式等可以进行河流类型的划分。其中，曲流河、辫状河、网状河是最主要的三种类型，其沉积环境及沉积特征的主要区别见表4–1。

曲流河是一种高弯曲、较稳定的单河道河流，一般发育在河流的中、下游河段，形成的古地貌坡度较平缓，发育完善的点沙坝和天然堤沉积，具特征的二元结构和完整的正旋回序列，横剖面上呈现“泥包砂”的宏观特点，形成的砂体平面上呈弯曲的串珠状条带。

曲流河沉积，呈弯曲条带状分布，弯度指数为2～13，坡降小，河床稳定，凸岸坝发育，凹岸沙坝不发育，宽深比小于40的河流沉积。曲流河分高弯度曲流河和低弯度曲流河，一般认为曲率大于1.7的曲流河为高弯度曲流河，曲率小于1.7的曲流河为低弯度曲流河。

表 4-1 曲流河、辫状河、网状河沉积环境及沉积特征的主要区别

沉积环境	辫状河	曲流河	网状河
河道的稳定性	极不稳定、迅速迁移、游荡不定	逐渐侧向迁移	稳定
河道弯曲度	低弯度	高弯度	低—中弯度
河道宽深比	最大、宽而浅	较小	最小、深而窄
坡降	最大	较小	最小
流量变化	最大	较大	较小
负载类型	以底负载为主	底负载及悬移负载	以悬移负载为主
运载能量	最大	中等	最小
河道砂体类型	心滩发育	点沙坝发育	河道沙坝没有，边滩小
废弃河道特点	无牛轭湖	牛轭湖发育	牛轭湖不发育，有废弃河道
洪泛盆地特点	不发育	发育，细砂、粉砂及黏土，土壤化	极发育，泥质含量高、植被发育，沼泽广泛
天然堤	不发育	发育	极发育

曲流河的沉积作用与侵蚀作用是同时进行的。河道中水动力结构是螺旋形前进的不对称横向环流体系（图 4-1a）。其表流由凸岸流向凹岸，是强烈下降的辐聚水流，侵蚀力强，对凹岸起着强烈的冲刷侵蚀作用，随着凹岸的侧向侵蚀力加剧，最终在凹岸形成深潭，而底流由凹岸流向凸岸是上升的辐射水流，它携带由表流对凸岸侵蚀形成的沉积物及其他负载沉积物流向凸岸并迅速沉积。沉积物持续的侧向加积最终在凸岸形成点沙坝（图 4-1b）。点沙坝是河床侧向迁移和沉积物侧向加积的结果，是曲流河沉积中最主要的沉积单元和储层。

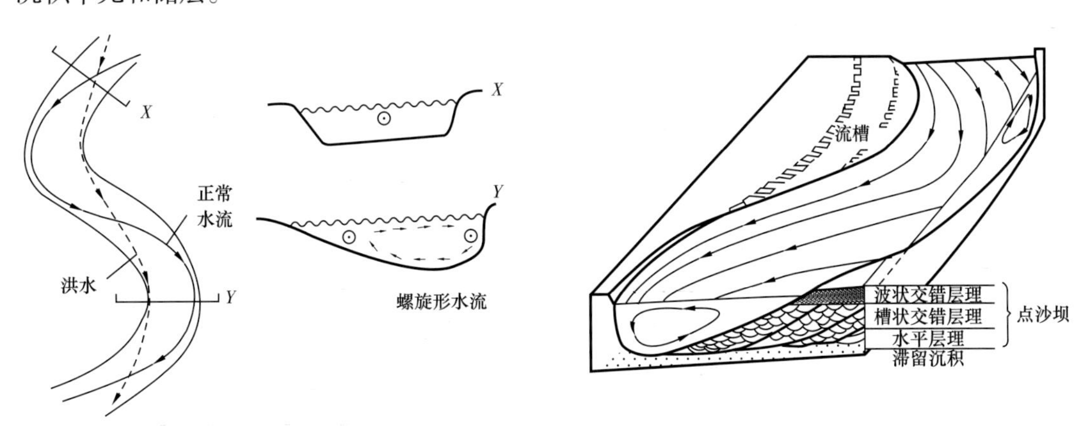

图 4-1 曲流河水动力结构及点沙坝的形成示意图（据 Galloway 等，1983；Blatt 等，1980）
横剖面 X 和 Y 代表不同河段不同的横向环流体系

当曲流河极度弯曲时，常发生河道截弯取直作用而形成新河道，旧河道被废弃形成以泥质充填为主的牛轭湖（图 4–2）。

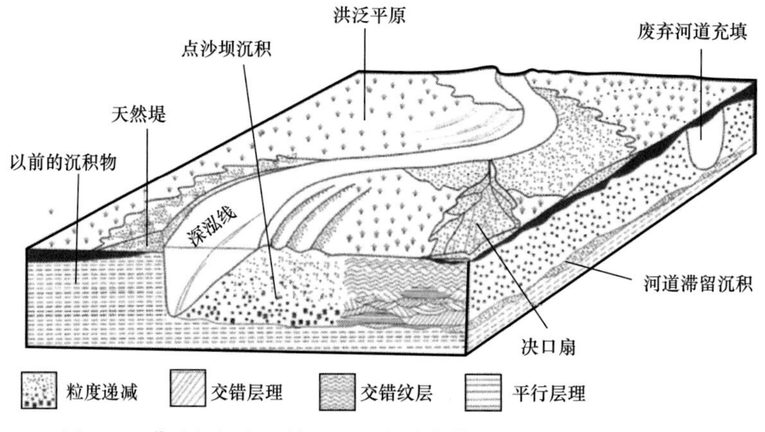

图 4–2　曲流河沉积环境及沉积相分布模式图（据 Allen，1970）

第二节　曲流河沉积构型单元与构型界面

一、曲流河沉积特征

曲流河以弯曲的单一河道为特征，曲率较大，坡降较小，洪泛间歇性相对较小，流量变化不大，碎屑物较细，推移质 / 悬移质比值较低。河岸由于天然堤的存在，其抗蚀性增强，整个沉积过程是凹岸不断削蚀、凸岸不断加积，在凸岸沉积的是地貌学上的边滩或沉积砂体中的点坝。点坝是曲流河沉积最主要的砂体类型，其基本建造单元为侧积体，一个点坝一般由多个侧积体组成，侧积体是河流周期性洪水泛滥作用形成的沉积砂体，一次洪泛事件沉积一个侧积体，每个侧积体为一个等时单元。由多个侧积体组成的点坝砂体在平面上呈新月形，剖面上呈楔状，空间上为规则的叠瓦状砂体。另外，曲流河还发育天然堤、决口扇等溢岸沉积及废弃河道沉积。曲流河构型平面分布结构要素如图 4–3 所示。

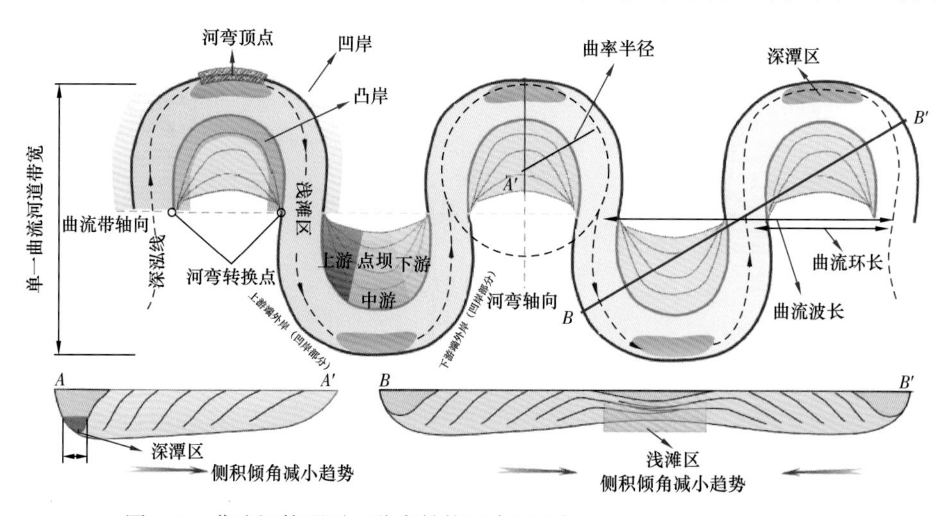

图 4–3　曲流河构型平面分布结构要素图（据 Ielpi 和 Ghinassi，2014）

二、曲流河储层构型定量模式

国内外对于河流相储层几何形态和规模的定量研究均给予了重视，尤其是现代计算机技术的发展和人们对河流相储层预测精度要求的不断提高，对于储层几何形态和规模地质知识库的要求越来越迫切。国外在这方面研究深入，积累了大量的河流相储层定量知识库。国内众多学者亦对河流相储层非均质性进行总结，建立了曲流河、辫状河等储层地质知识库。

1. 活动水道宽度（W）的求取

1）舒姆（Schumm）关系式

$$F = 255M-1.08 \qquad (4\text{-}1)$$

式中，F 为水道宽深比，$F=W/h$；M 为粉泥质含量百分比。

2）中国科学院地理研究所关系式

$$F = W/h = 157M-0.9 \qquad (4\text{-}2)$$

式中，F 为水道宽深比，$F=W/h$；M 为粉泥质含量百分比。

3）利凹波德（Leopold）关系式

$$L = 10.9W^{1.01} \qquad (4\text{-}3)$$

式中，L 为河弯跨度，m；W 为平滩河宽，m。

Leeder（1973）对河流满岸宽度和满岸深度的关系进行了开创性的研究工作，建立了反映曲流河规模的定量模式。研究中收集了 107 个河流实例，包括 57 个河道弯曲度大于 1.7 的样本和 50 个河道弯曲度小于 1.7 的样本。研究表明，对于河道弯曲度小于 1.7 的样本，满岸深度和满岸宽度的关系较差；对于河道弯曲度大于 1.7 的样本，两者具有较好的双对数关系。河流向上变细旋回厚度大体等于河流满岸深度（式 4–4、式 4–5），点坝内部单一侧积体宽度大约等于 2/3 满岸河流宽度（图 4–4，图 4–5），并推导出计算点坝内部泥质侧积层倾角的公式（式 4–6）（图 4–6）。得到的关系式为：

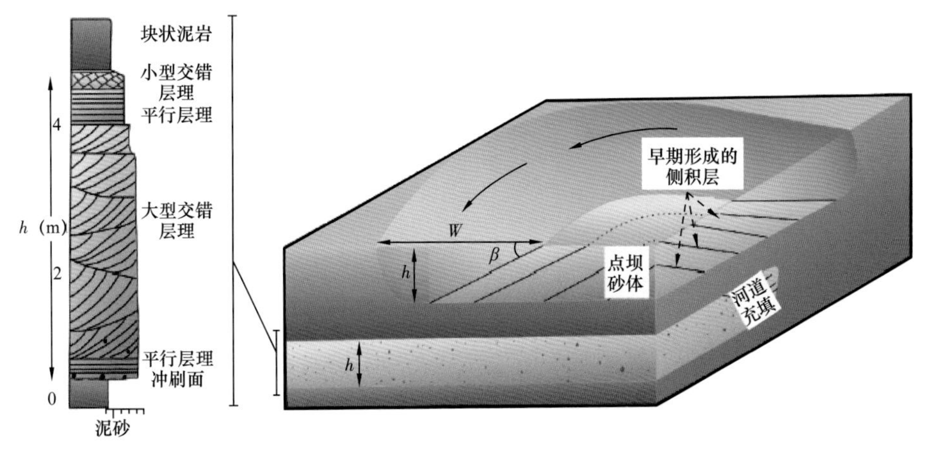

图 4–4　旋回厚度、单一侧积体宽度与河流满岸深度及宽度模式图（据 Leeder，1973）

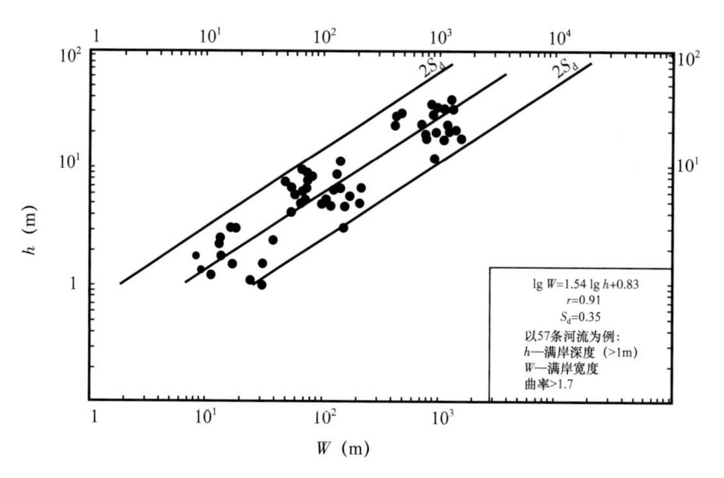

图 4-5　现代曲流河满岸深度和宽度的关系（曲率＞1.7）（据 Leeder，1973）

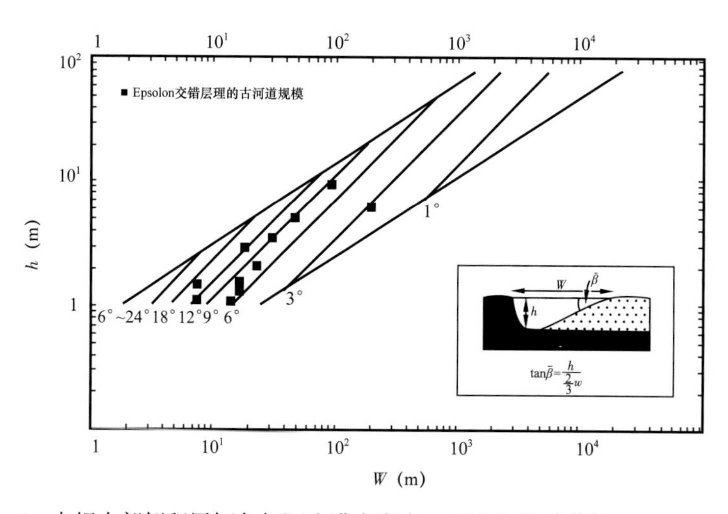

图 4-6　点坝内部侧积层倾角与河流满岸宽度、深度的关系（据 Leeder，1973）

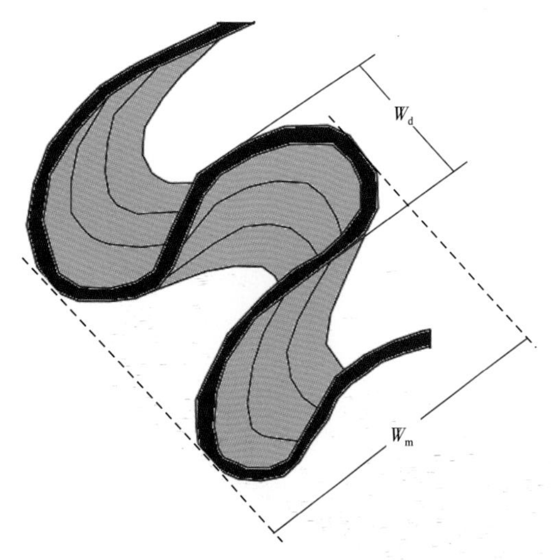

图 4-7　单一曲流带宽度与河流满岸宽度的关系（据 Leeder，1973）

W_d—点坝长度；W_m—单一曲流带宽度

$$W = 6.8d^{1.54} \tag{4-4}$$

式中，W 为河流满岸宽度，m；d 为正旋回砂体的厚度，m。

$$\lg W = 1.54\lg h+0.83 \tag{4-5}$$

$$W = 1.5\ h / \tan\beta \tag{4-6}$$

式中，W 为河流满岸宽度，m；h 为河流满岸深度，m；β 为侧积层倾角，°。

2. 单一曲流带最大宽度（W_m）的求取

Lorenz 等（1985）在 Leeder 研究基础上，建立了曲流河单一曲流带最大宽度与河流满岸宽度的关系（图 4-7）。得到的关系式为：

$$W_m = 7.44\ W^{1.01} \tag{4-7}$$

式中，W 为河流满岸宽度，m；W_m 为单一曲流带最大宽度，m。

3. 点坝长度（W_d）的求取

实际上侧积体长度就是点坝的长度（图 4–7），岳大力等（2006）通过对 Google Earth 多个曲流河点坝样本进行统计，拟合发现点坝长度（W_d）与活动水道宽度（W）存在如下函数关系（图 4–8）：

$$W_d = 85\ln W+250 \tag{4-8}$$

式中，W_d 为点坝长度（侧积体长度），m；W 为活动水道的宽度，m。

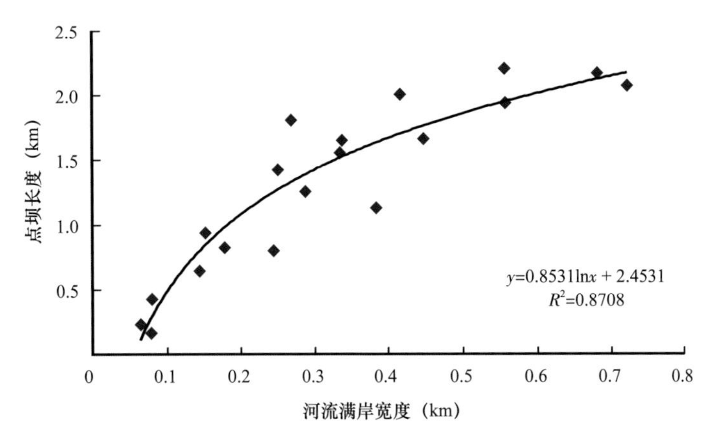

图 4–8　点坝长度与河流活动水道宽度的关系（据岳大力等，2006）

4. 侧积体倾角的求取

国内外学者也曾对点坝侧积层倾角的控制因素进行深入研究，对河流的宽度、深度与倾角关系进行分析。如刘占利和焦养泉（1996）通过对大量露头案例研究得出了河流宽度与侧积体倾角的关系，认为河道越宽、水流越浅，因此，侧积作用形成的侧积倾角就越缓，反之则倾角越陡。Leeder（1973）通过河流满岸深度估算河流的宽度，继而推算侧积体倾角，认为河流满岸深度越深，侧积倾角越大。为了研究宽深比与侧积层倾角的关系，吴胜和（2010）分析国内外 12 个较为完整的曲流河道露头及现代沉积资料（表 4–2），提取了河流宽度、深度与侧积层倾角数据，进一步研究发现，河流的宽度、深度与侧积层倾角在缓坡区相关性较差，相关系数都小于 0.5；而陡坡区相关性却较好，两者呈指数关系，相关系数可达到 0.9（图 4–9）。

表 4–2　典型露头与现代沉积河流参数表（据吴胜和，2010）

露头出露位置	侧积层倾角（°）	河流宽度（m）	河流深度（m）	宽深比	研究人员
西班牙 Iberian 盆地	25	15	2	7.5	Garcia–Gil（1993）
饮马河	20	35	5	7	尹燕义等（1998）
安哥拉 M9 upper field，Block17	16	80	10	8	Abreu 等（2003）

续表

露头出露位置	侧积层倾角（°）	河流宽度（m）	河流深度（m）	宽深比	研究人员
美国阿肯色州 Big Rock 采石场	18	72	12	6	Abreu 等（2003）
日本东北部 Johan 煤田	11	20	2	10	Komatsubara（2004）
加拿大 Whitehorse 煤矿	10	15	1.1	15	Long 和 Lowey（2005）
美国得克萨斯州 Freestone 郡布朗煤矿	3	335	14	23.8	Dale 和 Verdeyen（2007）
加拿大英属哥伦比亚中东部	9	190	13	14.5	Arnott（2007）
爱尔兰西部 Clare 盆地	6	130	7.5	17.3	Wynna 等（2007）
西班牙 Ebm 盆地新近系露头	25	16	2	8	Nichols 和 Fisher（2007）
美国科罗拉多州 Piceance 盆地 Coal 峡谷	11	75	8	9.8	Pranter 等（2007）
玛纳斯河	8	26	3	9	吴胜和等（2008）

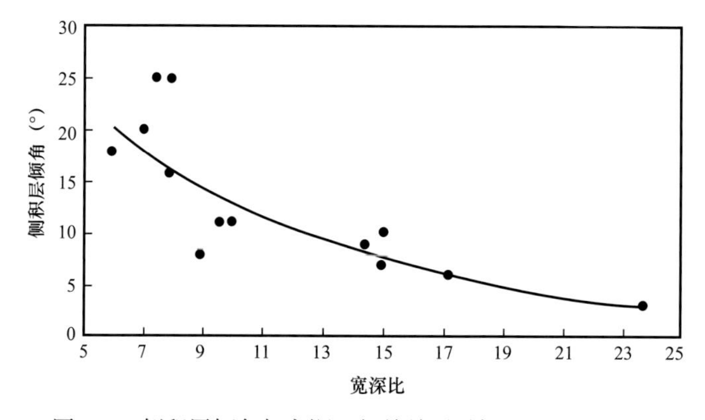

图 4-9　侧积层倾角与宽深比相关关系（据吴胜和，2010）

5. 侧积体间距的求取

侧积夹层间距实际上就是侧积泥岩夹层近河道顶部位置之间的间隔，是储层构型平面图中非常重要的一个参数。单敬福（2015）根据夹层倾角空间几何关系，提出了利用两口邻井定量求取侧积体间距的方法（图 4-10）。

$$\Delta z = h_{2\_2} - h_1 \tag{4-9}$$

$$\Delta L = \Delta l + \Delta z / \tan\theta \tag{4-10}$$

式中，ΔL 为侧积夹层间距，m；Δl 为对子井井距，m；Δz 为对子井上、下两个夹层两井点处落差，m；θ 为侧积体倾角；h_{2_2} 为井 2 侧积泥岩夹层埋深，m；h_1 为井 1 侧积泥岩夹层埋深，m。

估算结果表明，侧积体间距不要与侧积体宽度混淆，实际上要小于侧积体宽度，即一般小于 50m。

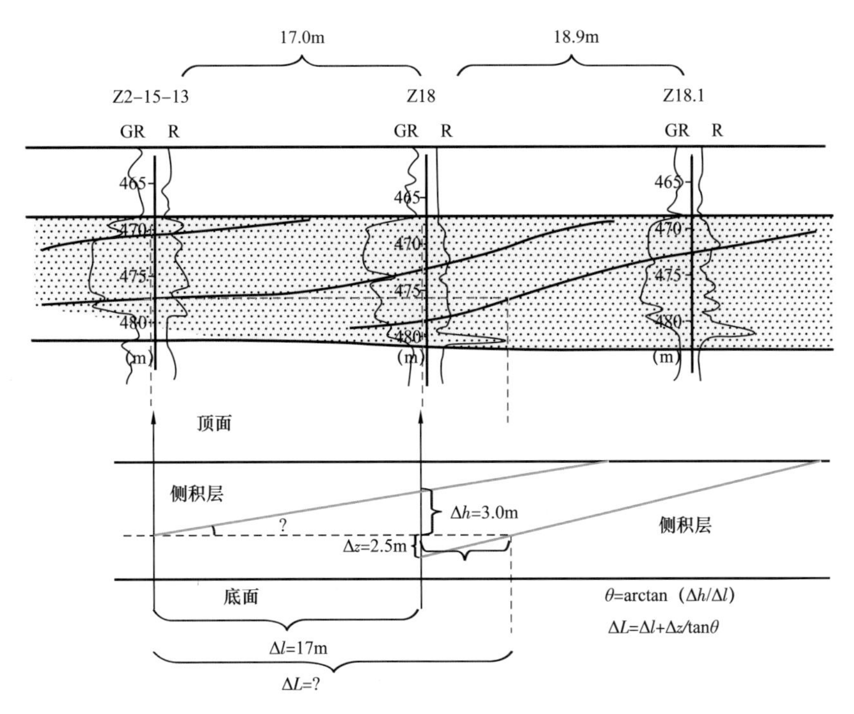

图 4-10　侧积体间距几何估算方法（据单敬福，2015）

三、曲流河储层构型研究现状

目前，曲流河构型研究（曲流河储层构型模式如图 4-11 所示）成果较多，基本搞清了曲流河活动水道规模、点坝发育模式、点坝规模、点坝内部结构等定量研究方法。研究区的曲流河以孤立曲流河为主，单一曲流河道窄，单井很难控制单一曲流河道规模，因此本书曲流河构型主要以研究区资料为基础，应用前人成熟的方法进行研究。

露头对于建立曲流河储层构型模式主要体现在以下几个方面：

（1）沉积亚相模式：Allen 根据现代河流发育环境和沉积物的特征将曲流河进一步划分为河床、堤岸、河漫、牛轭湖 4 个亚相。

（2）单一点坝模式：Bridge 等在研究密西西比河时通过露头建立了单一点坝三维模型，其平面为新月形，剖面上呈楔形。Matthew 等通过对科罗拉多州 Piceance 盆地 Coal 峡谷 Williams Fork 地层河流沉积中较好的露头进行露头模拟，通过露头测量，建立了点坝的模型，精确呈现出了河道充填结构。

（3）废弃河道模式：Marinus 等以西班牙埃布罗盆地一曲流河露头为例，确定了废弃河道充填的 2 种模式：第一种是河流在上游决口，从而使原有河道废弃形成新的河道，因而黏土沉积物充填废弃河道；第二种是点坝在侧向加积作用下扩展的同时，槽状交错层理砂岩在河床底部沉积，河道废弃以后黏土层在河床底部砂岩体之上沉积。

（4）点坝内部构型模式：曲流河点坝砂体由侧积体、侧积层、侧积面三要素组成，国内学者在露头指导下建立了点坝内部的“滩脊—凹槽”模式、“半连通体”模式以及“点坝侧积体沉积叠式”，岳大力根据坝面顶部沉积特征的差异将侧积层分布归纳为水平斜列式、阶梯斜列式和复合式。此外，一些物理探测技术（如探地雷达技术和高分辨率地震方

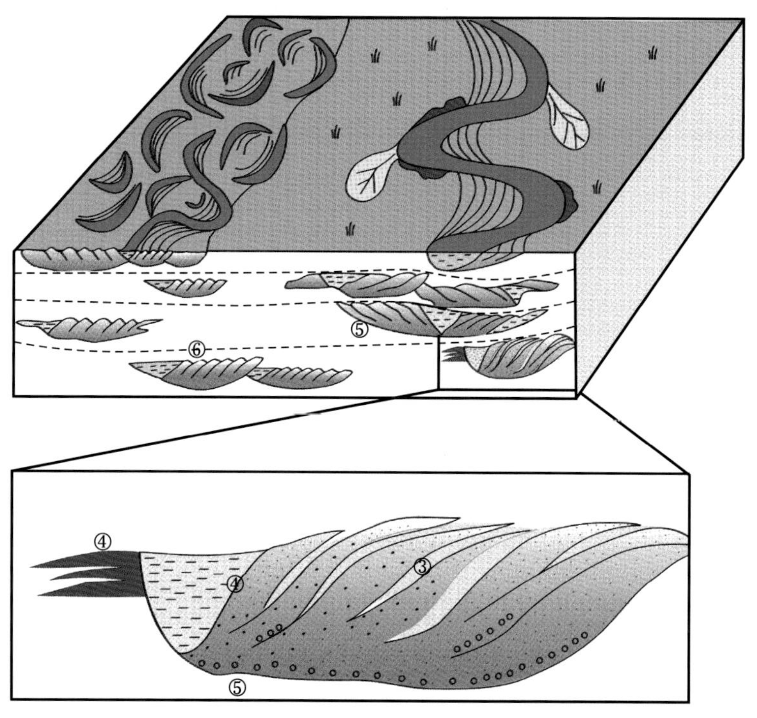

图 4-11　曲流河储层构型模式图（据 Ambrose，1991）

法）也引入到了储层构型研究中来，并取得了丰硕的成果，如国外于 20 世纪 80 年代末开始将探地雷达技术应用到露头地质研究中。Alexander 等利用探地雷达资料、岩心和声呐探测资料，对美国蒙大拿州现代沉积曲流环进行了研究，分析了河道迁移的主要原因。探地雷达技术分辨率高，能够很好地用于野外露头研究，但是其成本较高，应用范围还没有普及。Vi-tor 等以 Green 点坝为例，结合露头研究成果及地震资料模拟出复合点坝不同时间演化的切片，但还未达到点坝内部构型单元级别。但目前影响地质效果最主要的问题还是地震资料信噪比低，分辨率不高，精细度不够。目前属性分析技术还处于发展和完善的过程之中，对于精细表征地下储层构型，提供精确的空间地震图像，目前地震资料是远不能满足地质人员的需要。

第三节　典型的露头剖面特征

野外露头是露出地表的储层，反映的是地质历史演变后的储层出露地表的结果，与地下储层具有较强的可比性。从露头获取的信息资料是储层表征中最直观、最真实、最详细的资料，取样网格可密至米级甚至厘米级，具有钻井、测井和地震资料所不具备的高分辨率特点。其不足在于露头往往集中在局部剖面上。

通过露头区的精细地质解剖，建立地质模型，是建立储层地质模型最常用的方法。该方法主要通过对露头的详细描述、测量、取样分析、钻浅井及地面雷达等多种手段的详细解剖，得到砂体的几何形态和分布规律、砂体内部储层参数分布规律，并为相似环境中的地下储层构型提供类比。国内河流相露头研究以山西大同辫状河露头为典型代表，以此建立了辫状河原型模型与地质知识库；金振奎等人调研了阜康、柳林和延安地区辫状河露头，对河道砂体定量参数进行了分析；陈彬滔等人对准噶尔盆地头屯河组曲流河露头进行了研究，建立了侧积体地质知识库。

国外对精细露头储层的研究开展了大量工作，例如 Matthew J.Pranter 等人对 Williams Fork 组露头曲流河河道的定量参数进行了研究；Marinus E.Donselaar 等对 Ebro 盆地曲流河露头单砂体构型进行了精细刻画；S.J.Jones 等对 Rio Vero 地层露头剖面构型要素进行了详细解剖。这些研究对于建立河流相定量地质知识库有着重要的参考价值。

一、国内典型的曲流河露头剖面规模定量刻画

1. 准噶尔盆地头屯河组曲流河露头

1）露头剖面概况

露头剖面位于准噶尔盆地南缘头屯河沿线硫磺沟煤矿附近，距离乌鲁木齐市约为 60km。研究区内构造样式比较简单，仅发育头屯河水库向斜、喀拉扎背斜以及 3 条逆断层（图 4–12），其中头屯河水库向斜的南翼侏罗系头屯河组（J_2t）出露完整，其下部与下伏西山窑组（J_2x）呈不整合接触，不整合的形成年代约为距今 170Ma；其上与齐古组（J_3q）呈整合接触。

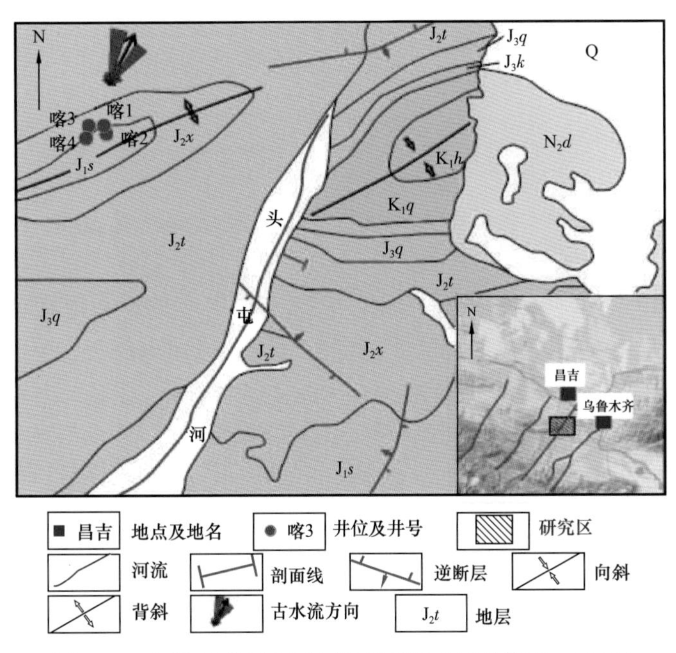

图 4–12　研究区位置与地层出露情况（据陈彬滔，2013）

实测结果表明，硫磺沟附近头屯河组的出露长度约为 1.5km，累计地层真厚度约为 800m。头屯河组主要为灰黄色含砾砂岩、砂岩与灰绿色泥岩、粉砂质泥岩互层产出，局部可见煤线。灰黄色含砾砂岩在露头上表现出特有的“蜂窝状”特征。头屯河组中部的露头剖面具有明显的二元结构特征，未见多期砂体垂向叠置，侧积现象明显，属于曲流河沉积（图 4–13），实测及前人研究成果均表明古水流方向为北东向。从宏观上看，头屯河组上部曲流河露头剖面具有砂泥间互的特征，从单套砂体来看，表现为单期曲流河道沉积，该剖面河道砂体外观形态为顶平底凹的宽缓楔形，底部也可见薄层滞留砾石沉积，呈正粒序。

图 4-13　头屯河组曲流河剖面解剖（据谭程鹏，2014）

2）露头剖面构型特征及定量参数研究

典型剖面选自头屯河组中部（剖面位置见图 4-14），长约 150m，高约 13m，走向为南北向，近似垂直于主物源（古水流）方向。地层产状实测结果表明，剖面中地层的倾向约为 265°，倾角约为 30°。

剖面左侧底部为河道冲刷及滞留沉积，上部为河道废弃、充填细粒物质而形成的泥塞，但因风化剥蚀仅残留部分泥质碎片；剖面右侧为曲流河点坝沉积，二元结构明显。剖面上发育三期侧积体，单期侧积体厚度为 3～5m，宽为 90～120m，向南倾斜，倾角约为 5°。河道底部冲刷面十分明显，两期侧积体之间发育薄层侧积泥（厚约 50cm），侧积泥同样向南倾斜，倾角为 3°～6°（上部和下部倾角相对较小，中部倾角相对较大）。但是在靠近冲刷面附近，多期侧积砂体相互连通，侧积泥不发育。该剖面沉积时期，曲流河由北向南迁移，北侧为凸岸，南侧为凹岸。

侧积砂体在垂直物源（古水流）方向的剖面上呈叠瓦状侧向叠置，向凹岸或泥塞方向倾斜，倾角通常小于 10°，且多期侧积体的倾角变化不大。侧积体之间发育薄层侧积披覆泥（形成于一次侧积事件结束之后的洪泛期，厚度较小，延伸范围受控于侧积体的大小和底部冲刷作用的强度），侧积泥同样向泥塞（凹岸）方向倾斜，倾角一般小于 10°。若将图 4-14 中剖面上的 E、F、G、H 假设为单一井点，则侧积泥在 GR 或 SP 测井曲线上多表现为低幅锯齿。

3）侧积体的定量地质知识库

通过大量露头实测结果，建立了头屯河组中部曲流河侧积体的定量地质知识库，其中侧积砂体的厚度为 3～5m，宽为 90～120m，倾角约为 5°；侧积披覆泥厚约为 50cm，其延伸范围受控于侧积体的大小和底部冲刷作用的强度，向泥塞（凹岸）方向倾斜，倾角为

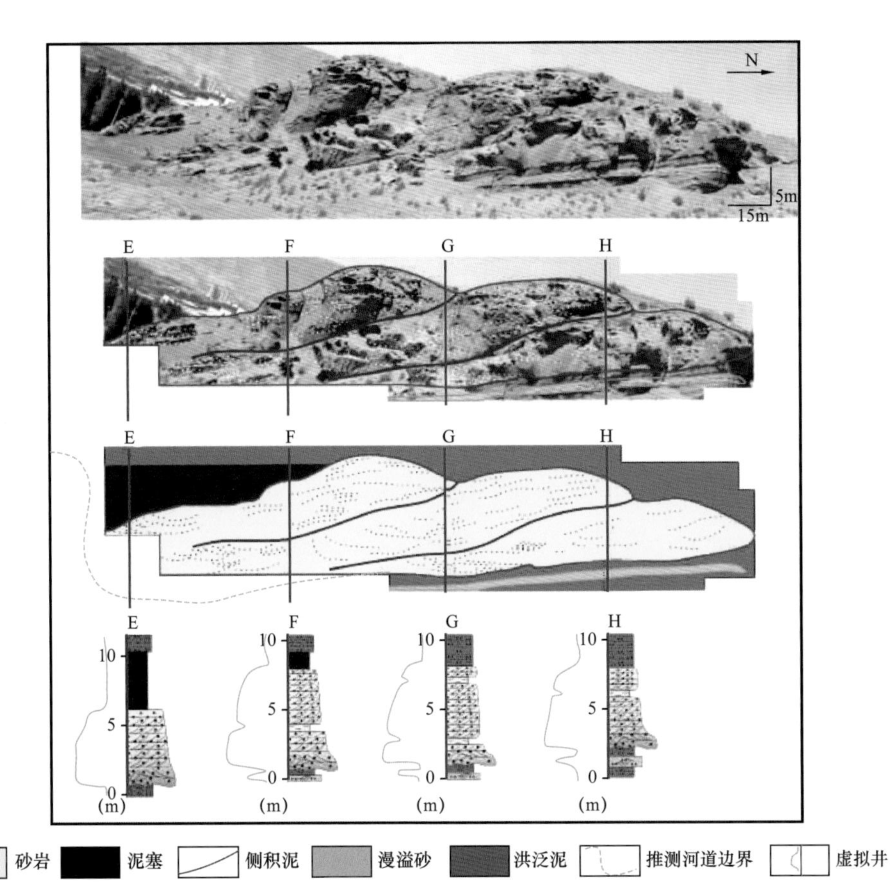

图 4–14　准噶尔盆地南缘硫黄沟剖面头屯河组中部的典型露头剖面特征（据陈彬滔，2013）

3°～6°，上部和下部倾角相对较小，中部倾角相对较大。

2. 山西柳林石盒子组边滩砂体露头

该剖面位于山西省吕梁市柳林县以北 18km，剖面发育 8 个侧积体，依次向东侧积迁移；侧积层以灰黑色泥岩、粉砂质泥岩为主，厚 2～15cm，延伸至河宽 1/2～2/3 处（图 4–15）。

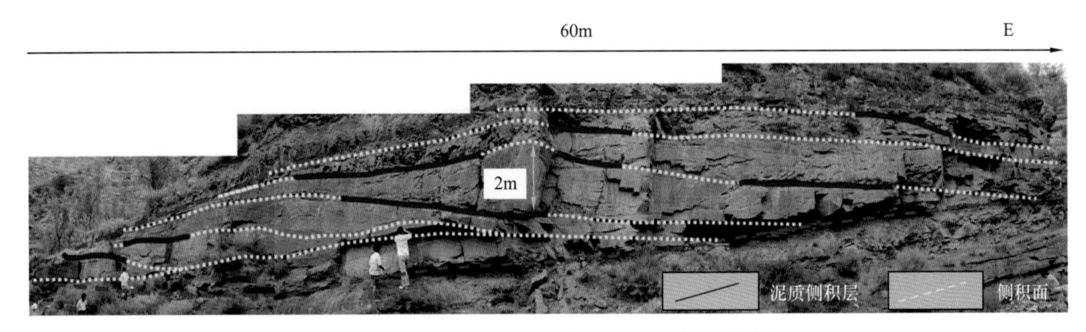

图 4–15　山西柳林边滩砂体内部构型侧积体剖面

点坝由不同洪水事件形成的多个楔状新月形侧积体，呈叠瓦状侧向叠加组合而成，其间被侧积面（其上或下多有侧积泥）分开，构成点坝侧积体沉积模式。由凹岸向凸岸，河水渐浅，流速下降，因此，在同一侧积体内部，从凹岸到凸岸沉积粒度渐细，沉积层理类型与规模渐变，形成不同岩石相，如在凹岸深潭处形成含砾粗—中砂岩的底部滞留沉积；

在点坝底部形成平行层理粗—中砂岩；在点坝中—下部形成大型 / 中型槽状交错层理中—细砂岩；而在点坝上部形成波状交错层理或波状层理细砂岩、粉砂岩。在垂向上，侧积体具有与横向上类似的沉积序列，多个侧积体通常具有向上厚度变薄的趋势。侧积体之间的侧积面，为极薄的非渗透或特低渗透粉砂质泥岩、泥质粉砂岩，厚度多为几至十几厘米，以5°～10° 向河道侧移方向斜列分布，由于点坝下部冲刷作用强烈，故侧积泥岩多分布于点坝中—上部，并在点坝中—上部引起上倾岩性尖灭、空间阻流、水平遮挡、垂向分隔等作用。

3. 山西保德扒楼沟剖面二叠系曲流河砂体露头

位于山西省保德县扒楼沟地区，研究层段为二叠系山西组、下石盒子组与上石盒子组（图 4–16）。山西组以灰色—浅黄色含砾砂岩、粗砂岩、中—细砂岩为主，夹有薄层灰黑色碳质泥岩、泥岩等，一般厚 80～90m，按岩性组合、沉积旋回及含煤性自下而上分为山 2 段和山 1 段。下石盒子组以灰绿色中—细砂岩为主，夹有灰绿色、棕红色泥岩、粉砂岩，一般厚 160～180m，依据岩性特征自下而上分为盒 8 段、盒 7 段、盒 6 段和盒 5 段。上石盒子组以棕红色泥岩为主，夹薄层灰绿色含砾粗砂岩、中—细砂岩及粉砂岩，一般厚 140～160m，依据岩性特征自下而上分为盒 4 段、盒 3 段、盒 2 段和盒 1 段。

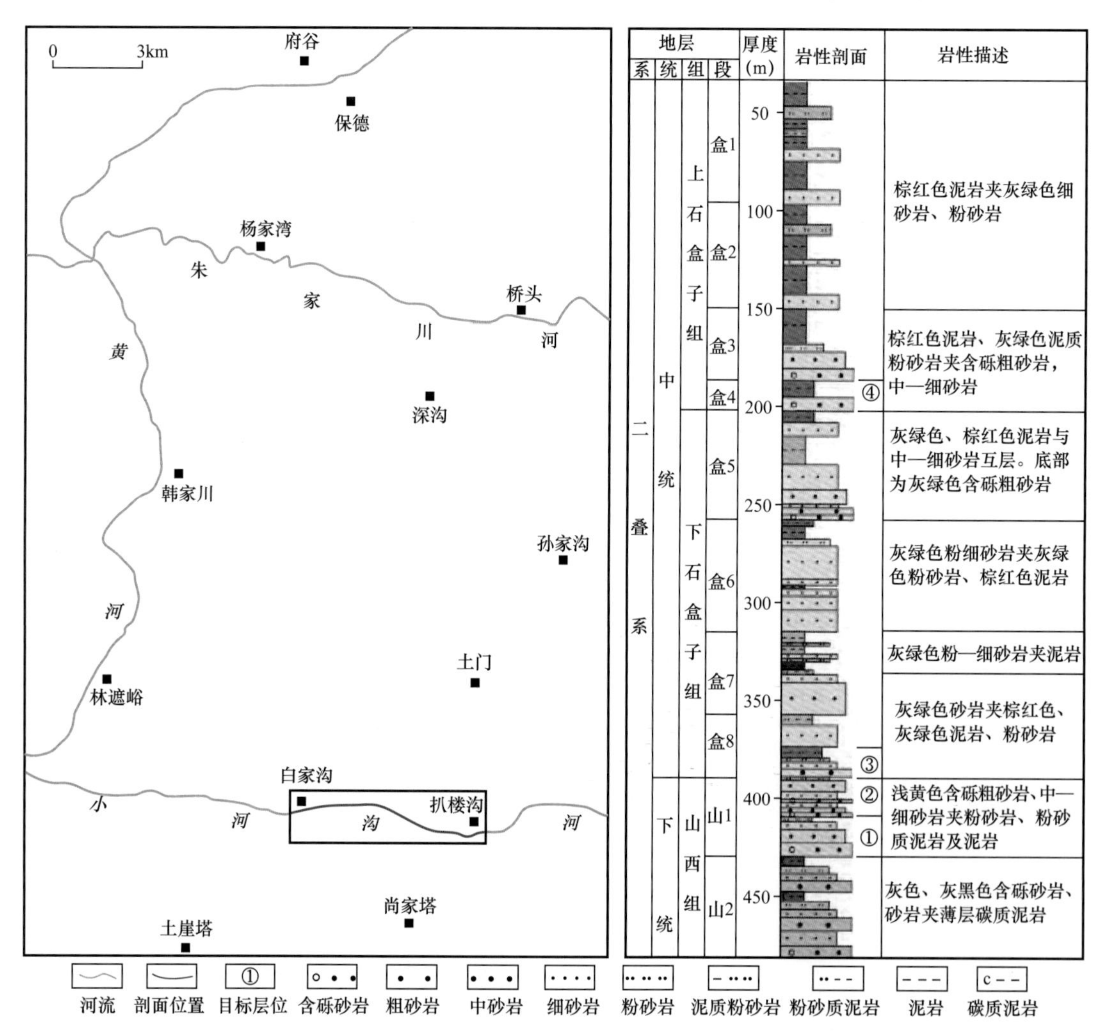

图 4–16 研究区位置及二叠系综合柱状图（据王越，2016）

山西组至上石盒子组整体表现为砂岩与泥岩互层的沉积特征，露头上砂体厚 3～15m，表现为下粗上细的正粒序结构，底部发育大型冲刷面，以砾岩和含砾粗砂岩为主，下部发育槽状交错层理中—粗砂岩，上部发育板状交错层理中—细砂岩，侧积现象明显，并夹有薄层泥岩，属于曲流河沉积。

由于河道侧向迁移并频繁改道，多期河道往往形成大型复合河道砂体。通过对扒楼沟剖面 13 个曲流河河道砂体进行详细观察及实测，根据砂体规模可以划分为 7 级沉积单元，由小到大分别是层系、层系组、底滩 / 边滩增生单元、底滩 / 边滩、单期河道、河道单元、河道复合体，分别被不同级别的界面限定（表 4–3）。在精细刻画河道内底滩与边滩砂体沉积特征及叠置关系的基础上，识别出 4 种类型的河道砂体，根据沉积过程将其分别命名为侧向迁移型、颈项截直型、串沟截直型和废弃河道型。

表 4–3　扒楼沟剖面二叠系曲流河河道砂体沉积单元与界面级次划分表

界面等级	沉积单元	横向规模（m）	厚度规模（m）	沉积成因	界面特征
7	层系	1～10	0.2～0.5	单一岩相	平，无侵蚀
6	层系组	10～100	1～5	单一岩相叠加	平，无侵蚀
5	底滩增生单元	10～150	1～5	由轻微侵蚀界面控制的连续沉积序列，主要发育槽状交错层理砂岩相或砾岩相，底部有滞留沉积，顶部为泥岩	轻微侵蚀面，水平分布
	边滩增生单元	10～150	1～5	由轻微侵蚀界面控制的连续沉积序列，主要发育下切型板状交错层理中—细砂岩相，之间夹有倾斜薄板状泥岩	轻微侵蚀面，下超到底滩之上或后期底滩截切
4	底滩	10～150	1～10	由河道下部的多个底滩增生单元在垂向上加积构成的透镜状砂体，底部发育滞留沉积	小型侵蚀面，通常被截切
	边滩	10～150	1～5	由河道上部的多个边滩增生单元在侧向上加积构成的楔形砂体	
3	单期河道	10～150	1～15	由大型侵蚀界面控制的连续沉积序列，底部可见滞留沉积，顶部为泥岩或者冲刷侵蚀界面	终止界面为上凸顶面，通常被截切
2	河道单元	100～200	1～15	由若干向同一方向有序迁移并且连续沉积的单期河道构成的单元	底部界面下凹，两侧倾角可陡可缓
1	河道复合体	100～200	15～30	由若干同向或异向迁移的河道单元构成的复合砂体	限定河道群或河谷群的界面

1）侧向迁移型河道砂体

典型砂体选自扒楼沟剖面山西组1段下部，长约110m，厚约12m，走向为东西向，近似垂直于主物源方向（图4-17a，b）。该砂体呈底凸顶平的外部几何形态，整体为一个河道单元，由5个向西依次迁移的单期河道构成（图4-17c），每个单期河道中均有若干个边滩增生单元和底滩增生单元。随着河道向西迁移，边滩砂体厚度及层面倾角整体减小，由平行层理中—细砂岩相过渡为下切型板状交错层理中—细砂岩相（图4-17d，e），并被下一期河道冲刷侵蚀；底滩主要发育同心槽状交错层理中—粗砂岩相，底部可见明显的冲刷面，厚度向西减薄，宽度增大，反映了随着河道迁移下切侵蚀能力减弱，侧向侵蚀作用相对增强。山1段沉积早期，盆地北部物源区不断抬升，河流具有很强的下切侵蚀能力，本区多发育弯曲度相对较低的曲流河（图4-17f），河流发展过程中不断侧向迁移形成多个单期河道，内部底滩与边滩砂体规模较大、泥岩含量较低，为优质储集砂体。

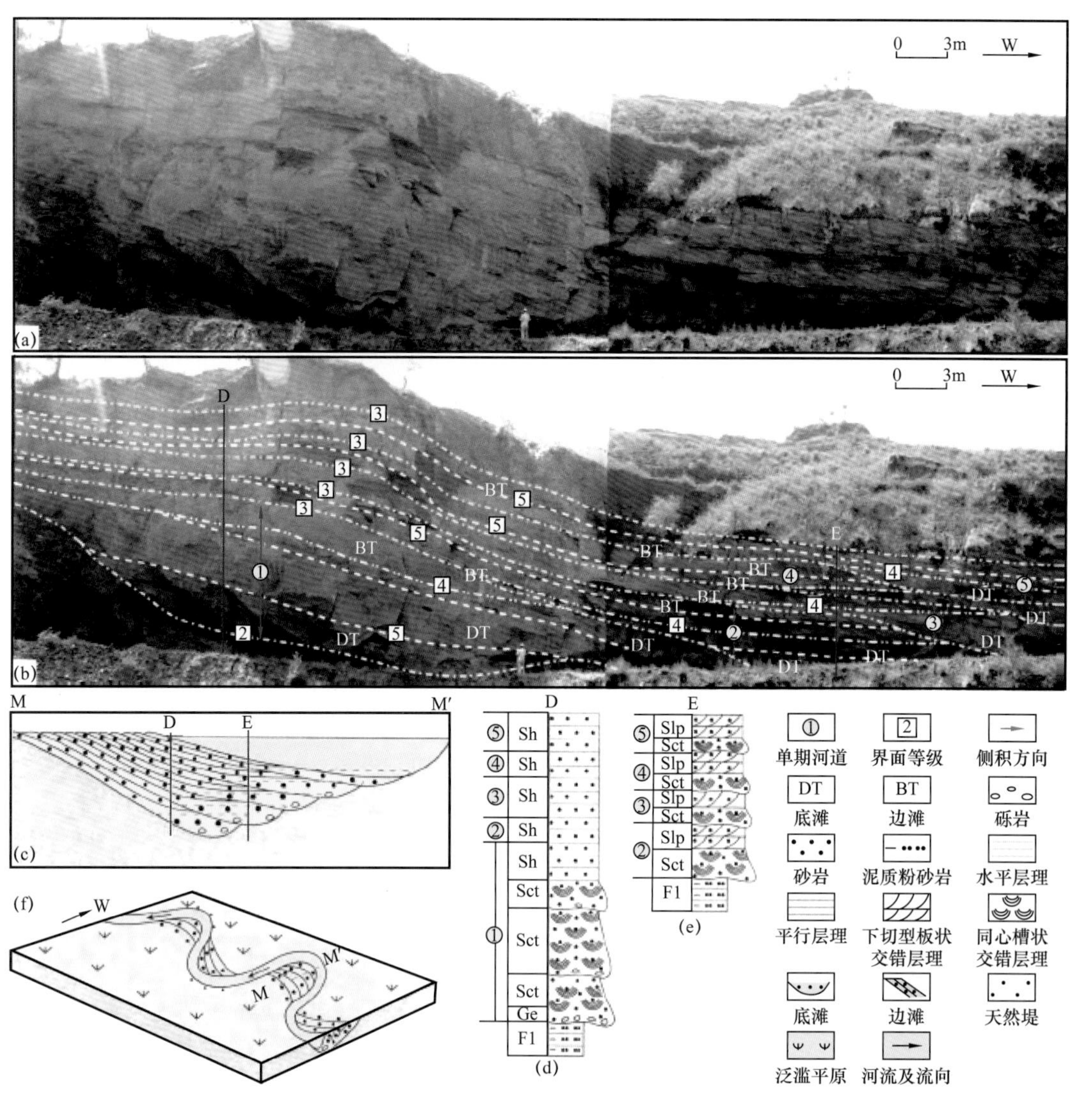

图4-17 扒楼沟剖面二叠系山西组侧向迁移型河道砂体构型特征、岩相组合及发育模式（据王越，2016）

2）颈项截直型河道砂体

典型砂体选自扒楼沟剖面山西组 1 段上部，长约 120m，厚约 18m，走向为东西向，近似垂直于主物源方向（图 4–18a，b）。该河道复合体外部几何形态类似三角形，内部由 4 个河道单元构成（图 4–18c）。河道单元Ⅰ内部由 1 个单期河道构成，剖面上可见 3 个向西迁移的边滩增生单元（图 4–18b，d），河道发展后期发生颈项截直作用，顶部边滩增生单元在东侧被河道单元Ⅱ冲刷侵蚀，仅在西侧残留。河道单元Ⅱ内部由一个向西迁移的单期河道构成，发育 1 个底滩增生单元和 3 个边滩增生单元，底部可见明显的冲刷面（图 4–18b，e）。河道单元Ⅲ内部由 3 个向东迁移的单期河道组成，每个单期河道中均有若干个边滩增生单元和底滩增生单元（图 4–18b，d—f）。河道单元Ⅲ形成后期再次发生颈项截直作用，河道改为向西迁移，发育两个单期河道，构成河道单元Ⅳ。山 1 段沉积晚期，盆地北部物源区抬升相对减弱，河流下切侵蚀能力减弱，该区多发育弯曲度相对较高的曲流河，河流常由于洪水事件导致曲流环较窄的颈部截断而发生改道（图 4–18g），形成由多个向不同方向迁移的河道单元构成的复合河道砂体，内部边滩砂体之间的泥岩夹层厚度较大。

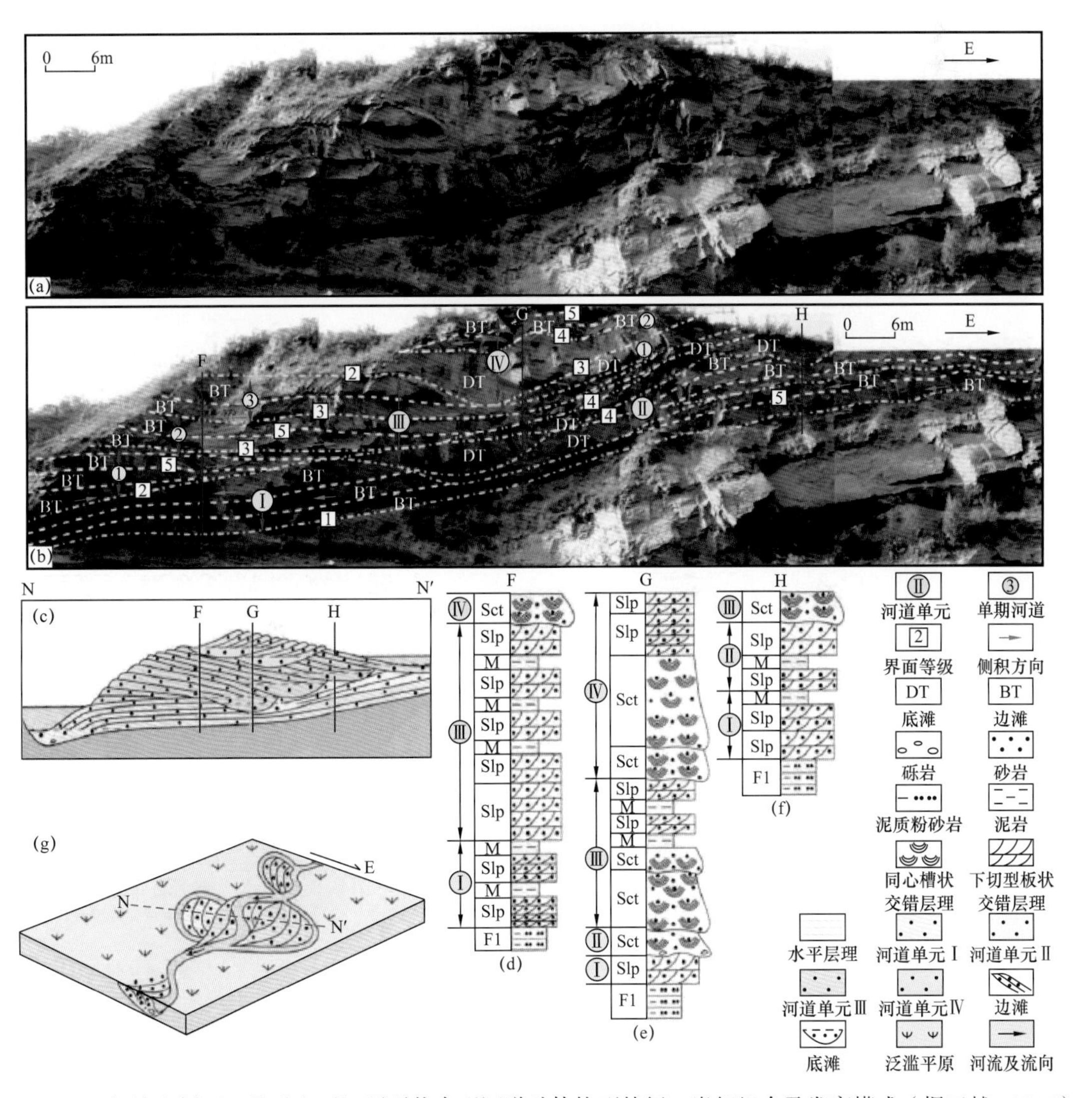

图 4–18　扒楼沟剖面二叠系山西组颈项截直型河道砂体构型特征、岩相组合及发育模式（据王越，2016）

3）串沟截直型河道砂体

典型砂体选自扒楼沟剖面下石盒子组 8 段底部，长约为 60m，厚约 8m，走向为东西向，近似垂直于主物源方向（图 4–19a—d）。河道单元Ⅰ为 1 个单期河道，内部由 1 个底滩增生单元和 4 个边滩增生单元构成。底滩砂体宽约 60m，厚约 2.5m，主要发育同心槽状交错层理中—粗砂岩相，内部夹有多层透镜状灰绿色泥岩（图 4–19g）。边滩砂体宽约 35m，厚约 3.5m，内部增生单元自下而上逐渐增厚。河道单元Ⅱ为 1 个单期河道，由 2 个底滩增生单元和 3 个边滩增生单元构成。早期形成的底滩增生单元为不对称透镜状砂体，宽约 27m，厚约 2.5m；后期形成的底滩增生单元规模明显减小，宽约 8.0m，厚约 0.4m。边滩增生单元之间夹有薄层状泥岩（图 4–19f），反映河流发展后期水动力减弱，河道砂体减少、泥质增多的沉积特点。下石盒子组沉积时期，盆地转为半干旱气候，水系活动减弱，该区多发育弯曲度相对较高的曲流河，河流在发育过程中由于截直作用冲开流槽形成新的河道单元（图 4–19d），侧向迁移方向与原有河道相同，内部河道砂体规模减小、泥质含量增大。

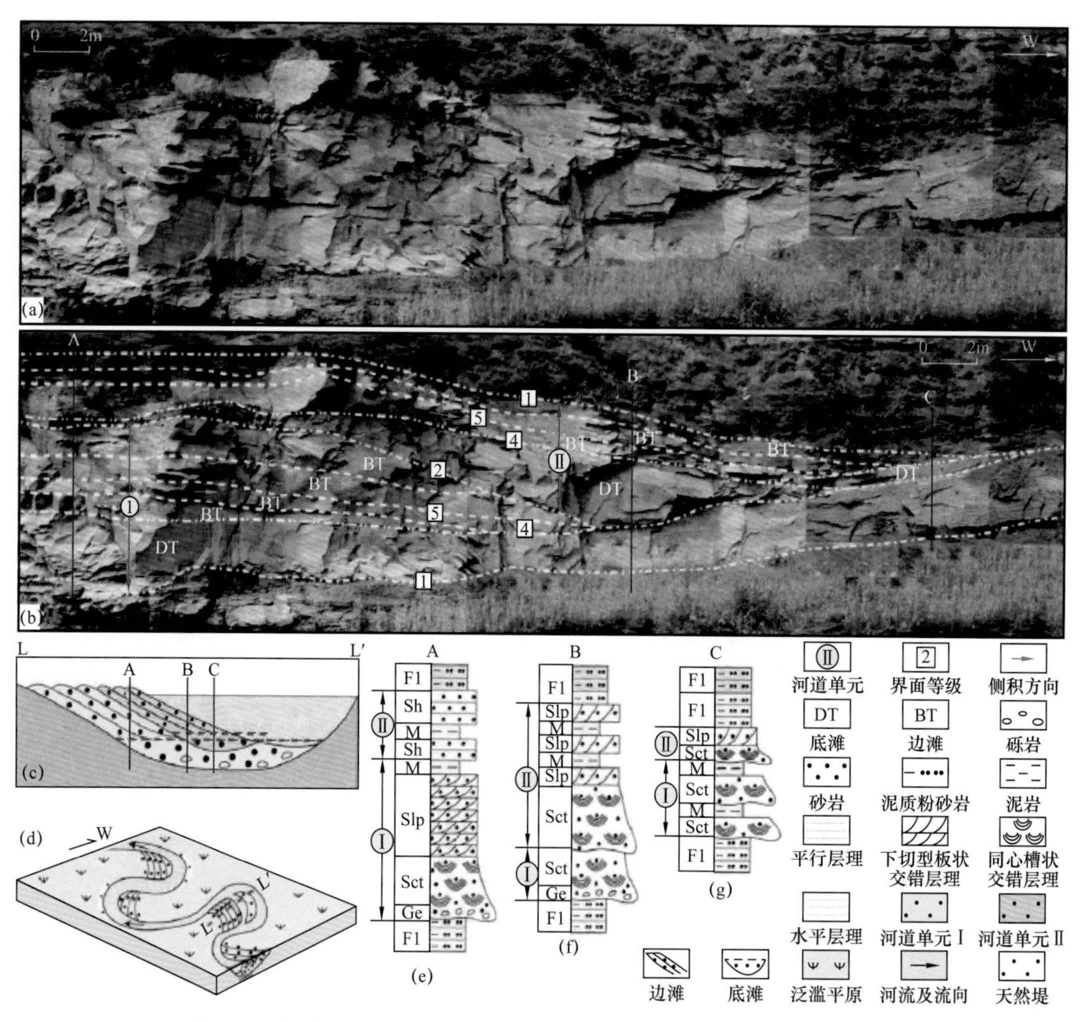

图 4–19 扒楼沟剖面二叠系下石盒子组串沟截直型河道砂体构型特征、岩相组合及发育模式（据王越，2016）

4）废弃河道型河道砂体

典型砂体选自扒楼沟剖面上石盒子组 4 段，长约 132m，厚约 8.2m，走向为东西向，近似垂直于主物源方向（图 4–20a，b）。该砂体为 1 个单期河道（图 4–20c），内部由多个底滩增生单元和边滩增生单元构成。底滩砂体呈底凸顶平的外部几何形态，宽约 132m，厚约 8.2m，主要发育大型异心槽状砾岩相，夹有多层透镜状灰绿色泥岩，反映河道多次短期废弃，充填悬浮细粒沉积物（图 4–20d）。边滩砂体仅在东侧发育，总体宽度约 20m，厚约 2m，内部发育泥岩夹层（图 4–20e）。上石盒子组沉积时期，盆地北部物源区的抬升趋于稳定，水系活动减弱，物源供给减少，该区曲流河河道砂体中泥岩夹层厚度增大、层数变多，河流常在发展过程中由于水系枯萎导致原有河道废弃（图 4–20f），沉积厚层棕红色泥岩。

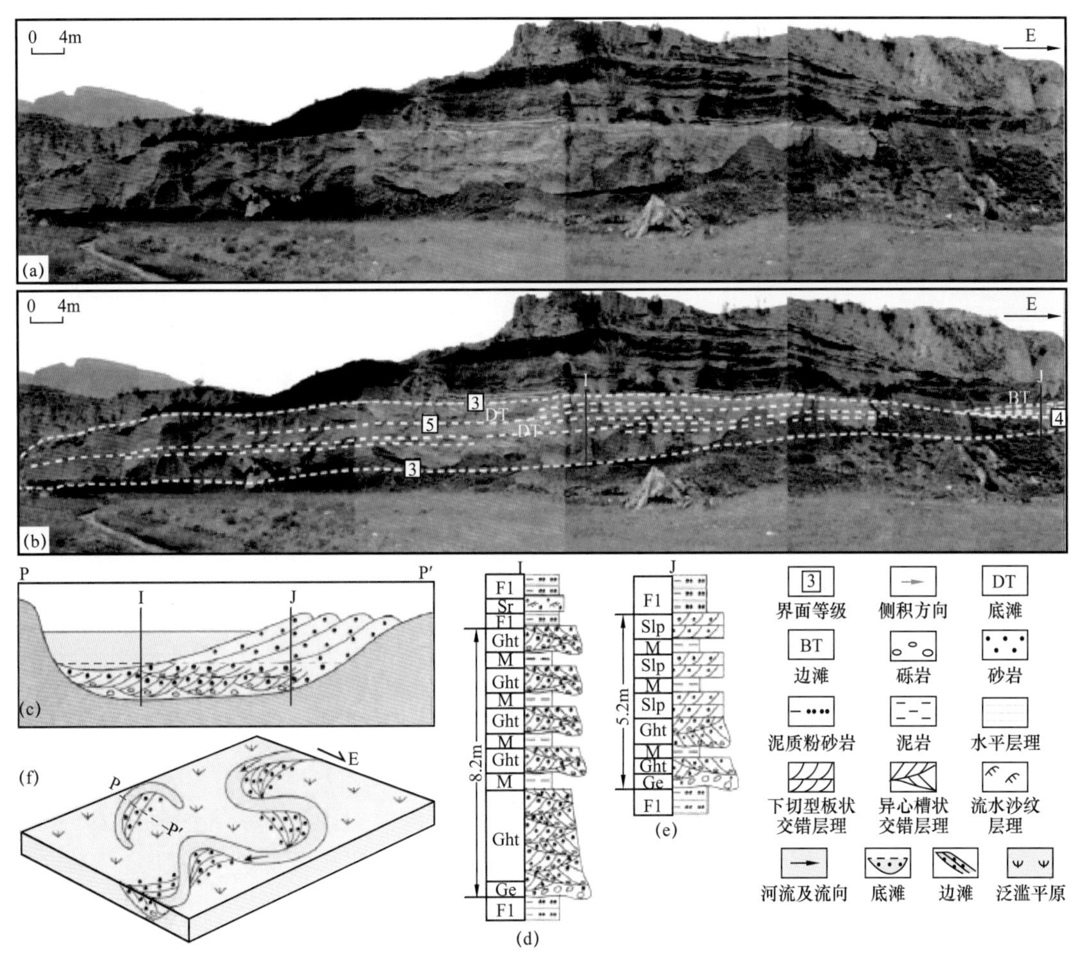

图 4–20　扒楼沟剖面二叠系上石盒子组废弃河道型河道砂体构型特征、岩相组合及发育模式（据王越，2016）

5）砂体非均质性

由于沉积条件不同（如河流弯曲度、水流强度、碎屑物供给量等），曲流河不同类型的河道砂体沉积非均质性有所差异，主要体现在内部沉积单元构成、底滩与边滩砂体几何形态、砂体规模及叠置关系和泥岩夹层发育程度等方面。因此，可以根据河道内底滩与边滩砂体的剖面形态、规模、叠置关系以及泥岩夹层分布频率（单位厚度内夹层个数）和分布密度（单位厚度内夹层厚度所占比例）等半定量化表征不同类型河道砂体的沉积非均质性（表 4–4）。

表 4–4 扒楼沟剖面二叠系不同类型曲流河河道砂体内底滩与边滩剖面形态、规模和泥岩夹层分布统计表

<table>
<tr><th rowspan="2">河道砂体类型</th><th rowspan="2">成因砂体</th><th rowspan="2">岩相特征</th><th rowspan="2">露头剖面几何形态</th><th rowspan="2">宽度（m）</th><th rowspan="2">厚度（m）</th><th rowspan="2">宽厚比</th><th rowspan="2">倾角（°）</th><th colspan="2">内部夹层规模</th><th rowspan="2">夹层分布频率（个 /m）</th><th rowspan="2">夹层分布密度（%）</th></tr>
<tr><th>宽度（m）</th><th>厚度（m）</th></tr>
<tr><td rowspan="2">侧向迁移型</td><td>边滩</td><td>Sh
Slp</td><td>顶削型</td><td>70.7～104.5</td><td>0.6～1.8</td><td>40～150</td><td>4～10</td><td>14.1～21.5</td><td>0.05～0.15</td><td rowspan="2">0.6</td><td rowspan="2">8.4</td></tr>
<tr><td>底滩</td><td>Sct</td><td></td><td>17.5～36.3</td><td>0.8～2.4</td><td>11～22</td><td></td><td>15.5～22.3</td><td>0.05～0.15</td></tr>
<tr><td rowspan="2">颈项截直型</td><td>边滩</td><td>Slp</td><td>顶削型、底超型</td><td>19.8～112.0</td><td>0.9～2.6</td><td>9～50</td><td>4～12</td><td>33.2～55.9</td><td>0.15～0.65</td><td rowspan="2">11</td><td rowspan="2">10.7</td></tr>
<tr><td>底滩</td><td>Sct</td><td></td><td>33.6～43.8</td><td>2.5～5.3</td><td>8～13</td><td></td><td></td><td></td></tr>
<tr><td rowspan="2">串沟截直型</td><td>边滩</td><td>Sh
Slp</td><td>顶削型、底超型</td><td>18.8～50.1</td><td>0.8～1.8</td><td>28～36</td><td>3～11</td><td>19.3～50.5</td><td>0.03～0.10</td><td rowspan="2">1.2</td><td rowspan="2">10.9</td></tr>
<tr><td>底滩</td><td>Sh
Sct</td><td></td><td>8.0～60.5</td><td>0.5～2.5</td><td>13～24</td><td></td><td>8.0～31.5</td><td>0.05～0.15</td></tr>
<tr><td rowspan="2">废弃河道型</td><td>边滩</td><td>Slp</td><td>底超型</td><td>13.5～20.0</td><td>0.6～1.1</td><td>12～34</td><td>3～9</td><td>14.1～18.3</td><td>0.10～0.30</td><td rowspan="2">0.9</td><td rowspan="2">17.5</td></tr>
<tr><td>底滩</td><td>Sct
Ght</td><td></td><td>132.0</td><td>8.2</td><td>16</td><td></td><td>18.5～52.4</td><td>0.10～1.10</td></tr>
</table>

从表 4–4 中可以看出，侧向迁移型河道砂体内部边滩砂体以顶削型为主，规模较大，宽度为 70.7～104.5m；底滩砂体规模较小，宽度为 17.5～36.3m。该砂体常形成于弯曲度较低的曲流河，水动力较强，泥质含量整体较低，泥岩夹层分布频率为 0.6 个 /m，分布密度为 8.4%。整体看，侧向迁移型河道砂体由 5 个依次向西迁移的单期河道构成，叠置关系相对简单（图 4–17b），泥岩夹层分布频率及分布密度相对较低，非均质性较弱。颈项截直型河道砂体内部边滩砂体发育顶削型和底超型两种形态，规模相对较大，宽度为 19.8～112.0m，内部泥岩夹层厚度较大，最厚可达 0.65m；底滩下切侵蚀能力较强，厚度较大，最厚可达 5.3m，内部泥岩夹层相对不发育。该砂体常形成于弯曲度较高的曲流河，水动力较弱，泥质含量整体较高，泥岩分布频率为 1.1 个 /m，分布密度为 10.7%。整体看，颈项截直型河道砂体由 4 个河道单元构成，而且河道迁移方向频繁变换，叠置关系复杂（图 4–18b），同时泥岩夹层分布频率及分布密度相对较大，非均质性最强。串沟截直型河道砂体内部边滩砂体发育顶削型和底超型两种形态，规模相对较小，宽度为 18.8～50.1m；底滩砂体规模较大，最宽可达 60.5m，内部夹有薄层泥岩。该砂体常形成于

弯曲度较高的曲流河，水动力较弱，泥质含量整体较高，泥岩夹层分布频率为 1.2 个 /m，分布密度为 10.9%。整体看，串沟截直型河道砂体由两个河道单元在垂向上叠置构成，叠置关系相对简单（图 4–19b），而泥岩夹层分布频率及分布密度相对较大，非均质性较强。

废弃河道型河道砂体内底滩砂体规模较大，宽约 132m，厚约 8.2m，其内部泥岩夹层厚度较大，最厚可达 1.1m；边滩主要发育底超型，宽度较小，为 13.5～20.0m，夹有厚层泥岩。该河道砂体内部泥岩夹层层数较少，厚度较大，泥岩夹层分布频率为 0.9 个 /m，分布密度为 17.5%。整体看，废弃河道型河道砂体由一个单期河道构成，以底滩砂体为主（图 4–20b），泥岩夹层分布频率相对较小、分布密度较大，非均质性较强。

二、国外典型的曲流河露头剖面规模定量刻画

1. 美国 Piceance 盆地 Williams Fork 组露头

1）露头剖面概况

该露头位于科罗拉多州帕利塞德附近的 Coal 峡谷，Piceance 盆地天然气田以南约 48km。该气田产层为 Williams Fork 组。此处植被稀少，岩石暴露良好，构造倾角小于 7°。

中—上坎帕阶 Williams Fork 组与下伏 Iles 组和上覆 Paleocene Wasatch 组呈整合接触。地层厚度约为 1525m，Williams Fork 组可分为两个层段。Williams Fork 组下部 150～200m 岩性主要为泥岩（40%～70%），其次为透镜状河道砂岩和煤；上部 250～300m 主要是砂岩（50%～80%），其次为泥岩，几乎没有煤。Williams Fork 组上部富砂段为冲积平原环境，下部的贫砂段属于海岸平原环境，以及曲流河、沼泽和冲积平原环境（Cole 和 Cumella，2005）。贫砂段沉积属于“泥包砂”，即相对孤立的砂岩（例如，孤立点沙坝砂体）沉积在泛滥平原泥岩和煤之中。点沙坝砂体之间的连通性普遍较低；然而，富砂段连通性较好，砂体叠置较为普遍。

2）露头剖面岩相与岩相组合特征

对 3 个露头的单个点沙坝和相关沉积物的沉积特征进行了详细的观察和测量。根据 13 个地层剖面划分了 6 种主要岩相：包括槽状交错层理砂岩、波痕砂岩、瘤状粉砂岩、层状粉砂岩、砾状含泥屑砂岩、煤以及蒙皂石层（表 4–5，图 4–21）。从中部到上部的细粒槽状交错层理砂岩到细粒波纹层状砂岩，点沙坝沉积呈现向上变细的相序。基于侧向加积层理，将主要点沙坝砂体的长轴和古流向定为东南（方位角 94°～102°）（Cole 和 Cumella，2003；Ellison，2004）。在一些层段，主砂体主要为河道槽状交错层理，而在其他层段几乎都是波纹层状层理、块状层理，局部见泥片滞留冲刷面。

表 4–5　河流相露头特征

相	岩性	粒度	粒形和分选	主要特征
槽状交错层理砂岩	岩屑砂岩	下部均匀，上部变细	次棱角状—次圆状，中等分选	槽状交错层理，也有平面交错层理，软沉积物，冲刷面
波痕砂岩	岩屑砂岩	从上到下变细	次圆状；中等分选	波痕层理，爬升波痕
瘤状粉砂岩	泥岩	主要为粉砂		结核状结构，菱铁矿结核，根

续表

相	岩性	粒度	粒形和分选	主要特征
层状粉砂岩	泥岩	富粉砂		毫米级纹理，生物扰动，根
砾状含泥屑砂岩	砾状岩屑砂岩	均匀	次棱角状，分选差	泥屑滞留，木本植物碎屑，冲刷面
煤和蒙皂石层	煤和蒙皂石			煤中规则分布的割理（2～7cm，0.8～2.75in）

(a) 槽状交错层理砂岩　(b) 波痕砂岩

(c) 瘤状粉砂岩　(d) 层状粉砂岩

(e) 砾状含泥屑砂岩　(f) 煤（①）和蒙皂石层（②）

图 4-21　Williams Fork 组主要的河流相岩相

3）露头剖面定量参数研究

（1）漫滩河道深度和宽度。

漫滩河道深度（D）是由砂体平均厚度（D^*）估算的，并对其进行河曲和压实的曲率校正。根据实验研究（Ethridge 和 Schumm，1977），使用 0.585 作为直流段漫滩河道深度和河道曲流漫滩深度比值的平均值。因为 Ethridge 和 Schumm（1977）将 10% 作为由压实引起的砂向砂岩转化造成的厚度减小比较保守，所以，点沙坝厚度除以 0.9 就是原始漫滩河道深度砂体的测定深度：

$$D = D^* \times 0.585/0.9 \tag{4-11}$$

该地区主点沙坝平均厚度（D^*）约为 8.0m，得到漫滩河道深度 5.2m 近似值。

Allen（1965）表明，点沙坝通常横跨河道 2/3（或漫滩河道宽度的 2/3）。在此基础上，通过测量暴露于露头的侧向加积面平均水平宽度（W^*）（图 4–36），可以估算漫滩河道宽度（W）：

$$W=W^* \times 1.5 \tag{4-12}$$

对于暴露良好的露头，可以测量其水平宽度和侧向加积面。主点沙坝砂体的加积面（W^*）平均水平宽度为 29.6m，得到漫滩河道宽度 44.4m。

为了比较，对于高弯度河（弯度＞1.7），Leeder（1973）提出了漫滩河道深度和宽度的经验关系，可用于露头暴露不足以测量侧向加积面的情况。在这种情况下，利用估算的漫滩河道深度，使用下面的经验公式：

$$W=6.8 \times D^{1.54} \tag{4-13}$$

基于这种关系，使用从露头得到的校正漫滩河道深度 5.2m，估算的漫滩河道宽度为 86.1m。估算的漫滩河道宽度（44.4～86.1m）很常见，有不同的数据来源，可以通过经验关系得到这个估算结果。

（2）曲流幅度和波长。

垂直于古流向（储层宽度）的点沙坝储层横向规模，大体与沉积了主点沙坝的河道曲流带宽度（曲流幅度）对应（Collinson，1978；Lorenz 等，1985）。基于露头中的点沙坝横向范围，估算的曲流带宽度为 300m。平行于古流向（储层长度）的点沙坝储层横向范围与河道的曲流波长有关（Collinson，1978）（图 4–22）。与曲流带宽度不同，曲流波长不能直接从露头测得。

因此，使用经验关系计算曲流波长（λ_m），以估算平行于古流向的点沙坝储层的横向范围。使用 Leopold 和 Wolman（1960）和 Schumm（1972）的方法估算曲流波长，这些方法将曲流波长和漫滩河道宽度（W）以及漫滩河道宽度 / 深度比建立了关系（$F = W/D$）。使用以下经验关系估算曲流波长：

$$\lambda_m=10.9W^{1.01}\ （单位：m）（Leopold 和 Wolman，1960） \tag{4-14}$$

或

$$\lambda_m=18\ (F^{0.53}W^{0.69})\ （F=W/D，单位：m）（Schumm，1972） \tag{4-15}$$

基于 Leeder（1973）的关系式，估算漫滩河道深度（D=5.2m）和漫滩河道宽度（W = 86.1m）。上述等式给出的主点沙坝沉积曲流波长为 982m 和 1725m。基于漫滩河道宽度的

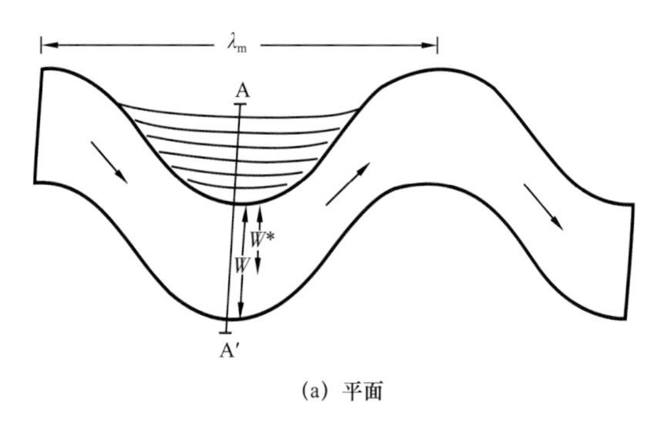

(a) 平面

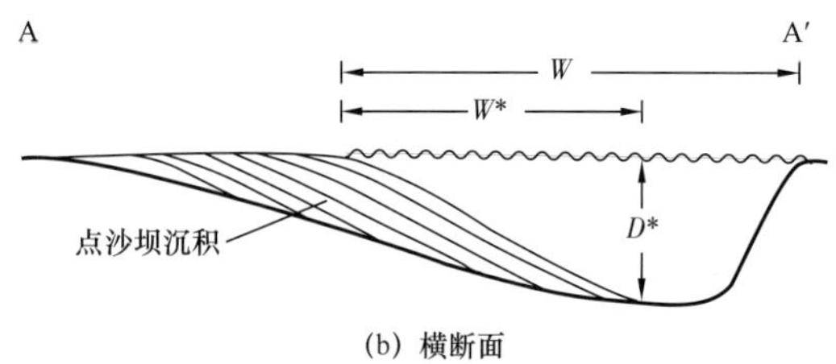

(b) 横断面

(c) 露头

图 4-22 河曲示意图

下限值（W=44.4m），估算曲流波长为 503m 和 768m。

河流系统是复杂的，相对于曲流波长，平行于古流向的点沙坝砂体范围不是一个固定值。为了简化，在给出下 Williams Fork 组相对较高的弯度（弯度为 1.7～1.9；Ellison，2004）的前提下，使用了估算的平均曲流波长。在给出最低的 3 个曲流波长估算值的相对窄范围的前提下，之后使用 750m 作为点沙坝储层（平行于古流向的储层长度）横向规模曲流波长的平均值，用于 3D 露头建模。

2. 博亚巴德盆地 Cemalettin 组露头

1）露头剖面概况

该盆地位于地中海东部土耳其中北部，古特提斯域一个微型地块的南缘。土耳其北部的锡诺普—博亚巴德盆地（图 4-23a）为巴列姆阶沉积期一个在黑海隆起带上未发育完全的盆地，在西部黑海隆起区向北部俯冲带和中部 Pontide 造山带之间发育了一个逐渐加深的深水地堑，宽大约 80km，长 200km。直到古新世末期，该前陆盆地被向上隆升的山脊分隔成了两个平行展布的深陷带（图 4-23a）。该构造最初在水下形成，与北部 Erikli 底板块体俯冲和南部 Ekinveren 反冲断块相向运动挤压形变有关（图 4-23b）。

在古新世—始新世过渡期，锡诺普—博亚巴德盆地一度遭受了饥饿性沉积，最初为来自西部和西南方向的硅质碎屑岩物源供给，后来物源方向逐渐被东部的硅质碎屑岩物源体系代替，归因于东部造山带山麓地带发育的河流体系为盆地提供了物源。博亚巴德盆地充填了大约 1500m 厚的始新统—渐新统，岩性以来自东部的富含硅质砂岩和砾岩为主，最下部由浊积岩组成，中部则由浅海 B 河流三角洲沉积序列组成，包含了 4 次大规模的河谷下切作用和海侵。始新世之后便开始发育大规模的河流—冲积体系，下部沉积厚度约 200m 的曲流河，上部沉积厚度约 300m 的辫状河。

2）古曲流带沉积特征

在博亚巴德盆地中部目的层露头有单层和多层河道带沉积，岩性以含砾砂岩为主，厚度一般为几米至数十米不等，镶嵌在厚层洪泛泥岩中。在这些露头剖面中，主要出露河道和越岸沉积。

（1）河道带沉积特征。

岩性以灰白至浅灰色含砾硅质砂岩为主，河道砂体呈条带状，平行河道带的方向向前

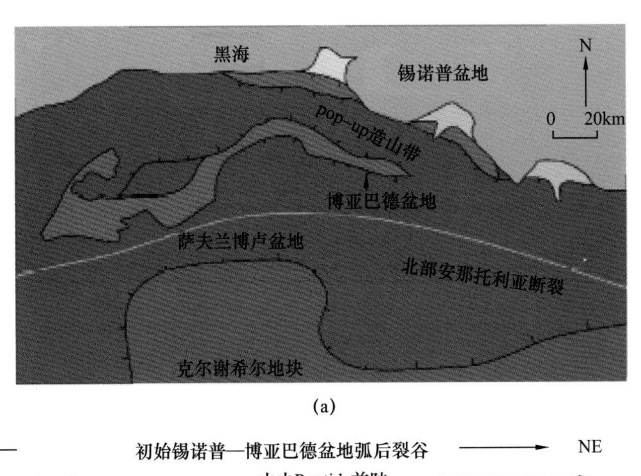

(a)

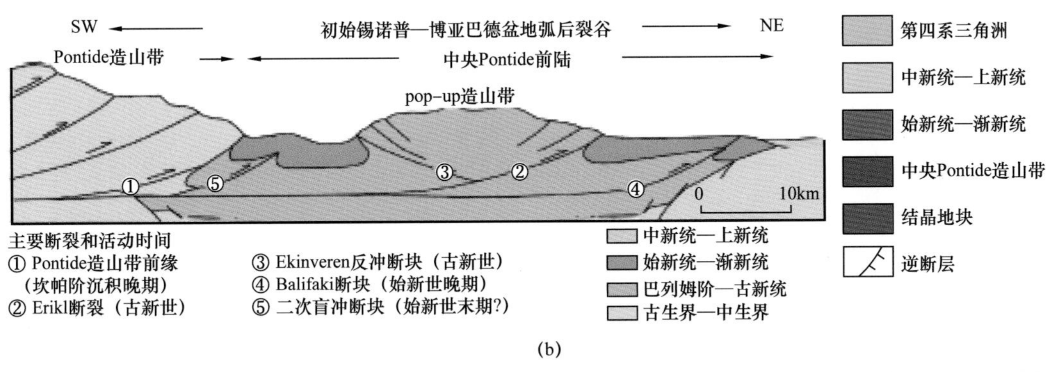

(b)

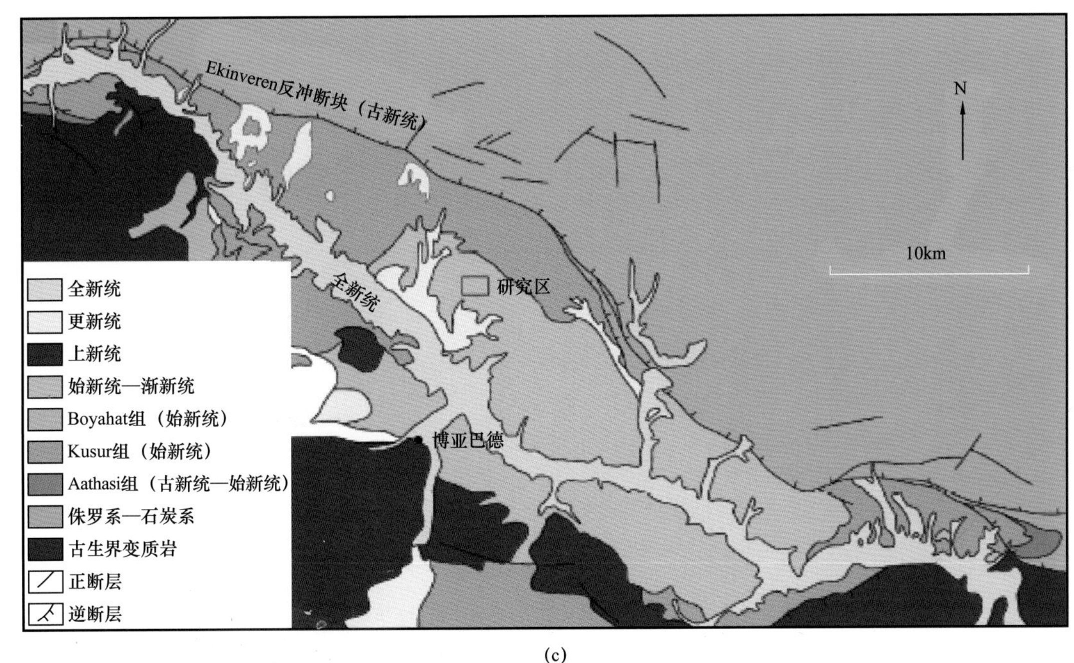

(c)

图 4-23　研究区构造背景与区域地质图（据 Chinassi 等，2014）

（a）土耳其北部沉积充填了古近系地层盆地，背驮式锡诺普—博亚巴德盆地被中央 pop-up 造山带分割成两个浅水洼陷；（b）过锡诺普—博亚巴德盆地剖面构造示意图；（c）博亚巴德盆地地质图

延伸数百米。单层河道带的底部常发育不均匀的冲刷侵蚀界面，界面之上为河床滞留沉积的砾石滩（图 4-24a）。单层河道带由下至上 1m 厚度内包含砾石至大块泥岩碎屑。

图 4-24　博亚巴德盆地周缘河道沉积典型露头剖面（据 Chinassi 等，2014）

（a）单层曲流带底界冲刷界面覆盖在下伏洪泛平原沉积之上，侧积处的古水流方向大致垂直纸张向里，人高大约 1.8m；（b）以倾斜交错层系为主的点坝上游坝的露头剖面，经构造校正的槽状层理沙脊下倾方向指示古水流；（c）点坝下游坝叠置在下伏河床滞留沉积之上，上部为点坝中游坝，最顶为横截的串沟河道沉积；（d）点坝下游坝，其上为扩张型上游坝所叠置

垂直于曲流河道带走向的露头剖面侧积层倾角一般为 10°～15°（图 4-24b），然而侧积层的倾角并非一个均一的倾斜面，而是一个上缓、中陡、下缓的面。沿着平行河道带走向方向，点坝表现为底平顶凸的丘形结构，内部侧积倾角的倾向时而远离观察者，时而朝向观察者。当侧积层向上游倾斜时，为上游坝（图 4-24b）；倾向与侧积方向大约平行时为中游坝；倾角下游倾斜时为下游坝（图 4-24c）。层理主要为平行板状层理和交错层理。下部一般为槽状交错层理和板状交错层理，而上部则为平行层理和波状小型交错层理。层系顶面斜交截切的面为再作用面，再作用面之间的层系倾向会有轻微的改变（图 4-24c），

点坝之间被以平行、交错层理为主的砾石沉积或冲刷界面分隔成若干单元，且彼此相互超覆（图 4–24d）。一些点坝顶部被厚度为 1～1.5m 的浅水河道切割充填，以高角度倾斜斜交在点坝之上，河道内部被槽状交错层理砂岩或缺乏层理结构的块状泥岩充填。一般情况，河道内常发育反“S”形的交错层理并超覆在下游丘形层理结构上。

（2）越岸沉积特征。

曲流河成因砂体，无论是单层还是多层，都被厚层泥质隔层分隔（图 4–25a）。这些沉积物由非均质泥岩、黑灰色—灰绿色粉砂质泥岩以及砂质条带物组成（图 4–25b），其粒度由粗到细分选较差，不同粒径砂岩层厚度可达到 1.5m。层理类型可见块状、平行板状、波状交错层理，横向尖灭距离可达到几米至数十米。上游坝一般受土壤化影响较大，泥岩一般包含土壤化的植物根茎，如树根等（图 4–25c），或含未钙结好的结核（图 4–25c），未见钙结层。在洪泛成因的泥岩中，还常发现贝壳类等生物化石。

图 4–25　博亚巴德盆地周缘越岸沉积典型露头剖面（据 Chinassi 等，2014）

（a）单层曲流带砂体，厚约为 7m，被厚层洪泛成因泥岩分隔；（b）由含砂质条带的泥岩夹层组成的越岸沉积物，被上覆底部曲流带含砾质砂岩所不整合；（c）曲流带砂体下部的洪泛泥岩，内部有当代树根留下的痕迹，锤子长度大约 35cm；（d）洪泛泥岩中的钙质结核，笔长度大约 12cm

（3）基于露头古河道带的结构恢复与演化。

在曲流带演化过程的恢复中，主要利用了平行曲流带轴向的纵向露头剖面，结合点坝结构模式和深泓线轨迹追踪法，完成其演化历史重建。野外露头案例既包括单层也包括多层曲流带砂体，并对其进行精细描述和成因解释。为了便于研究和更好地对点坝进行说明，将曲流带中的单层或多层用层号进行标注，并按阿拉伯字母顺序，遵循从左到右的原则、先上游后下游的标注方法，完成对野外露头数据的整理。

以单层的曲流带为例，其厚度一般为6m，位于目的层曲流河沉积序列的最下部，下伏大约10m厚的含盐泥岩。单层曲流带露头取自某一处的露头崖壁（图4–26a），长度大约200m，走向大约340°，与盆地长轴方向大致平行。根据二维露头剖面中层理的起伏特征结合古水流方向的测定，可分别识别上游坝、中游坝和下游坝。

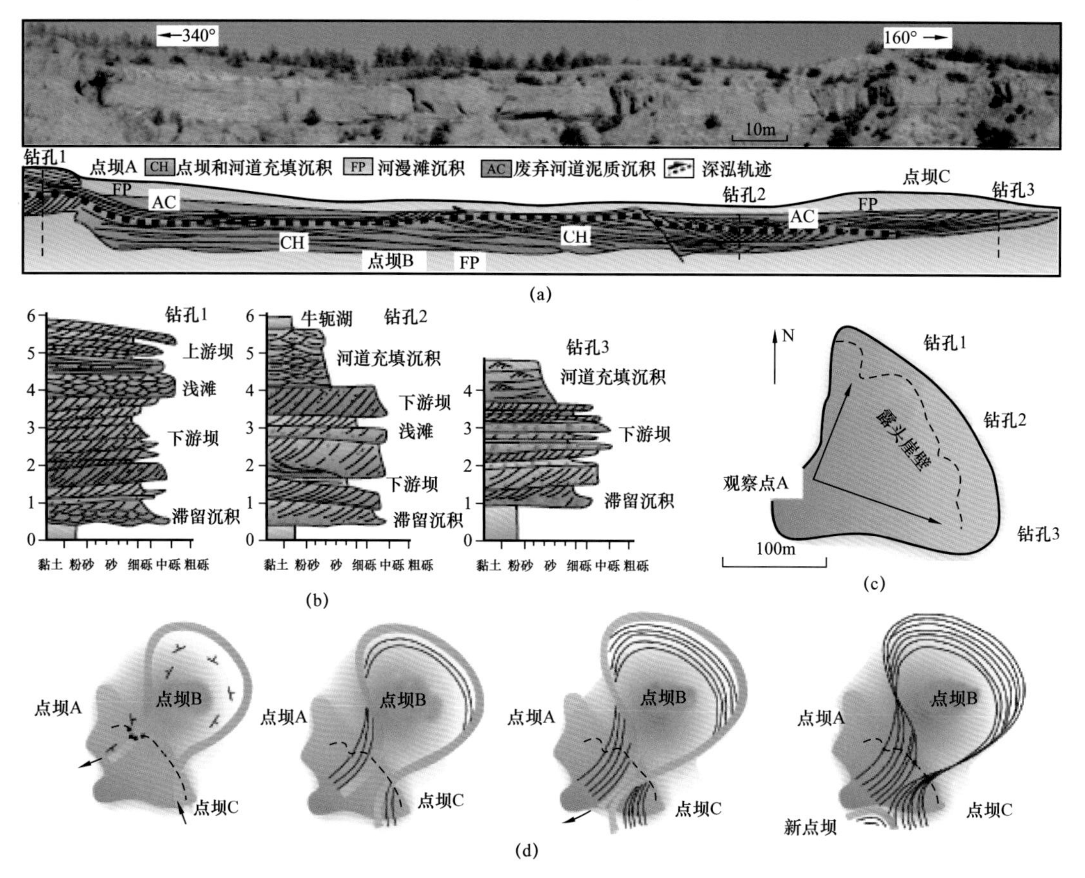

图4–26　博亚巴德盆地周缘曲流带露头照片及其过程恢复（据Chinassi等，2014）

（a）单期曲流带露头剖面，并显示了深泓轨迹在露头剖面中的空间分布；（b）钻孔垂向岩性序列；（c）露头剖面在地表出露位置；（d）根据露头总结的曲流带平面演化规律

图4–26（a）左边露头显示，砂体由点坝A和点坝B组成，点坝A几乎完全因点坝的侧向增长而超覆在点坝B之上，点坝A侧积体倾向向右，而古水流方向向左，表明该处为上游坝。点坝A和点坝B侧向迁移方向不同，表明其分属于不同的点坝单元且相互切叠。点坝B也在该露头剖面中，由左至右，点坝A之下的深泓轨迹在向右侧方向迁移过程中，点坝B由下游坝逐渐演变为中游坝和上游坝，说明在向左旋转扩张。钻孔1岩性垂向演化序列揭示，上部上游坝的粒度逐渐变粗，也证实了点坝A在向右扩张。

图4–26（a）显示，右边的露头深泓轨迹在点坝侧积增生体之间，点坝B侧积倾向指向露头里侧，并偏向上游方向，表明该处为上游坝。点坝C的侧积倾向指向露头内侧且偏向下游方向，表明该处发育的是下游坝。深泓线的轨迹分布特征也进一步表明点坝C超覆在点坝B之上。综合上述特征，该露头古河道演化为扩张+旋转迁移模式。另外，钻孔2和钻孔3上部钻遇的泥岩楔为废弃河道充填产物（图4–26b），最终导致点坝A和点坝C汇合，从而发生了颈项取直与废弃牛轭湖的形成（图4–26d）。

第四节　曲流河地下储层构型单元

沉积环境与沉积相研究表明，加里东期后，鄂尔多斯盆地古地形呈现北高南低，水系主体由北向南发育，盆地北部为物源区。苏里格气田盒 8$_{上}$和山 1 段为曲流河沉积。盒 8$_{下}$（主力产层）属于辫状河三角洲内的辫状河沉积（图 4–27）。

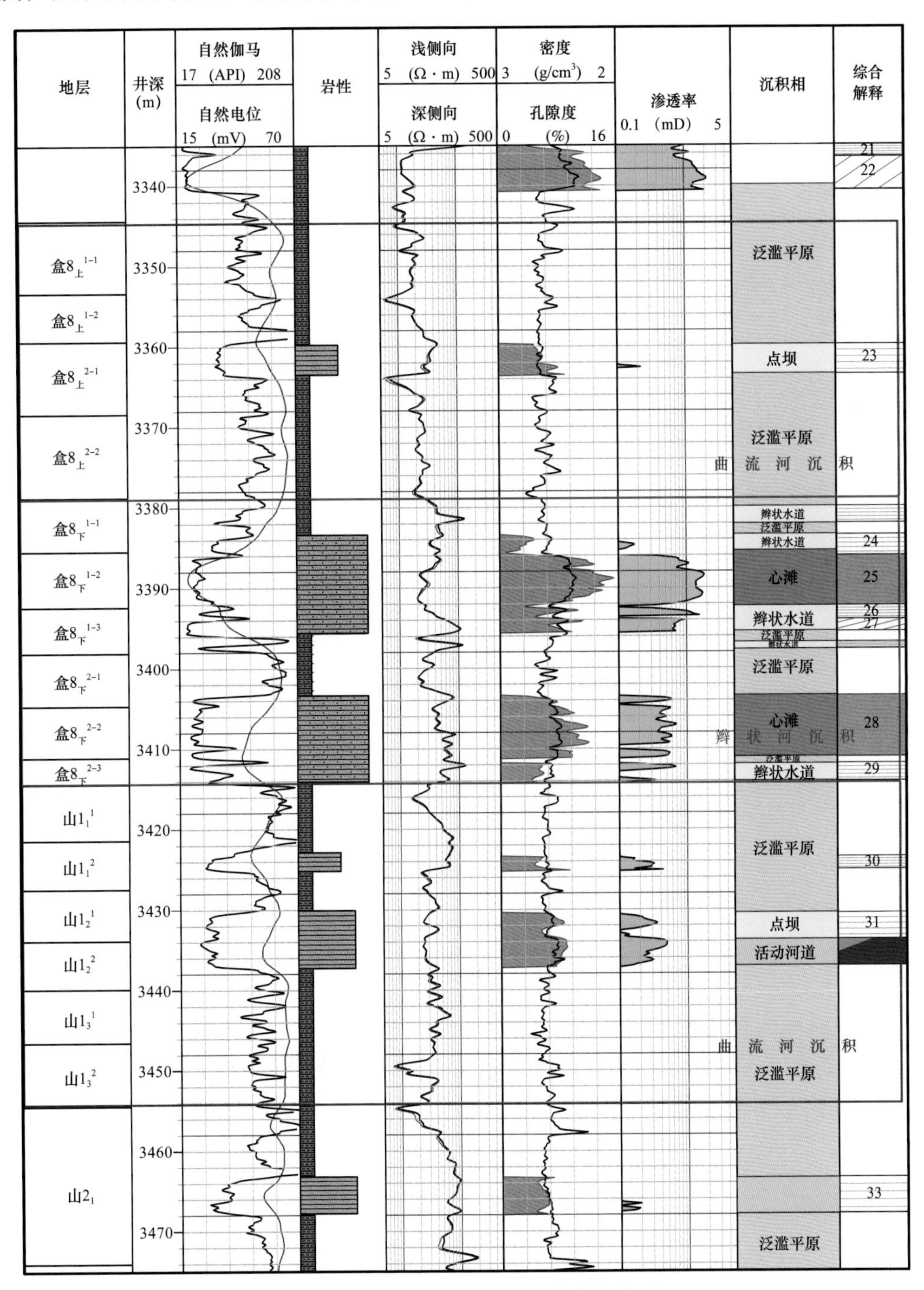

图 4–27　S36–J2 井沉积微相综合柱状图

结合小层划分方案与精细对比，并根据旋回及小层之间稳定的泥岩隔层，将下石盒子组盒 8 段分 4 个小层，山 1 段分 3 个小层，共 7 个小层。在小层划分基础上，细分单层。

其中，盒 $8_{上}{}^{1}$、盒 $8_{上}{}^{2}$ 小层属于曲流河沉积，水体能量弱，砂体规模小，砂体欠发育，以“泥包砂”特征为主，两小层内纵向上分别主要发育两套砂体，因此，均细分为两个单层：盒 $8_{上}{}^{1-1}$、盒 $8_{上}{}^{1-2}$、盒 $8_{上}{}^{2-1}$ 和盒 $8_{上}{}^{2-2}$。

盒 $8_{下}{}^{1}$、盒 $8_{下}{}^{2}$ 小层属于辫状河沉积，水体能量强，河道频繁摆动，砂体成片分布。从取心分析和砂体精细对比剖面上分析，每个小层基本都有两个辫状河冲刷面，说明发育 3 期河道沉积，对应 3 个单层。因此，综合岩心、测井曲线特征，每个小层依此可划分为 3 个单层，分别为盒 $8_{下}{}^{1-1}$、盒 $8_{下}{}^{1-2}$、盒 $8_{下}{}^{1-3}$、盒 $8_{下}{}^{2-1}$、盒 $8_{下}{}^{2-2}$ 和盒 $8_{下}{}^{2-3}$。

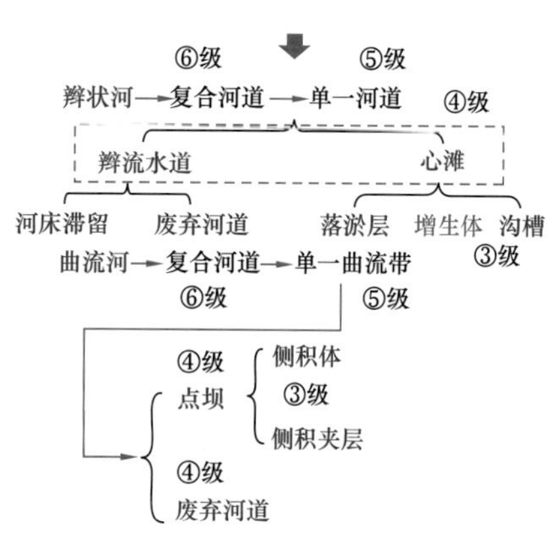

图 4-28　构型要素划分方案树状图

山 1 段属于曲流河沉积，3 个小层内纵向上分别发育两套砂体，$S_1{}^1$、$S_1{}^2$ 和 $S_1{}^3$ 均可细分为 2 个单层，分别为山 $1_1{}^1$、山 $1_1{}^2$、山 $1_2{}^1$、山 $1_2{}^2$、山 $1_3{}^1$ 和山 $1_3{}^2$。

根据 Miall 的河流构型分级方案，通过录井、测井资料分析，根据生产实际情况，将苏里格气田盒 $8_{下}$ 辫状河储层内部构型划分为 4 级（表 4-6），满足气田开发的需要，储层构型结构关系如图 4-28 所示。

表 4-6　苏里格气田储层内部构型划分方案

构型级别	构型界面	构型要素（单元）	沉积单元	备注
6 级	漫滩泥质隔层	复合河道	复合辫状分流河道叠置带界面	地层
5 级	漫滩泥质隔层	单一河道	单一河道底界面	地层
4 级	滞留泥砾夹层、废弃充填粉砂质泥岩、泥质粉砂岩	心滩、边滩、辫流水道、废弃河道	心滩、边滩或小型河道顶界面	岩性体
3 级	落淤、侧积夹层	心滩内单一增生体、边滩内侧积体、心滩内坝顶沟槽	增生体界面、侧积体界面、沟槽冲刷底界	岩性体

一、复合曲流河道解剖（6 级构型单元）

复合河道是指多期次洪水作用形成的垂向上叠覆堆积的、可与其他沉积序列分开的、由河道带组成的大型河道沉积单元，为同类型不同时期形成的复合河道旋回沉积，其界面为大型河道界面及河道充填复合体的界面，一般为平至微向上凹，以切割—充填地形及底部滞留砾石为标志。层段之间为 6 级界面，小层之间为 5 级界面。河道顶部及底部河道沉积之下都发育较大规模、相对稳定的泛滥平原沉积物。一般情况下，复合河道与地层对比中的小层对应，因此在剖面中对复合河道的划分可以转化为小层对比问题，即寻找区域内可对比的泥质标志层和确定垂向上的地层旋回特征。

1. 去压实等时地层格架的建立

在复合河道期次厘定中，目的层段中单期河道沉积旋回的识别是基础和关键。如果能有全区、全井段取心，通过连续取心的观察可以从多期叠置河道中把单期河道识别出来。但在大多数情况下，很少做到全区、全井段连续取心，更多是有针对性、有选择性地分段取心。由此，提出了一套以岩心、测井、录井、野外露头和现代卫星照片等资料为基础的去压实邻井单期河道标定与识别方法。

在厚度恢复前，先将目的层段顶拉平，如图 4–29（a）所示，该过程与建立基于去压实作用下的小层对比厚度恢复方法类似，将复合河道厚层砂体所在的小层单元内进行拉平，然后结合物理模拟结果，按砂泥岩差异压实率进行相对恢复，如图 4–29（b）所示。

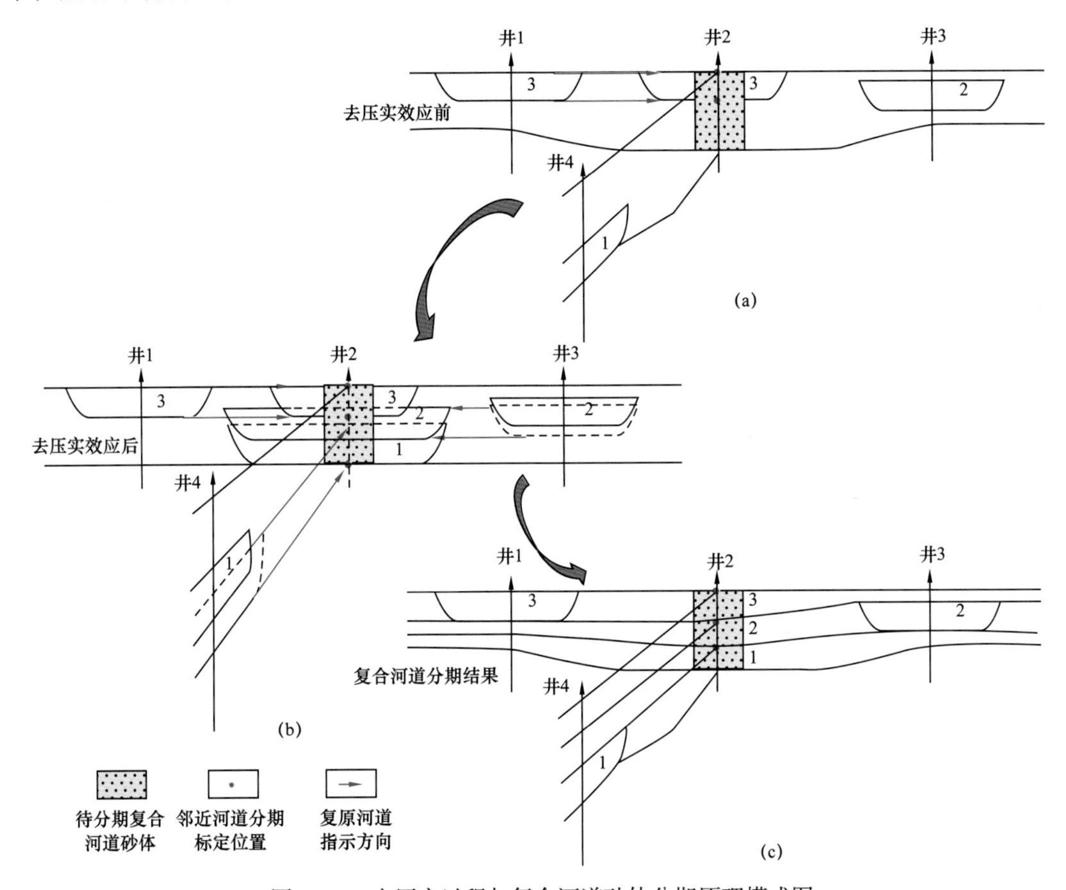

图 4–29　去压实过程与复合河道砂体分期原理模式图

（a）顶拉平去压实效应前；（b）利用松弛回弹法等厚拉伸恢复去压实后；（c）分期标定结果

在上述操作之前，要基于这样的假设：古沉积期，因填平补齐作用，河道与河道、河道与非河道等高程，且沉积古厚度大致相当。此外，在具体操作过程中，还需要考虑以下几方面：（1）目的层待分期砂体厚度一般小于 20m，厚度较小，对于深埋地下几千米来说，这种顶底位置的压实效应差异是可以忽略不计的，因此，采用整体拉伸复原技术进行厚度恢复基本上是合理的；（2）泥岩的压实率远大于砂岩压实率，因此，在忽略砂岩成分不同所导致的压实存在微小差异条件下，可以近似把单期河道砂岩简单看作刚性体，泥岩是塑性体，通过对泥岩段近似等效拉伸，保证层段能够整体等厚复位，遵循的原则依然是沉积期填平补齐原理（图 4–29b）；（3）选择邻井问题，之所以选择邻井，是因为邻井与待分期井位同属于一个古水流体系的可能性更大，这样有利于保证沉积古水流动力学与沉积结果的相似性，便于提高解剖结果的准确率。

2. 复合河道砂体期次厘定

用邻井第 3 期河道旋回底界去刻度标定复合河道，如图 4–29（b）所示，井 1 河道底界便刻度在了复合河道上面，同理，第 2 期将井 3 单期河道底界刻度在了井 2 上面。一般而言，对于小层级别的地层划分，能分至 3 期基本上是多期河道分期的上限值，这样，对于可分为 3 期的复合河道砂体而言，就应该用两口邻井去刻度标定，标定结果如图 4–29（c）所示。

如果具有连续取心资料条件，则可以充分利用其直观易识别、精度与可靠性高的优势，完成对复合河道期次厘定结果的验证。根据沉积发育规律，两期相互叠置的复合河道中，新河道对老河道一般都存在不同程度的侵蚀冲刷作用，因此，在连续取心资料精细观察与描述基础上，可以有效刻画单期河道砂体的顶底界线与其纵向分布规律，从而回判和验证分期结果的可靠性与准确性。

按上述研究思路和方法，以苏 36–11 区块过苏 36–1–22 井—苏 36–J2 井—苏 36–2–22 井—苏 36–J6 井连井剖面为例，进行复合河道分期操作，其中苏 36–1–22 井山 1_1 河道与邻井存在劈分问题，因此利用邻井苏 36–J2 井进行标定劈分，从而较好地完成了复合河道砂体分期厘定，详细如图 4–30 所示。

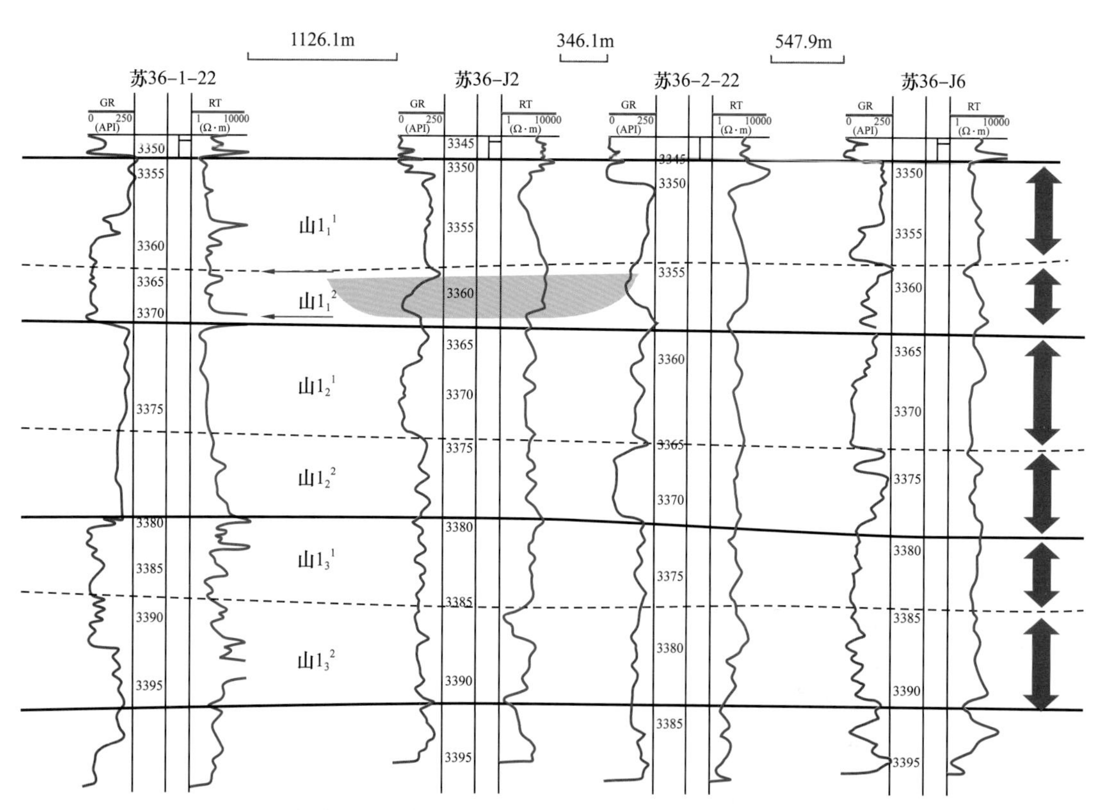

图 4–30　复合河道砂体分期厘定实例剖面（以苏 36–11 区块剖面为例）

二、单一曲流河道解剖（5 级构型单元）

单一河道是指较长周期的大洪水期形成的具有一定分布范围的河道单元。在垂向上，单一河道主要依据复合河道内细粒沉积的发育及冲刷面识别。在冲刷面附近，粗粒砂砾质沉积与其下的洪泛泥质沉积直接接触。

单一曲流河道为曲流河 5 级构型单元，即由同一活动水道形成的单一曲流带，包括活动水道、点坝等（图 4–31）。同一地质时期河道侧向迁移沉积而成，单层边界为 5 级或 4 级界面。5 级界面为大型沙席界面，诸如宽阔河道及河道充填复合体的边界，对应河道之间界面，由于侵蚀作用会形成局部的侵蚀—充填，以切割—充填地形及底部滞留砾石为标志。4 级界面为巨型底形的界面，是沉积环境变化的间断面，如单一点坝的顶面，其表面通常是平直或上凸，对应沉积微相界面，如一个心滩边界面。

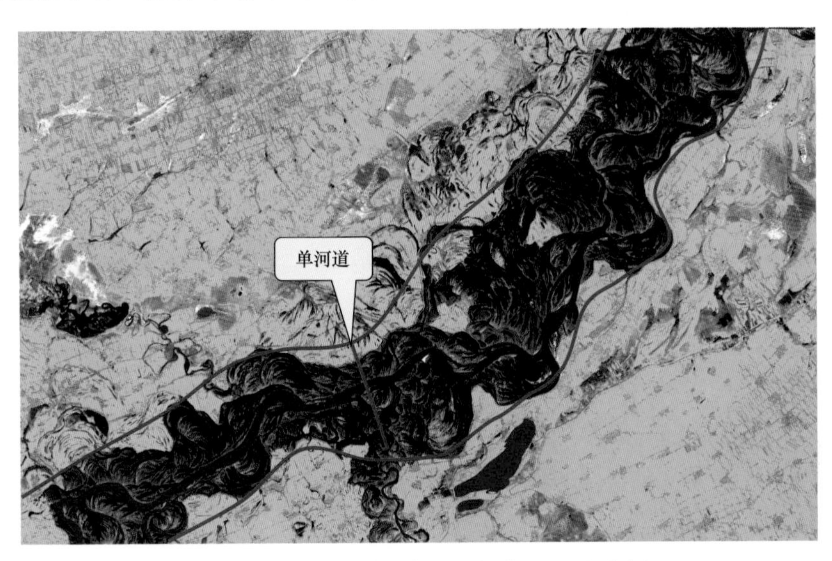

图 4–31　单一河道示意图（松花江卫星照片）

单河道砂体具有相同的成因，因此具有相似的测井曲线特征，在密井网剖面中，较小的井距有利于识别出单河道，对单河道的识别，又分为垂向分期和侧向划界两个方面。

地下储层单一河道解剖的主要思路是：以沉积间断面为标志，进行垂向分期，在单井上识别单一河道；同时以单一河道边界识别标志为基础，进行侧向划界，开展河道剖面特征分析。在此基础上，以砂体厚度平面分布为约束，参考现代沉积及露头揭示的原型模型，刻画单一河道平面分布。

研究表明：曲流河的活动水道宽度（W）、单一曲流河道最大宽度均可通过计算公式求得。单一河道空间组合模式及单一河道识别标志包括单一河道—泛滥平原—单一河道组合、单一河道—单一河道同高程组合、单一河道—单一河道不同高程组合、单一河道—单一河道不同规模组合和单一河道—溢岸相—单一河道组合五种单一曲流河道识别模式。通过建立多条垂直河道方向的微相剖面，应用单一曲流河道识别模式及定量估算单一曲流河道宽度，确定单一河道边界，再结合构型要素测井解释成果、砂体厚度、曲流河沉积模式等绘制单一曲流河道平面分布图，研究单一曲流河道的几何形态、大小、方向及相互配置关系。其研究流程如图 4–32 所示。

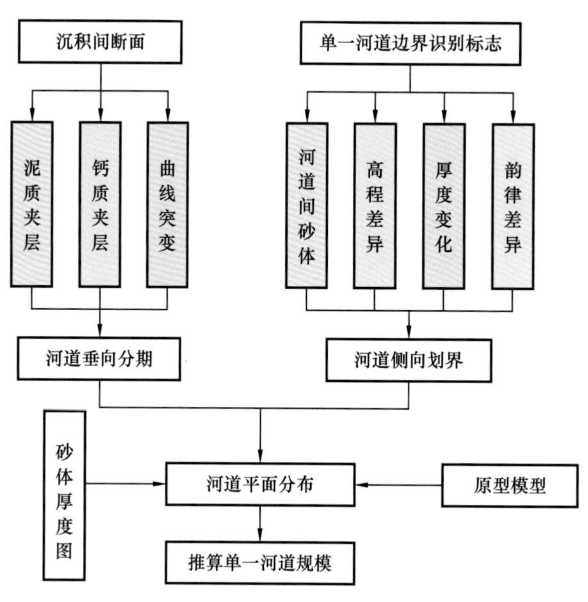

图 4-32 单一曲流河道解剖技术路线图

1. 河道垂向分期

垂向上对不同期次构型单元的识别，本质上是对与其相对应的构型界面的识别。通常利用沉积间断面进行单一河道砂体构型界面的识别，单一河道砂体之间的构型界面表现为隔夹层，按照岩性可以分为泥质夹层、钙质夹层和切叠型砂岩电测曲线突变层三种类型。

1）泥质夹层

岩性为泥岩、粉砂质泥岩、泥质粉砂岩。为两期河道沉积之间，由于湖泛作用而形成的细粒物质沉积。这种泥质隔层是识别两期河流沉积的重要标志。其典型测井响应特征为 GR 高值（一般高于 150 API），AC 高值（常大于 240μs/m），深、浅电阻率低值（图 4-33）。泥质沉积间断面常由于河道下切，在横向上不稳定。

2）钙质夹层

岩性主要为砾岩、粗砂岩。河道沉积末期，沉积体处于浅水、蒸发环境中，孔隙水蒸发或 CO_2 脱气形成钙质层，后期洪水到来时，带来砂质沉积覆盖在钙质层上，砂岩中部钙质层也是鉴别两期河道沉积的重要标志。其典型测井响应特征为 GR 低值，AC 低值，深、浅电阻率呈异常高尖峰状（图 4-33b）。

3）切叠型砂岩电测曲线突变层

河道砂的复杂性在于多期河道冲刷充填叠加。但是，两期河流因气候、物源、坡降（局部坡降）、流速、流量、输砂量等方面的差别，造成粒径、分选性、储层物性上的差别，反映在深、浅侧向曲线上出现一个较明显的台阶。这种台阶式的接触面一般代表沉积间断面（图 4-33c）。

2. 河道侧向划界

在沉积模式的指导下，根据构型单元划分标志和规模识别井间构型单元边界，并将边界进行圈定。单河道测向边界的识别是在剖面上识别单河道的关键，目前，识别单河道测

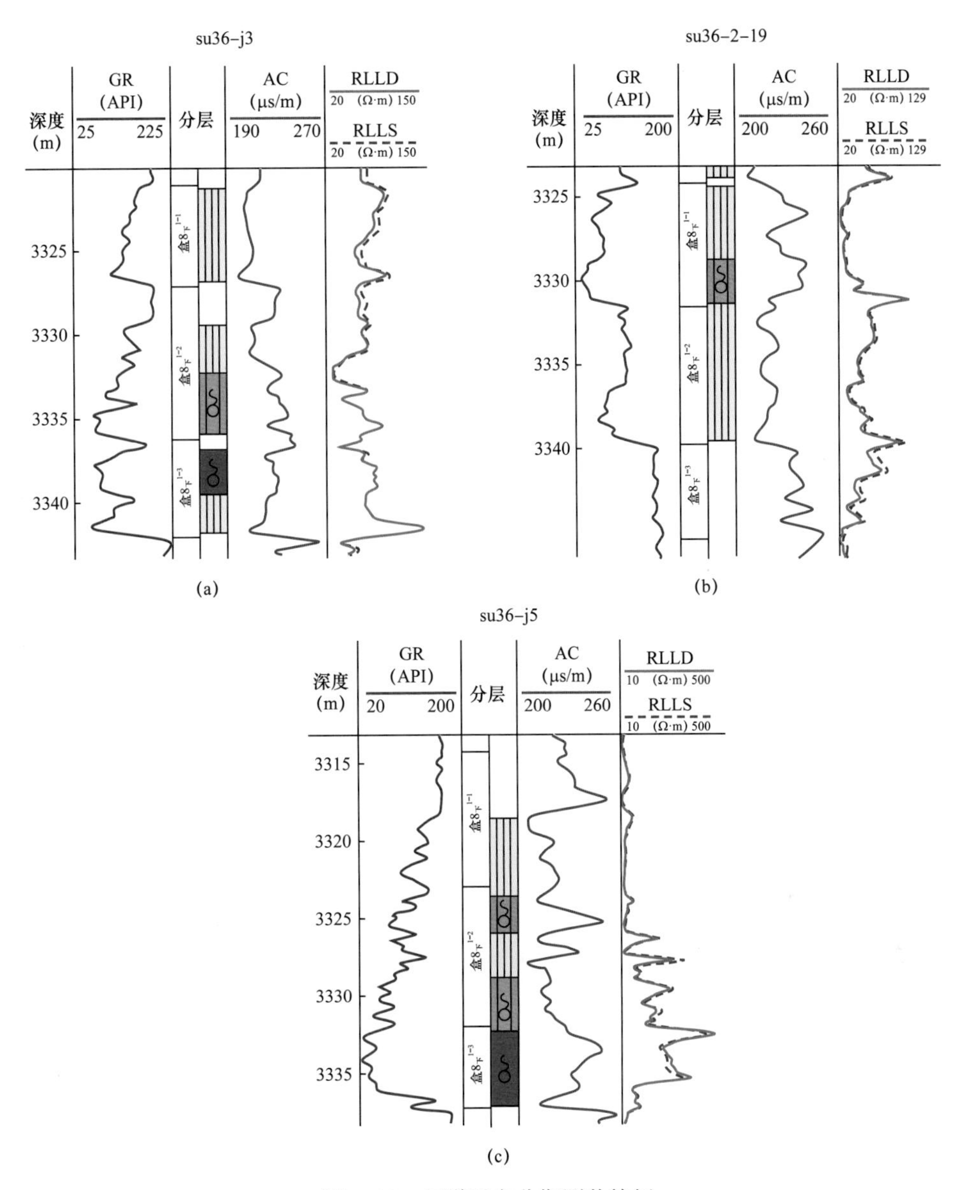

图 4-33 河道垂向分期测井特征

向边界的方法比较多，也比较成熟，主要有：（1）废弃河道，废弃河道代表一次河流沉积的改道，是单一河道砂体边界的重要标志，电测曲线特征为底部指状、上部平直。（2）河道顶部高程差异，受河流改道或废弃时间差异的影响，不同期次的分流河道其满岸沉积的砂体顶面位置高度有所差异，可以作为分界标志；（3）河道砂体厚度差异，不同河道水动力强度具有差异，表现在河道砂体厚度差异，两期河道侧向叠加会出现河道砂体由厚变薄再变厚的情况，一般指示另一期河道的开始，而不是前一期河道的延续；（4）不连续相变沉积。溢岸沉积一般为薄层状且连续性较差的砂体，是不同河道分界的标志。

1）废弃河道

在河道演变过程中，整条河道或某一段河道丧失了作为地表水通行路径的功能时，原来沉积的河道就变为废弃河道，又称为牛轭湖。废弃河道是单一河道边界，标志该期河道沉积过程的结束，是识别单一河道边界的重要标志。如果曲流河以孤立单一曲流河道为主，废弃河道不易识别。图 4-34 显示，在 S36-4-17 井测井曲线表现为渐弃曲线类型，表明过该井河道在此逐渐废弃，从而界定此河道砂体与过 S36-4-18 井的河道在砂体上部不是同一条河道。

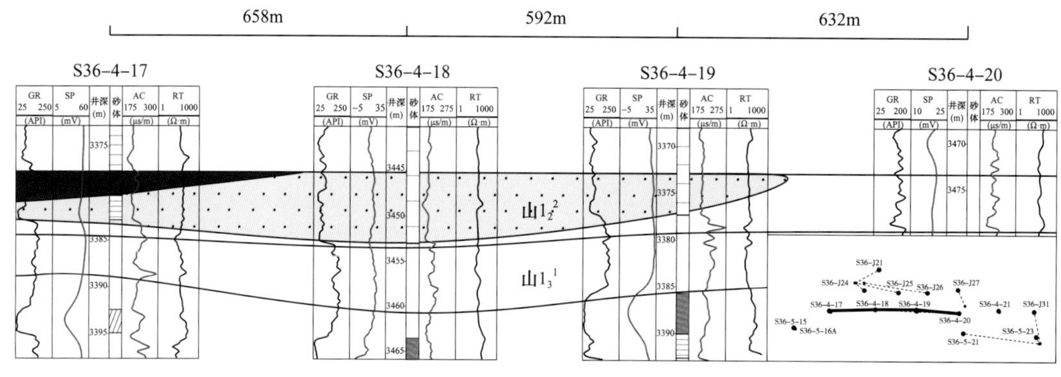

图 4-34　单一河道识别模式 1（废弃河道）

2）河道顶部高程差异

在同一单层内，多条单一河道在更小时间段内仍存在发育时间的差异。在小层地层单元等时格架建立基础上，对目标小层顶部拉平，根据河道砂体顶面距拉平基准面距离界定河道发育的期次，即河道二元结构顶界面越远，发育期次越早。因此，不同期次单一河道发育的时间不同造成其顶部距地层界面的相对高程会存在差异。顶面高程差异是识别单一河道砂体的重要识别标志（图 4-35）。

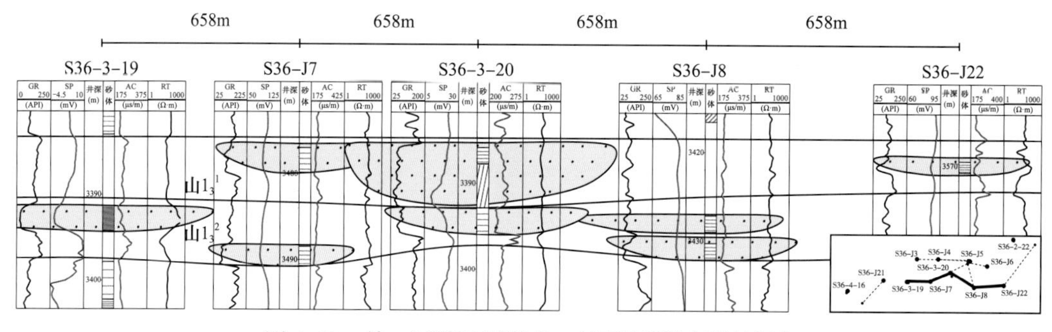

图 4-35　单一河道识别模式 2（河道顶部高程差异）

3）河道砂体厚度差异

在一条河道侧向延伸过程中，如果该层段钻遇非河道砂泥岩时，在排除不是小层穿时或非断层干扰等前提下，可以推断在该井处附近存在河道边。河道砂体规模差异主要表现为 2 种类型：第一种可能是由于两期单一河道侧向拼接，中间薄的部位为某一河道砂体的边部；第二种可能是由于中间部位发育 1 期小的河道砂体，与两侧的单一河道砂体存在规模差异（图 4-36）。

4）不连续的相变砂体

同期不同的单一河道之间，往往发育不连续分布的溢岸沉积，其是识别单一河道边界的标志之一（图 4-37）。泛滥平原泥质沉积是一期河道沉积结束到下期河道沉积之间的细粒沉积物，泛滥平原泥质夹层是识别两期河流沉积的主要标志。

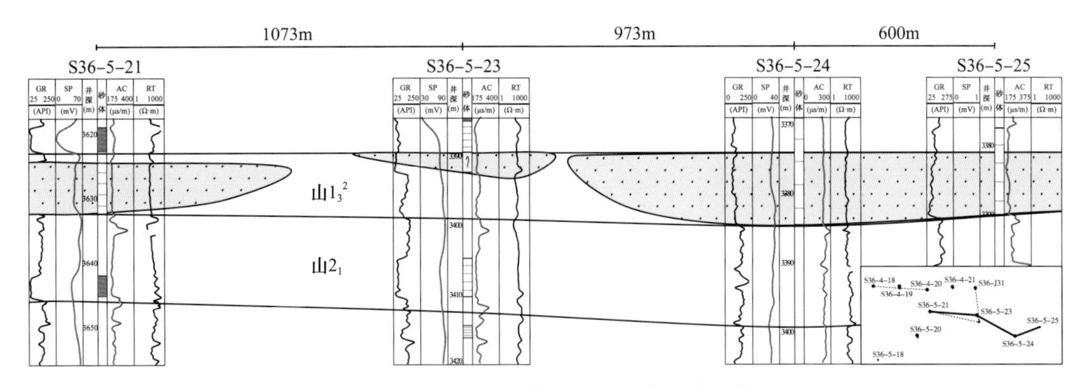

图 4-36　单一河道组合模式 3（河道砂体规模差异）

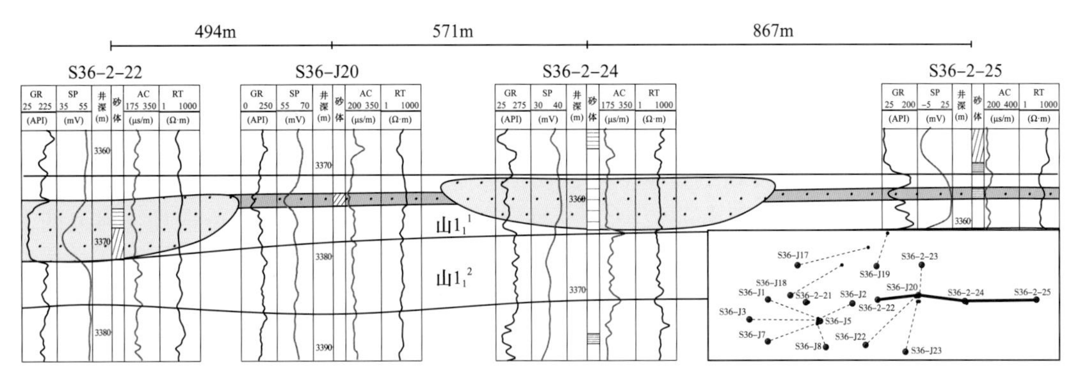

图 4-37　单一河道组合模式 4（不连续的相变砂体）

3. 单一河道定量计算

Lorenz 等（1985）在 Leeder 的研究基础上，建立了曲流河单一曲流带最大宽度与河流满岸宽度的关系式计算，求得研究区河流满岸深度为 3.0～11.5m 时，估算的活动水道宽度为 35～290m，单一曲流河道宽度为 285～2300m（表 4-7）。

表 4-7　单一河道宽度估算数据表

正旋回砂体深度（m）	活动水道宽度（m）	单一曲流河道宽度（m）	正旋回砂体深度（m）	活动水道宽度（m）	单一曲流河道宽度（m）	正旋回砂体深度（m）	活动水道宽度（m）	单一曲流河道宽度（m）
2	20	152	5.5	94	731	9	200	1573
2.5	28	214	6	107	837	9.5	218	1711
3	37	285	6.5	121	948	10	236	1853
3.5	47	362	7	136	1064	10.5	254	1999
4	58	446	7.5	151	1184	11	273	2149
4.5	69	535	8	167	1309	11.5	292	2303
5	81	630	8.5	184	1439	12	312	2460

$$W_c = 6.8h^{1.54} \quad (4\text{–}16)$$

式中，W_c 为满岸（活动水道）宽度，m；h 为正旋回砂体的厚度，m。

$$W_m = 7.44\ W_c^{1.01} \quad (4\text{–}17)$$

式中，W_c 为满岸（活动水道）宽度，m；W_m 为单一曲流带（单一曲流河道）最大宽度，m。

4. 单一曲流河道解剖

以单井单层分层数据和测井解释数据为基础，绘制了各单层的砂体等厚图。以单井沉积微相解释为基础，生成各单层的单井相平面分布图，再结合砂体等厚图和曲流河沉积模式，绘制了该区盒 $8_{上}$和山 1 段各单层的复合河道平面分布图。再在各单层复合河道平面分布基础上，应用单一河道识别模式和单一河道定量宽度，根据多条垂直河道方向上的相剖面分析，研究各条单一河道边界，绘制各单层的单一曲流河道平面分布图。以山 1_1^2 单层为例进行说明。

以山 1_1^2 单层的顶底界线，提取单井构型要素解释成果数据，应用 Lorenz 等提出的单一曲流河道最大宽度计算公式估算单一曲流河道宽度，绘制单层砂体等厚图、单井构型要素平面图（图 4–38）、单层复合曲流河道平面分布图（图 4–39）。在每条垂直于河道的多井对比剖面上，应用单一曲流河道识别方法，确定复合河道内单一曲流河道位置，并依据曲流河沉积模式，以单一曲流河道估算宽度为约束，开展单一曲流河道组合分析，确定单层内单一曲流河道分布。

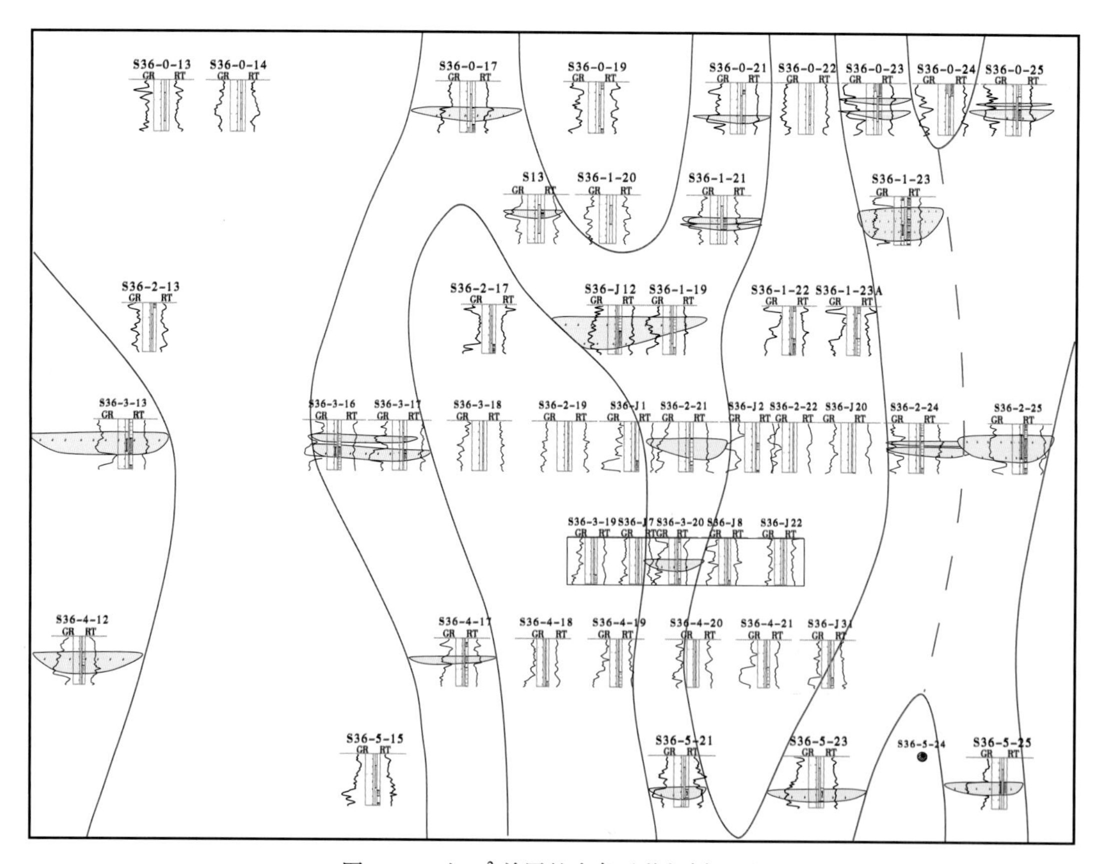

图 4–38　山 1_1^2 单层的多条过井相剖面图

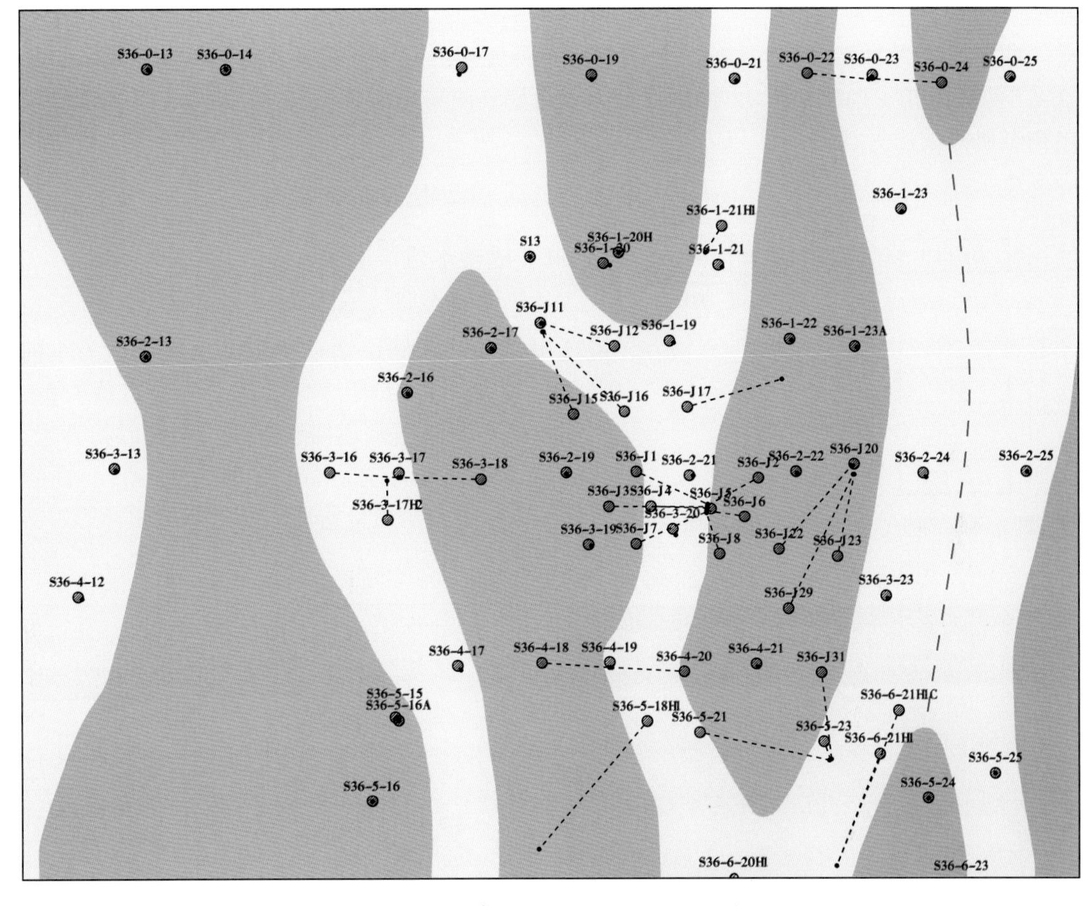

图 4-39　山 1_1^2 单层的单一河道平面分布图

对密井网区盒 8$_{上}$、山 1 段各单层内单一曲流河道宽度进行测量。根据测量结果建立单一曲流河道宽度频率直方图（图 4-40）。该频率直方图可知，盒 8$_{上}$、山 1 段单一曲流河道宽度为 600～900m，平均为 850m。

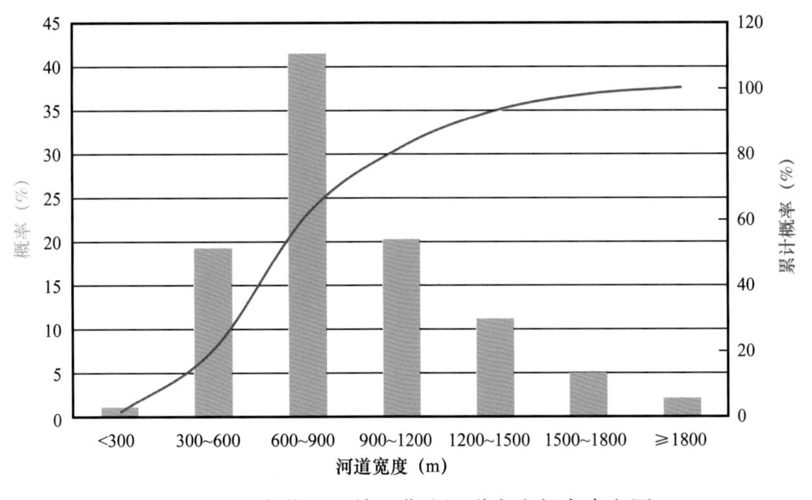

图 4-40　密井网区单一曲流河道宽度频率直方图

三、沉积微相解剖（4 级构型单元）

曲流河分为曲流河道、溢岸、泛滥平原三种亚相，其中河道亚相分为活动水道、点坝（LA）两种微相（构型要素），溢岸可分为天然堤、决口扇两种微相（图 4–41），曲流河储层构型研究重点为点坝。

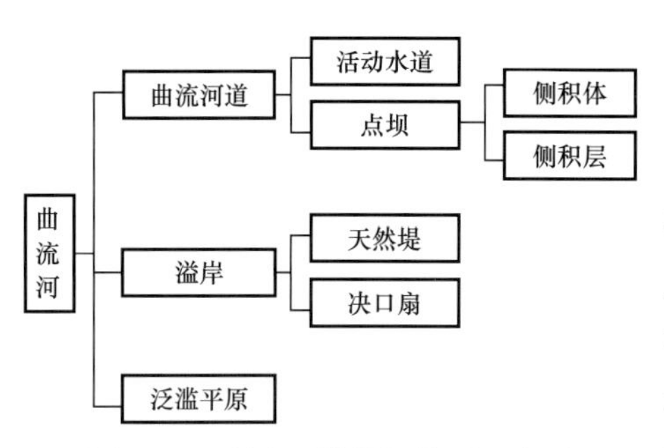

图 4–41　研究区辫状河构型要素图

1. 沉积微相测井响应特征

1）活动水道

活动水道是曲流河主要构型要素之一。苏里格气田密井网区储层活动水道的沉积构造为垂向上正韵律，交错层理、斜层理、平行层理发育；沉积特征为曲流河水道滞留沉积，岩性以粉砂岩、细砂岩、中砂岩为主，厚度一般为 2～4m；曲线特征为 GR、SP 曲线呈指形、钟形或齿化钟形等特征（图 4–42）。

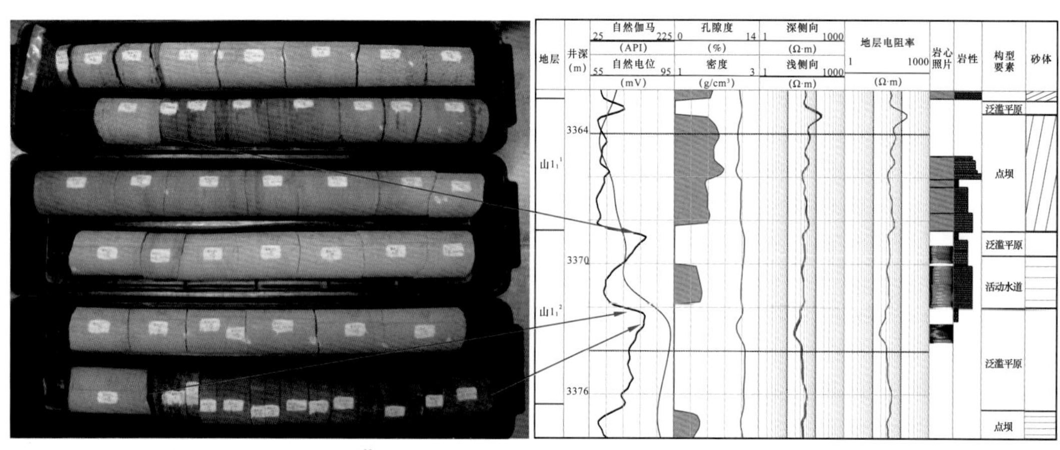

3365～3372.6m，S36–J11井

图 4–42　活动水道测井曲线响应特征（S36–J11 井）

2）点坝

点坝是曲流河的主要储层构型单元。点坝是水流携砂在曲流河凸岸不断侧向加积的产物，因此在单井上具有明显的河流二元结构特征。下部多见大型槽状、板状交错层理，上部则主要为小型波纹、交错层理和上攀层理，最终过渡到二元结构顶部的水平层理，正韵律。岩性以细砂岩、中砂岩为主，厚度一般为 4～10m；曲线特征为 GR、SP 曲线呈钟形、箱形或齿化箱形等特征（图 4–43）。

3）天然堤

天然堤（levee）相当于 Miall（1996）的构型要素 LV（见表 2–3），由于洪水期河水漫越河岸后，流速突降，携带的大部分悬移物质在岸边快速沉积下来而形成。平面上主要分布于曲流河道的凹岸和顺直河道的两侧，分布面积较小，以小朵叶状、小豆荚状镶于河道砂体的边部。苏里格气田储层天然堤的沉积构造为垂向上正韵律，波状层理、水平层理发育；沉积特征为岩性为粉砂岩、泥质粉砂岩与粉砂质泥岩互层沉积，厚度小于 3m；曲线特征为 GR、SP 曲线呈中—低幅度的指形或齿化钟形等特征（图 4-44）。

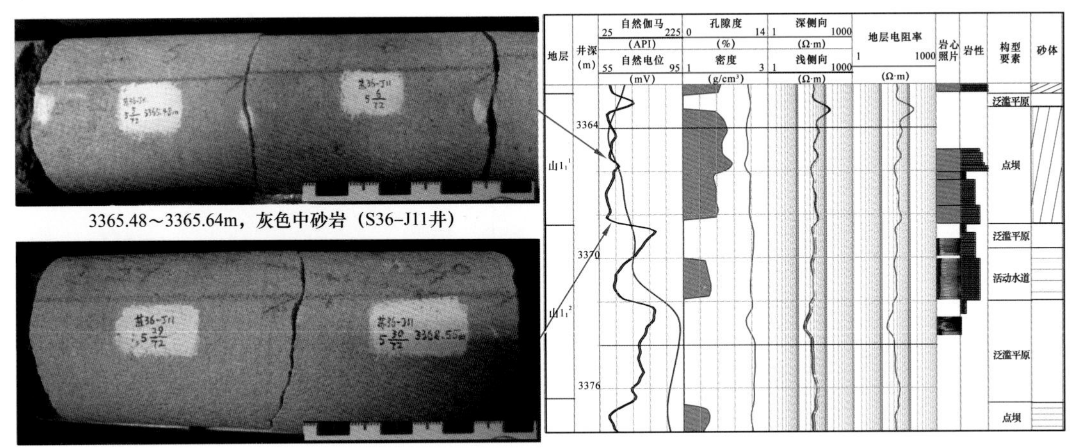

图 4-43　点坝测井曲线响应特征（S36-J11 井）

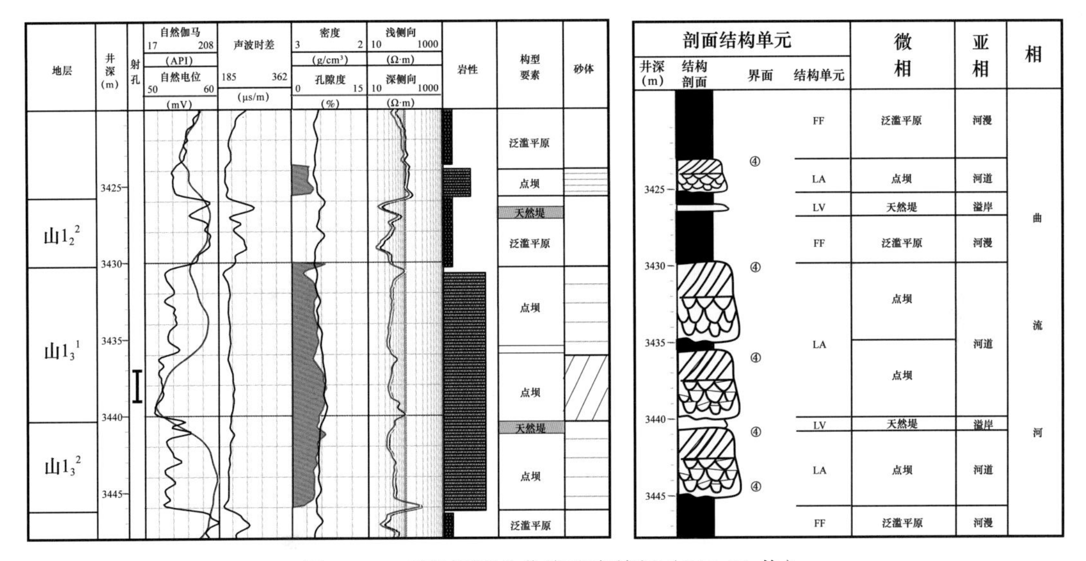

图 4-44　天然堤测井曲线响应特征（S36-J4 井）

4）决口扇

决口扇沉积砂体包括决口扇砂和决口水道砂，决口扇相当于 Miall（1996）的构型要素 CS；决口水道相当于 Miall（1996）的构型要素 CR（见表 2-3）。决口扇和决口水道是在洪水能量较强时，河流冲裂河岸向河间洼地推进过程中沉积下来的扇形或水道形沉积体，与天然堤共生。苏里格气田储层决口扇的沉积构造为垂向上正韵律或反韵律，斜层理、波状层理、水平层理发育；沉积特征为岩性主要为深灰色粉砂岩、泥质粉砂岩与粉砂质泥岩的互层沉积，厚度小于 3m；曲线特征为 GR、SP 曲线呈中—低幅度的指形或齿化钟形等特征（图 4-45）。

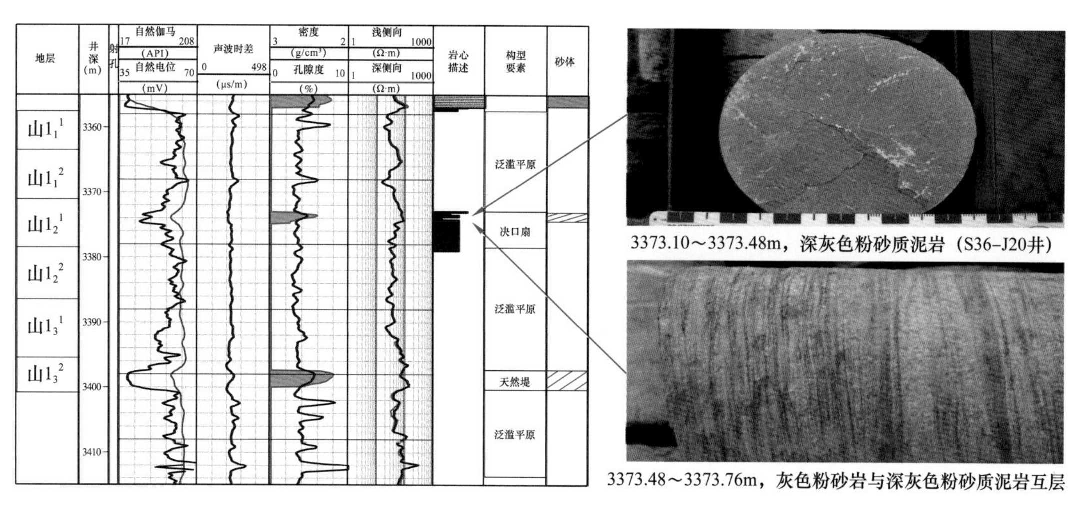

图 4-45　决口扇测井曲线响应特征（S36-J20 井）

5）泛滥平原

泛滥平原属于一种相对细粒的河漫沉积，相当于 Miall（1996）的构型要素 FF（见表 2-3），即洪泛平原细粒。苏里格气田储层泛滥平原的沉积构造具有成层性，波状层理、水平层理发育；岩性以泥质粉砂岩、粉砂质泥岩和泥岩为主；GR 曲线、SP 曲线位于基线附近，基本无幅度差，为重要的隔夹层（图 4-46）。

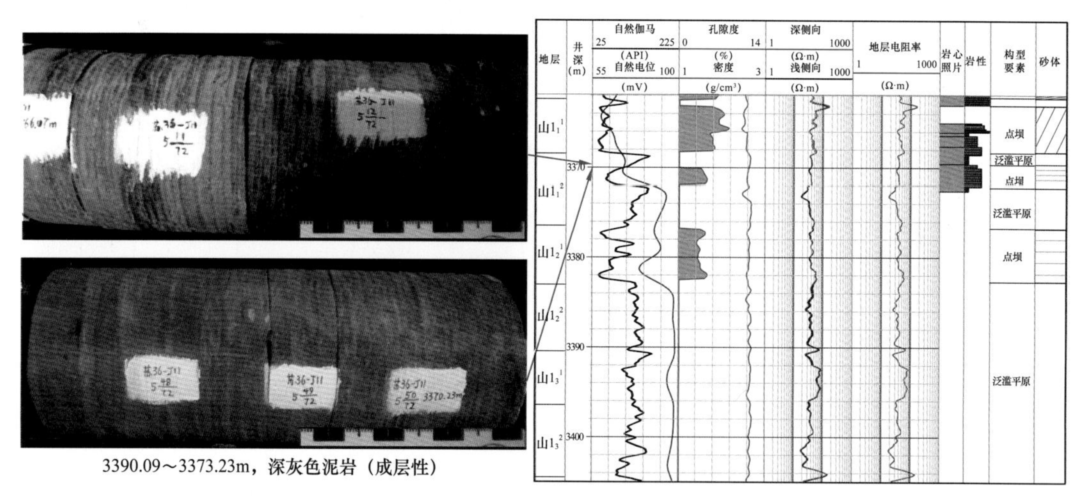

图 4-46　泛滥平原测井曲线响应特征（S36-J11 井）

2. 点坝构型单元分析

点坝是曲流河河道砂体的富砂带，对应 Miall 提出的 4 级界面限定的构型单元。在所有成因砂体中，点坝内部结构最为复杂，由若干个侧积体组成，侧积体之间发育斜交层面的泥质侧积层。在地面露头和现代沉积中可较容易地研究其内部结构，已发表的研究成果也较多。但地下储层点坝内部结构分析则因为资料所限而较为困难，所以研究成果较少。岳大力等（2006）通过对 Google Earth 多个曲流点坝样本进行统计，拟合发现点坝长度（W_d）与活动水道宽度（W_c）的关系式。单敬福（2015）利用夹层倾角空间几何关系，提出了利用两口邻井定量求取侧积体间距的方法。本书阐述了应用前人点坝参数定量计算方法，对苏里格气田密井网区山 1 段内各单层曲流河点坝的识别与解剖。

曲流河点坝是由于河流侧向加积作用而形成的，泥砂在曲流弯道处受螺旋流作用影响，引起输砂不平衡，导致在凹岸发生冲刷侵蚀，在凸岸接受沉积，从而形成点坝。每发生一次洪水事件，河曲外侧的凹岸就被强烈地掏蚀，相应地河曲内侧凸岸就侧积一层新的沉积物（凹蚀增凸），曲流河就发生一次迁移。随着洪水周期性地发生，侧积作用一次次进行，使河道曲率进一步增加，直到河道截弯取直，河道废弃，侧积作用停止，点坝发育结束（图 4–47）。

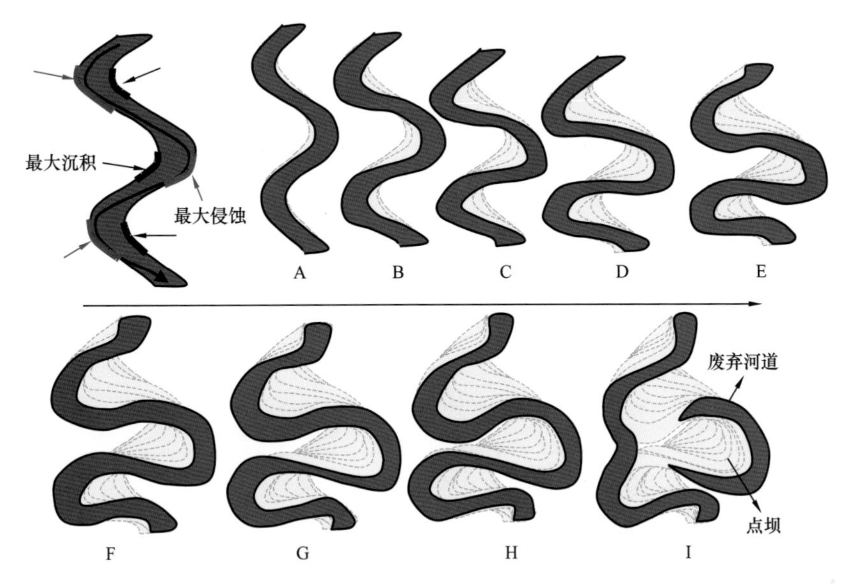

图 4–47　点坝的形成过程及相应的平面分布模式

1）点坝砂体垂向沉积层序与砂体厚度

点坝砂体最重要的特征是其内部发育侧积体，单井垂向上一个点坝由若干侧积体组成，侧积体之间发育斜交层面的泥质夹层（侧积层）。根据前述的泥质或粉砂质泥岩夹层的判断原则，侧积层在声波时差、自然伽马以及自然电位（大多数井）测井曲线上均有明显响应。自然伽马曲线上反映出每个侧积体均由正韵律组成，每个侧积体的规模往往不尽相同，其原因主要是每次洪水的水动力不同，当洪水能量较强时，河道侧移距离大，侧积体发育较宽，厚度大（图 4–48）。

点坝的形成是一个明显的“凹蚀增凸”的过程，从曲流砂带平面模式（图 4–49）不难看出点坝砂体是复合河道内部厚度最大的，因此在砂岩等厚图上一般呈透镜状，可以将此厚度分布特征作为点坝识别的一个标志。图 4–50 是研究区山 1_3^2 单层的砂体体厚度等值线图，从中可以看出，河道主体部分厚度较大，明显呈透镜状，向河道边部（点坝两侧）厚度逐渐变薄，具有点坝砂体厚度发育的明显特征。

2）点坝砂体参数定量计算

根据岳大力等（2006）研究的点坝长度（W_d）与活动水道宽度（W_c）关系式：

$$W_d=85\ln W_c+250 \tag{4–18}$$

式中，W_d 为点坝长度（侧积体长度），m；W_c 为活动水道的宽度，m。

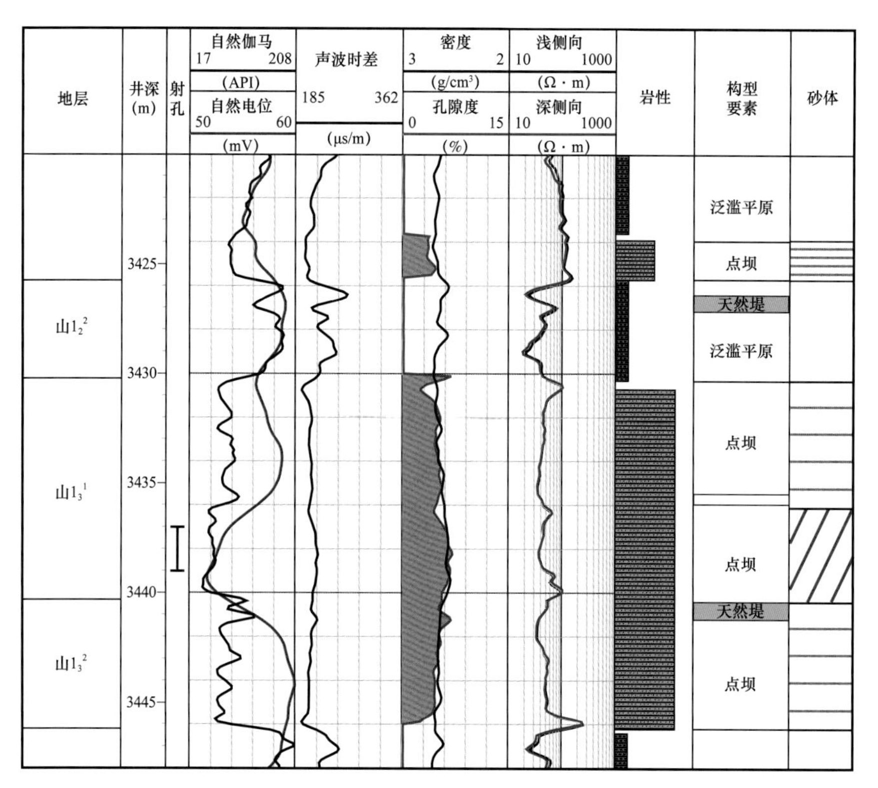

图 4-48 S36-J4 井构型要素测井解释柱状图

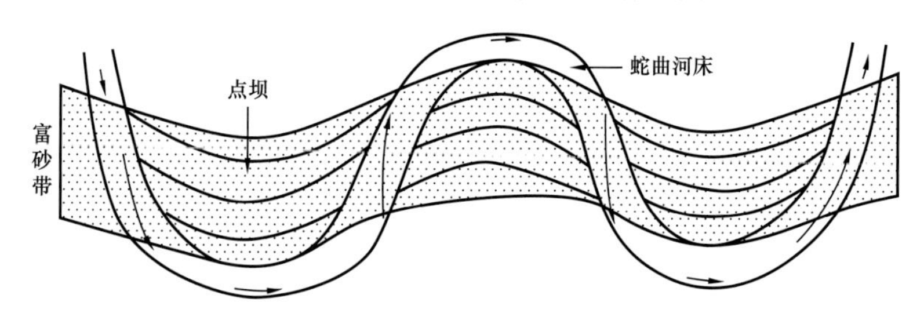

图 4-49 曲流砂带平面模式图

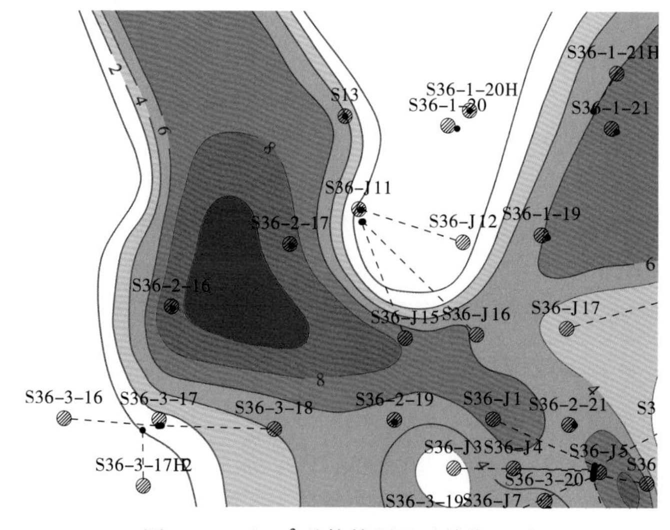

图 4-50 山 1_3^2 砂体等厚图（单位：m）

该区单砂体厚度为 3.0～11.5m 时，估算活动水道宽度为 35～290m，曲流河点坝长度为 550～750m（表 4-8）。

表 4-8　苏 36-2-21 试验区点坝长度估算统计表

正旋回砂体厚度（m）	活动水道宽度（m）	单一曲流河道宽度（m）	点坝长度（m）	正旋回砂体厚度（m）	活动水道宽度（m）	单一曲流河道宽度（m）	点坝长度（m）	正旋回砂体厚度（m）	活动水道宽度（m）	单一曲流河道宽度（m）	点坝长度（m）
2	20	152	504	5.5	94	731	636	9	200	1573	701
2.5	28	214	533	6	107	837	647	9.5	218	1711	708
3	37	285	557	6.5	121	948	658	10	236	1853	714
3.5	47	362	577	7	136	1064	668	10.5	254	1999	721
4	58	446	594	7.5	151	1184	677	11	273	2149	727
4.5	69	535	610	8	167	1309	685	11.5	292	2303	733
5	81	630	624	8.5	184	1439	693	12	312.21	2460.2	738

3）点坝砂体平面分布

根据曲流河模式、测井相解释、构型要素定量计算结果，绘制了盒 $8_{上}$亚段、山 $_1$ 段各单层的构型要素平面分布图（图 4-51）。

通过对该区曲流河的单一河道形态特征进行分析，得出曲流河单一河道主要有三种特征。（1）“单一条带状”，单砂体呈条带状，宽 400～800m，河流的侧向摆动迁移能力较低时形成。（2）“交织条带”，交织状砂体宽度从 400m 至 3000m 不等，其形成与河道改道作用有关。伴随着河流的频繁改道，交织河道砂体逐渐向连片状砂体转变。（3）“连片状”，连片状河道砂体是河流侧向迁移导致多期河道砂体与溢岸砂体的侧向组合而成。连片砂体一般厚度较大，砂体厚度可达 11m，延伸范围广，砂体宽度可达 4000m 以上。

对研究区盒 $8_{上}$亚段、山 1 段各单层内点坝长度和宽度进行测量，根据测量结果建立点坝长度和宽度频率直方图（图 4-52，图 4-53）。可知盒 $8_{上}$亚段、山 1 段点坝长度为 500～1100m，平均为 840m；宽度为 300～900m，平均为 730m。

通过对单一河道的演化分析，建立了一套在曲流河单一河道内部识别单一点坝的方法，这一方法可概括为：（1）通过剖面对比并综合平面砂体厚度图，识别末期河道；（2）综合井点曲线特征、相邻井排剖面与二维平面特征以辨别废弃河道；（3）根据末期河道和废弃河道，识别河道初始位置，初始位置处河道为一条相对较直的河流；（4）根据初始河道、末期河道和废弃河道的关系，依据曲流河演化发展规律，分析曲流河流线摆动过程；（5）主要依据废弃河道位置确定点坝边界，并综合河流流线摆动过程，在剖面和平面上识别单一点坝。

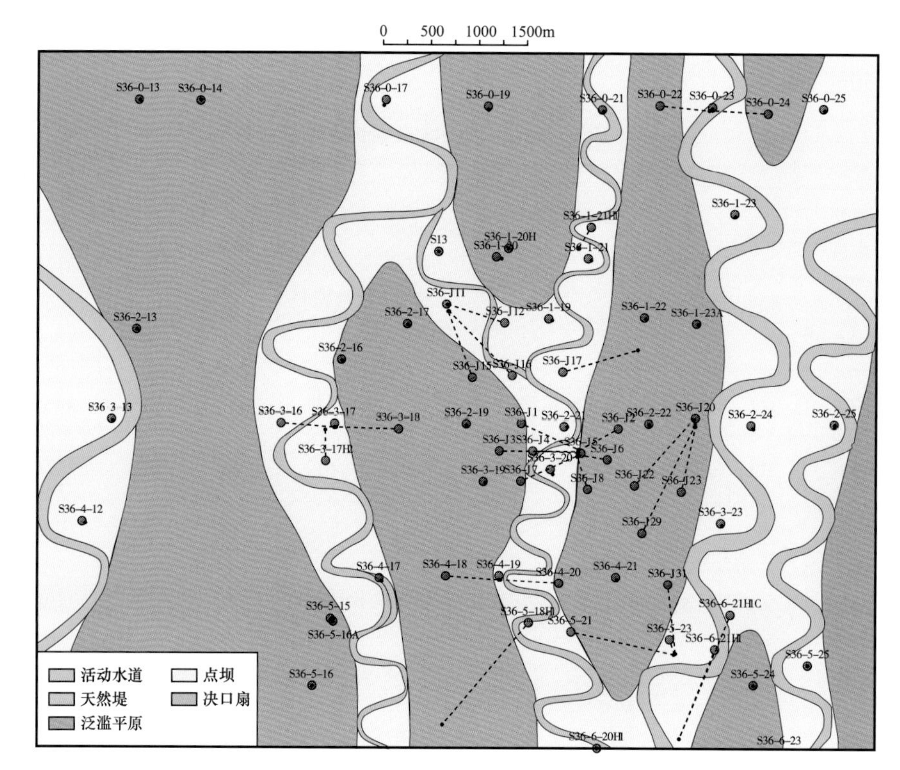

图 4–51 苏里格气田山 1_1^2 单层构型要素平面分布图

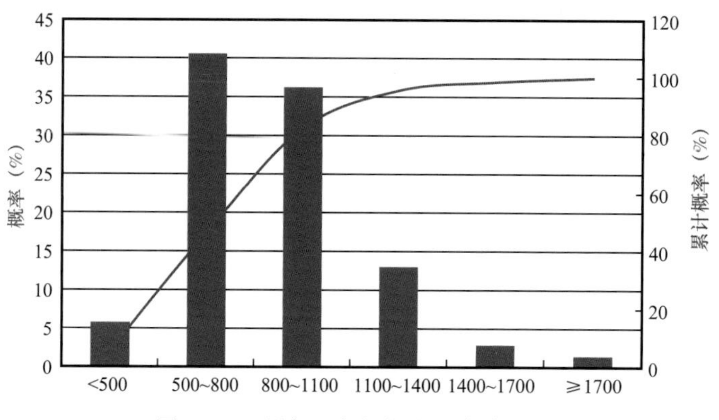

图 4–52 研究区点坝长度频率直方图

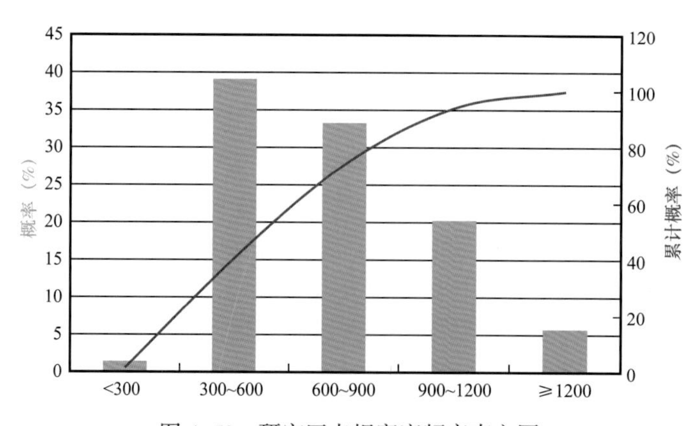

图 4–53 研究区点坝宽度频率直方图

四、点坝内部侧积体解剖（3 级构型单元）

点坝内部侧积体为曲流河构型分析第 3 级界面内的构型单元。点坝内部构型解剖最关注的参数分别是侧积层的倾向、倾角及侧积体规模。侧积层倾向指向废弃河道的凹岸。侧积体和侧积层规模可通过岩心判断，在利用岩心判断倾角时，首先要通过砂体上部有一定厚度的水平泥岩进行校正；除此之外，通过对子井中确定统一夹层的情况下，依据井距和夹层的垂向高差来判断倾角，实际上是以曲流河点坝侧积体定量模式作为指导，应用地下多井资料进行模式拟合的过程。

1. 点坝内部构型模式

近年来关于点坝内部侧积体、侧积层的文献很多，国内外众多学者根据露头和现代沉积建立了各种各样的侧积层模式，归纳起来可以有以下三类五种。

1）水平斜列式

泥质侧积层为一种简单的、以相似角度向凹岸缓缓倾斜的一系列夹层（相当于 Miall 构型要素分析中的 3 级界面）。这种夹层一般分布于小型河流，或者是潮湿气候区水位变化不大、点坝表面地形平缓的河流点坝中。在夹层为简单水平斜列式分布的点坝内，每一个侧积体间的侧积层在空间上都为一倾斜、微微上凸的新月形曲面，一系列这样的曲面向同一方向有规律地排列成点坝的夹层骨架。泥质侧积层向下的延伸及保存情况取决于两个因素，其一是枯水期水位，其二是下次洪水的水动力。在洪水衰退过程中，所携带的砂质便沉积下来，并按颗粒粗细发生一定的机械分异作用，形成以砂质为主体的侧积体。在平水期，泥质悬浮物沉积在点坝侧积体表面。枯水期水位以下的侧积层由于长期受河水的冲刷及浸泡，与枯水期水位以上的侧积层相比保存程度差得多，即使保存下来，下次洪水来临很容易将其冲刷。现代沉积和露头成果显示枯水期的水位一般距河道顶约 2/3，故泥质侧积层保存在河道上部 2/3，所以大多侧积体底部是连通的，即形成“半连通体”模式（图 4-55a）。但是如果枯水期水位较低，底部侧积层能否保存下来就取决于下次洪水来临时的水动力情况，如果洪泛事件突发性、间歇性较强，沉积速率较快，下一次洪泛事件将底部侧积层打碎成为层内泥砾再次沉积而不得保存，形成类似于枯水期水位相对较高情况下的“半连通体”模式。相反地，在洪泛事件突发性、间歇性较弱，沉积速率相对较慢的情况下，点坝底部侧积层得以保存，即泥质侧积层延伸到河道底部模式（图 4-55b），这两个亚类现代沉积中都有典型的实例。

2）阶梯斜列式

泥质侧积层倾角发生阶梯式变化，反映了滩地表面地形的台阶状起伏，这主要是由河流水位显著的季节性变化形成的。这种侧积层分布形式一般是比较复杂的，它主要是大型河流或干旱—半干旱气候区水位季节性变化较大的河流特征。与水平斜列式类似，阶梯斜列式同样存在两种亚类，即“半连通体”模式（图 4-54c）及侧积层延伸至河道底部模式（图 4-54d）。薛培华教授建立的拒马河点坝半连通体模式是很典型的，侧积层延伸到河道底部的模式虽在文献中未见报道，但从成因角度分析，该模式是应该存在的。

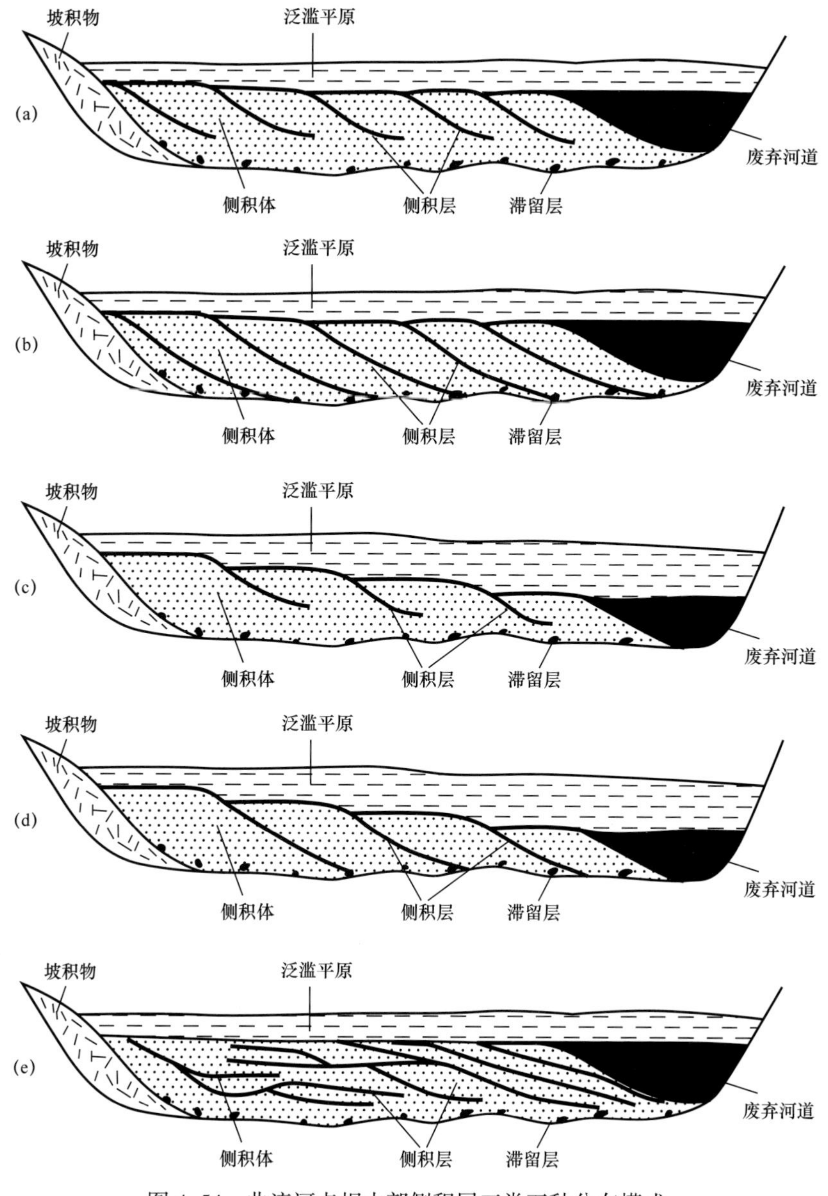

图 4-54　曲流河点坝内部侧积层三类五种分布模式

（a）据 Cayo Puigdefabregas 和 Van Vliet（1978），South Pyrenees，Spain 点坝横剖面；（b）据 Jens Hornung 等（1998），Stubensandstein，Southwest Germany 点坝横剖面；（c）据薛培华（1991），拒马河现代点坝横剖面；（d）猜测，目前还没找到露头和现代沉积的证据；（e）据赵翰卿等（1985），陕北王家坪延安组河道砂岩点坝横剖面

3）波浪式

各侧积体间的泥质侧积层呈波状起伏，不同时期的夹层可以互相交会，倾角变化不定，反映滩地表面起伏不平（图 4-54e）。这种分布形式的河流类型可能介于前两者之间。陕北王家坪延安组河道砂岩剖面为此类模式现代沉积的典型实例。

水平斜列式一般是小型河流，或者是潮湿气候区水位变化不大、点坝表面地形平缓河流的特征，有的泥质侧积层由于下期洪水来临时水动力较强导致底部被冲蚀，点坝内部呈“半连通”。苏里格气田储层展布范围大，储层砂体在不同区块分布差异大，故上述几种类型都有可能存在，其中，密井网区盒 $8_下$亚段和山 1 段各单层曲流河内的侧积层分布应该以水平斜列式模式为主。

对侧积层产状的判断通常依靠动态资料，油田开发可以根据垂直侧积层逆向注水见效较差来判断侧积层的倾向与储层连通性。根据松花江曲流河现代沉积模式可以看出，点坝内部侧积层的侧积方向指向废弃河道的凹岸（图 4–55），故利用废弃河道展布判断侧积层的侧积倾向是可行的。

图 4–55　松花江曲流河点坝与废弃河道组合模式（卫星照片）

2. 侧积体定量确定

侧积体规模、侧积层规模及倾角的确定是点坝内部解剖的关键，苏里格气田储层侧积体研究从四个角度分析总结了侧积体规模、侧积层规模及倾角。即用经验公式（Leeder，1973）确定单一侧积体宽度及侧积层倾角，用研究区水平井上钻遇的侧积泥岩信息判断单一侧积体及侧积层的规模，然后用概念模型的数值模拟推测侧积层的延伸，最后通过密井网区确定侧积层的展布特征。

应用 Leeder 在 1973 年关于河流满岸深度、满岸宽度以及单一侧积体宽度之间关系的经验公式，确定单一侧积体宽度及侧积层倾角。统计苏里格气田密井网区各单层单一河道砂体厚度（河流满岸深度）为 2.5～11.5m，推算其平均河流满岸宽度为 28～292m（表 4–9），而单一侧积体水平宽度约为河流满岸宽度的 2/3，即 19～195m。露头和现代沉积研究认为，侧积层倾角一般为 5°～30°，根据 Leeder（1973）的经验公式计算得到研究区侧积层的倾角较小，为 5°～10°。

3. 点坝内部结构解剖

苏 36–2–21 加密试验区有井网密度达到 300m × 400m，有利于进行曲流河点坝内部解剖。建立过山 1_3^1 单层在加密区的点坝的 3 个点坝内部结构剖面（图 4–56），对剖面和平面的分析研究表明：研究区点坝内侧积体平面上呈新月形分布，纵向上呈叠瓦状分布；砂体厚度 7.1m，点坝规模 1000m × 700m，活动水道宽度约 140m，侧积体长度为 200～300m，侧积体水平间距为 130～150m（图 4–57）。

表 4-9　单一侧积体水平宽度估算表

正旋回砂体厚度（m）	活动水道宽度（m）	单一侧积体水平宽度（m）	正旋回砂体厚度（m）	活动水道宽度（m）	单一侧积体水平宽度（m）
2	20	13	7.5	151	101
2.5	28	19	8	167	111
3	37	25	8.5	184	123
3.5	47	31	9	200	133
4	58	39	9.5	218	145
4.5	69	46	10	236	157
5	81	54	10.5	254	169
5.5	94	63	11	273	182
6	107	71	11.5	292	195
6.5	121	81	12	312	208
7	136	91			

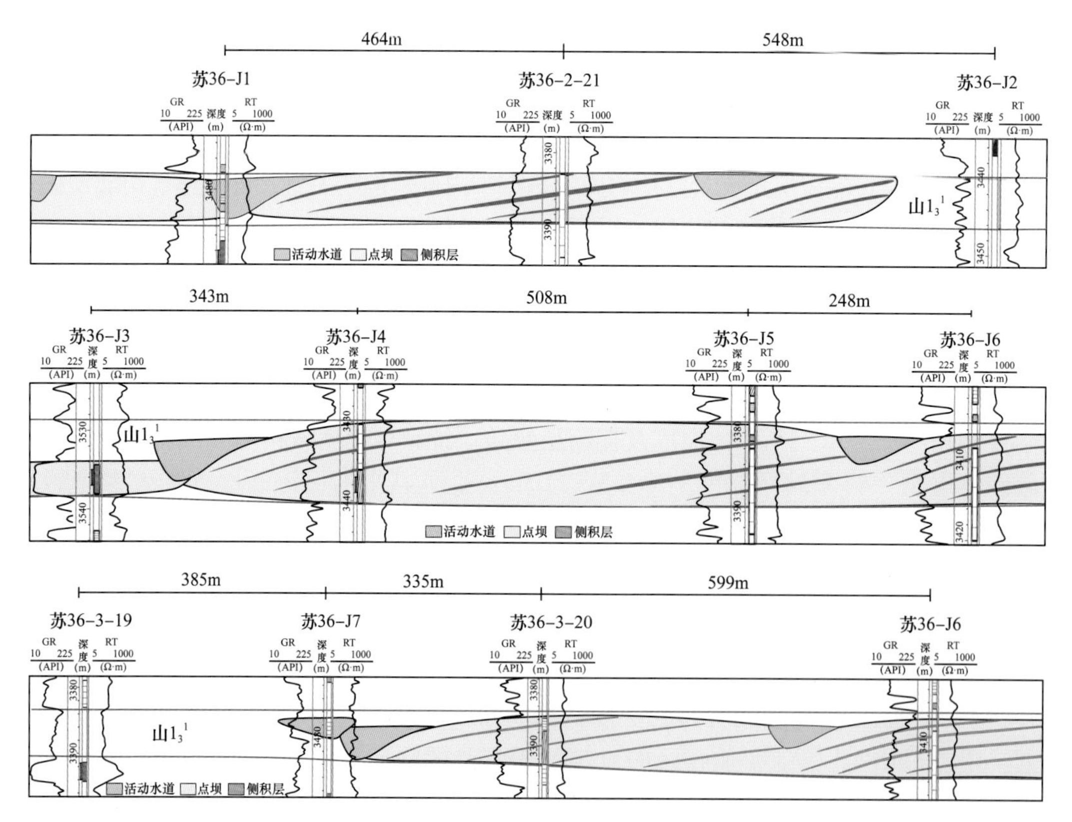

图 4-56　苏 36-2-21 试验区点坝解剖剖面图

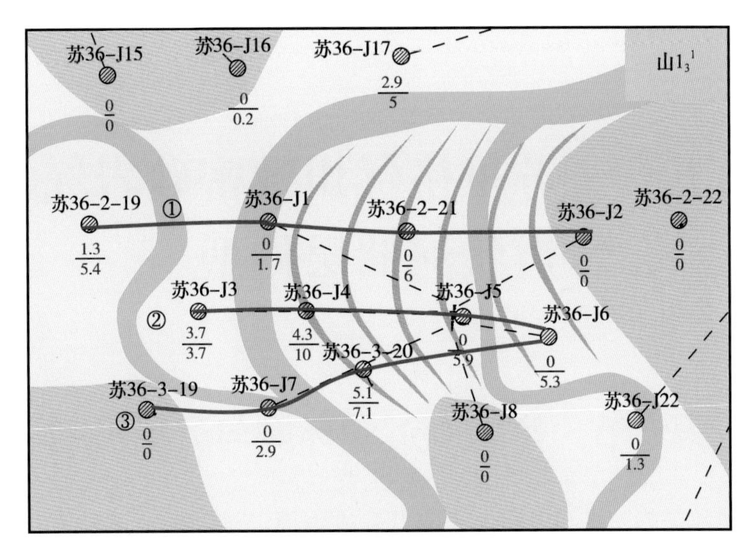

图 4-57 苏 36-2-21 试验区点坝解剖井位图

第五章　苏里格气田致密砂岩气藏辫状河储层构型

第一节　辫状河沉积环境与沉积机制

辫状河流通常是指弯曲度小于1.5的低弯度河流。这类河流的特点是坡降大，流速急，对河岸侵蚀快；河道宽而浅，横向不稳定，在整个河流的宽度范围（或河谷）内发育许多被沙坝分开的河道，时分时合，频繁迁移，游荡不定，也称作游荡性河道。辫状河流常发生在坡度较大的地带。河道坡降大，流速急，对河岸侵蚀快，一般不发育边滩和河漫滩，而发育心滩。辫状河流的负载大，主要是粗底负载，悬移负载相对较少，沉积物主要是相互叠加的辫状河道砂，以砾石和砂质沉积为主，岩性粗，砂泥比值高，也有学者将其称为超负载（over-loaded）型河流。

辫状河流多出现在潮湿或较潮湿的季节性变化明显的气候带。河流的径流量随季节更替变化，流量不稳定。在春夏季节降雨或融雪水供给充足，流量增大，常发生洪泛，可以将河道沙坝淹没；在旱季，流量减小，河道沙坝露出水面，河水被局限在河道沙坝之间的狭窄水道中流动。洪水期和枯水期的每次交替，都将改变河道沙坝与水道相互间的形态和布局。所以，河道与河道沙坝的频繁迁移是辫状河流的最重要特点。由于辫状河具有的强烈侵蚀性和快速迁移性，堤岸沉积、决口扇沉积很难保存下来。平面上，辫状河沉积砂体展布范围宽，形成大面积分布的复合储集体；垂向上常常呈“元规则”粒序，粒序的变化反映了各次洪泛事件能量大小的波动及所携带沉积物的粗细。多数情况下，辫状河的堤岸和决口扇一般不发育。辫状河一旦发生决口，河道便直接改道。因此，辫状河的决口意味着新河道的形成和旧河道的废弃，一般不会留下决口扇沉积。辫状河中有时也发育边滩，但与曲流河相比，规模及发育程度均小得多，并且常受到较强烈的改造。

心滩是辫状河河道中的标志性地貌单元。狭义的心滩是指在正常情况下（平水季节）露出水面的河心洲（滩、岛）；广义的心滩则是泛指辫状河河道内所有一定规模的正向地貌单元，即包括河心洲在内的各类沙坝。根据河道沙坝的沉积物组成及粒度粗细，可将辫状河流分为砾质辫状河流和砂质辫状河流两种类型。

河道沙坝通常有两种分类，一是依据沙坝迁移特征分类，二是依据沙坝形态及空间位置分类。

一、沙坝迁移特征分类

河道沙坝可以因沉积作用、侵蚀作用、侵蚀—沉积的复合作用而形成，它们大多数为透镜状或板状砂体，并且随着水动力条件及植被生长情况等外部条件的变化，河道沙坝迁移性表现为迁移与不迁移两种，据此将河道沙坝分为活动性河道沙坝、非活动性沙坝两种（表 5-1）。

表 5-1　辫状河河道沙坝类型及沉积特征（据于兴河，2007）

沙坝类型		沉积构造	形态特征
活动性河道沙坝	纵向沙坝	以单组或多组低—高角度下切型板状交错层理为主，顶部可发育平行层理	具有底平顶凸的外部形态，长轴方向平行于水流方向
	横向沙坝	主要为单组或多组高角度下截型板状交错层理，上部发育槽状交错层理	具有底平顶凸的外部形态，长轴方向垂直于水流方向
	斜列沙坝	大型单组或多组低角度板状交错层理和块状层理，上部发育槽状交错层理	剖面上为顶平底凹的透镜状、楔状砂体，长轴方向与水流方向斜交
非活动性河道沙坝	河心岛（洲）	下部为单组或多组低—高角度下切型板状交错层理；中—上部主要为槽状交错层理，局部可见平行层理；顶部多发育小型槽状交错悖理和水平层理，并有植物和生物扰动构造	具有底平顶凸的外部形态，长轴方向平行于水流方向，一般由早期的纵坝或斜坝演化而来

1. 活动性河道沙坝

活动性河道沙坝上的沉积作用，主要受沙坝形成、河床底形迁移，受洪水期和泄水期的加积作用所控制。沙坝上游较陡、下游相对较缓，上游遭受侵蚀和冲刷作用，下游发生沉积作用，致使河道沙坝通常向下游逐渐迁移，在靠近其上游的部分由粗粒物质组成，下游部分变为细粒物质，这一完整过程就是辫状河道中的垂向加积作用。

另外，河道沙坝有时也发生侧向迁移，在沙坝中局部较陡的凹岸遭受侵蚀，而在局部平缓的凸岸接受沉积。因此，对于河道沙坝或心滩来讲，同时存在侧向和垂向的侵蚀和加积作用，并在沙坝的下游方向和凸岸产生前积纹层。在低水位时期、漫洪时期以及河道废弃以后，都可发生细粒悬浮物的加积作用，但远不如曲流河发育。

2. 非活动性沙坝

非活动性沙坝在河道中的位置较固定，它们大多成为有植被生长的河间冲积岛屿。其表面常发育泛滥平原的细粒沉积，或被沙坝遭受侵蚀以后遗留下的残余物所覆盖。从而使其加积生长，地势较高，并有植物生长发育。

二、河道沙坝的形态分类

Smith（1974）根据河道沙坝的地貌形态、大小及其与水流方向和河岸之间的关系提出了四种主要沙坝类型：纵向沙坝、横向沙坝、斜列沙坝和曲流沙坝（图 5-1）。其中在辫状河道中曲流沙坝较为少见。

1. 纵向沙坝（longitudinal bar）

纵向沙坝位于河道中央，其长轴方向与水流方向基本平行，平面呈菱形或斜方形。它

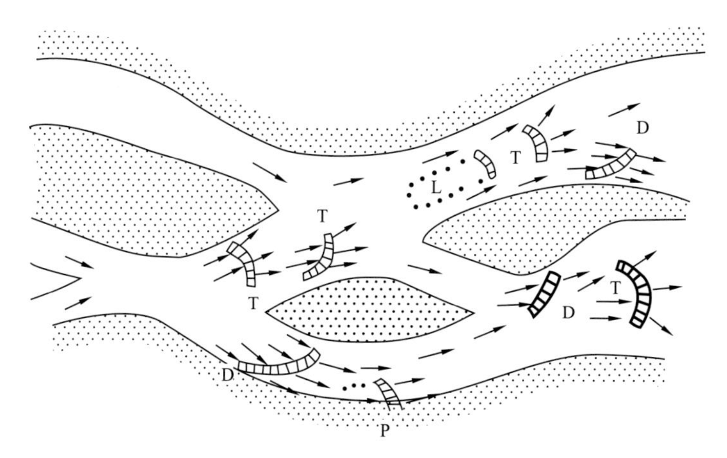

图 5-1　不列颠哥伦比亚踢马河砾石质沙坝类型（据 Walkerh 和 Cant，1997）

P—曲流沙坝；D—斜向沙坝；L—纵向沙坝；T—横向沙坝

是由于河流流量减少或河流搬运能力下降而使河道中的最粗负载沉积形成的，常见于砾石质辫状河流的端部，其沉积物通常由粗粒的砂砾物质组成。沙坝在最初形成时很小，但随着细粒物质不断在最初形成的沙坝间隙中沉积及沿河流下游方向更多的沉积负载不断在沙坝的背面沉积，沙坝的长度和高度不断增长。沙坝中的粗粒沉积物主要集中在轴线中央或沙坝底部，沉积物粒度垂向向上变细，但韵律性不是太明显，沿河道下游方向也变细。纵向沙坝的内部构造主要是块状层理、平行层理和板状交错层理，这表明搬运作用和沉积作用主要发生在高流态状态下。

2. 横向沙坝（tranverse bar）

横向沙坝长轴与河道轴向垂直，横向沙坝的前缘有舌状、直线状和弯曲状几种形式，呈舌形或菱形，故有人将其称为舌状沙坝。一般认为横向沙坝前缘延伸方向与水流流向近于垂直，它们常常形成于河道变宽或由深度突然增加而引起的流线发散地区。大多呈孤立状产出，有时也可呈雁行状展布。在横向沙坝的形成过程中，首先由砂质、砾质沉积物加积到平衡状态，然后通过滑动面的顺流延伸而生长，并产生高角度下截型板状交错层理，具有较陡的崩落面。

3. 斜列沙坝（diagonal bar）

斜列沙坝一般具有长轴，其延伸方向与主水流流向斜交。它们大多是在主河道弯曲而且水流流量不对称时产生的。沙坝的横断面大致呈三角形，并具有由滑动面或浅滩组成的下游沉积边缘。不同时期形成的坝之间的低洼区常有薄层砂质披盖层沉积。与纵向沙坝相似，当滑动面崩落或浅滩迁移时，可形成板状交错层理，在沉积物较粗时，具有叠瓦状构造，产生不明显的水平层理和低角度板状交错层理（图 5-2）。

为便于研究，并考虑到地下储层发育状况以及测井、地震资料识别能力，结合生产应用实际应用情况，对河道沙坝不作详细的区分，统称为心滩。

心滩形成于洪水期，此期间形成双向环流（图 5-3，图 5-4），表流从中央向两侧流，底流从两侧向中心汇聚，然后上升，由于水流的相互抵触和重力作用，碎屑在河心发生沉积。每一次洪水期，心滩扩展、加高，最后露出水面，造成河流分叉。这种分叉过程在河道内反复进行，即形成了心滩密布的、网状的游荡性河流。心滩沉积物成分复杂，粒度变化范围比边滩大得多，也更粗一些，可以有砾石、粗砂，有时还有粉砂和黏土夹层。心滩沉积物中层理发育，常见大型槽状交错层理，层理的底界面常为明显的冲刷面，并有砾石分布。

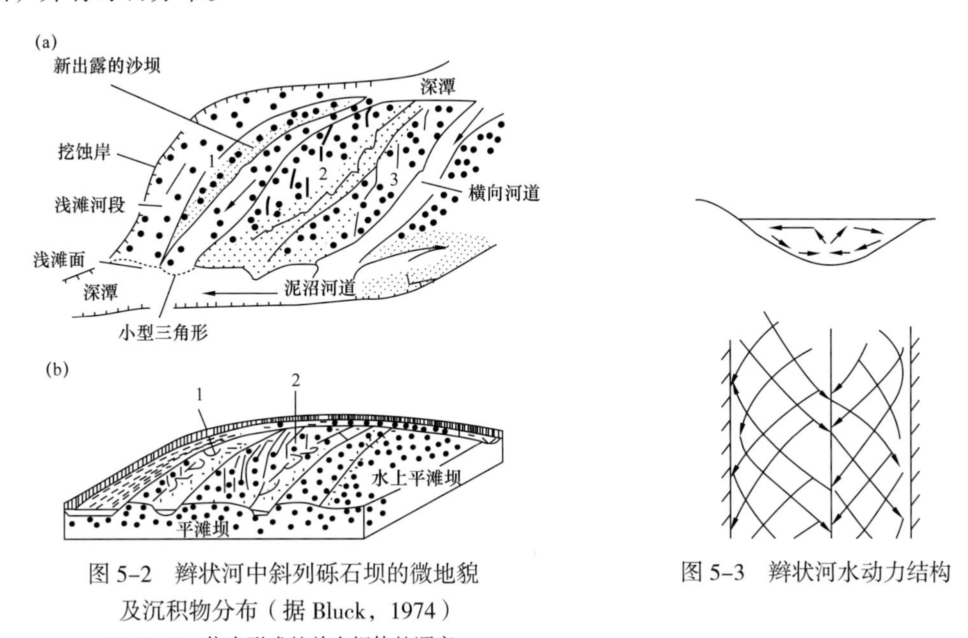

图 5-2　辫状河中斜列砾石坝的微地貌及沉积物分布（据 Bluck，1974）

1，2，3—依次形成的单个坝体的顺序

图 5-3　辫状河水动力结构

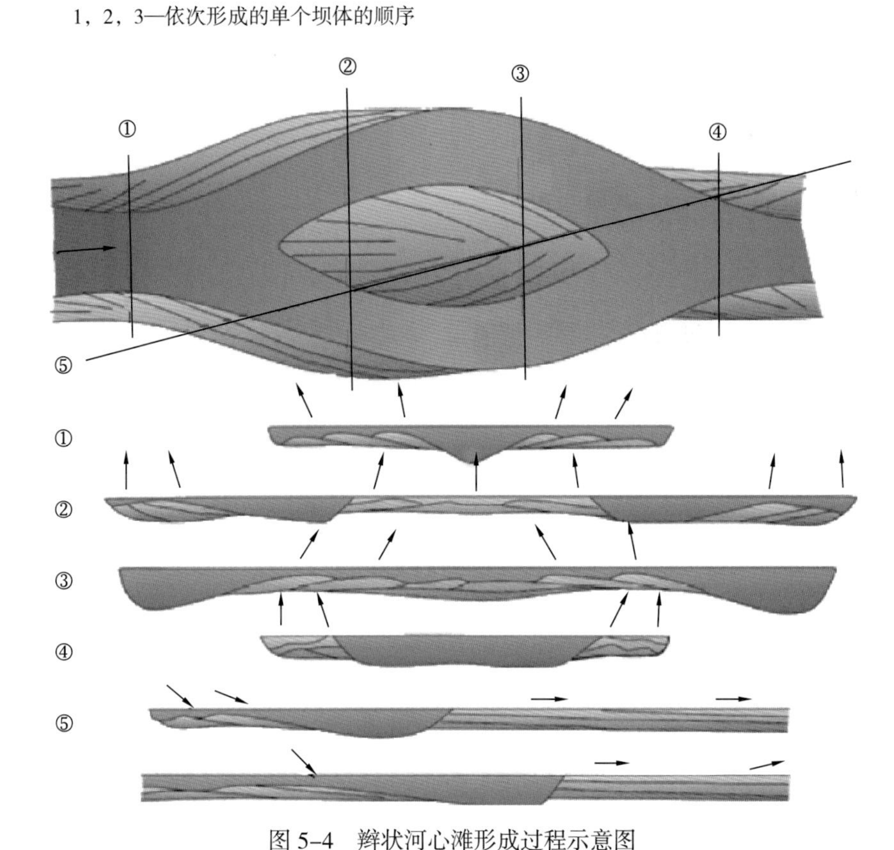

图 5-4　辫状河心滩形成过程示意图

内部沙坝显示顺流迁移，①～⑤为过点坝多个方向的交叉剖面，揭示 1～3 级构型界面所限定的构型单元，箭头表示河床顶底面倾斜方向（据 Bridge，1993）

第二节　辫状河沉积构型单元与构型界面

一、辫状河储层构型定量模式

1. 辫状河储层构型研究现状

辫状河受水动力、水流量、坡度、河岸坚硬程度等多种因素影响，辫状河道频繁改道，相互切割，心滩构型模式、形成机制复杂，目前，以定性研究成果为主，定量研究成果均为特定条件下的研究成果，因此需要新思路、新方法解决辫状河构型研究存在的问题。辫状河储层构型模式如图5–5所示。

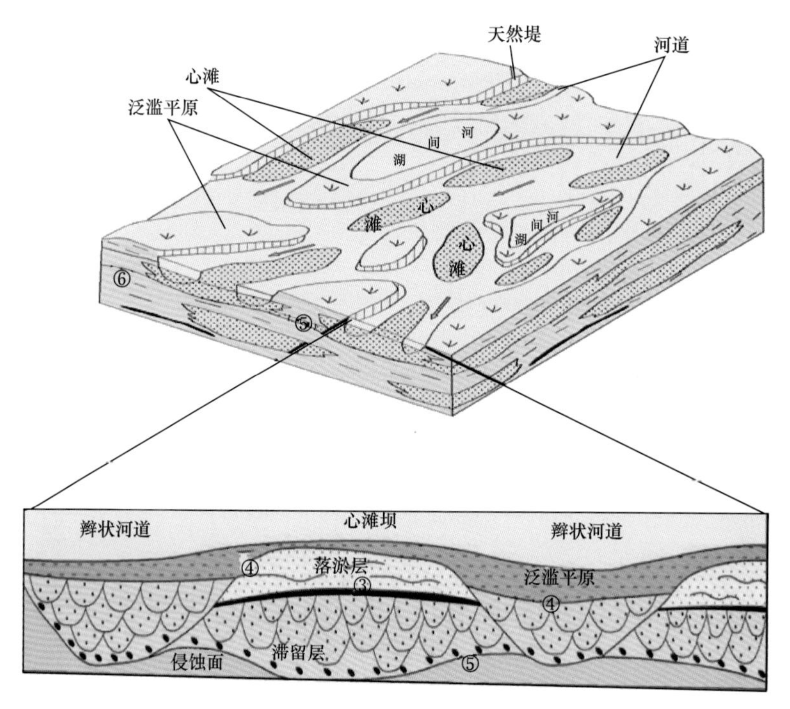

图5–5　辫状河储层构型模式图（据廖保方，1998）

③，④，⑤，⑥—构型界面级次

目前储层构型的研究方法主要为定性和定量方法的研究。定性构型模式主要是指野外露头和现代河流沉积研究。

露头研究具有直观性、完整性、精确性等显著优点。纵向上可精细至米级甚至厘米级，对于原型模式的构建具有相当高的参考价值；而且，露头是地质历史演变后的结果，更接近地下储层的真实情况，具有可比性。从国外的研究现状来看，露头研究已经逐渐向露头实验室方向发展，不仅作为从静态上深入研究储层非均质性的依据，还把各种油藏手段、方法放到露头上去检验，甚至进行动态验证分析等，从动态上深入了解各类储层的渗流特征，动静态互为验证。但由于露头是局部区域的典型剖面，具有一定的局限性，并且，现代沉积往往被人类活动改造，其反映的只是瞬间的沉积特征，难以反映地质改造的结果，因此，将露头资料、卫星照片和现代沉积方法三者结合起来才能够建立较为完整的构型模式。对于辫状河储层构型，目前构型模式主要体现在以下三个层次：

（1）沉积微相模式：根据现代河流发育环境和沉积物的特征分析，认为辫状河以河道和心滩沉积为主，何宇航等利用沉积物理模拟实验，进一步识别出辫状河道、心滩坝、废弃河道、堤岸沉积、越岸沉积共 5 个微相，其中辫状河道和心滩坝是辫状河的主要微相类型，占总体微相相当大的比例。马世忠等结合松花江 66km 江段 61 个心滩的现代沉积研究，总结出了不同微相及单砂体平面组合模式，认为辫状河分为河道和心滩 2 种沉积微环境，进一步细分成活动心滩（包括冲沟、滩脊、滩槽）、活动河道（包括主河道、次河道、切割河道、早期河道）、废弃河道、废弃心滩、底部滞留等。

（2）心滩模式：Best 等通过对孟加拉国 Jamuna 辫状河流沉积中较好的露头进行露头模拟，通过露头测量，建立了心滩坝的模型，精确呈现出了河道充填结构。于兴河等在研究大同晋华宫辫状河露头时建立了心滩坝成因概念模型。廖保方等根据永定河的研究，概括了辫状河沉积模式，即一个由垂向加积作用控制，以粗粒岩性（砂、砾）为主体，少有细粒粉砂质泥质夹层，层理构造发育，横向相变较大、垂向层序向上变细、空间广泛展布的正旋回叠覆泛砂体，其认为河道和心滩是一个泛连通体，心滩内部发育落淤夹层，不同心滩体呈近水平顺水流的叠加模式。

（3）心滩内部构型模式：目前运用最多的就是垂向加积型近水平落淤层构型模式。辫状河心滩储层由增生体（以垂积为主）、落淤层、增生面三要素组成。国外的储层构型研究最早基于古代露头，Miall A.D.、Bristow C.S. 等针对河流相储层提出储层概念，认为河流相储层构型主要包括 20 种岩石相、13 类构型要素和 9 级界面。国内学者对辫状河储层构型研究始于古代露头和现代沉积的储层构型研究，后期发展为采用层次分析方法开展辫状河储层构型研究。如张昌民对青海油砂山露头辫状河三角洲进行了研究，赵澄林等研究了现代三角洲的构成，吴胜和等提出储层构型的研究方法——层次约束、模式拟合和多维互动的模式预测思路与方法，余成林等利用岩心和测井资料，以落淤层的精细刻画为突破口，阐述了心滩储层内部构型分析等。

此外，一些物理探测技术（如探地雷达技术和高分辨率地震方法）也引入到了储层构型研究中来，并取得了丰硕的成果，如国外于 20 世纪 80 年代末开始将探地雷达技术应用到露头地质研究中。Alexander 等利用探地雷达资料、岩心和声呐探测资料，对美国蒙大拿洲现代沉积进行了研究，分析了河道迁移的主要原因。探地雷达技术分辨率高，能够很好地用于野外露头研究，但是其成本较高，应用范围还没有普及。一些学者发展了应用三维地震资料进行地震地貌学和地震沉积学解释的方法，如 Posamentier 等重视地貌学特征及其垂向演化；Zeng 等注重地震资料的沉积学（沉积相和岩性）解释，在平面上识别地质体及其内部沉积（构型）单元，并研究该地层时间单元内地质体的垂向演变，但受三维地震资料分辨率等限制，应用三维地震资料开展沉积构型界面（5 级或 5 级界面以下）识别的普适性较差。这需建立不同沉积构型的地震响应特征，分析河道组合类型的地震响应特征、差异及影响因素，通过井震结合手段，建立合理的地震正演模拟，总结不同区域和不同地质条件地震资料的构型解释，就可以指导地震属性的优选，提高单一河道识别精度，同时能够实现河道之间组合类型的判别。

定量构型模式主要包括单砂体单元的定量计算（包括心滩规模）和单砂体内部构型要素的定量计算。国内外对辫状河储层几何形态和规模的定量研究均给予了高度重视，总结了一系列的经验公式。这些经验公式主要通过露头、卫星照片、现代河流沉积以及密井网等资料得出，建立能够反映各级构型要素之间相关关系的定量函数，如 Kelly 利用 22 个现代辫状河（或水槽实验数据）和 34 个古代露头数据建立了砂质辫状河单一心滩宽度与单河道满岸深度、单一心滩长度与其宽度之间的关系式；国内学者孙天建等应用卫星资料等，采用枯水期和平水期所限制的范围，建立了单一心滩、单河道和单一沟道的河流参数经验公式，并推导计算出心滩内部泥质夹层倾角和横向规模。定量构型所建立的经验公式得出的数值多为一个范围，并不代表一个具体特定的值，其意义为在构型分析时把握地下构型单元的大体规模，尽可能减小误差，不足之处在于普适性不够或相关性差。

2. 单一辫状河道规模参数

Fielding 和 Crane（1987）对不同河形河道充填砂体的宽度和厚度关系进行了统计，拟合出不同河形河道充填砂体宽度和厚度的关系表达式，图 5-6 中粗线圈起来的点是简单的曲流河河道砂体。

$$W=12.1h^{1.06} \tag{5-1}$$

$$W=513h^{1.36} \tag{5-2}$$

式中，W 为河道带砂体宽度，m；h 为平均满岸深度，m。

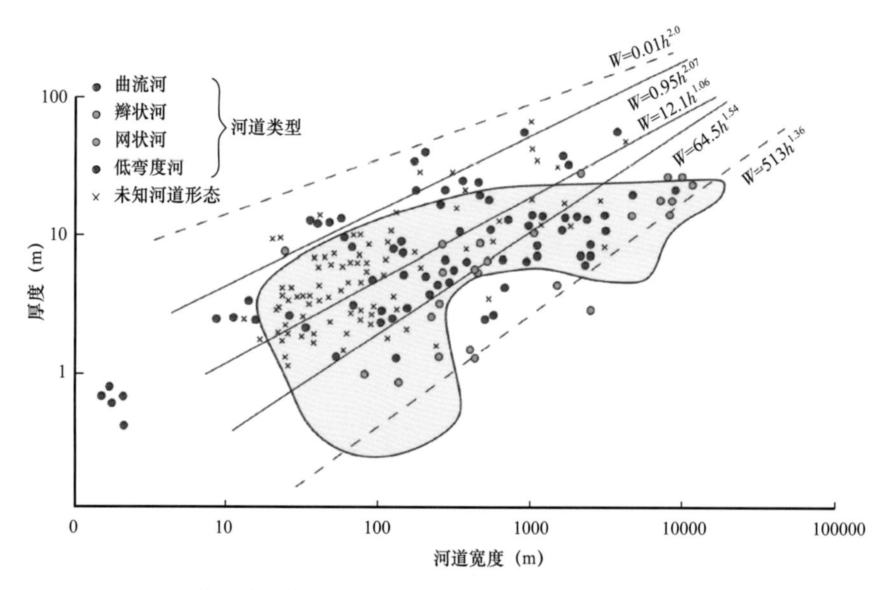

图 5-6　河道充填砂体的宽度和厚度交会图（据 Fielding 和 Crane，1987）

Bridge 和 Mackey（1993）对不同河形河道充填砂体的宽度和厚度关系进行了统计，拟合出河道带砂体宽度与平均满岸深度的关系表达式：

$$C_{bw}=59.9{d_m}^{1.8} \tag{5-3}$$

$$C_{bw}=192{d_m}^{1.37} \tag{5-4}$$

式中，C_{bw} 为河道带砂体宽度，m；d_m 为平均满岸深度，m。

Campbell（1976）、Cowan（1991）、裘怿楠、李思田等、庄惠农（2002）、道达尔（2003）等研究认为单一辫状河砂体的宽厚比在46：1～120：1之间。

总之，经验公式和前人统计数据研究表明单一辫状河道宽厚比存在一个较大变化范围，用单一辫状河厚度确定宽度比较困难。

3. 心滩规模参数

Kelly（2006）利用22个现代辫状河（或水槽实验数据）和34个古代露头数据建立了砂质辫状河道单一心滩宽度 W_b 与单一水道满岸深度 H_c、单一心滩长度 L_b 与宽度 W_b 之间的关系式，关系图如图5-7、图5-8所示。

$$W_b=11.413H_c^{1.4182} \tag{5-5}$$

$$L_b=4.9517W_b^{0.9676} \tag{5-6}$$

式中，W_b 为单一心滩宽度，m；H_c 为单一水道满岸深度，m；L_b 为单一心滩长度，m。

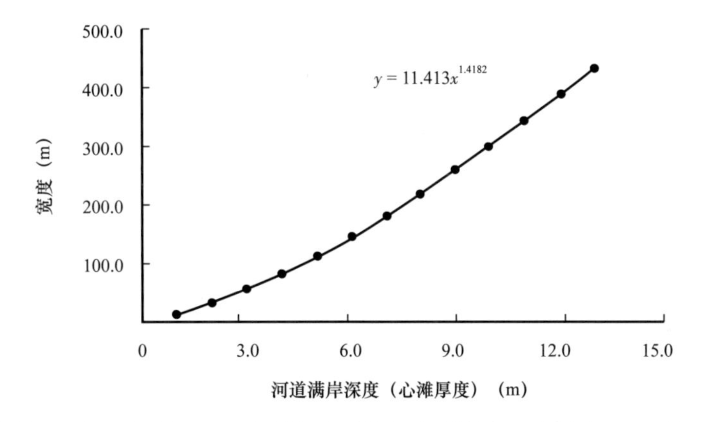

图5-7　辫状河单一心滩宽度与河道满岸深度交会图（据Kelly，2006）

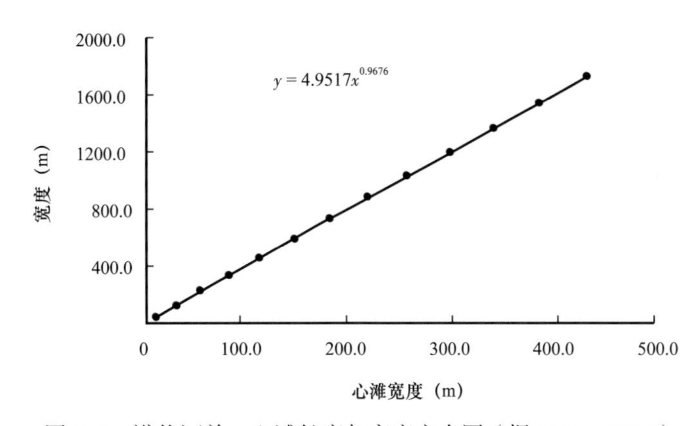

图5-8　辫状河单一心滩长度与宽度交会图（据Kelly，2006）

孙天建（2014）等对Jamuna River、Prudehoe River、雅鲁藏布江等15个常年流水的较深河型现代砂质辫状河道段的单一心滩宽度及其长度、辫状河道宽度、单一沟道宽度及其长度数据分别进行测量，分别建立河流参数之间的关系式。

$$W_c=0.2994W_b^{1.0125} \quad (R^2=0.91) \tag{5-7}$$

$$L_b=4.1488W_b^{0.9574} \quad (R^2=0.94) \tag{5-8}$$

式中，W_b 为心滩宽度，m；L_b 为心滩长度，m；W_c 为辫状河道宽度，m。

Kelly 和孙天建等研究心滩规模的定量判别方法，需先确定辫状水道满岸深度或心滩宽度，但在地下辫状河气藏内这两项参数均很难确定，现有方法不适合地下辫状河构型参数的定量研究。

二、辫状河构型单元与构型界面

根据 Miall A.D. 的河流相储层构型分级方案，结合生产需求及钻井、测井、岩心分析资料，将盒 $8_{下}$亚段辫状河储层内部构型划分为 6 级（表 5-2），但由于辫状河水道的频繁摆动，溢岸砂体欠发育，因此辫状河储层构型研究重点为辫状水道和心滩这两个构型要素。

表 5-2　盒 $8_{下}$亚段辫状河储层构型界面与构型单元划分方案

构型级别	构型单元	构型界面	沉积单元	备注
6 级	复合辫状河道	漫滩泥质隔层	复合辫状分流河道叠置带界面	地层
5 级	单一辫状河道	漫滩泥质隔层	单一河道底界面	地层
4 级	心滩、辫流水道	滞留泥砾夹层、废弃充填粉泥、泥粉夹层	心滩、小型河道顶界面	岩性体
3 级	心滩内单一增生体、心滩内坝顶沟槽	落淤、侧积夹层	增生体界面、沟槽冲刷底界	岩性体
2 级			交错层系组	
1 级			交错层系	

1. 辫状水道

辫状水道是辫状河的主体之一。辫流水道沉积构造为垂向上正韵律，槽状交错层理、斜层理、平行层理等发育；沉积特征为岩性以细砂—粗砂岩为主，底界面常为明显的冲刷面，泥砾分布，砂体厚 2～6m；曲线特征为 SP、GR 曲线呈中—高幅度指形、钟形、复合钟形等特征（图 5-9）。

2. 心滩

心滩是形成于辫状河河床中心的砂质、砾质堆积体。随着河床不断迁移改道而迁移叠置的心滩最终充填满河床，构成古代辫状河河道砂体的主体。心滩规模总体不大，多呈断续孤立状分布，单个砂体厚度一般在 4～8m 之间。在一些砂体发育区多个连续的心滩砂体垂向叠置可形成垂向上规模达 10 余米、横向上连续性达到数千米的厚砂层。

岩石类型以中—粗粒岩屑石英砂岩、石英砂岩、含砾粗砂岩及细砾岩为主，次为细粒岩屑砂岩。辫状河流地形坡降大，水流速度快，心滩的沉积物粒度明显粗于边滩。

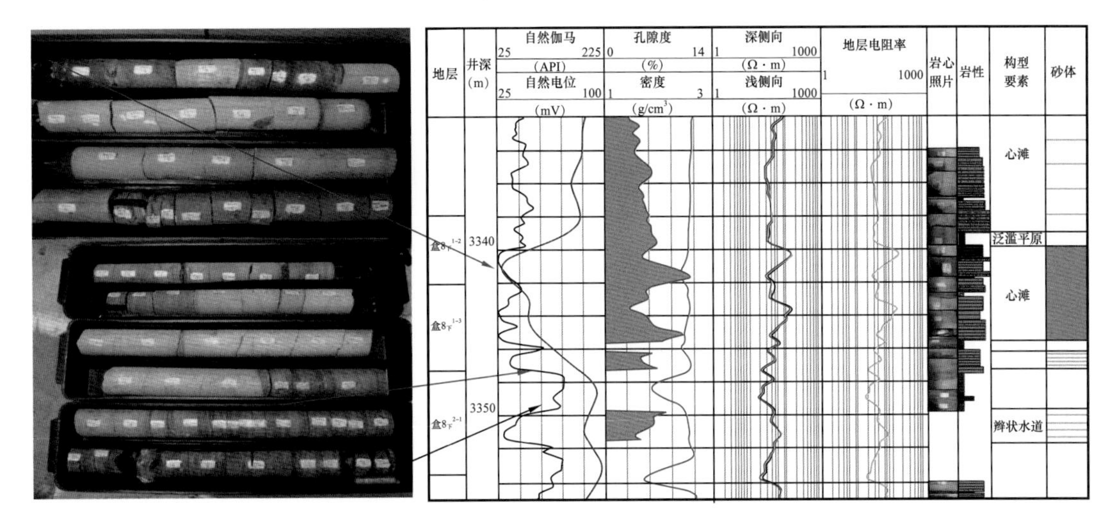

图 5-9　辫状水道和心滩测井曲线响应特征

发育槽状交错层理、平行层理、板状层理和块状层理，砂岩具正粒序或者粒序不明显的块状。

具有正粒序的心滩在垂向上与河道间泥及溢岸砂构成向上变细的正旋回，测井曲线响应上表现为自然伽马呈钟形或者箱形（图 5-9）。

第三节　典型辫状河地质露头剖面特征

地质露头是露出地表的储层，从露头获取的信息资料是储层表征中最直观、最真实、最详细的资料，具有钻井、测井和地震资料所不具备的高分辨率特点。

一、西班牙 Rio Vero 地层辫状河露头

1. 露头剖面概况

Rio Vero 地层露头位于西班牙阿拉贡自治区的北部韦斯卡（Huesca）省 Barbastro 镇。沉积物主要为含砾粗粒砂岩、中—粗粒砂岩、细砂岩、粉砂岩和少量的古土壤。主要岩相类型及特征如图 5-10 所示。每个要素都可以通过岩相组合、颗粒大小、界面、横向和纵向的关系、古流向来进行识别。

2. 露头剖面特征及构型解剖

露头以水平层状的中—粗粒砂岩和砾岩为主，其次是细砂岩和橙—红色粉砂岩。整个地层由向上变细的正旋回组成，每个沉积旋回厚 3～6m，底部为细—极粗砂（含砾）冲刷—充填（SS）或河道充填（CH）要素，其横向规模通常可达 200m。向上逐渐过渡为由水平纹层（Sh），板状交错层理（Sp）和槽状交错层理（St）组成的中—细粒砂岩。旋回顶部通常被越岸沉积（OF）要素冲刷覆盖，冲刷底呈扇形的，通常填充有冲刷滞留沉积物（图 5-11b，c）。

岩相代码	岩相	沉积结构	解释	厚度(m)
砾岩岩相（S）				
Gh	水平层理砾石 垂向不连续	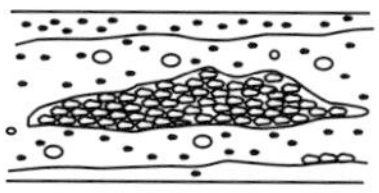	小型砾石坝	0.5～2.4
Ge	侵蚀充填砾质 富含内碎屑	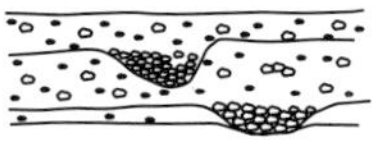	冲刷充填	0.2～1
砂岩岩相（S）				
Sh	细—极粗砂含砾	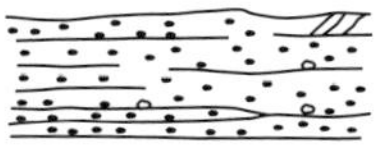	平板状流 （低流态 或高流态）	0.2～3
St	细—极粗砂含砾	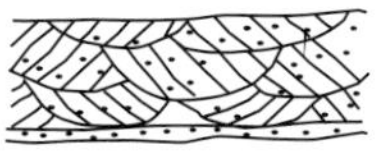	沙丘 （低流态）	0.4～4
Sp	细—极粗砂含砾	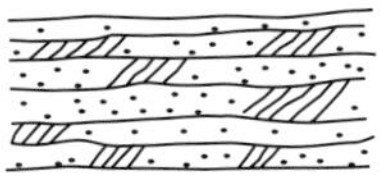	单一坝、 横向沙坝、 沙波 （低流态）	0.1～1.5， 最大可达3
Ss	细—极粗砂含砾	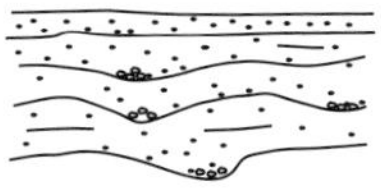	宽而浅的冲刷 粗的交错层理	0.2～1.3
粉砂岩岩相（F）				
Fh	细—粉砂、泥	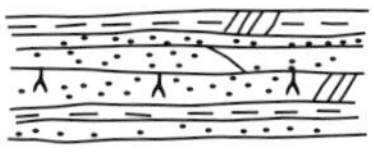	溢岸和（或） 逐渐减弱的 洪水沉积	0.3～5

图 5-10　Rio Vero 地层岩相类型（据 S.J.Jones，2001）

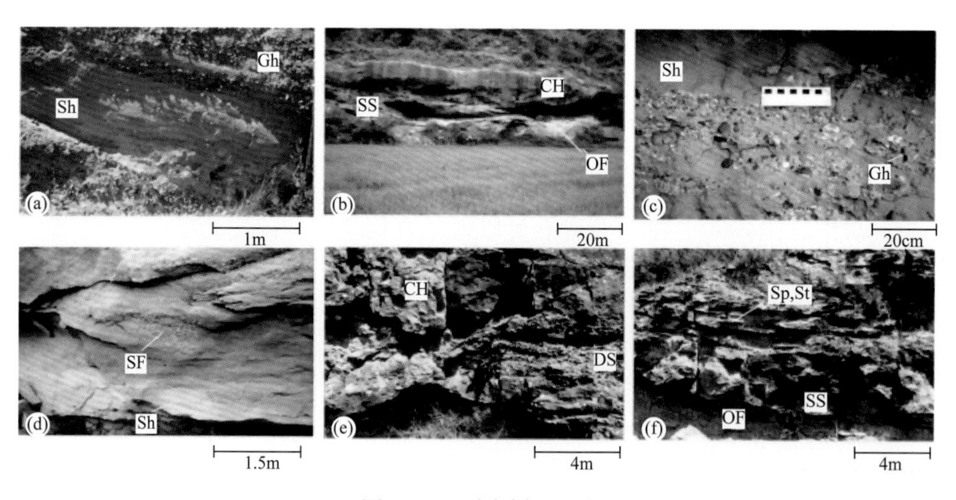

图 5-11　露头剖面照片

在 Rio Vero 段底部，以水平纹层（Sh）和槽状交错层理（St）岩相为主（图 5-12），其边缘可以发现少量的侧向加积（LA）要素，表明砂体发生过横向迁移。但河道充填（CH）要素在横向上并不广泛。

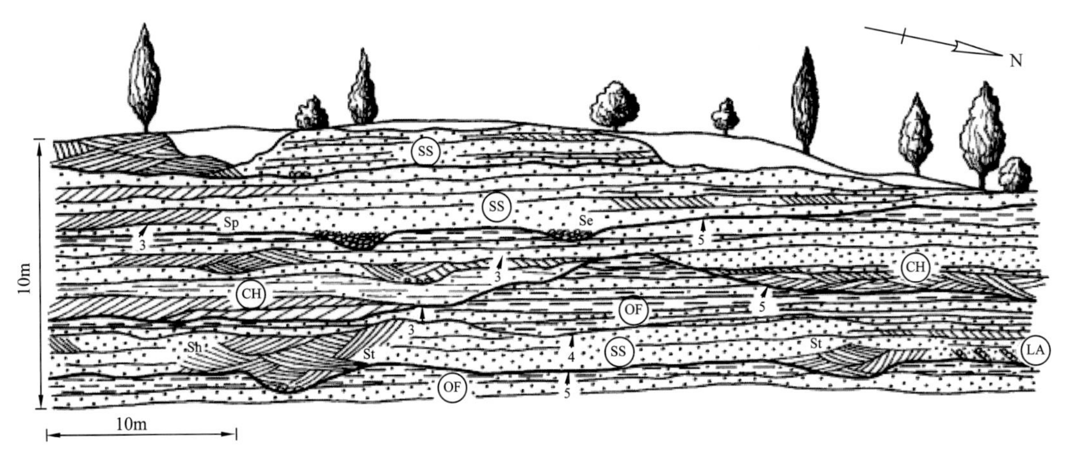

图 5-12 Rio Vero 段素描图

在大多数情况下，冲刷—充填（SS）或河道充填（CH）要素的古水流方向在141°～193°之间。根据交错层理、叠积作用和排列组合性很好的卵石群可以确定古水流方向，许多中—极粗砂（含砾）板状交错层理（Sp）和槽状交错层理（St）岩相都是以多层方式进行排列（图 5-11a，b）。

与河道或砂岩岩床相关联的顺流加积（DS）和侧向加积（LA）的加积层，以及砾石坝要素都很少出现。加积层最多 10m 长，0.3～0.8m 厚。越岸沉积（OF）要素通常位于一个层序的顶部，有时会因为冲刷而被剥蚀掉，厚度最高可达 1.5m。同时，细砂岩和红绿色粉砂岩向上颜色有变得更加斑驳的趋势。越岸沉积（OF）要素经常由不发达的古土壤覆盖，*Beaconites* 遗迹化石比较丰富。

Rio Vero 段总体向上变细的层序表明了一系列砂岩的河床沉积和席状砂岩沉积，在这其中只有小规模的沙坝形成，其可能是在洪水泛滥条件下沉积形成的。层系的上部可能是横向分布广泛的河漫滩沉积（300～500m），并有小的河道穿插其中。许多深处的由基底冲刷形成的中—粗砾至卵石大小的碎屑表明，在一定时期内的流速变化较快。

Rio Vero 段可以根据古水流、构型和宽而浅（宽度约 200m，深度小于 2m）的侧向逐渐过渡为越岸沉积（OF）要素的辫状河道，低弯度古河道等方面进行解释。除了分布广泛的河漫滩沉积，相对孤立的细粒沉积通常与沙坝和顺流加积（DS）、侧向加积（LA）要素相关联。这样的理论可以与 Allen（1983）的“复合河坝”相提并论，其中在低水位期，平坦的沙丘逐渐被越岸沉积（OF）覆盖，经过足够长的时间，在成土作用的作用下，逐渐成为了植被覆盖的平坦岛屿。

二、山西大同盆地云冈组辫状河露头

1. 露头剖面概况

露头剖面位于山西省大同市云岗镇，紧邻云岗石窟（图 5-13）。受铁路和公路建设过程中开挖作业的影响，中侏罗统云岗组大量出露，为露头研究创造了良好的条件。

在山西大同云岗地区，中侏罗统云岗组属于砂质辫状河沉积，由下至上分为 3 段，依次为砂砾岩段、石窟段及泥岩段（图 5-13）。石窟段以发育大型槽状交错层理、板状交错层理中—粗粒（局部含细砾）长石杂砂岩和岩屑长石杂砂岩为特征，夹少量的细砂岩和粉砂岩，平均古水流方向约为 187°。

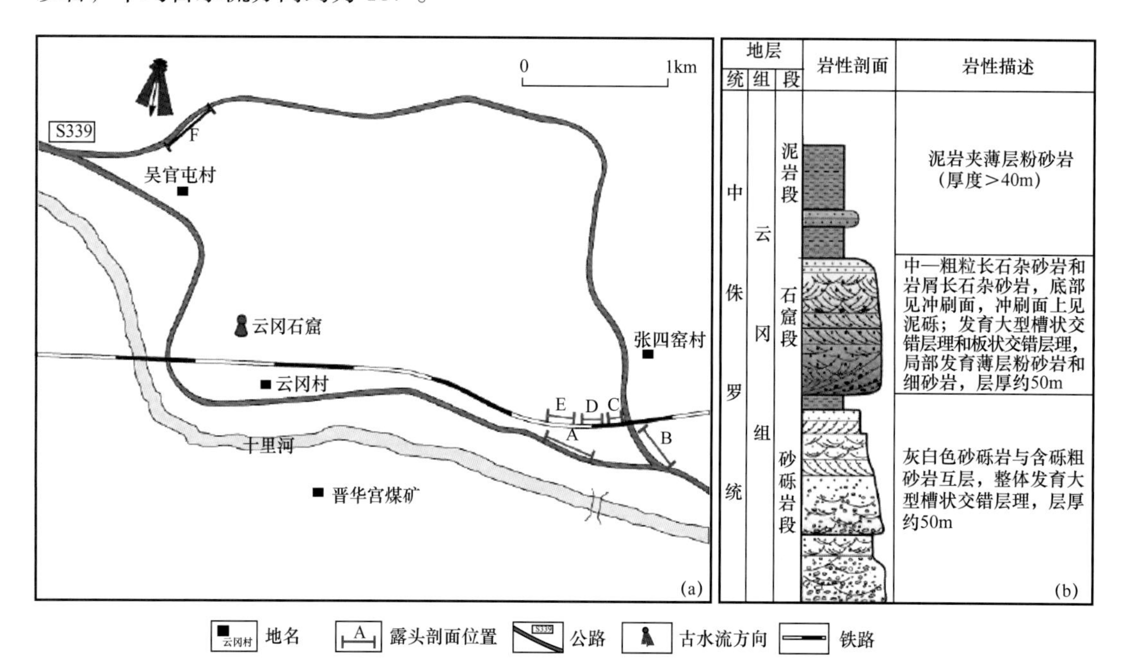

图 5-13　山西大同云冈组辫状河露头位置及地层概况（据陈彬滔等，2015）

2. 露头岩相类型与岩相组合

1）岩相类型

通过观察和实测，在山西大同云岗组石窟段共识别出 7 种典型岩相类型（图 5-14），分别为块状层理砂砾岩相（Gm）、槽状交错层理中—粗砂岩相（St）、板状交错层理中—粗砂岩相（Sp）、平行层理中—粗砂岩相（Sh）、流水沙纹细砂岩相（Sr）、水平层理粉砂岩相（Fl）及块状泥岩相（M）。

2）岩相组合

根据实际露头的观察结果，结合剖面精细描述和沉积成因分析，山西大同侏罗系砂质辫状河露头主要发育 5 种典型的岩相组合类型（图 5-15）。

（1）组合类型 A：Gm—St—Sh—M。

底部常见冲刷面，发育河道滞留砾岩沉积（Gm），但厚度不大，向上过渡为槽状交错层理中—粗砂岩相（St），反映河道下切、迁移并充填；随着河道加宽，逐渐过渡为宽浅型河道，发育平行层理中—粗砂岩相（Sh）；顶部发育洪泛期的杂色泥岩（图 5-15a）。组合类型 A 具有向上变细的结构特点，整体以充填型砂质沉积为主。

（2）组合类型 B：St—Sp—Sh。

岩性以中—粗砂岩为主，由下至上依次发育槽状交错层理、下截型板状交错层理和平行层理。顶部的平行层理中—粗砂岩局部可见冲刷现象和砾石，表明具有水浅流急的水动

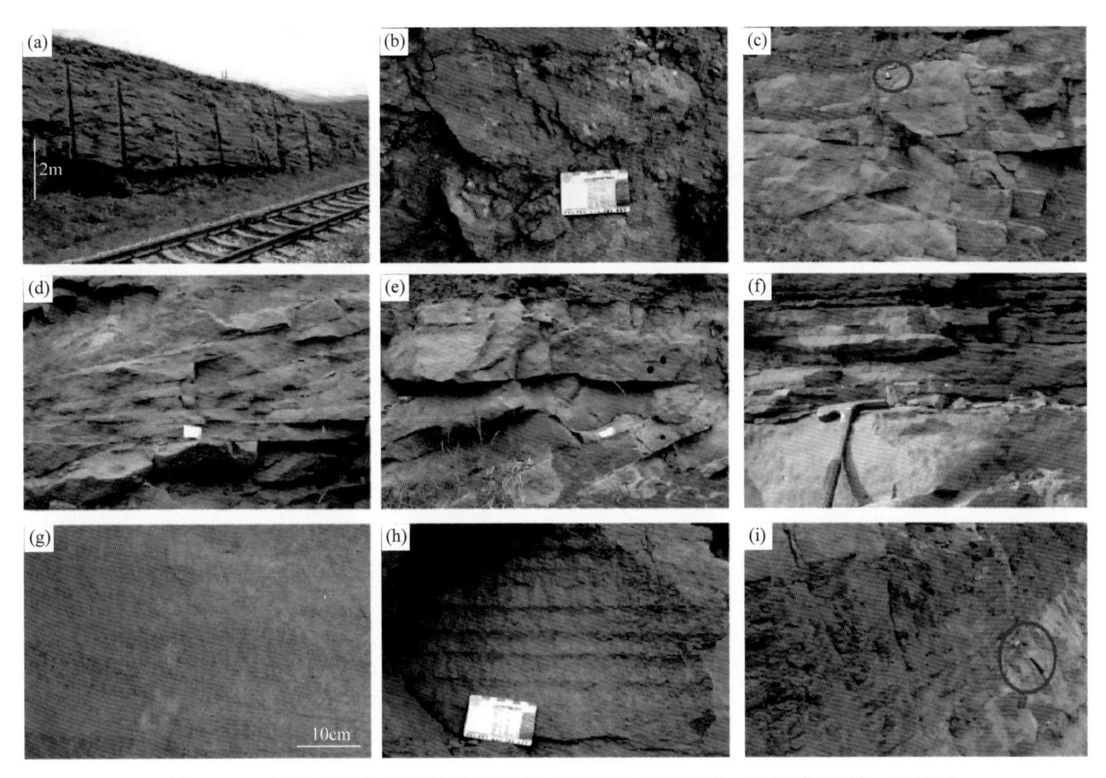

图 5-14　山西大同盆地侏罗系砂质辫状河露头典型照片（据陈彬滔等，2015）

（a）砂质辫状河单期水道，底部见冲刷面；（b）块状层理砂砾岩相（Gm）；（c）槽状交错层理中—粗砂岩相（St）；（e），（f）板状交错层理中—粗砂岩相（Sp）；（f）平行层理中—粗砂岩相（Sh）；（g）流水沙纹细砂岩相（Sr）；（h）水平层理粉砂岩相（Fl）；（i）块状泥岩相（M）

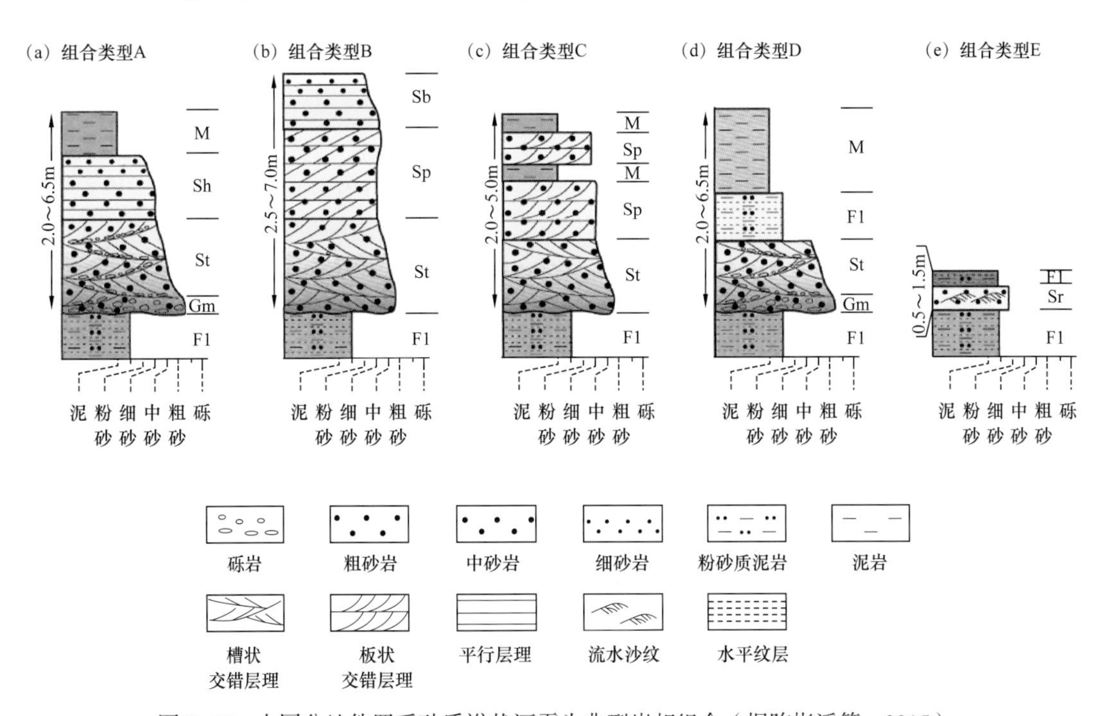

图 5-15　大同盆地侏罗系砂质辫状河露头典型岩相组合（据陈彬滔等，2015）

力条件（图 5-15b）。组合类型 B 的韵律特征不明显，整体以垂向加积和顺流加积的砂质沉积为主。

（3）组合类型 C：St—Sp—M—Sp。

岩性以中砂岩为主，主要发育槽状交错层理、下切型板状交错层理。两期下切型板状交错层理中砂岩相之间常发育块状泥岩相（M），为洪泛退却期，披覆沉积于前期砂体之上的薄层侧积泥（图 5-15c）。组合类型 C 具有向上变细的结构特点，整体以侧向加积的砂质沉积为主，但发育多层泥质夹层。

（4）组合类型 D：Gm—St—Fl—M。

底部为早期活动河道期沉积的砂质沉积，上部为河道废弃后充填的细粒沉积物（图 5-15d）。整体以暗色细粒沉积为主。

（5）组合类型 E：Sr—Fl。

流水沙纹细砂岩与水平层理粉砂岩薄互层（图 5-15e）。垂向上，砂泥频繁互层，反映水流间歇活动，为漫溢沉积的典型垂向序列。

3. 构型特征及定量参数

1）构型单元类型

详细的露头实测和剖面精细解释结果表明，山西大同砂质辫状河露头发育 5 种典型的构型单元（图 5-16，表 5-3）。

河道（CH）：河道是研究层段露头剖面中最常见的构型单元之一，垂向序列对应于岩相组合类型 A，但受后期河道侵蚀冲刷的影响，部分河道构型单元的岩相组合保存并不完整。河道构型单元在剖面上通常呈透镜状（顶平底凹；图 5-15a），或因压实作用而呈近似板状。研究层段的实测结果表明，河道构型单元的厚度介于 2.0～6.5m 之间，宽度介于 50～180m 之间，宽厚比为 25～30。

心滩（CB）：研究层段露头剖面中另一常见的构型单元为心滩，其垂向序列对应于岩相组合类型 B。顶部通常因后期短暂强水流冲越而存在小型冲沟现象。心滩构型单元在剖面上多呈底平顶凸透镜状（图 5-16a），构型单元内部泥质夹层少见。心滩构型单元的厚度介于 2.5～7.0m 之间，宽度介于 70～240m 之间，宽厚比为 30～35。总体而言，心滩构型单元与河道构型单元的厚度范围相近，但是心滩构型单元的宽度和宽厚比明显大于河道构型单元。

点坝（PB）：辫状河沉积中，点坝构型单元不属于主要构型单元，通常与河道构型单元或废弃河道构型单元伴生，其垂向序列对应于岩相组合类型 C。点坝构型单元在剖面上多呈楔形，构型单元内部常发育泥质夹层（图 5-16c）。

废弃河道（ACH）：废弃河道构型单元同样具有顶平底凹透镜状的剖面形态（图 5-16c），但其上部充填沉积物为细粒物质，为辫状河储层中典型的渗流屏障。

漫溢沉积（OF）：漫溢沉积构型单元通常分布于河道构型单元两侧，以薄层砂岩与泥岩互层为特征，其垂向序列对应于岩相组合类型 E，剖面上一般呈平板状（图 5-16b），厚度小、横向延伸距离远。实测结果显示其厚度介于 0.5～1.5m 之间，但是因横向延伸宽度大于出露范围，而无法确定其宽度和宽厚比。

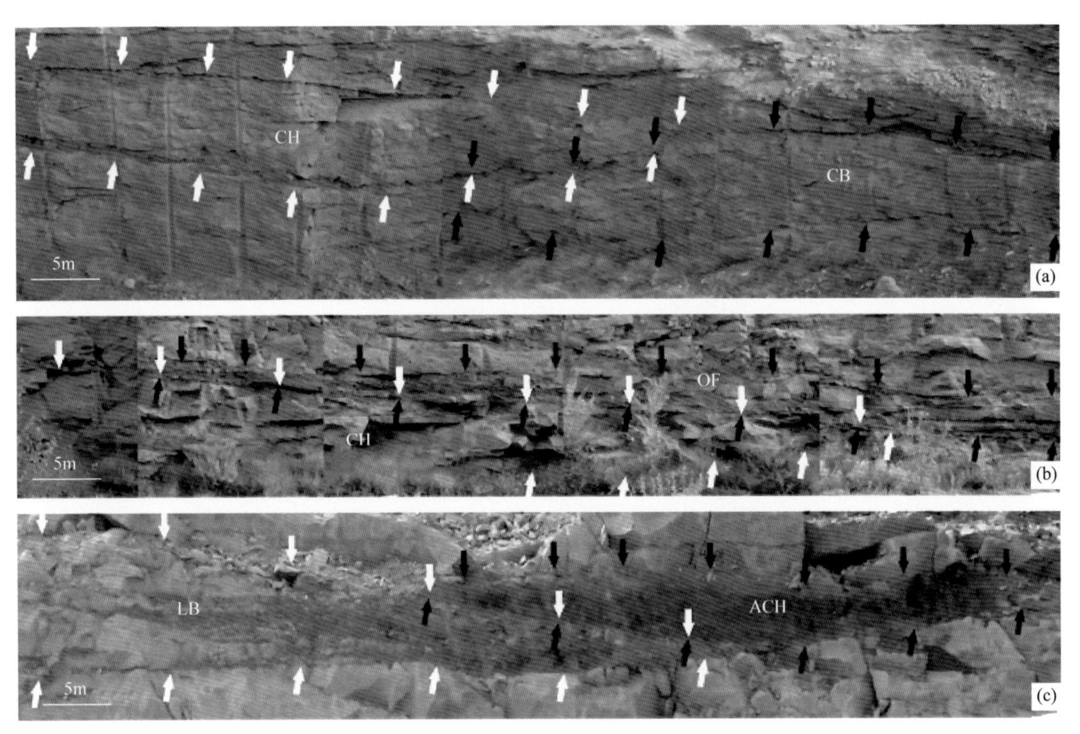

图 5-16　大同盆地侏罗系砂质辫状河露头典型构型单元（据陈彬滔等，2015）

表 5-3　大同盆地侏罗系砂质辫状河露头典型构型单元特征（据陈彬滔等，2015）

构型单元名称	代码	垂向序列	剖面形态	实测数据		
				宽度范围（m）	厚度范围（m）	宽厚比范围
河道	CH	Gm—St—Sh—M		50～180	2.0～6.5	25～30
心滩	CB	St—Sp—Sh		70～240	2.5～7.0	30～35
点坝	PB	St—Sp—M—Sp		—	—	—
废弃河道	ACH	Gm—St—Fl—M		—	—	—
漫溢沉积	OF	Sr—F		—	0.5～1.5	—

2）构型单元基本组合类型

根据露头实际观察结果，结合现代沉积特征，拟定了砂质辫状河典型构型单元的基本组合类型。该基本组合类型指同一沉积时期构型单元的可能组合类型，具有特定的沉积成因联系。

构型单元的基本组合类型可归纳为 4 类，为 2 种或 3 种构型单元的组合（图 5-17）：（1）因洪水期水流溢出河道而形成的河道—漫溢沉积构型单元组合（CH—OF）；（2）河道弯曲处，凸岸侧向加积而形成的点坝构型单元与河道 / 废弃河道构型单元组合

（CH/ACH—PB），同一沉积时期，点坝构型单元的一侧与河道 / 废弃河道构型单元连接，而不会单独存在；（3）河道—心滩—河道构型单元组合（CH—CB—CH），是辫状河中最常见的组合类型，对于同一沉积时期而言，心滩构型单元总是与河道构型单元伴生，呈两侧拼接式；（4）点坝外部洪水期水流溢出而形成的河道—点坝—漫溢沉积构型单元组合（CH/ACH—PB—OF）。

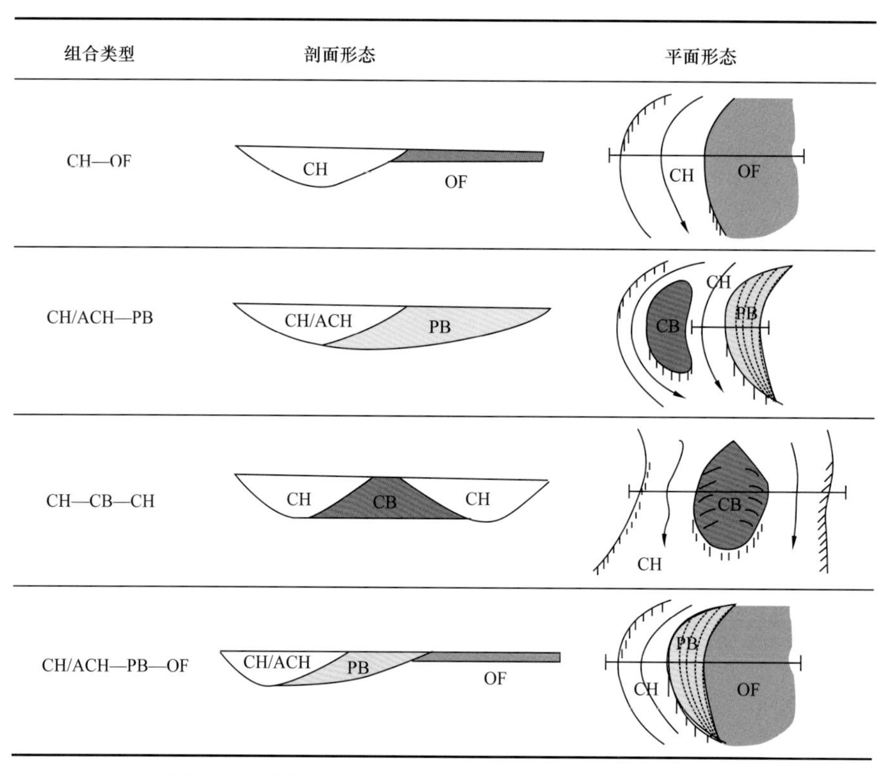

图 5-17　大同盆地砂质辫状河构型单元基本组合类型

除上述 4 种基本组合类型外，河道构型单元（CH）还可以单独作为一种要素进行空间组合。因此，不同沉积时期的构型单元空间分布可表示为 4 种基本组合类型及河道构型单元在垂向和横向的重复或叠加。

三、阜康、柳林和延安地区辫状河露头

1. 沉积特征

这三个区块的辫状河沉积具有以下特点：（1）河道沉积粒度较粗，主要为砾岩或中、粗砂岩，细砂岩也有，但较少，反映水流较急，地形坡度较大。（2）砂（砾）岩含量高，在 25% 以上，多为 40%～60%，为“砂包泥”。（3）砂（砾）岩层底面为冲刷面，顶面多为突变面，反映河道大部分为突然改道废弃，这是辫状河的另一特点。（4）与砂（砾）岩互层的泥岩为棕红色或灰色、深灰色。棕红色泥岩代表陆上较干旱的氧化环境，即河漫滩。暗色泥岩通常富含植物化石，甚至夹煤层，代表气候潮湿的湿地环境。（5）砂（砾）岩体呈条带状分布。（6）各种交错层理和平行层理发育，尤其常见大型前积层理，层系厚度在 1m 以上，是由心滩向下游方向迁移形成的。辫状河有砾质辫状河（河道以砾岩沉积

为主）和砂质辫状河（河道以砂岩沉积为主）。

2. 构型特征及定量参数

在该地区的露头上，发育多条横切河道砂体的剖面（图 5–18，图 5–19），得以能够观察辫状河河道砂体的剖面形态，并测量其宽度、厚度等定量参数。

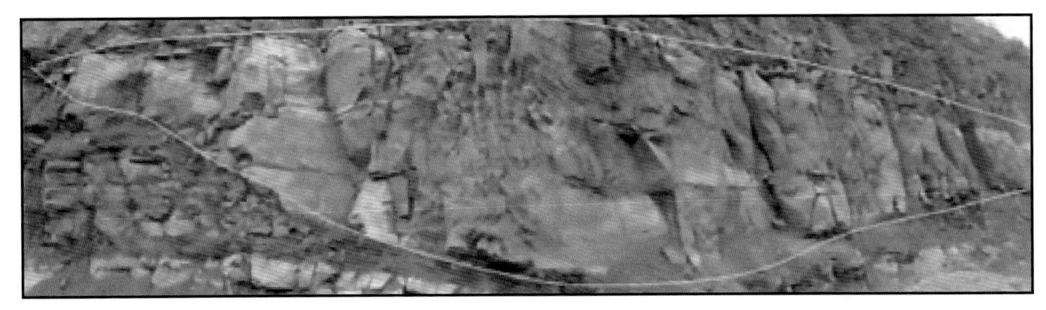

图 5–18　山西柳林成家庄石盒子组顶平底凸透镜状辫状河单河道砂体（据金振奎，2014）

1）单河道砂体横剖面形态及定量参数

单河道砂体的剖面形态有 2 类，即顶平底凸透镜状（上图）和双凸（顶凸底凸）透镜状，两者均常见。河道砂体底面均下凸，乃河流下切侵蚀所致。由于沿河道主流线下切最深，因此这里砂体最厚。

图 5–19　山西柳林成家庄二叠系石盒子组双凸透镜状辫状河河道砂体（据金振奎，2014）

河道砂体的剖面形态主要与河道大小有关。对于河道宽度小于 150m 的较小河道，砂体剖面形态基本为顶平底凸状，这是因为河道窄，心滩就小，心滩高度也小（起伏幅度在 0.5m 以内）。

对于河道宽度大于 150m 的较大河道，砂体剖面形态多为双凸透镜状，这是因为河道宽，心滩就大，心滩高度也大（起伏幅度可达 3m 左右）。不过，较大河道砂体的剖面形态还与河道废弃方式有一定关系。在较大河道中，心滩的顶面较高，如果河道是突然废弃，这种形态就会被保存下来，形成双凸透镜状；这种砂体顶面为岩性突变面，测井曲线呈箱形。如果是逐渐废弃，河道内低洼的部位会逐渐被细粒沉积物充填，最终使砂体顶面比较平整，形成顶平底凸透镜状；这种砂体顶部较细，顶面多渐变面，测井曲线呈钟形。

根据河道砂体宽度和厚度统计，辫状河单河道砂体厚度为 1.6～7m，多为 2～5m。砂体宽度变化较大（表 5–4），但通常不超过 500m，多为 100～300m。因此，如果垂直河道方向上，2 口井间距超过 500m，通常就不会处于同一单河道内。

总体上，河道砂体宽度与厚度有较大相关性，砂体越厚，宽度越大（图 5–20）。根据统计分析：

$$Y=76.012X-81.2 \qquad (5\text{–}9)$$

式中，Y 为河道砂体宽度，m；X 为厚度，m。宽厚比为 25～70，多为 30～56。

表 5-4　山西柳林二叠系辫状河单河道砂体参数（据金振奎等，2014）

河道砂体类型	剖面位置	最大厚度（m）	宽度（m）	宽厚比
单河道	成家庄 1	1.6	40	25
	成家庄 2	2	62	31
	水源村 1	2.7	160	59
	水源村 2	5	280	56
	水源村 3	5	260	52
	官庄塬 1	2.4	100	41
	官庄塬 2	3	160	53
	官庄塬 3	4	200	50
	林家坪 1	1.9	60	30
	林家坪 2	6	420	70

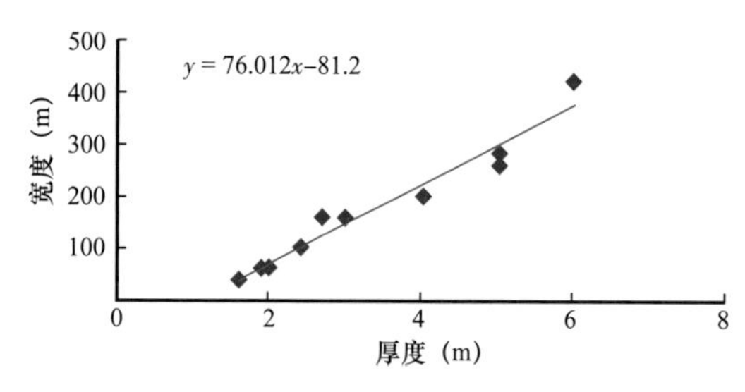

图 5-20　山西柳林地区二叠系辫状河单河道砂体厚度与宽度关系（据金振奎，2014）

此外，野外研究还发现，在横剖面上，河道砂体左右不对称，即主流线两侧砂体厚度变化快慢不同。例如，有的河道自最厚处向一边厚度变化很快，在 15m 内，由 7m 变为 0，厚度变化梯度为 0.46；而向另一边，则是在 86m 内，由 7m 到 0，厚度变化梯度为 0.08。这也是根据厚度预测宽度时需要考虑的因素。

根据厚度预测宽度，虽不很准确，但可以给出一个范围，这对油田开发布井还是有重要参考价值的。

2）复合河道砂体横剖面形态及定量参数

复合河道砂体是指由多条单河道砂体拼合叠置形成的复合砂体。在辫状河沉积中，复合河道砂体十分常见，其宽度大、厚度大，横剖面形态总体上呈板状。在本书研究的地区，复合河道砂体厚度通常在 5m 以上，可达 16m，多为 5～10m；其宽度多为 1000～3000m；其宽厚比多为 200～400。

第四节　地下储层构型单元解剖

一、复合辫状河道解剖（6 级构型单元）

复合辫状河道为辫状河储层构型第 6 级构型单元，垂向上相当于单层，平面上相当于多条单一辫状河河道的复合体。每期沉积是一次事件性洪流，事件性洪流间发育泥质夹层、钙质夹层等（图 5-21）。

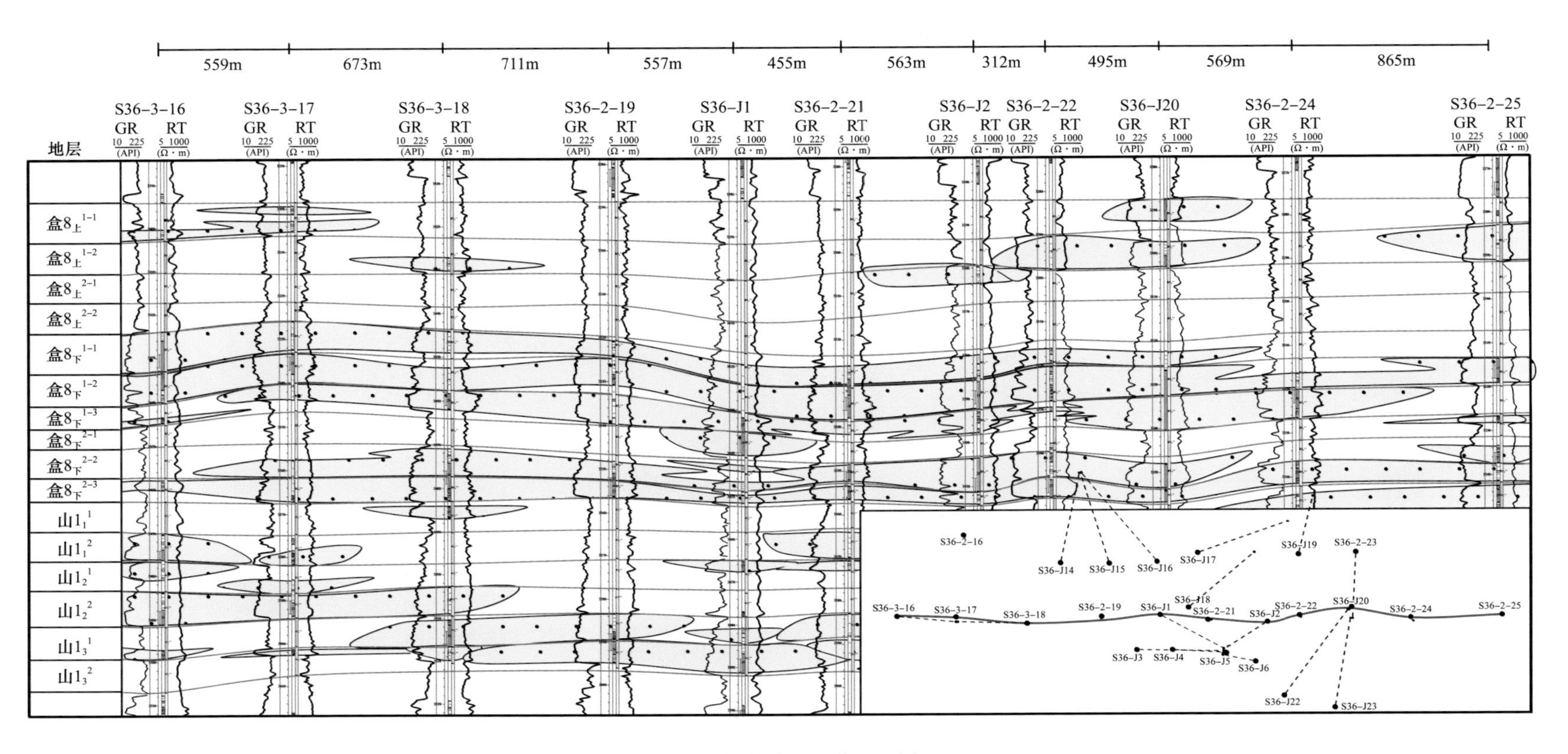

图 5-21　复合辫状河道对比剖面

二、单一辫状河道（5 级构型单元）

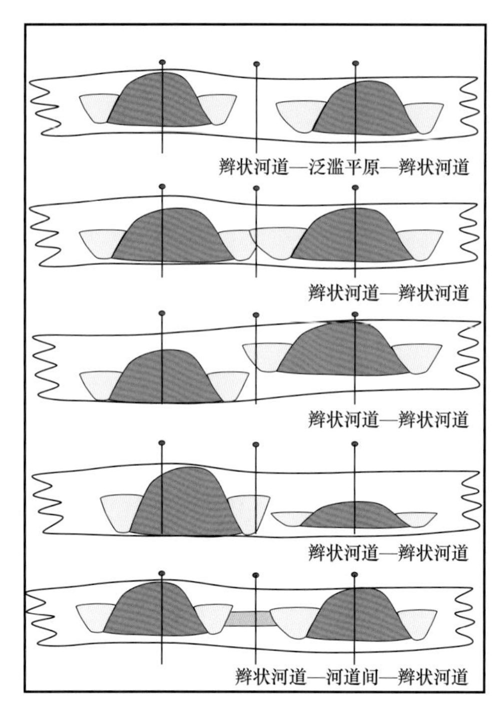

图 5-22　辫状河第 5 级构型单元

单一辫状河道为辫状河第 5 级构型单元，即由同一辫状河道形成的辫状水道和心滩的复合体（图 5-22）。单一辫状河道存在多种组合模式，如辫状河道—泛滥平原—辫状河道组合、辫状河道—辫状河道同高程组合、辫状河道—辫状河道不同高程组合、辫状河道—辫状河道不同规模组合和辫状河道—溢岸相—辫状河道组合。研究目的层盒 $8_{下}$亚段内各个单层砂体为同期多个单一辫状河道组成的复合体。在单层河道复合体内定量判别出单一辫状河道，研究单一辫状河道的几何形态、大小、方向及相互配置关系就是单一辫状河道（5 级构型单元）的构型研究。

1. 单一辫状河道识别模式

辫状河内辫状水道的频繁摆动使得砂体宽度逐渐增加，相互叠合，形成了由辫状水道和心滩组成的单一辫状河道，多条单一辫状河道相互叠合形成了单层的成片单砂体。本次研究主要建立了 4 种单一辫状河道识别模式，进行单一辫状河道识别。

1）河道顶部高程差异

在同一单层内，多条单一辫状河道在更小时间段内仍存在发育时间的差异。不同期次单一辫状河道发育的时间不同造成其顶部距地层界面的相对高程会存在差异。顶面高程差异是识别单一辫状河道砂体的重要识别标志（图 5-23）。

2）河道砂体规模差异

河道砂体规模差异主要表现为两种类型：第一种可能是由于两期单一辫状河道侧向拼接，中间薄的部位为某一辫状河道砂体的边部；第二种可能是由于中间部位发育一期小的辫状水道砂体，与两侧的辫状河道砂体存在规模差异（图 5-24）。

3）不连续的相变砂体

同期不同的单一辫状河道之间，往往发育不连续分布的河道间（或坝间）沉积，不连续分布的河道间（或坝间）沉积是识别单一辫状河道边界的标志之一（图 5-25）。

4）测井曲线差异

不同单一辫状河道形成时的水动力强度往往不同，造成测井曲线响应特征的差异，这种差异可用来识别单一辫状河道砂的边界。但由于同一构型单元不同部位也可能产生类似差异，存在多解性，因此使用此类识别标志时，应与其他平面标志互动使用（图 5-26）。

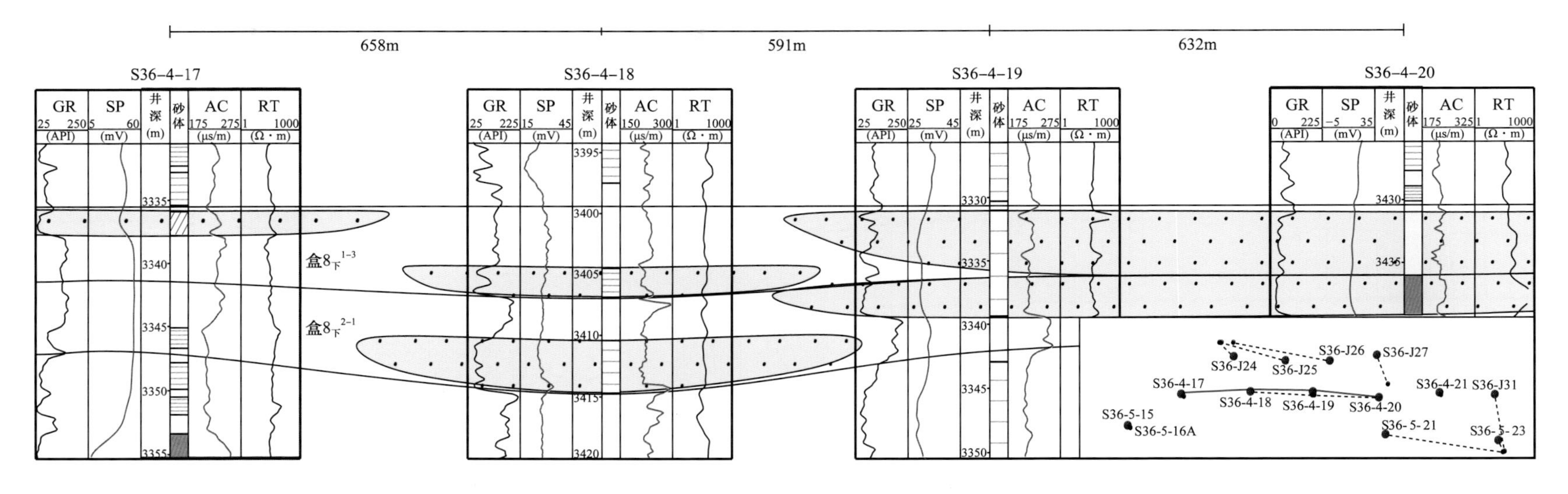

图 5-23　单一河道组合模式 1（河道顶部高程差异）

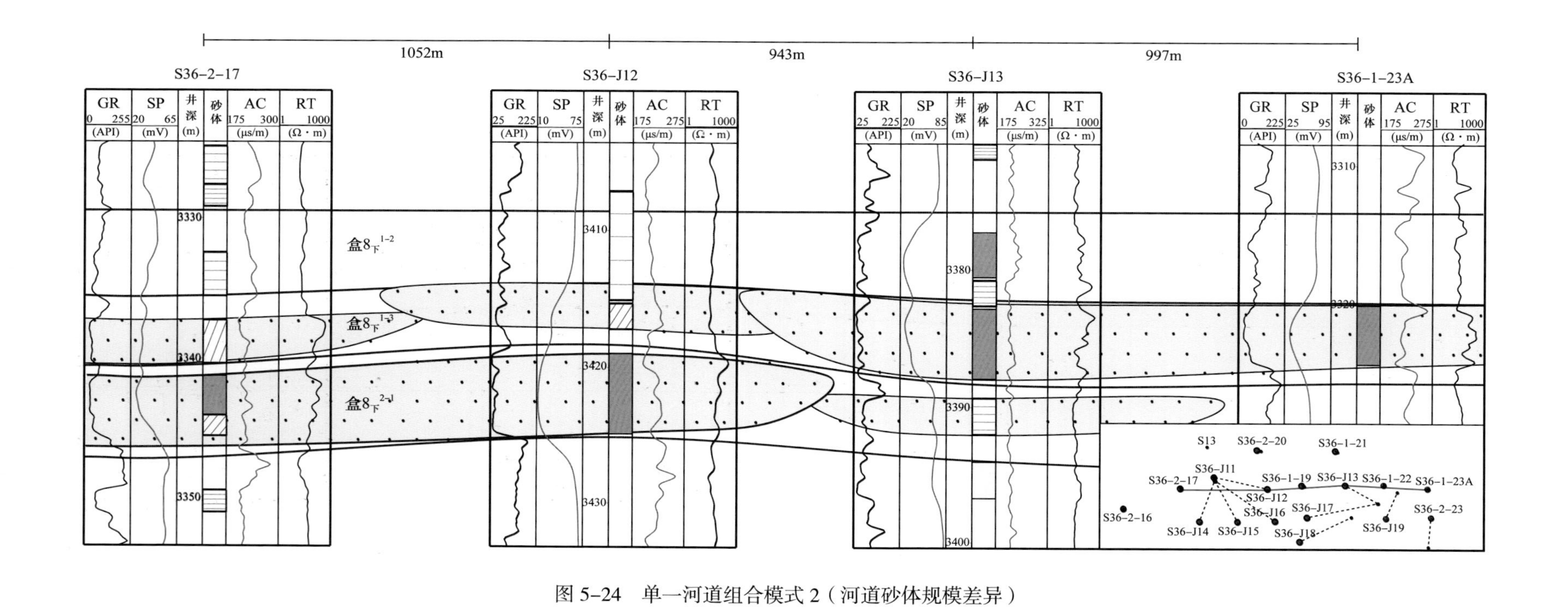

图 5-24　单一河道组合模式 2（河道砂体规模差异）

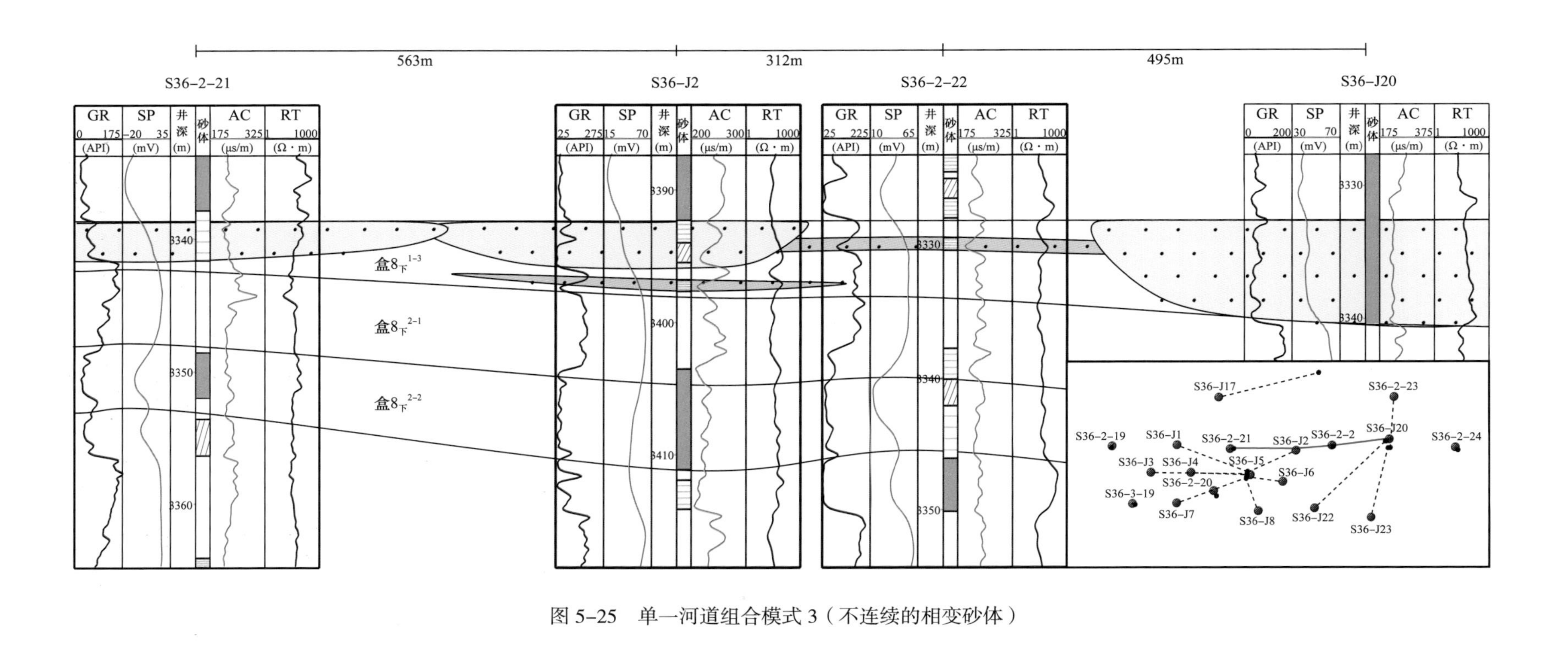

图 5-25　单一河道组合模式 3（不连续的相变砂体）

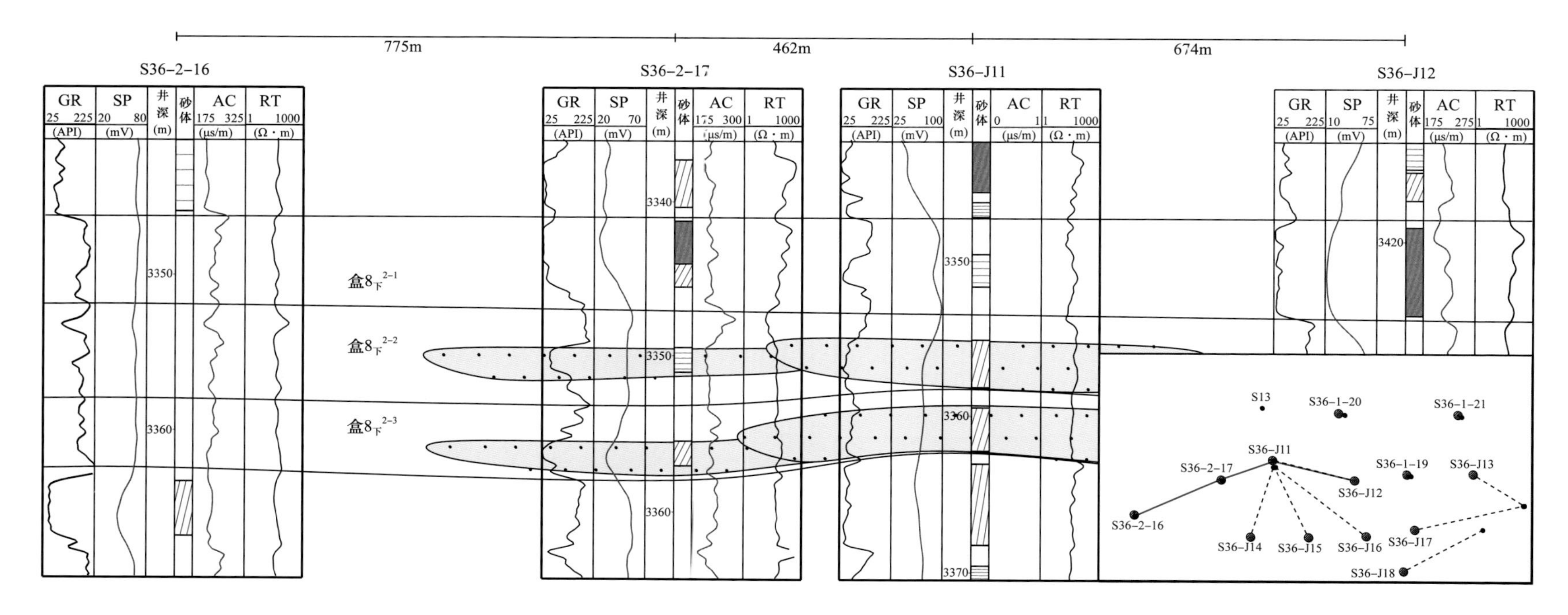

图 5-26 单一河道组合模式 4（测井曲线差异）

2. 单一辫状河道解剖

以单井单层分层数据为基础，绘制了各单层的地层厚度图；以测井解释数据为基础，绘制了各单层的砂体等厚图。以区域沉积环境认识及单井构型要素解释成果为基础，结合各单层地层厚度图、砂体等厚图、单井构型要素平面分布图，绘制了该区盒 $8_{下}$亚段各单层的复合河道平面分布图。再在各单层复合河道平面分布基础上，应用单一辫状河道识别模式，根据多条垂直河道方向上的相剖面分析，研究各条单一辫状河道边界，绘制各单层的单一辫状河道分布图。现以盒 $8_{下}^{1-3}$ 单层为例进行说明。

首先，根据辫状河沉积模式、单井构型要素解释成果、砂体厚度等，确定复合辫状河道平面分布图。以盒 $8_{下}^{1-3}$ 单层的顶底界线，提供单井构型要素解释成果，并绘制成单井构型要素相平面图（图 5–27）。

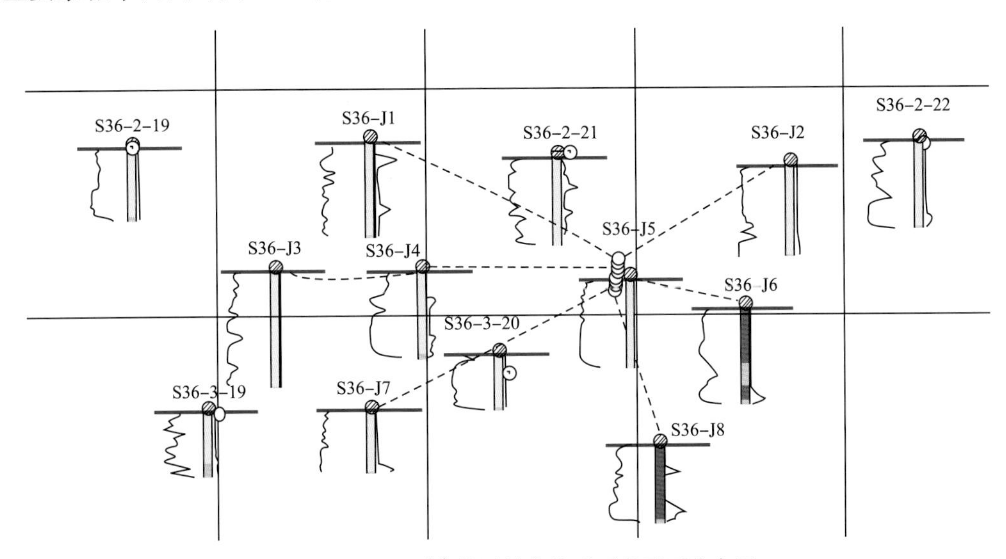

图 5–27　盒 $8_{下}^{1-3}$ 单层单井构型要素平面分布图

以盒 $8_{下}^{1-3}$ 单层的分层数据为基础，绘制了盒 $8_{下}^{1-3}$ 单层地层厚度图（图 5–28）；以测井解释成果数据为基础，绘制了盒 $8_{下}^{1-3}$ 单层砂体等厚图（图 5–29）。根据单井测井相解释、地层厚度、砂体厚度、辫状河沉积模式等，确定盒 $8_{下}^{1-3}$ 辫状河道砂平面相分布图（图 5–30）。

其次，根据单井构型要素解释成果，采用 4 种单一辫状河道识别方法，确定每一条垂直于辫状河道的多井对比剖面上的单一辫状河道位置。通过盒 $8_{下}^{1-3}$ 单层多井对比剖面分析，可将该层过该剖面细分出 5 条单一辫状河道（图 5–31）。

最后，以盒 $8_{下}^{1-3}$ 单层的单井构型要素解释成果为基础，建立多条垂直河道方向上的相剖面（图 5–31）。在确定了每一条多井对比剖面上的单一辫状河道位置后，依据辫状河沉积模式，进行单一辫状河道界面组合，确定单层内单一辫状河道分布（图 5–32）。

在绘制的盒 $8_{下}$亚段各单层的单一辫状河道平面分布图上，分别测量单一辫状河道宽度和在该位置上的最大砂体厚度，得到单一辫状河道与最大砂体厚度数据表（表 5–5），该区单一辫状河道最大砂体厚度为 3.1～8.5m，单一辫状河道宽度为 0.19～5.15km。

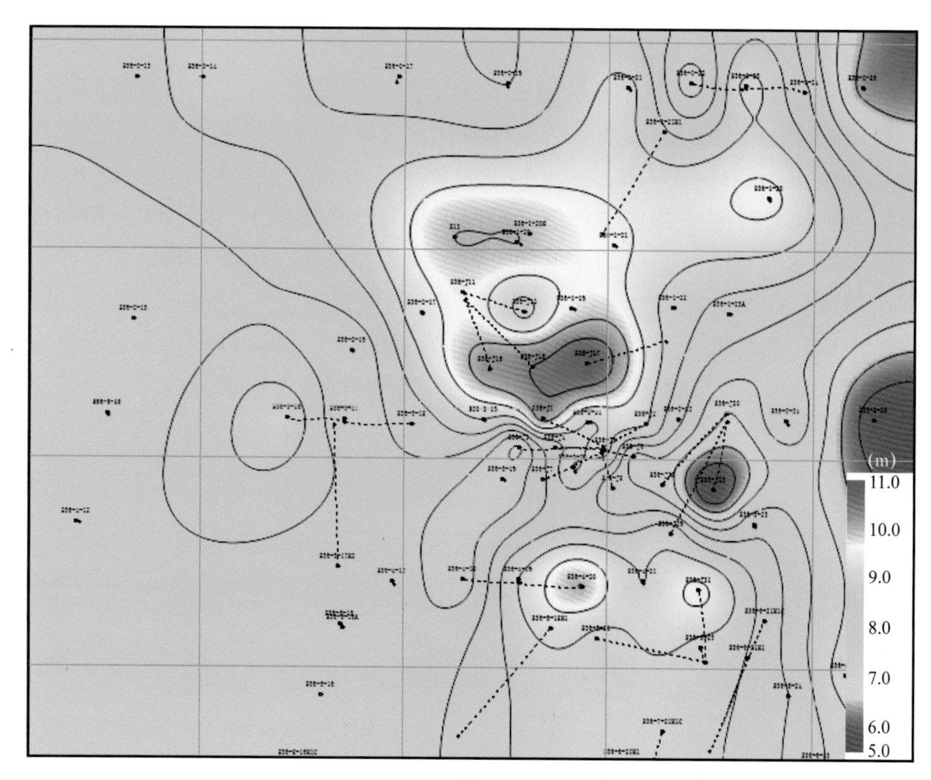

图 5-28 盒 $8_{下}^{1-3}$ 单层地层等厚图

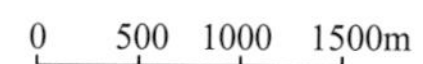

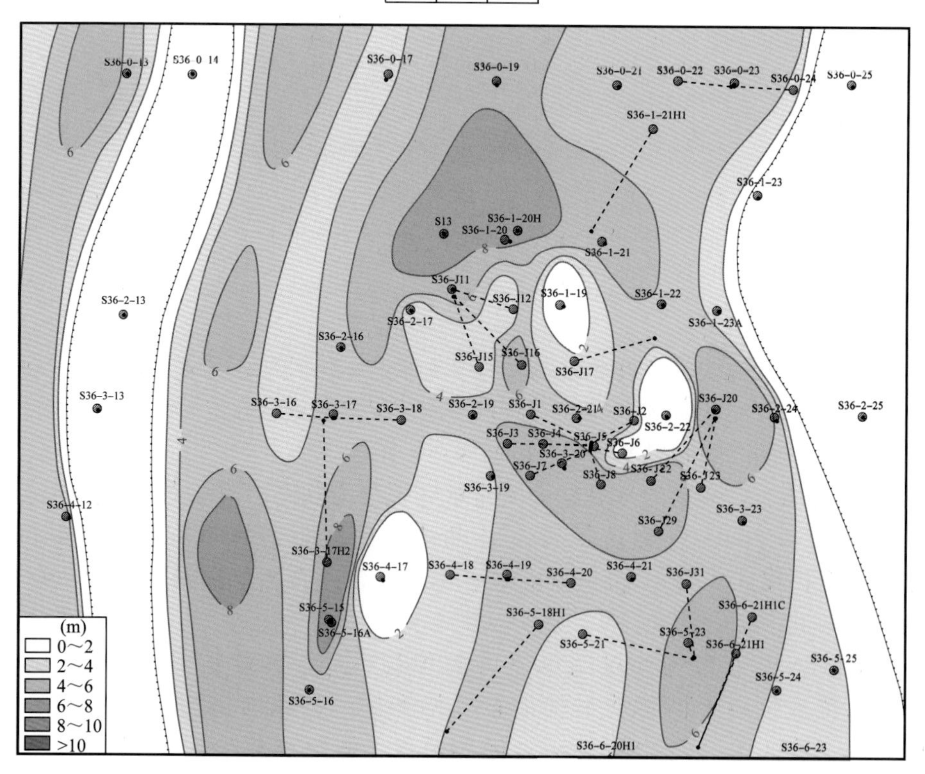

图 5-29 盒 $8_{下}^{1-3}$ 单层砂体等厚图

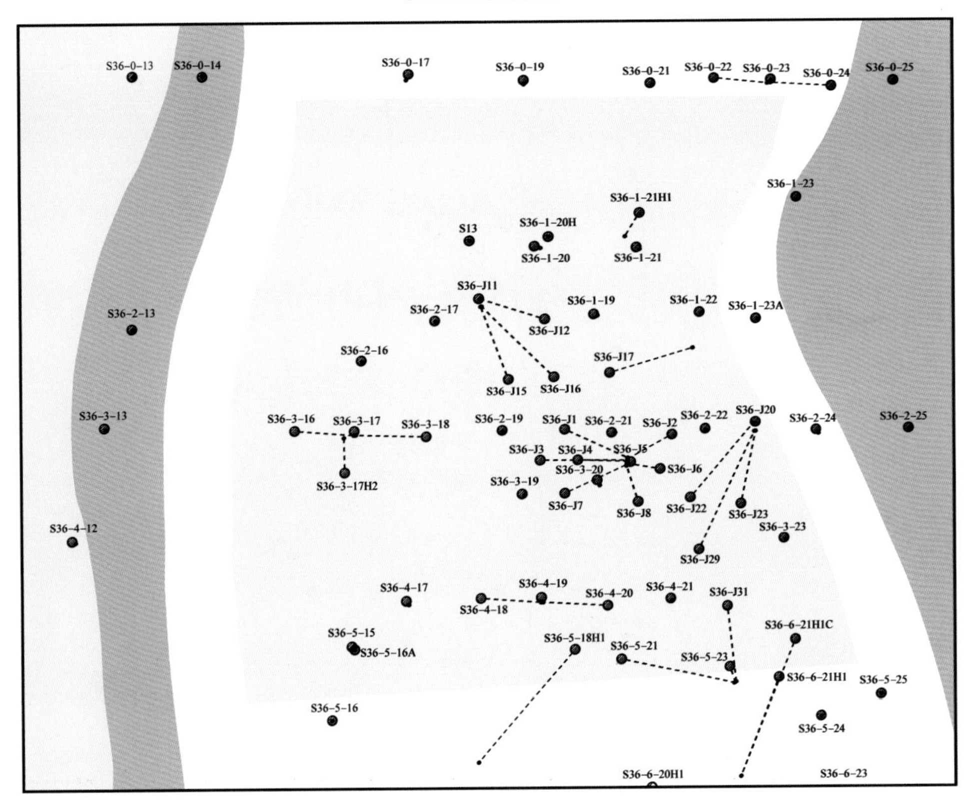

图 5-30　盒 $8_{下}^{1-3}$ 单层复合河道平面分布图

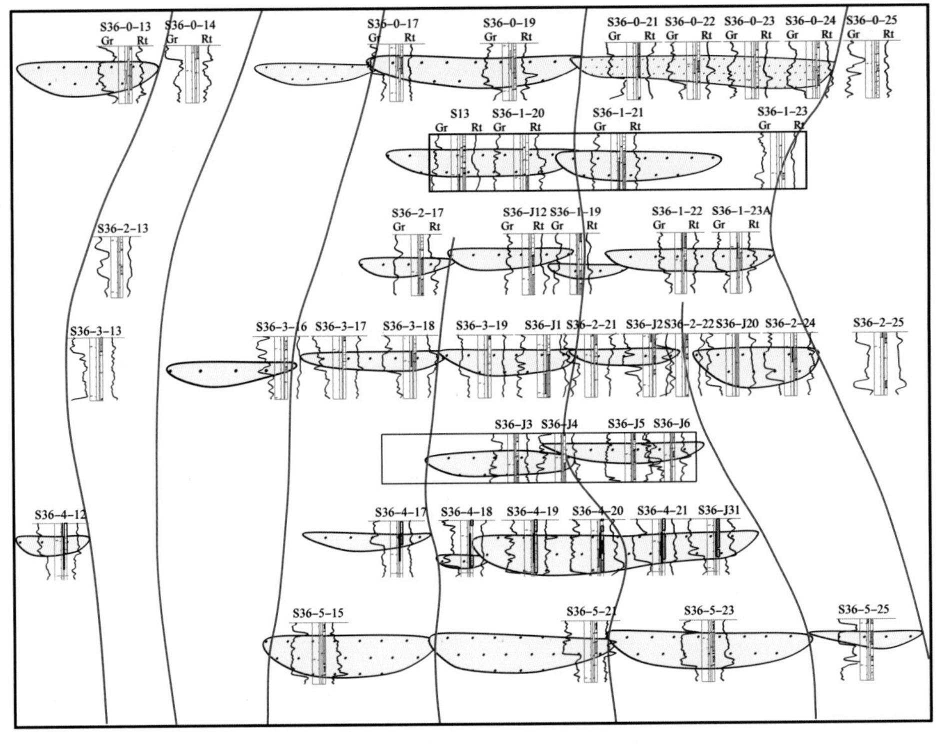

图 5-31　盒 $8_{下}^{1-3}$ 单层的多条过井相剖面图

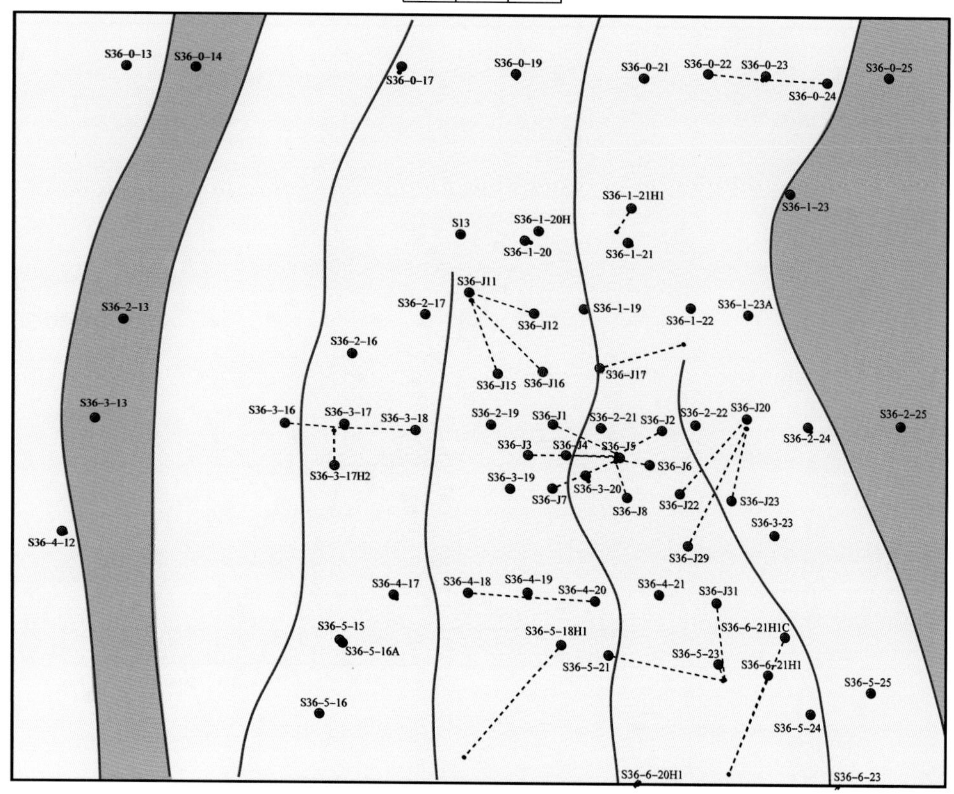

图 5-32 盒 $8_{下}^{1-3}$ 单层单一辫状河道平面分布图

表 5-5 盒 $8_{下}$单一辫状河宽度与最大砂体厚度统计表

小层	单层	单一辫状河道宽度（km）	最大砂体厚度（m）
盒 $8_{下}^{1}$	盒 $8_{下}^{1-1}$	2.74	8.4
		2.49	7
		2.47	8.5
		3.93	3.5
		0.19	4
		0.64	4.5
	盒 $8_{下}^{1-2}$	3.17	8.3
		3.09	7.5
		2.78	7.3
		0.55	4
		0.75	6.5
		2.04	6.8

续表

小层	单层	单一辫状河道宽度（km）	最大砂体厚度（m）
盒 $8_{下}^{1}$	盒 $8_{下}^{1-3}$	4.5	7.2
		4.3	8.4
		5.15	7.8
		4.28	6.1
		1.16	7.8
	盒 $8_{下}^{2-1}$	2.23	5.8
		0.82	4.5
		1.05	7.1
		1.9	7.1
	盒 $8_{下}^{2-2}$	3.48	6
		3.95	6.6
		0.24	4
		0.55	3.1
		1.28	5.5
	盒 $8_{下}^{2-3}$	2.45	3.6
		1.52	5.5
		1.97	5.1
		2.77	3.8
		1.91	4.9

根据测量数据，建立最大砂体厚度与单一辫状河道宽度的交会图（图 5-33）。交会图表明，辫状河道宽度受多因素影响，最大砂体厚度对应的单一辫状河宽度是一个较大的变化范围。不能用最大砂体厚度（或满岸深度）定量确定单一辫状河宽度。

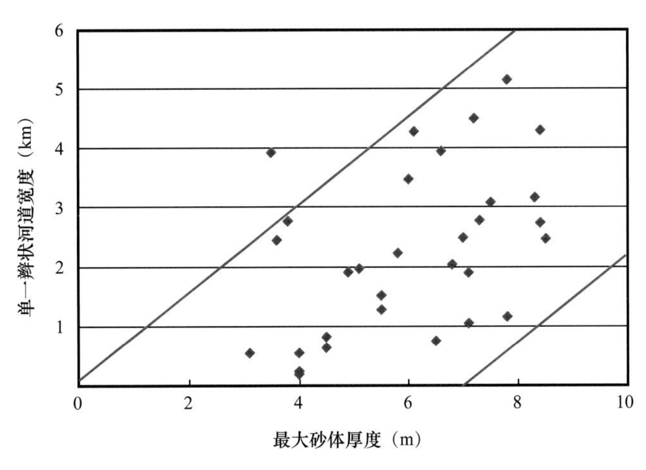

图 5-33　单一辫状河道砂体厚度与河道宽度交会图

根据单一辫状河道宽度测量结果，建立该区盒 8$_{下}$亚段单一辫状河道宽度频率直方图（图 5-34）。该频率直方图表明盒 8$_{下}$亚段单一辫状河道宽度为 500～3500m，平均为 2500m。

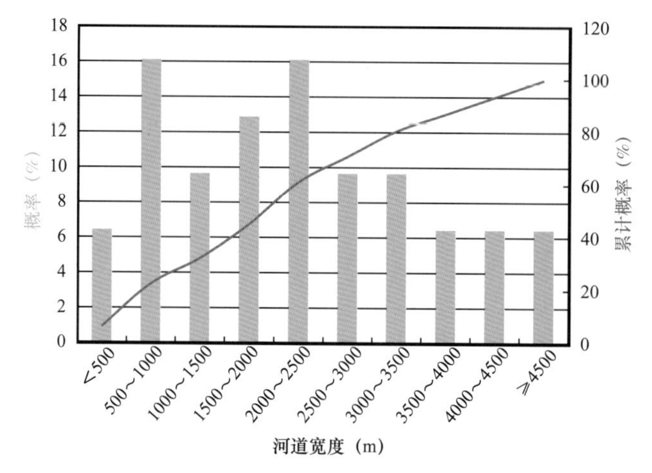

图 5-34　盒 8$_{下}$亚段单一辫状河道宽度频率直方图

三、单一微相解剖（4 级构型单元）

Kelly 和孔天建等人研究了心滩规模的定量判别方法。这些经验公式需先确定辫状水道满岸深度或心滩宽度，但在地下辫状河气藏内这两项参数均很难确定，不适合地下辫状河构型参数定量研究。本次研究在单一辫状河道（5 级构型单元）解剖时，已确定单一辫状河道位置和宽度，因此通过建立单一辫状河道宽度与单一微相参数间的相关性，可确定单一微相规模，再结合微相位置识别方法，研究单一微相平面分布特征，研究思路如图 5-35 所示。

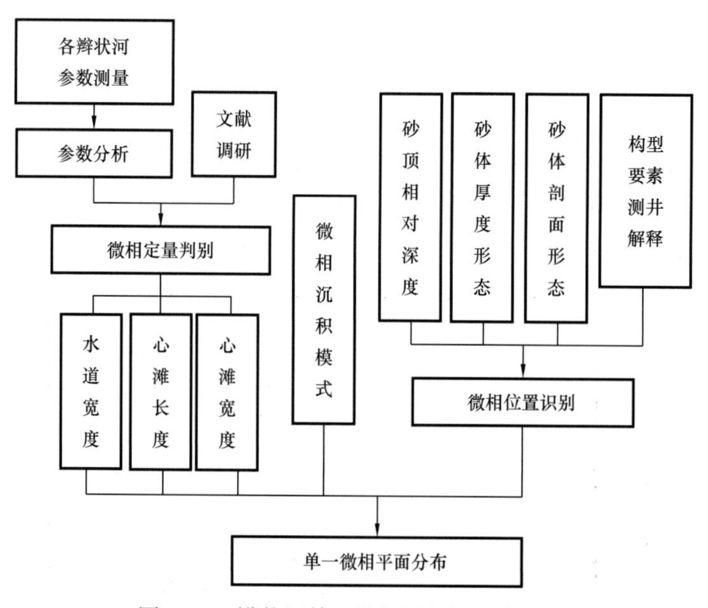

图 5-35　辫状河单一微相研究技术路线图

1. 辫状河构型要素和测井曲线响应特征

辫状河分为辫状河道、溢岸和泛滥平原三种亚相，其中辫状河道亚相分为心滩、辫状水道两种构型要素，溢岸可分为河道间、天然堤、决口扇等构型要素（图 5-36），但由于辫状河水道的频繁摆动，溢岸砂体欠发育，因此辫状河储层构型研究重点为辫状水道和心滩两个构型要素。

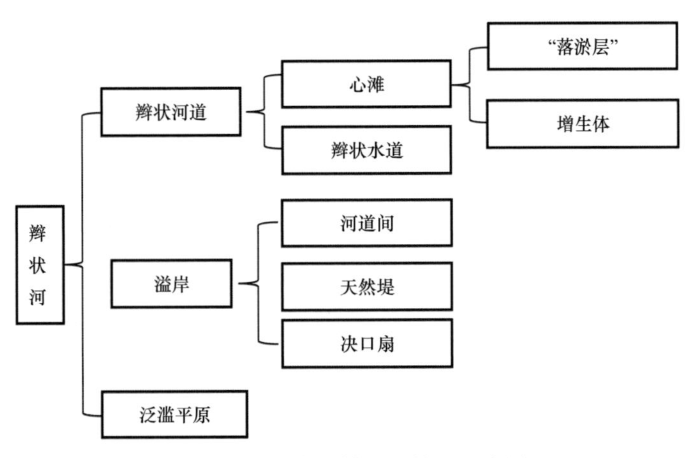

图 5-36 研究区辫状河构型要素图

1）辫状水道

辫状水道是辫状河的主体之一。研究区辫状水道的沉积构造为垂向上正韵律，槽状交错层理、斜层理、平行层理等发育；沉积特征为岩性以细砂—粗砂岩为主，底界面常为明显的冲刷面，泥砾分布，砂体厚 2～6m；曲线特征为 SP、GR 曲线呈中—高幅度指形、钟形、复合钟形等（图 5-37，图 5-38）。

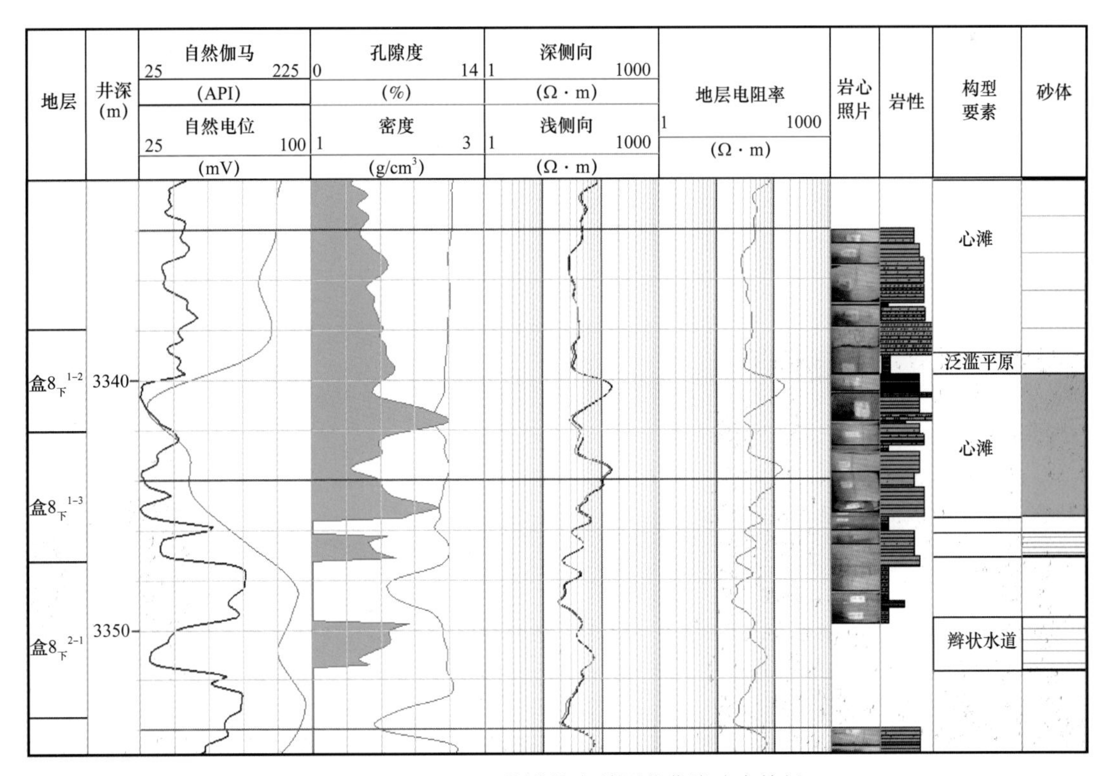

图 5-37 S36-J11 井辫状水道测井曲线响应特征

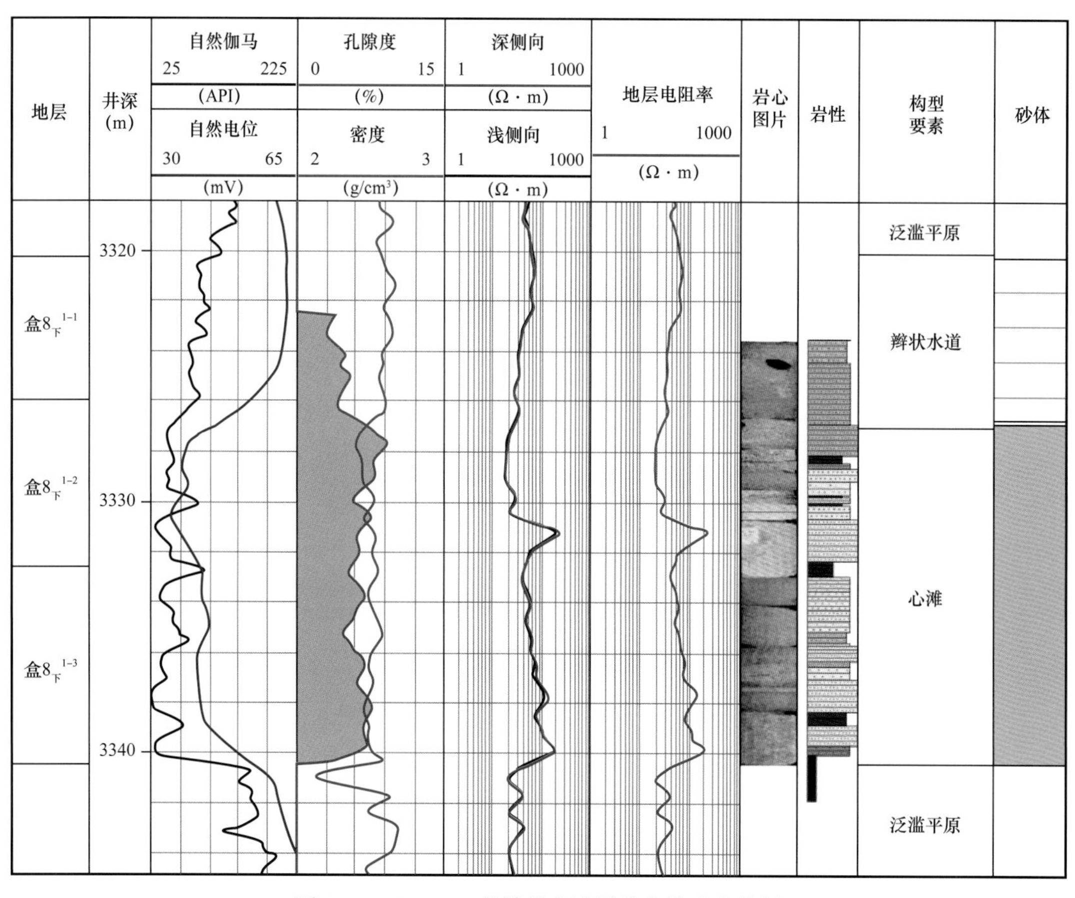

图 5-38 S36-J20 井辫状水道测井曲线响应特征

2）心滩

心滩是辫状河的主体之一，研究区心滩的沉积构造为垂向韵律性不明显，发育大型、小型槽状交错层理；沉积特征为岩性以中砂岩—细砾岩为主，内部发育泥质夹层，砂体厚度较大，一般为 6～15m；曲线特征为 SP、GR 测井曲线呈高幅度箱形、齿化箱形、漏斗形等（图 5-39）。

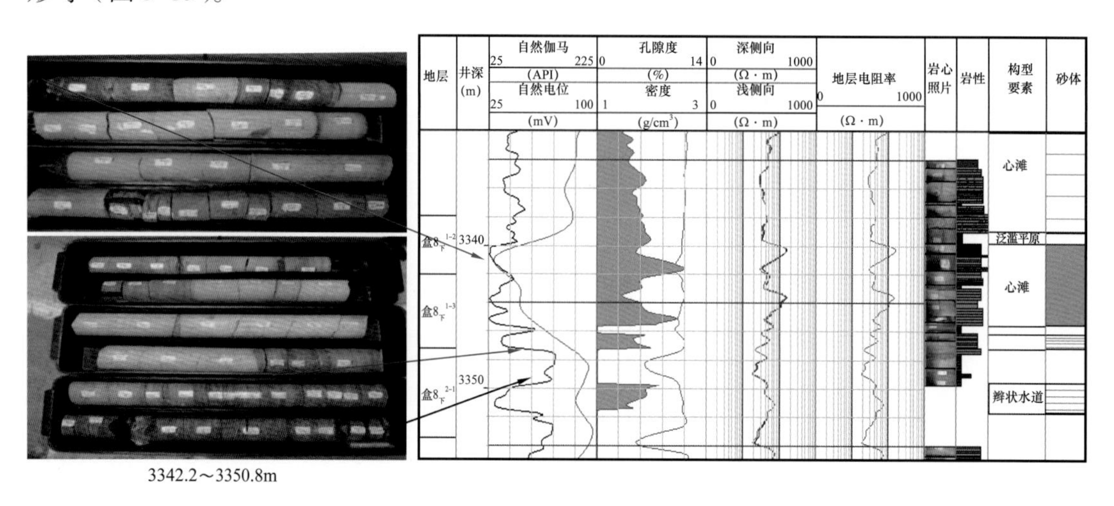

图 5-39 S36-J11 井心滩测井曲线响应特征

3）泛滥平原

泛滥平原为洪水期漫溢后的相对静水环境沉积，在辫状河中泛滥平原发育程度不如曲流河。研究区泛滥平原的沉积构造具有成层性，波状层理、水平层理发育；沉积特征为岩性以泥质粉砂岩、粉砂质泥岩、泥岩为主；曲线特征为SP、GR曲线近基线，基本无幅度差，为重要的隔、夹层（图5-40）。

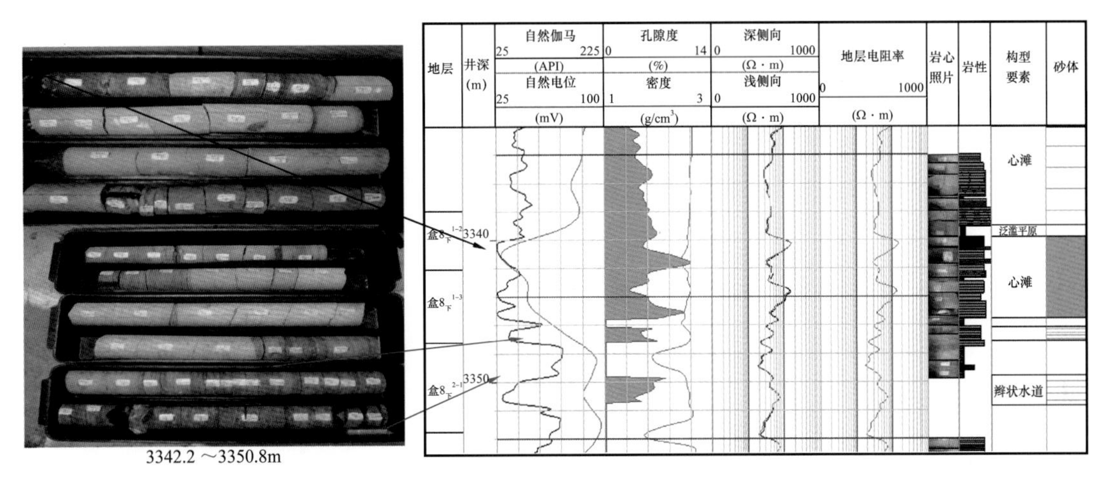

图5-40 S36-J11井泛滥平原测井曲线响应特征

2. 心滩构型定量分析

1）现代辫状河参数测量与分析

单一辫状河道参数包括单一辫状河道宽度、主水道宽度、辅助水道宽度、复合心滩长度和宽度、单个心滩长度和宽度、满河道深度等（图5-41）。

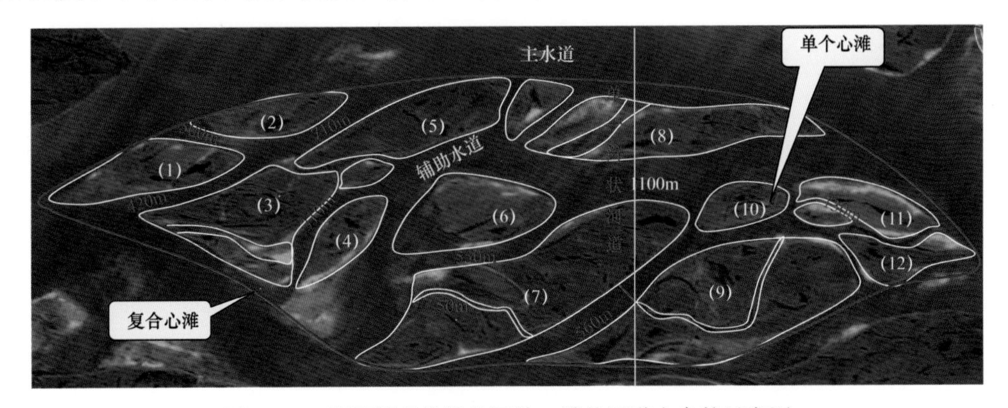

图5-41 俄罗斯现代辫状河单一辫状河道内参数示意图

本次研究通过对国内外大小不等的几十条辫状河（包括三角洲平原中的辫状河）的单一辫状河、主水道、心滩长度、宽度等进行了测量研究，其部分测量成果如下。

西藏拉萨河上游单一辫状河道宽度300m，主水道宽度60m，辫状河道与主水道宽度比为5.0，心滩长宽比为615：230=2.6（图5-42）。

西藏雅鲁藏布江中游单一辫状河道宽1425m，主水道宽300m，辫状河道与主水道宽度比为4.75，心滩长宽比为2910：682=4.27（图5-43）。

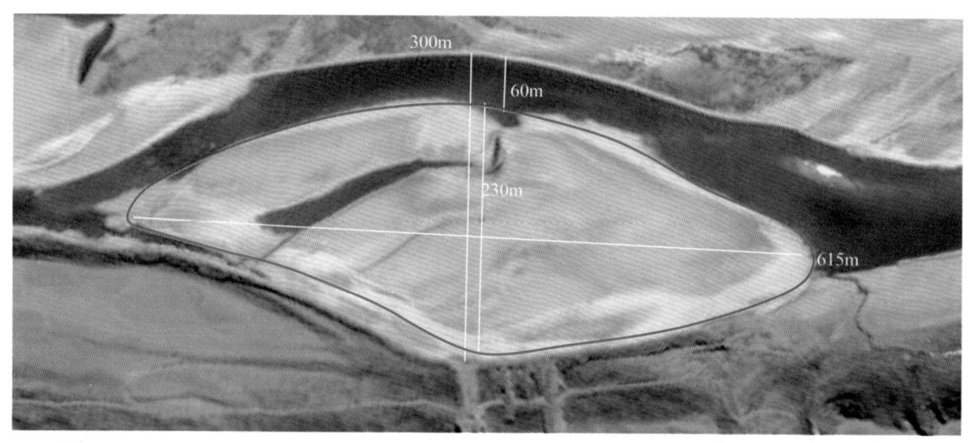

图 5-42　西藏拉萨河上游辫状河

图 5-43　西藏雅鲁藏布江中游辫状河

新疆开都河下游单一辫状河道宽 240m，主水道宽 50m，辫状河道与主水道宽度比为 4.80，心滩长宽比为 550：170=3.24（图 5-44）。

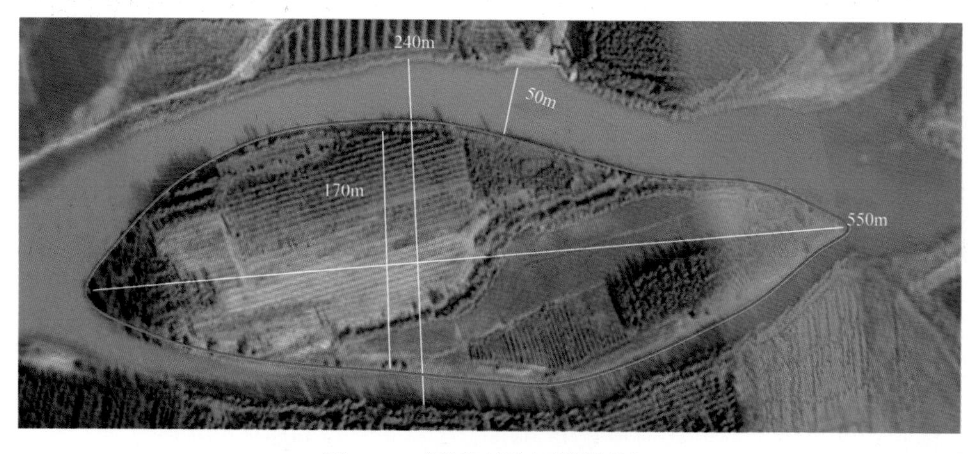

图 5-44　新疆开都河下游辫状河

俄罗斯现代辫状河下游单一辫状河道宽 13350m，主水道宽 3700m，辫状河道与主水道宽度比为 3.7，复合心滩长宽比分别为 27800：8400=3.3，24100：8000=3.1（图 5-45）。

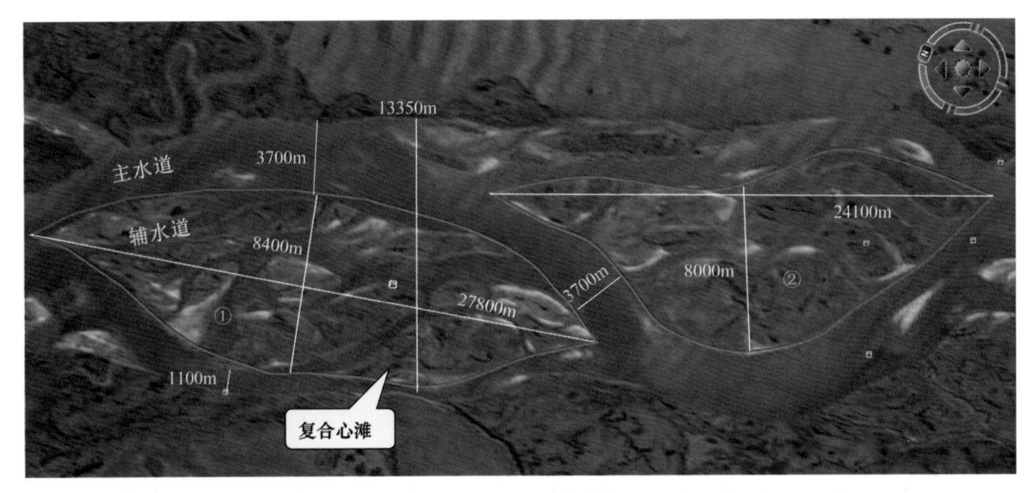

图 5-45　俄罗斯现代辫状河下游

通过对国内外大小不等的几十条辫状河（包括三角洲平原中的辫状河）的单一辫状河、主水道、心滩长度、宽度等进行了测量研究，有以下几方面认识：

（1）同一辫状河内辅水道宽度变化较大，在 50～1100m 之间，心滩规模也差别较大，长宽比相近，为 2.3～4.2。

（2）在同一辫状河内水道和心滩规模均变化较大。

（3）在同一辫状河中，辫状河道变宽时，水动力减弱，心滩长宽比减小，一般小于 4；辫状河变窄时，水动力增强，心滩长宽比增大；水动力增强到能够破坏原来形成的心滩时，心滩被破坏、改造，也可完全消失。

（4）主水道规模与辅水道相比，主河道水体能量最强，曲弯度低，平滑，与辫状河道发育规模相关。

（5）由于辫状河三角洲平原是高能辫状河流入宽阔的沼泽区，迅速负载沉积，河水能量迅速下降，沉积物快速堆积形成的心滩规模明显比同一辫状河内的规模增大（图 5-46，图 5-47）。

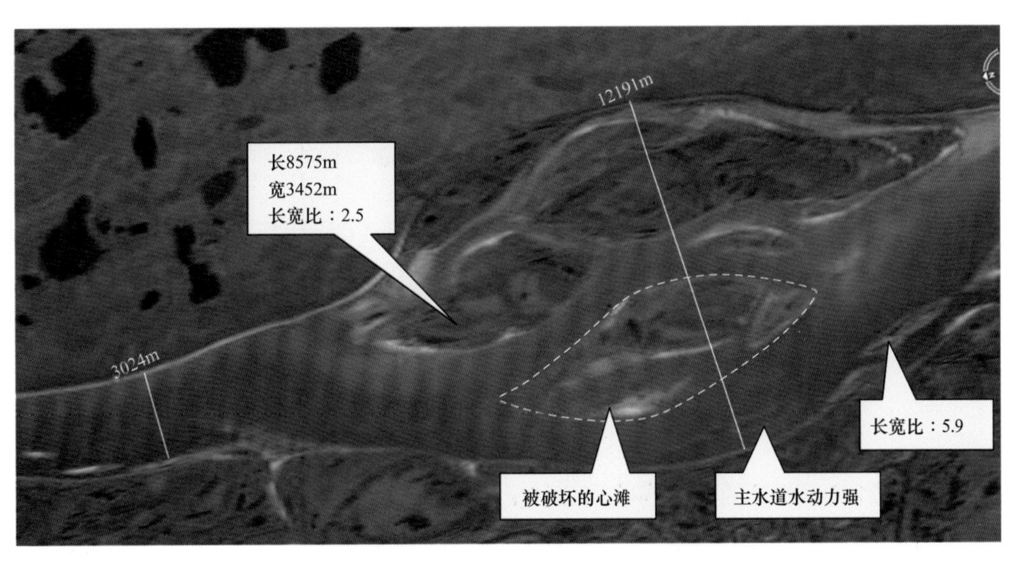

图 5-46　俄罗斯现代辫状河下游（心滩被破坏）

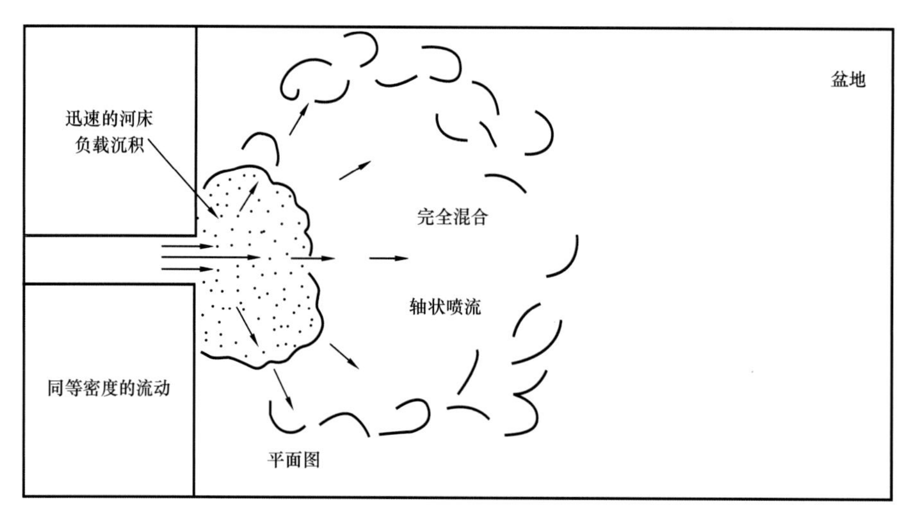

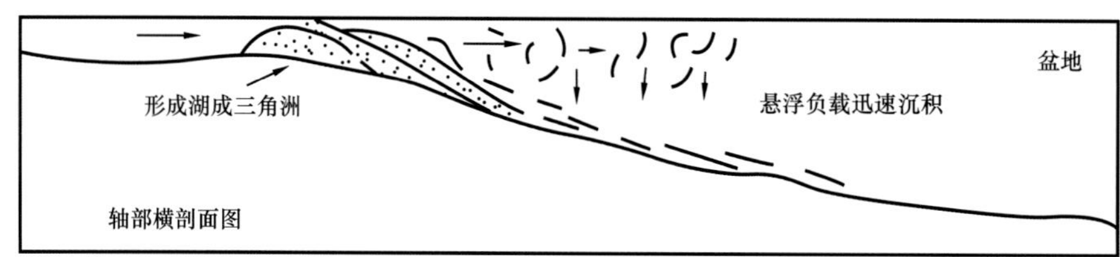

图 5-47　辫状河入湖沉积模式图

综合以上认识得出，单一辫状河道内发育复合心滩时，复合心滩受主水道控制，复合心滩的规模与单一辫状河道宽度相关性好；单个心滩受辅助水道控制，单个心滩的规模与单一辫状河道宽度相关性差。该区位于辫状河三角洲平原亚相内，以复合心滩为主。

根据国内外几十条辫状河的单一辫状河宽度和主水道宽度数据建立辫状河主水道宽度与单一辫状河道宽度的交会图（图 5-48），得到主水道宽度与单一辫状河道宽度的关系式，根据单一辫状河道宽度可以确定主水道宽度：

$$W_c=0.1538W_r^{1.0534} \tag{5-10}$$

式中，W_c 为辫状水道宽度，m；W_r 为单一辫状河道宽度，m。

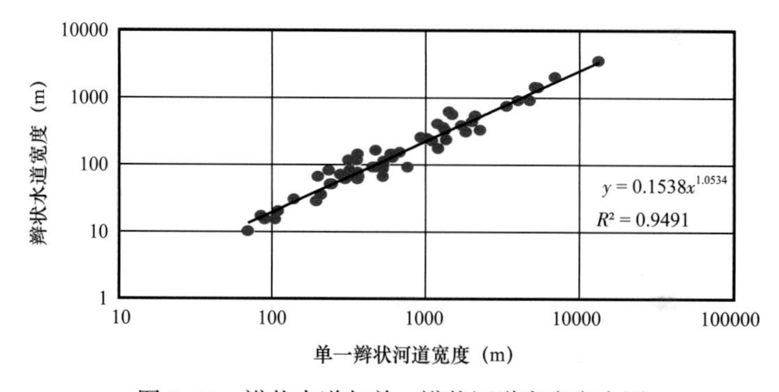

图 5-48　辫状水道与单一辫状河道宽度交会图

根据现代辫状河测量的单一辫状河道和复合心滩长度和宽度，建立复合心滩长度与单一辫状河道、复合心滩宽度与单一辫状河道的交会图（图 5-49，图 5-50），得到复合心滩长度与单一辫状河道、复合心滩宽度与单一辫状河道的关系式：

$$L_b=1.3468W_r^{1.0448} \quad (5\text{-}11)$$

$$W_b=0.6011W_r^{1.0118} \quad (5\text{-}12)$$

式中，L_b 为复合心滩长度，m；W_b 为复合心滩宽度，m；W_r 为单一辫状河道宽度，m。

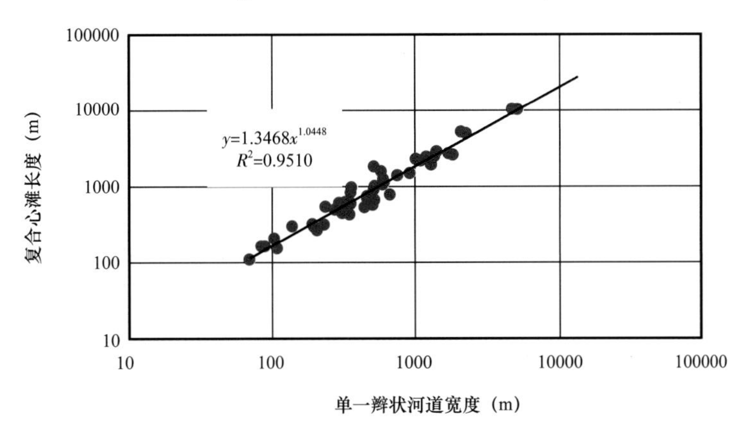

图 5-49　复合心滩长度与单一辫状河道宽度交会图

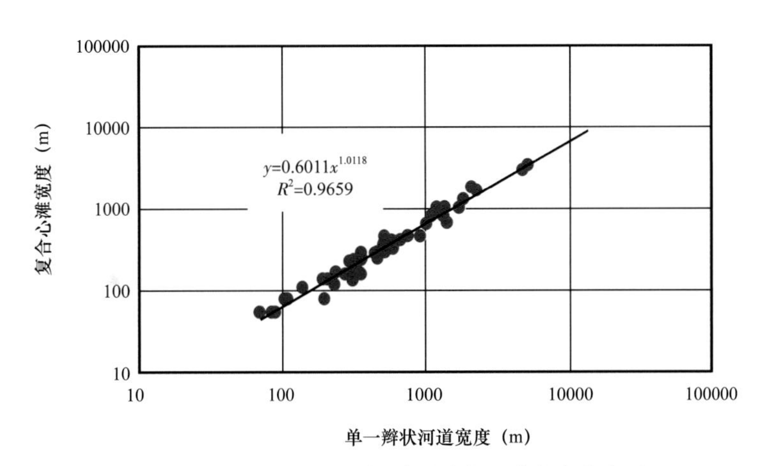

图 5-50　复合心滩宽度与单一辫状河道宽度交会图

根据单一辫状河宽度测量结果，该区单一辫状河道宽度一般为 400～4000m。利用以上公式估算得到：该区主水道宽度为 80～950m，复合心滩长度为 700～7750m，复合心滩宽度为 250～2550m，心滩长宽比为 2.76～2.98（表 5-6）。

表 5-6　苏 36-11 密井网区估算辫状河构型参数统计表

单一辫状河宽度（m）	主水道宽度（m）	复合心滩长度（m）	复合心滩宽度（m）	心滩长宽比
300	62	519	192	2.7
400	84	701	257	2.73
500	106	885	321	2.76
600	129	1070	386	2.77
700	152	1257	451	2.79

续表

单一辫状河宽度（m）	主水道宽度（m）	复合心滩长度（m）	复合心滩宽度（m）	心滩长宽比
800	174	1445	515	2.81
900	198	1634	580	2.82
1050	233	1919	677	2.83
1150	256	2111	742	2.85
1200	268	2207	775	2.85
1230	275	2264	794	2.85
1300	291	2399	839	2.86
1400	315	2592	904	2.87
1450	327	2689	937	2.87
1500	339	2785	969	2.87
1550	351	2882	1002	2.88
1600	363	2980	1034	2.88
1700	387	3174	1099	2.89
1800	411	3369	1164	2.89
1820	416	3408	1177	2.9
2000	460	3761	1294	2.91
2150	496	4056	1392	2.91
2180	503	4115	1411	2.92
2200	508	4155	1424	2.92
2240	518	4234	1450	2.92
2400	557	4550	1555	2.93
2600	606	4946	1685	2.94
2630	614	5006	1704	2.94
2670	624	5085	1730	2.94
2750	644	5245	1782	2.94
3030	713	5803	1965	2.95
3070	723	5883	1991	2.95
3930	939	7614	2552	2.98
4000	956	7755	2598	2.98

2）水平井水平段分析

该区多口水平井的水平段内钻遇多段长10～15m的高伽马段。根据落淤层垂厚0.2～0.6m，井轨迹与地层倾角为3°～5°，水平段钻遇落淤层厚度可达7～35m。这表明水平段内钻遇多段长10～15m的高伽马段仍为心滩内的落淤层，而非辫状水道。

S36-3-17H2井剖面分析（图5-51）可见，水平段钻遇的高伽马段长10～15m，为顺河道砂体内顺层加积的落淤层，水平段约1000m未钻遇辫状水道泥，这说明该井位置的心滩规模大于1000m。

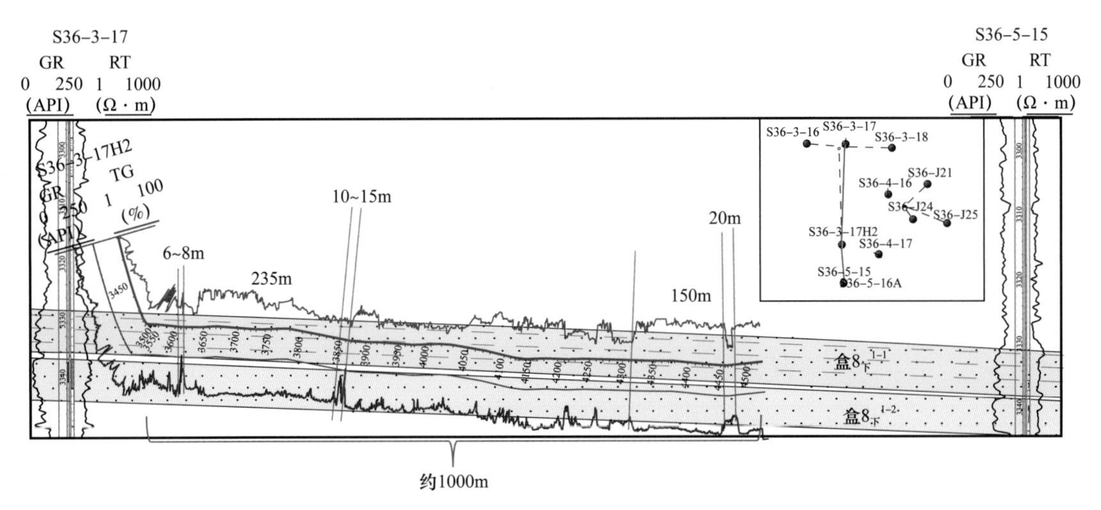

图5-51　S36-3-17井—S36-3-17H2井—S36-5-16井砂体剖面图

从S36-1-21H1井的水平段剖面分析（图5-52）可见，水平段钻遇的高伽马段长10～15m，为顺河道砂体内顺层加积的落淤层，水平段约1200m，未钻遇辫状水道泥，这说明该井位置的心滩规模大于1000m。

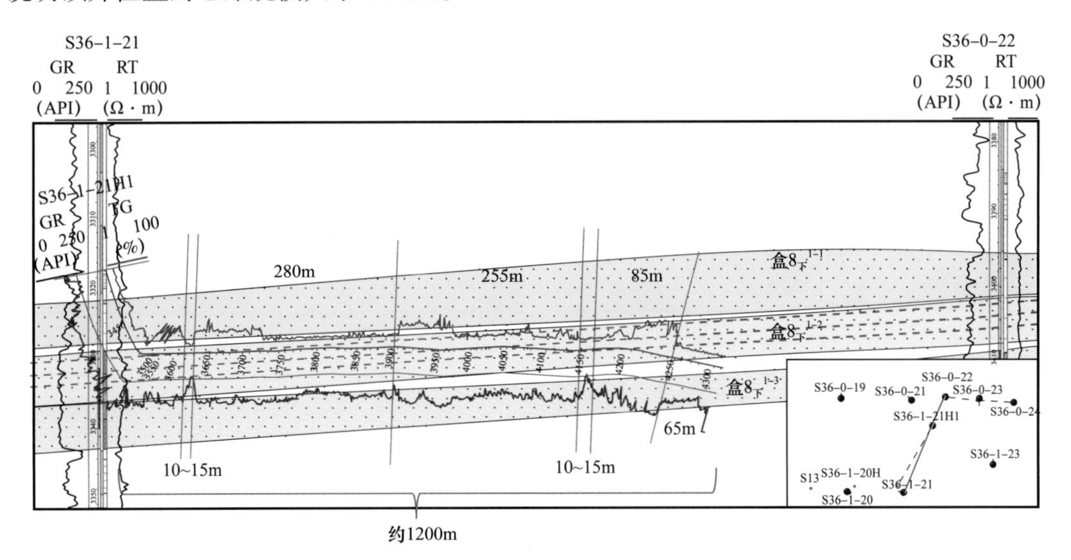

图5-52　S36-1-21井—S36-1-21H1井—S36-0-22井砂体剖面图

从S36-7-21H1井的水平段剖面分析（图5-53）可见，该井原水平段中—下部，钻遇大段泥岩段，为钻出心滩后纵向上两河道间的泥岩段。该井新水平段长约1200m，钻遇

80～90m 的泥岩段，根据该井水平段分析心滩规模至少大于 500m。

综合三口水平井的水平段，认为心滩规模多数大于 1000m，至少大于 500m。

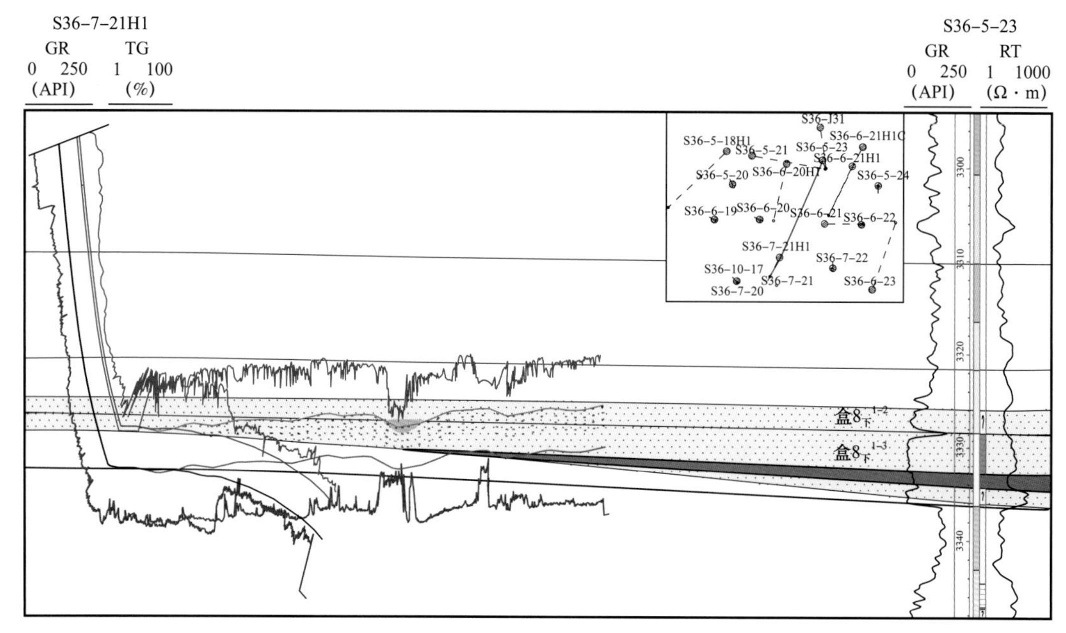

图 5-53 过 S36-7-21H1 井—S36-5-23 井砂体剖面图

3）密井网分析

加密区井网 300m × 300m，根据加密区辫状河内部构型解剖（图 5-54）后进行测量，复合心滩长 2000～2800m，宽 1000～1800m，说明该区复合心滩规模大于 2000m。

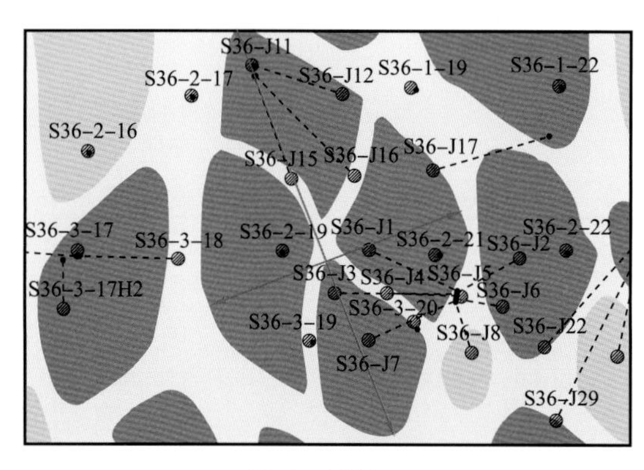

(a) 盒8下1-2小层

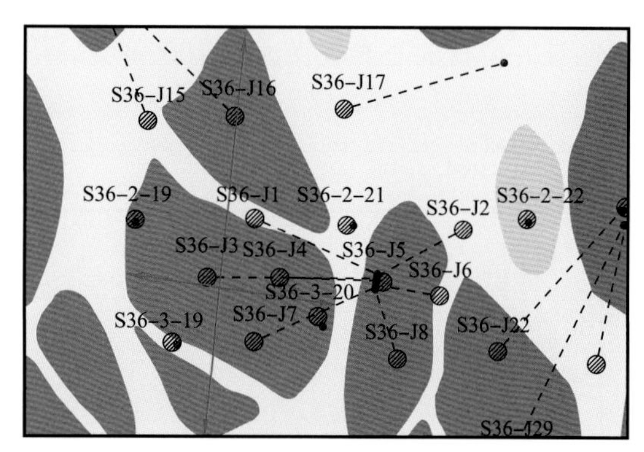

(b) 盒8下1-3小层

图 5-54 心滩平面分布图

综合评价，在应用单一辫状河道宽度定量估算辫状河单一微相规模是可行的。

4）心滩砂体空间定位

常常因为受井网井距限制，在辫状河储层构型中一般注重心滩砂体单井识别，而平面组合则存在较大的随意性，往往无法准确识别单井在心滩砂体平面上的分布位置，造成辫状河储层构型可靠性降低，进一步影响了构型结果在开发调整中的作用。

野外露头及现代沉积观测表明：落淤层的发育与心滩部位有较大关系，同时心滩不同部位垂向微相叠置也具有一定的规律性。通过这些特征可以对心滩砂体的空间位置做出准确的判断，从而提高心滩砂体解剖的准确性。

山西大同吴官屯辫状河古露头剖面出露层位为中侏罗统云岗组石窟段，垂向发育三期单河道沉积（三个单层），以含砾中—粗粒砂岩为主，夹少量的细砂岩和粉砂岩，层理类型以大—中型槽状交错层理和板状交错层理为主，局部可见平行层理。沉积微相有心滩、辫流水道和泛滥平原三种（图 5-55）。观测结果表明单一河道内部，砂体发育具有以下特征：（1）心滩边部（靠近辫流水道部位）自上而下垂向微相叠置特征为泛滥平原—辫流水道—心滩或者辫流水道—心滩（图 5-55A，B）。（2）心滩主体部位，自上而下发育泛滥平原—心滩，有时仅发育心滩（图 5-55C，D）。（3）心滩主体部位横向厚度变化较小，心滩边部厚度急剧变小，心滩主体宽度大于心滩边部宽度。（4）横向上，心滩与辫流水道相间分布，呈现出“滩道相间、宽滩窄道”的特征。

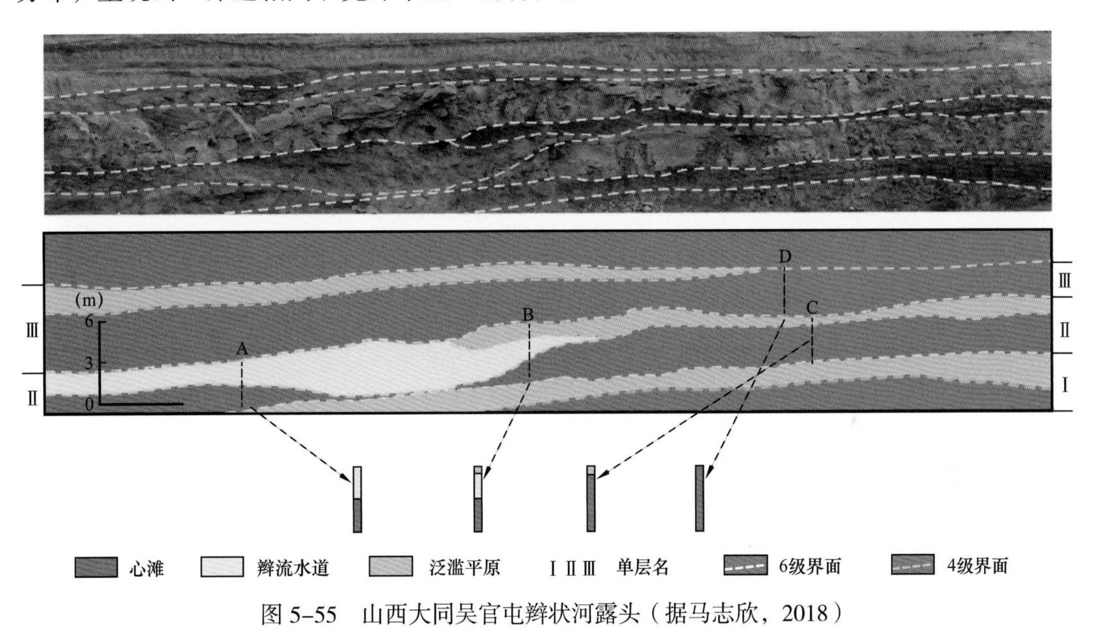

图 5-55　山西大同吴官屯辫状河露头（据马志欣，2018）

南萨斯喀彻温河位于加拿大萨斯喀彻温省南部，流向自南向北，河道宽度为800～1200m，河道内部发育大量心滩，心滩长 600～800m，宽约 300m。利用 Google Earth 对其进行观测，结果表明：因水动力强，沉积砂体粒度较粗，心滩砂体迎流面海拔相对较高，该部位只有在洪水期才发生沉积作用，平水期和枯水期露出水面。背水面存在一些高海拔较低的区域，在平水期和枯水期，该部位水动力较弱，沉积物粒度细，是落淤层发育的主要位置（图 5-56）。

古露头剖面、现代河流沉积所揭示的河道内部不同部位具有垂向叠置、心滩内部落淤层发育等特征，可以作为地下辫状河储层构型解剖的重要参考。

结合心滩测井识别，同时参考野外古露头剖面及现代辫状河沉积观察得到的原型模型特征，提出以“测井响应特征、落淤层发育厚度以及垂向微相叠置模式”为识别标志的辫状河心滩单砂体构型解剖新方法。通过该方法，精确确定心滩砂体平面分布位置，提高了心滩砂体构型表征结果的可靠度。

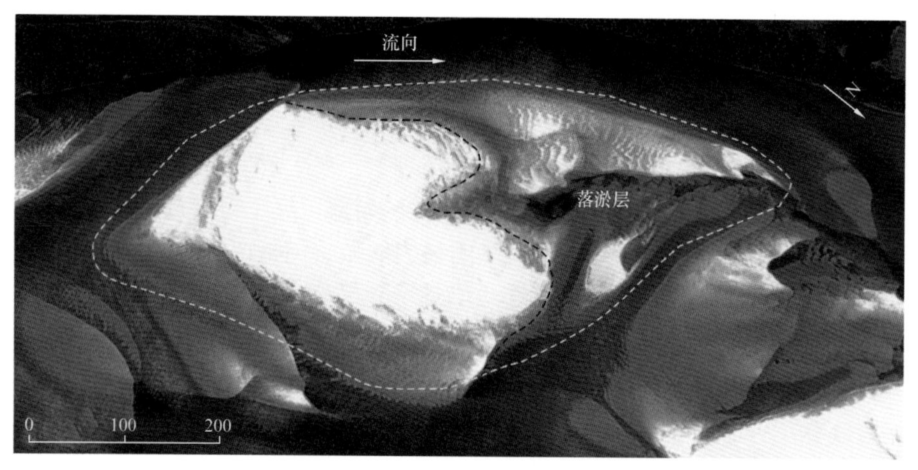

图 5-56 加拿大南萨斯喀彻温河心滩（据马志欣，2018）

（1）测井响应特征。

心滩沉积作用以垂向加积、顺流加积为主。迎水面水动力强，背水面则水动力弱，造成了单一增生体沉积物粒度前粗后细，但由于顺流加积作用，后期沉积的增生体不断向下游推移。因此，心滩迎水面垂向粒度变化不大，曲线以箱形为主；背水面则有向上变粗的趋势，测井曲线形态以漏斗形为主，据此可以判断单井所处在心滩的大致位置（图 5-57）。

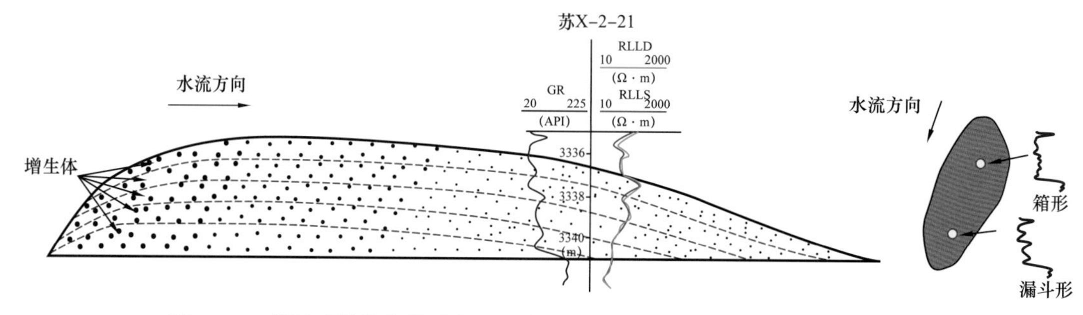

图 5-57 利用“测井曲线形态法”确定心滩位置示意图（据马志欣，2018）

（2）落淤层发育位置法。

根据现代辫状河心滩卫星照片观测得到的辫状河心滩内部落淤层发育位置特征，为心滩的位置确定提供了直接证据。若单井钻遇明显落淤层，则可判断该井大致位于心滩尾部（图 5-58）。

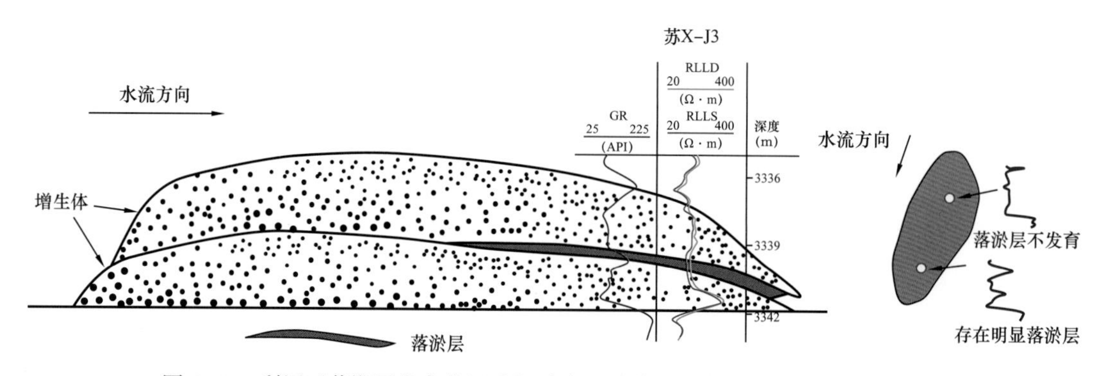

图 5-58 利用“落淤层发育位置法”确定心滩位置示意图（据马志欣，2018）

（3）微相叠置特征法。

野外露头观察表明，心滩边部，辫流水道叠置在心滩上部；心滩主体部位，往往是泛滥平原叠置在心滩上部。根据这一特征，可判断单井位于心滩的大致位置（图 5-59）。

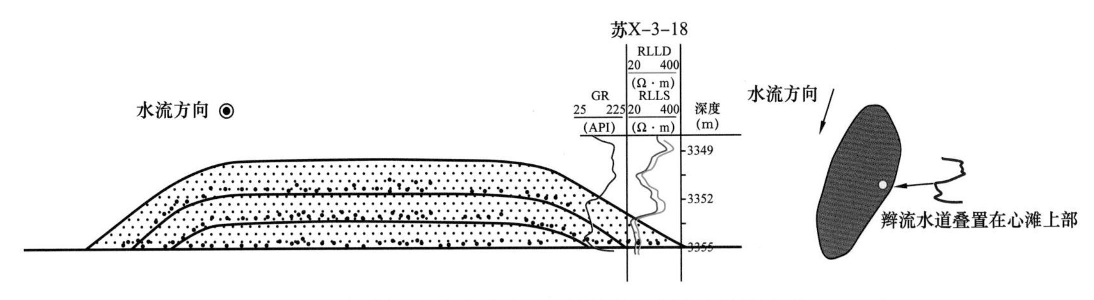

图 5-59　垂向微相变化法确定心滩位置示意图（据马志欣，2018）

3. 单一微相解剖

以单井单层分层数据和砂体数据为基础，计算出单层分层与砂体间的深度差，绘制了各单层的砂体顶面相对深度等厚图；以测井解释成果数据为基础，绘制了各单层的砂体等厚图。以水道与心滩几何形态、规模研究成果为基础，结合测井构型要素解释成果、砂顶相对深度和砂体厚度，以及单一微相砂体空间定位方法，刻画 4 级构型单元（构型要素）平面分布图。现以盒 $8_{下}^{1-3}$ 单层为例进行说明。

首先，应用砂体顶面相对深度识别心滩位置。心滩底平顶凸，砂体顶面相对深度比水道砂体浅；因此，根据砂体顶面相对深度可识别心滩位置（图 5-60）。

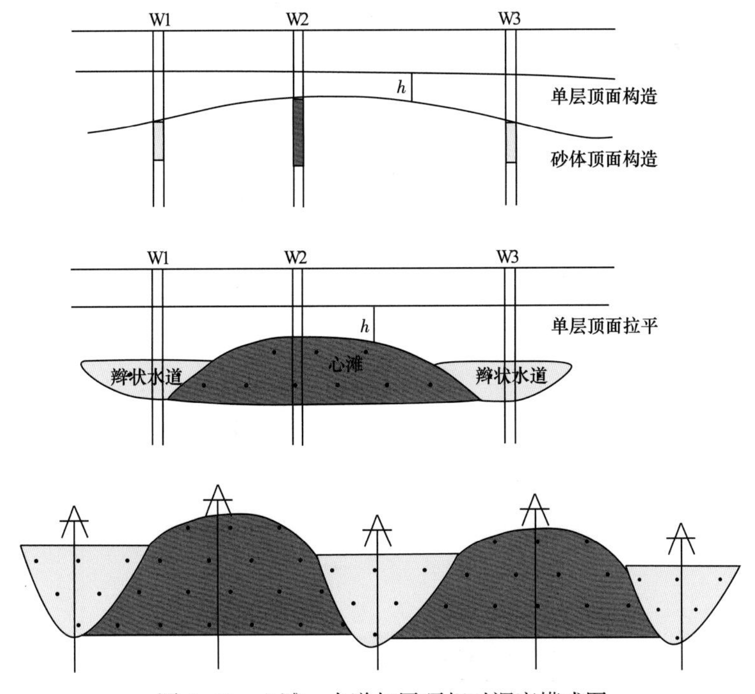

图 5-60　心滩、水道与层顶相对深度模式图

根据单层顶面构造深度数据和单层单砂体顶面深度数据，计算得到单层内各单井的砂体顶面相对深度。应用单井砂体顶面相对深度数据绘制砂体顶面相对深度等值线图（图 5-61）。

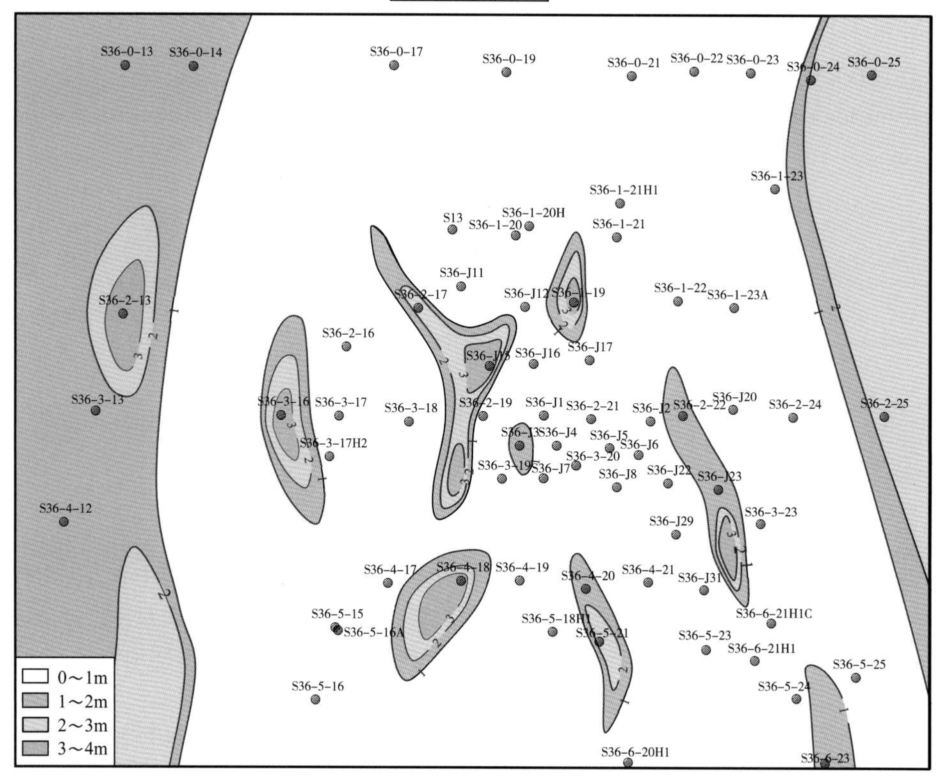

图 5-61　盒 $8_{下}^{1-3}$ 砂体顶面相对深度等值线图

其次，绘制砂体厚度图，根据砂体厚度形态识别心滩位置。根据心滩与水道组合模式（图 5-62），心滩砂体相对水道砂体厚度更大，以椭圆形分布为主，根据砂体等厚图，

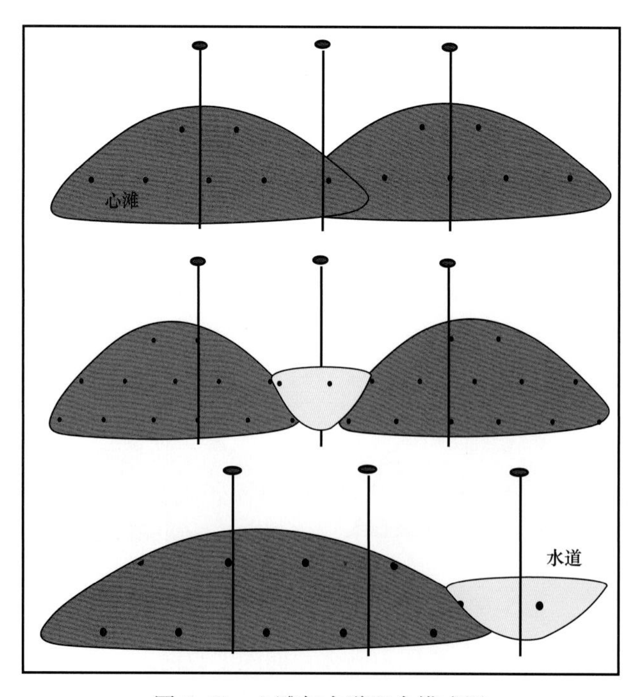

图 5-62　心滩与水道组合模式图

心滩砂体厚度成椭圆形或串珠形，可识别心滩位置。以测井解释数据为基础，绘制了盒 $8_{下}^{1-2}$ 单层砂体等厚图（图 5-63），根据砂体等厚图识别心滩位置。

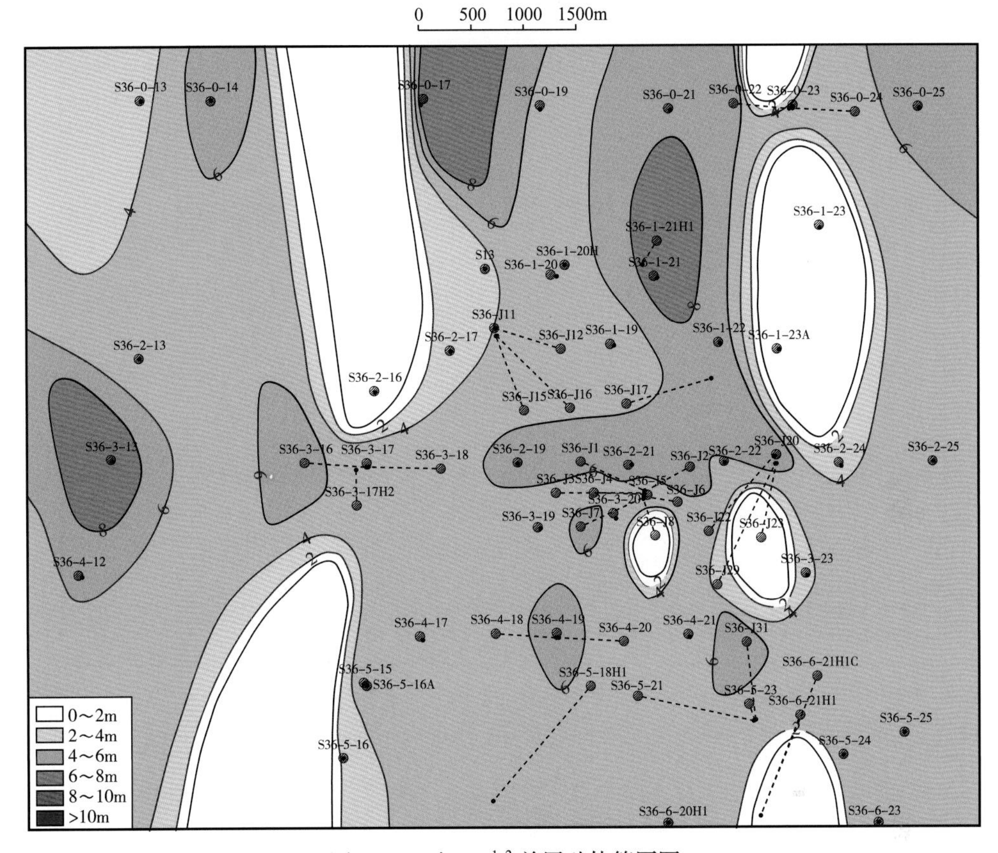

图 5-63　盒 $8_{下}^{1-2}$ 单层砂体等厚图

再次，根据单井构型要素（心滩）解释成果和单一微相砂体空间定位识别结果，以主水道与复合心滩定量估算结果为约束，并结合辫状河水动力规律，确定复合心滩和主水道的几何形态，绘制复合心滩和主水道平面分布图（图 5-64）。

最后，根据实钻井，通过多井剖面解剖复合心滩，确定辅助水道、单个心滩位置与几何形态（图 5-65）。

该单层为主要发育 4 条单一辫状河道，复合心滩长度为 1.21～2.85km，复合心滩宽度为 0.65～1.24km，单个心滩长度 0.66～1.88km，复合心滩宽度为 0.31～1.03km。

在绘制的盒 $8_{下}$亚段各单层的构型要素平面分布图上，分别测量复合心滩长度与宽度，单个心滩长度与宽度数据，得到心滩规模数据，该区复合心滩长度为 0.8～4.37km，宽度为 0.34～1.99km，长宽比在 2.5 左右。该区能识别的单个心滩长度为 0.35～2.25km，宽度为 0.2～1.18km，长宽比在 1.9 左右，单个心滩以短轴状为主。

根据测量的复合心滩长度与宽度数据，建立复合心滩长度与宽度的交会图（图 5-66），得到复合心滩长度与宽度的关系式：

$$L_b=2.015W_b^{0.982} \tag{5-13}$$

式中，W_b 为复合心滩宽度，km；L_b 为复合心滩长度，km。

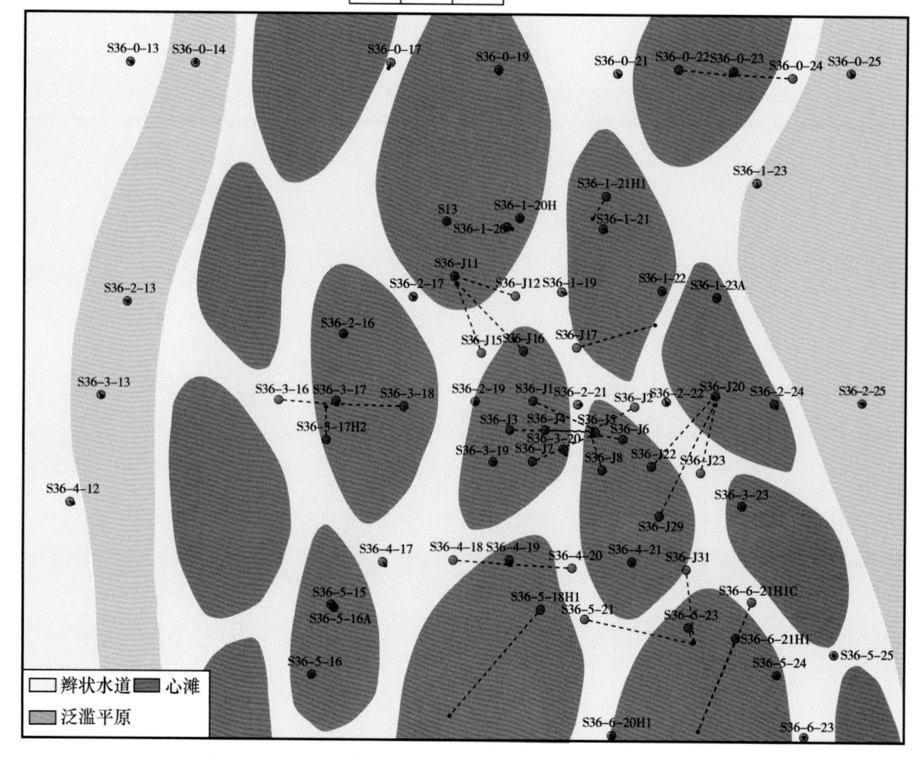

图 5-64　盒 $8_{下}^{1-3}$ 单层复合心滩和主水道平面分布图

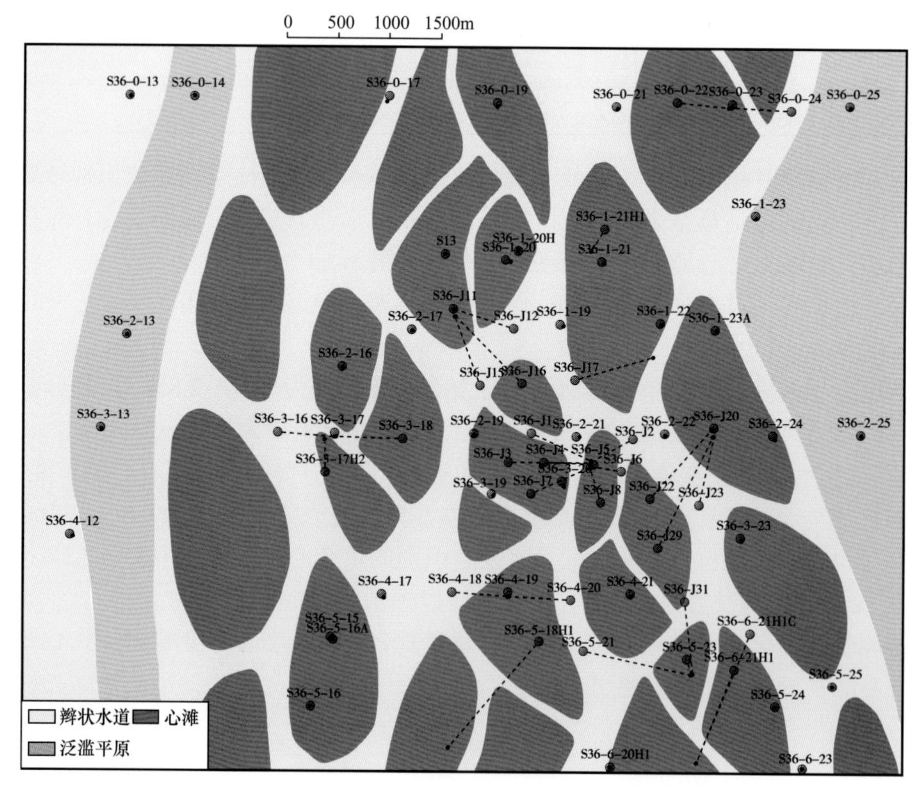

图 5-65　盒 $8_{下}^{1-3}$ 单层 4 级构型单元平面分布图

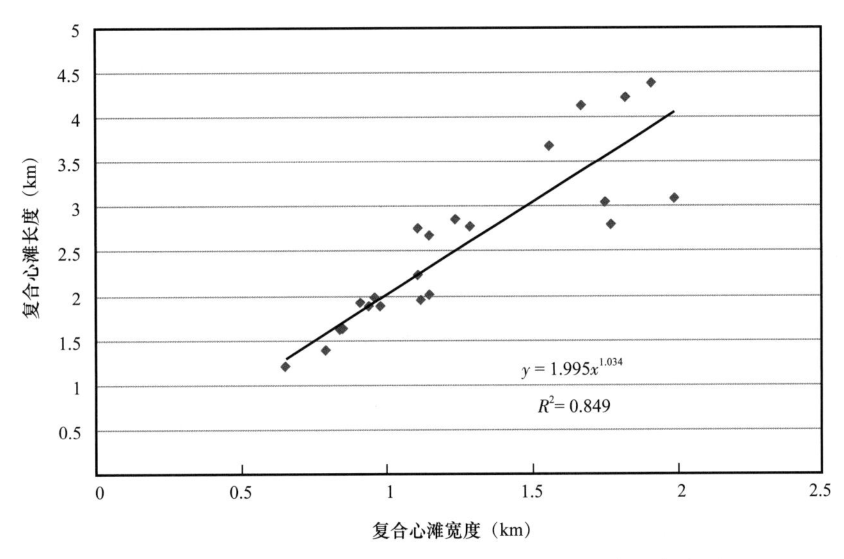

图 5-66　苏 36-11 密井网区复合心滩长度与宽度的交会图

根据测量的单个心滩长度与宽度数据，建立单个心滩长度与宽度的交会图（图 5-67），得到单个心滩长度与宽度的关系式：

$$L=1.760W^{0.748} \tag{5-14}$$

式中，W_b 为单个心滩宽度，km；L_b 为单个心滩长度，km。

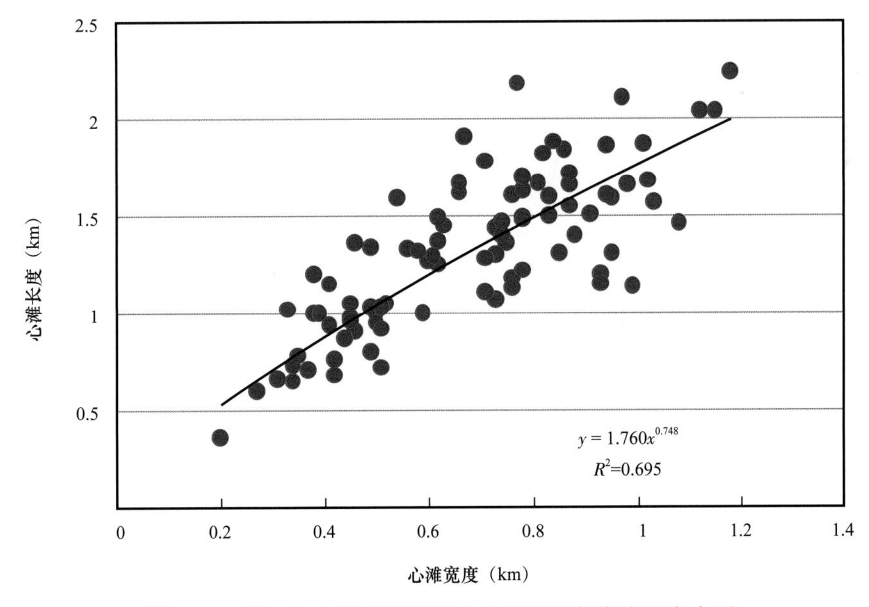

图 5-67　苏 36-11 密井网区单个心滩长度与宽度的交会图

对盒 $8_{下}$亚段各单层内复合心滩的长度和宽度进行测量，根据测量结果建立复合心滩长度和宽度频率直方图（图 5-68，图 5-69）。由复合心滩长度和宽度频率直方图可知，盒 $8_{下}$亚段复合心滩长度为 1500～2500m，平均为 2250m；宽度为 800～1400m，平均为 1140m。

对盒 $8_{下}$亚段各单层内单个心滩的长度和宽度进行测量，根据测量结果建立单个心滩长度和宽度频率直方图（图 5-70，图 5-71）。由单个心滩长度和宽度频率直方图可知，盒 $8_{下}$亚段单个心滩长度为 1000～1750m，平均为 1320m；宽度为 300～1050m，平均为 680m。

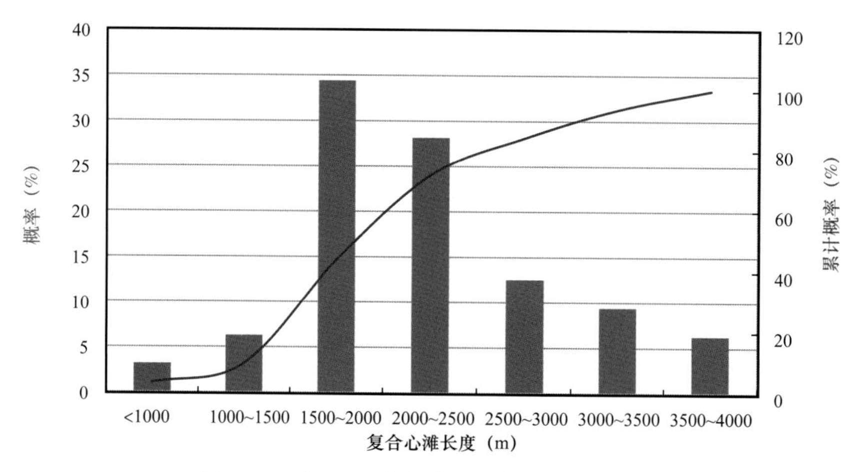

图 5-68　盒 $8_{下}$亚段复合心滩长度频率直方图

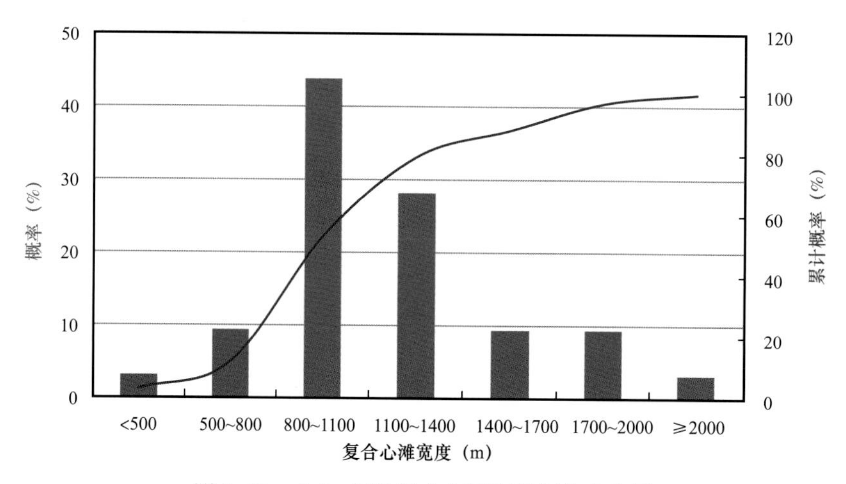

图 5-69　盒 $8_{下}$亚段复合心滩宽度频率直方图

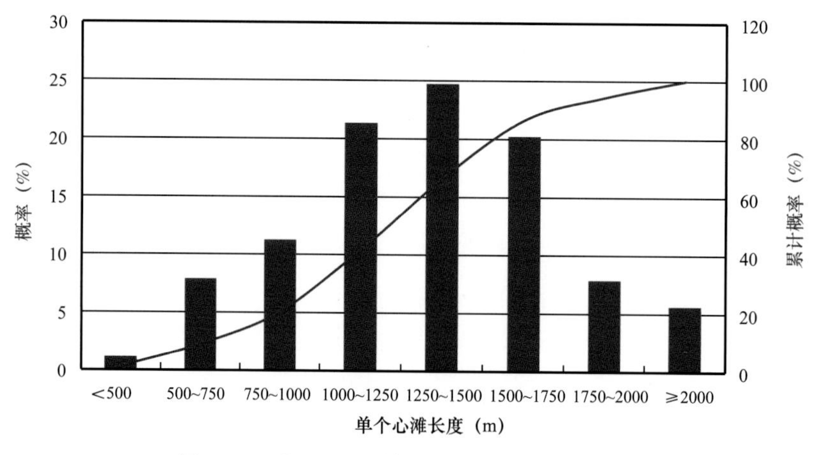

图 5-70　盒 $8_{下}$亚段单个心滩长度频率直方图

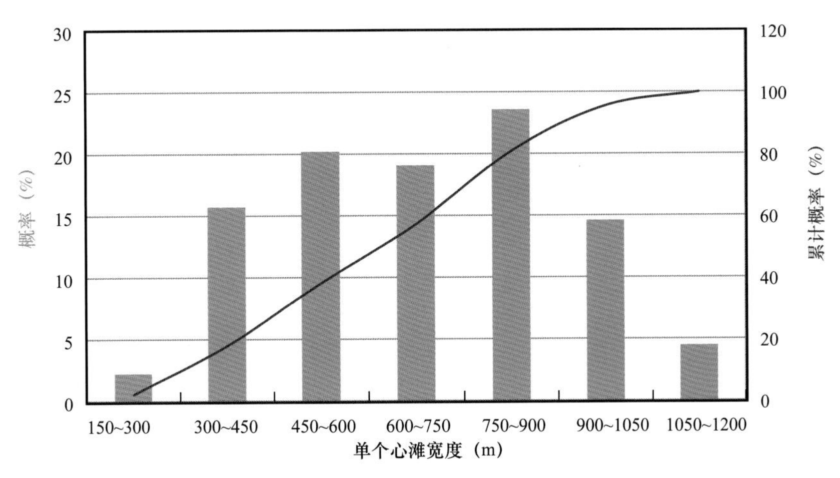

图 5-71　盒 $8_{下}$亚段单个心滩宽度频率直方图

四、心滩及水道内部构型解剖（3 级构型单元）

苏 36-11 密井网区仅有加密区井网密度 300m×400m，有利于进行心滩内部解剖，因此本次心滩内部结构解剖主要针对加密区进行。建立过盒 $8_{下}^{1-3}$ 单层在加密区心滩的 5 个心滩内部构型剖面（图 5-72），心滩内部解剖剖面表明，该区心滩内一般发育 3～4 个增生体，落淤层在心滩内顺层发育，但受辫状水道改道或水槽（水沟）破坏、改造后，落淤层遭到破坏，连续性变差。迎水面落淤层被水流冲刷，欠发育，背水面落淤层发育。

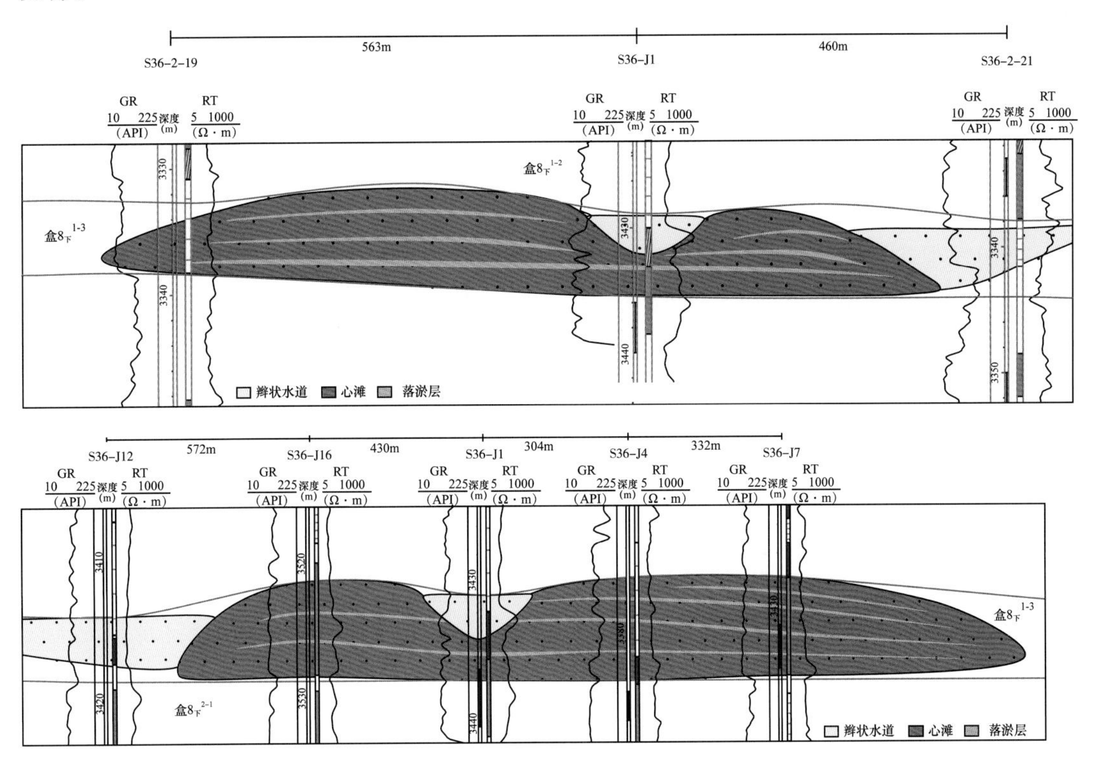

图 5-72　心滩内部解剖图

建立盒 $8_{下}^{1-2}$ 单层在加密区的 2 个辫状水道内部构型剖面（图 5-73），辫状水道内部解剖剖面表明，该区辫状水道内一般发育 1～2 个夹层，夹层发育不稳定，以顺层零星分布为主，与古辫状水道露头分析结果相近。

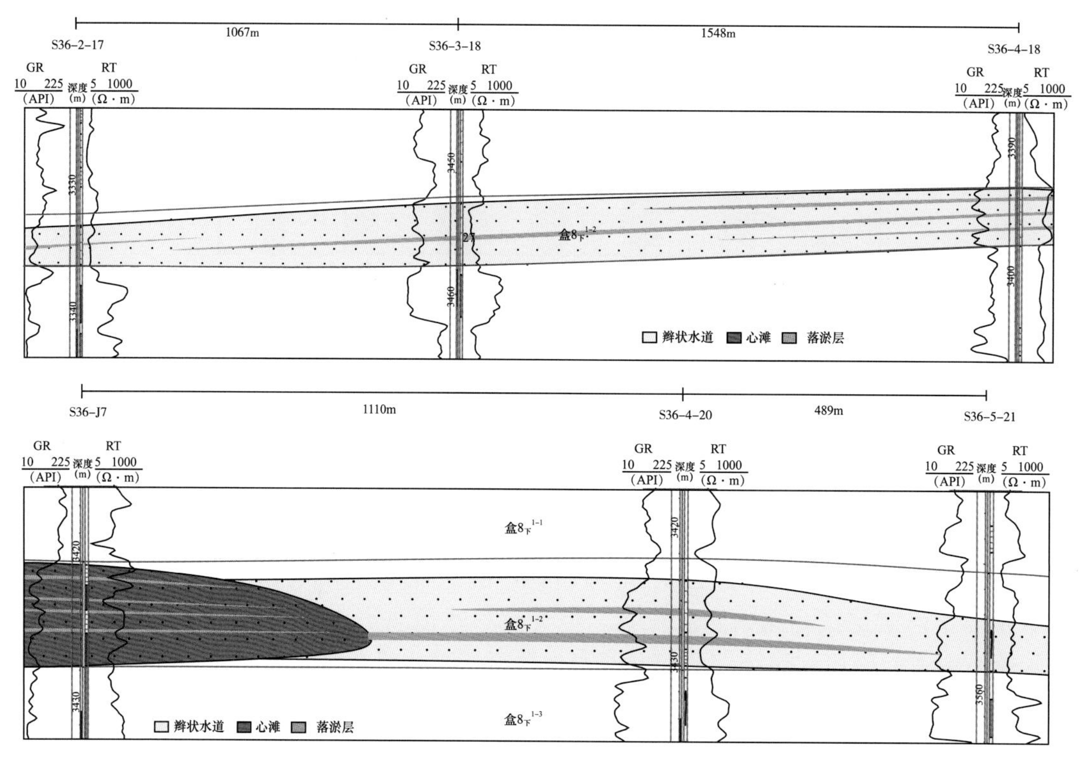

图 5-73　辫状水道内部解剖图

第五节　储层非均质性

储层宏观非均质性研究有助于搞清楚砂体连通情况，揭示流体渗流规律，为合理划分开发层系、选择合理注采系统、预测产能、分析生产动态、改善油田开发效果提供可靠的地质依据。

储层非均质性根据其研究目的可以有多种分类方法，其中裘亦楠（1992）将碎屑岩的储层非均质性划分为层内、层间、平面和孔隙非均质性四类。本节针对 36-2-21 区块的储层层内非均质性、层间非均质性及平面非均质性进行研究。储层非均质性是指储层内部的不均一性，也就是储层砂体内部及其之间的差别和相互关系。储层非均质性的实质是储层沉积构成的不均一性，外在表现为储层物性特别是渗透性的变化，在本区非均质性方面的研究主要从宏观非均质性入手，其次以层次分析方法细分隔夹层，最后进行了储层综合分类评价。储层宏观非均质性研究，有助于搞清楚砂体连通情况，揭示油水运动规律，为选择合理注采系统，预测产能，分析生产动态，改善油田开发效果，进行二次、三次采油提供可靠的地质依据。

由于储层非均质性对勘探开发的波及系数影响很大，因此，人们常把储层的渗透性优劣看作是非均质性的集中表现，从而研究渗透率的各向异性，以揭示储层非均质性的本质

（吴胜和，熊琦华，1998）。通常采用以下三个参数来评价储层非均质性特征：

（1）渗透率变异系数。变异系数（V_k）反映样品偏离整体平均值的程度，即渗透率的标准偏差σ_k与渗透率平均值k的比值。该值越小，说明样品值越均匀；反之，非均质性越强，等于零时为均匀型。一般当$V_k<0.5$时为均匀型，表示非均质程度弱；当$0.5\leqslant V_k\leqslant 0.7$时为较均匀型，表示非均质程度中等；当$V_k>0.7$时为不均匀型，表示非均质程度强。

（2）渗透率突进系数。突进系数（S_k）是指小层内渗透率最大值与平均值的比值。它反映了油田在注水开发过程中，注入介质波及体积大小与驱油效果的关系，是评价储层非均质性的重要参数。一般当$S_k<2$时为均质型，当S_k为2～3时为较均匀型，当$S_k>3$时为不均匀型。

（3）渗透率级差。渗透率级差是最大渗透率与最小渗透率的比值，表明渗透率的分布范围及差异程度，渗透率极差是反映渗透率变化幅度的参数，即渗透率绝对值的差异程度。其变化范围为≥1。数值越大，非均质性越强；数值越接近1，储层越均质。

研究表明，层间、层内平均渗透率分别与突进系数及变异系数呈反比关系。平均渗透率越低，变异系数越大，突进系数也越高。渗透率级差及突进系数与变异系数呈抛物线，即指数关系，渗透率倍数越大，突进系数越大，则变异系数也越大。实践表明，变异系数能较好地反映储层非均质性。

一、储层层内非均质性评价

层内非均质性可以从储层层内渗透率的统计进行分析。以取心井物性分析资料和测井解释资料为基础，应用线性回归进行孔隙度、渗透率校正之后，计算出了平均渗透率、渗透率级差、非均质系数、变异系数等评价储层非均质程度的参数值，参考我国陆相砂岩储层低渗非均质界线标准（表5-7）对该区储层的非均质程度进行了详细的研究，可以看出由于受到河流沉积的影响，储层横向变化速率快，大部分小层的层内非均质性都相对较强。而层内的韵律性特征主要体现为河流沉积形成的单期砂体，其主要以正韵律为主，泛滥平原等微相一般不显韵律性，通过对比各井渗透率测井解释结果发现，渗透率韵律类型多以正韵律以及复合韵律为主，均质韵律次之，少见反韵律。层内韵律以正韵律叠加的复合韵律为主，单一的正韵律及反韵律少见（图5-74）。

表5-7　各小层层内非均质参数统计表

小层号	最大渗透率（mD）	最小渗透率（mD）	平均渗透率（mD）	渗透率级差	突进系数	变异系数
H8S1-1	0.46	0.018	0.24	25.44	1.94	0.19
H8S1-2	0.65	0.010	0.20	64.50	3.28	0.09
H8S2-1	1.47	0.010	0.20	147.20	7.34	1.85
H8S2-2	1.47	0.014	0.31	105.14	4.76	0.19
H8X1-1	0.79	0.013	0.15	60.46	5.33	3.23
H8X1-2	1.39	0.025	0.29	55.68	4.85	0.55
H8X1-3	0.96	0.038	0.32	25.21	3.01	0.83
H8X2-1	1.53	0.033	0.33	46.27	4.58	0.75

续表

小层号	最大渗透率（mD）	最小渗透率（mD）	平均渗透率（mD）	渗透率级差	突进系数	变异系数
H8X2-2	0.72	0.010	0.27	71.50	2.60	1.17
H8X2-3	1.42	0.031	0.34	45.74	4.23	0.79
S11-1	0.53	0.026	0.20	20.31	2.68	1.17
S11-2	0.48	0.019	0.18	25.21	2.70	0.74
S12-1	0.92	0.026	0.21	35.42	4.32	0.65
S12-2	0.80	0.022	0.19	36.45	4.18	0.99
S13-1	1.38	0.024	0.24	57.67	5.79	0.66
S13-2	1.91	0.024	0.35	79.42	5.52	0.75

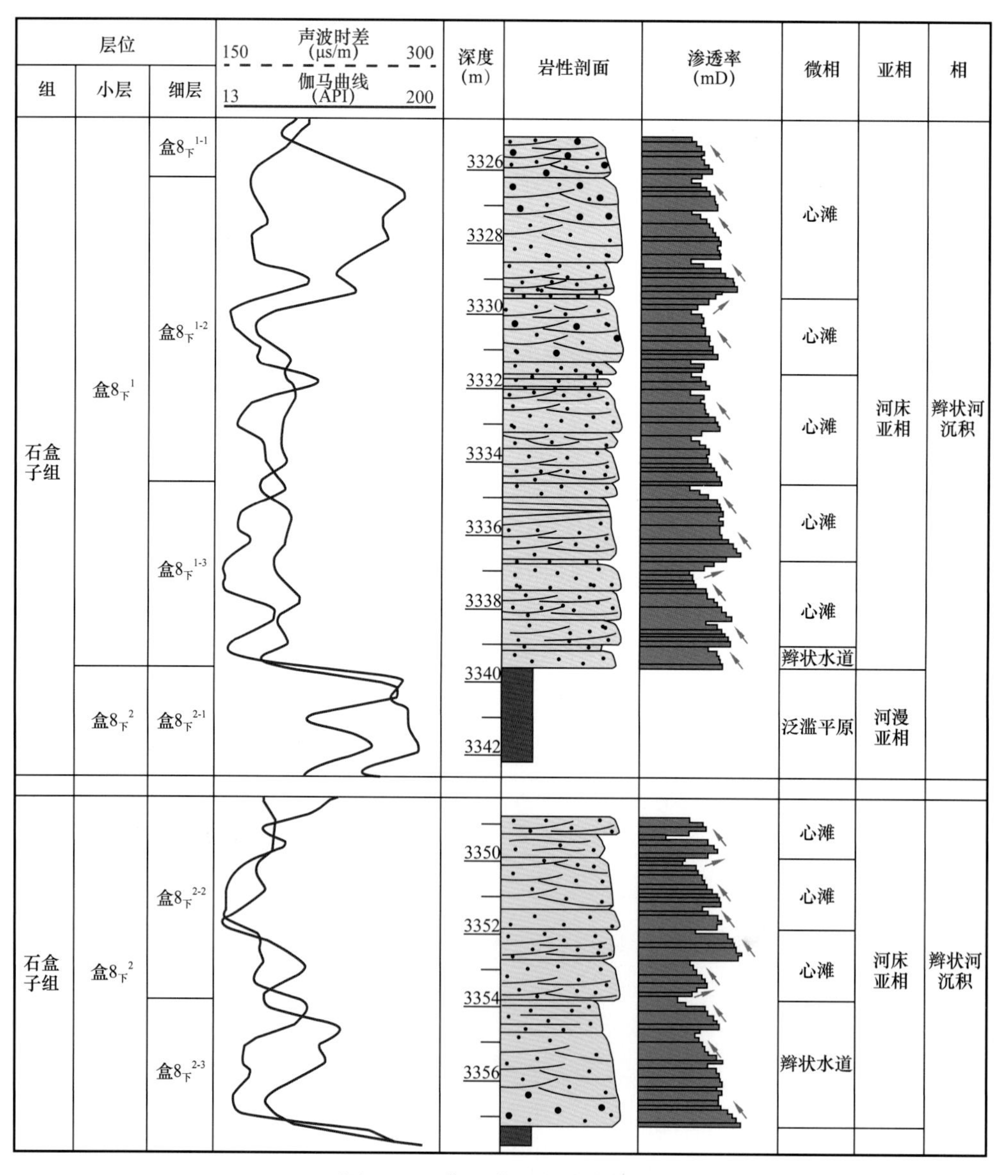

图 5-74　苏 X 井层内韵律特征

二、储层层间非均质性评价

层间非均质性是指垂向上各种环境的砂体交互出现的规律性，以及作为隔层的泥质岩类在剖面上的发育和分布状况，是对砂泥岩间互的含油层系的总体研究，属于层系规模的储层描述（单敬福，2006）。层间非均质性是储层描述和表征的核心内容，也是评价油气藏、发现产能潜力以及预测最终采收率的重要依据，它是造成多层合采油田层间矛盾的内因。

储层层间非均质性为严重非均质性，各小层之间渗透率、突进系数、变异系数差距较大；但主力层盒 $8_{下}$亚段储层非均质性相对较弱。纵向非均质系数分布特征显示，主力层部分小层的储层非均质性稍弱，其余小层基本以严重非均质性为主（表 5–8，图 5–75）。

表 5–8　各小层层间非均质参数统计表

渗透率最小值（mD）	渗透率最大值（mD）	渗透率平均值（mD）	平均级差	平均突进系数	平均变异系数	非均质性
0.01	1.19	0.25	56.35	4.19	0.91	严重非均质性

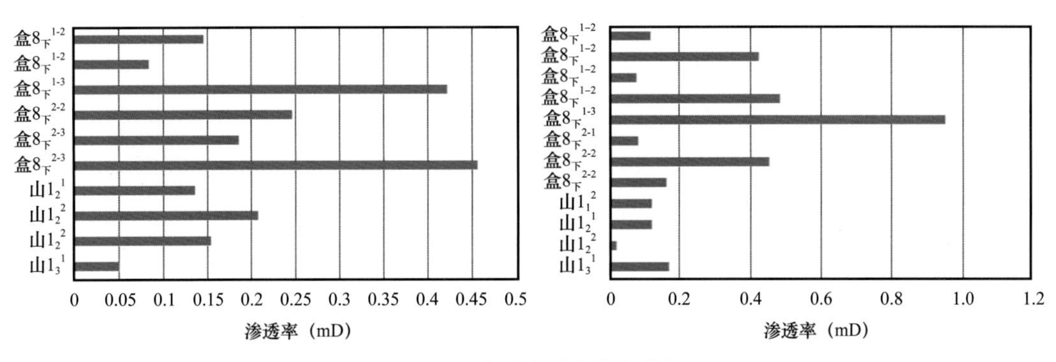

图 5–75　渗透率纵向分布特征

三、储层平面非均质性评价

平面非均质性是指各小层渗透率的平面变化情况，由于砂体平面沉积构成的不同组合，以及不同微相表现的不同物性特征，平面非均质性是可以从沉积微相平面分布、砂岩厚度及孔隙度、渗透率平面分布反映出来。该区平面非均质性是主要受控于砂岩厚度与沉积微相带的发育状况。河心坝和曲流河道较厚部位非均质性相对较强，而河侧坝和边滩砂体厚度小部位非均质性相对较弱。储层物性在平面上的变化较大，平面非均质性较强。从绘制的各小层砂体厚度图、沉积微相划分图、孔隙度和渗透率平面分布图（图 5–76 至图 5–78）上来看，各小层孔隙度和渗透率的平面分布图与砂体平面图、沉积微相平面图密切相关。

盒 $8_{下}$亚段的砂体连续性较好，砂体钻遇率高，平均达到 70% 以上，其他非主力层的钻遇率偏低，特别是上部层位（盒 $8_{上}$），钻遇率平均为 20%，砂体发育程度较差。

在储层砂体岩石相分布的基础上，分析孔隙度、渗透率储层质量分布特征。从孔隙度、渗透率等值线图中可以看出，砂体物性最好的储层分布在分流河道心滩及边滩部位，

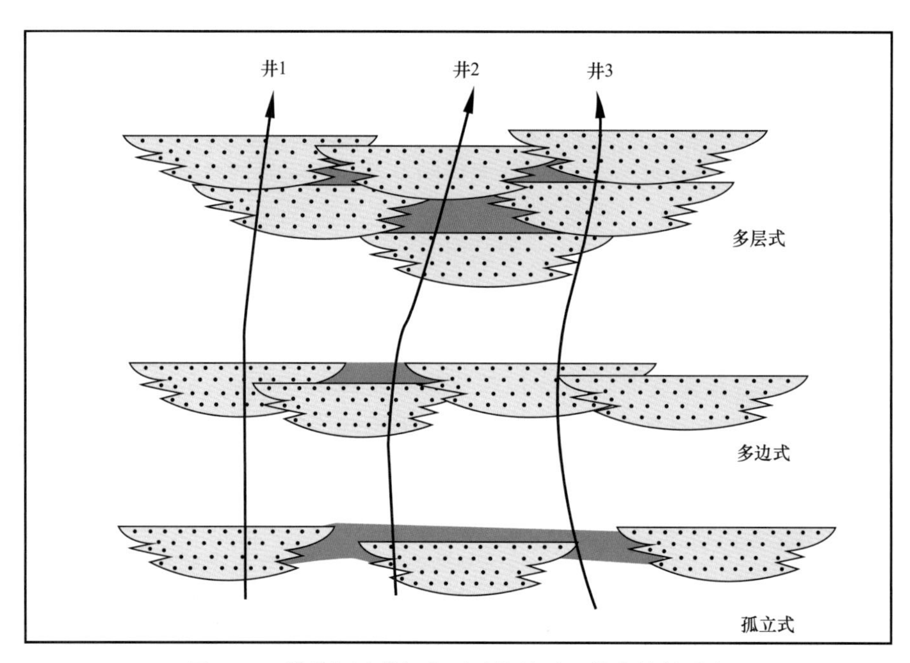

图 5–76　辫状河砂体沉积下砂体的平面纵向接触形态

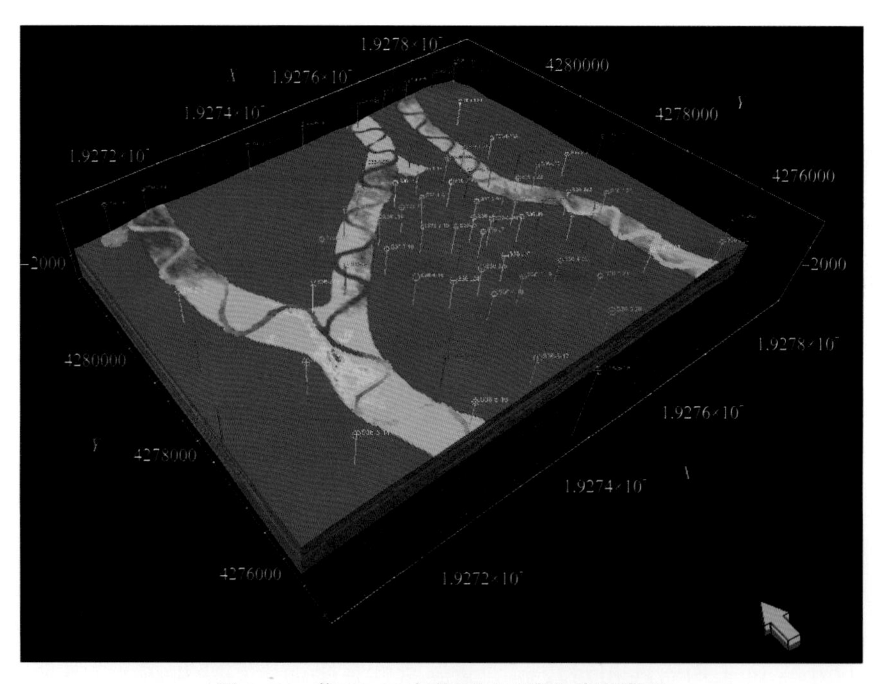

图 5–77　苏 36–11 密井网区三维孔隙度模型

呈透镜状展布，延伸方向与河道延伸方向基本一致。砂体物性较好的储层岩性以中砂岩为主，主要分布在分流河道的水道之间，多呈交织连片状展布；砂体物性差的储层岩性以细砂岩为主，发育于分流河道边部，呈裙带状展布。不同层位储层物性差异较大，盒 $8_{下}$亚段储层物性最好，平均孔隙度约为 7%，平均渗透率约为 0.35mD；盒 $8_{上}$亚段储层物性较差，平均孔隙度约为 6%，平均渗透率约为 0.3mD；山 1 段储层物性最差，平均孔隙度约为 5%，平均渗透率约为 0.2mD。

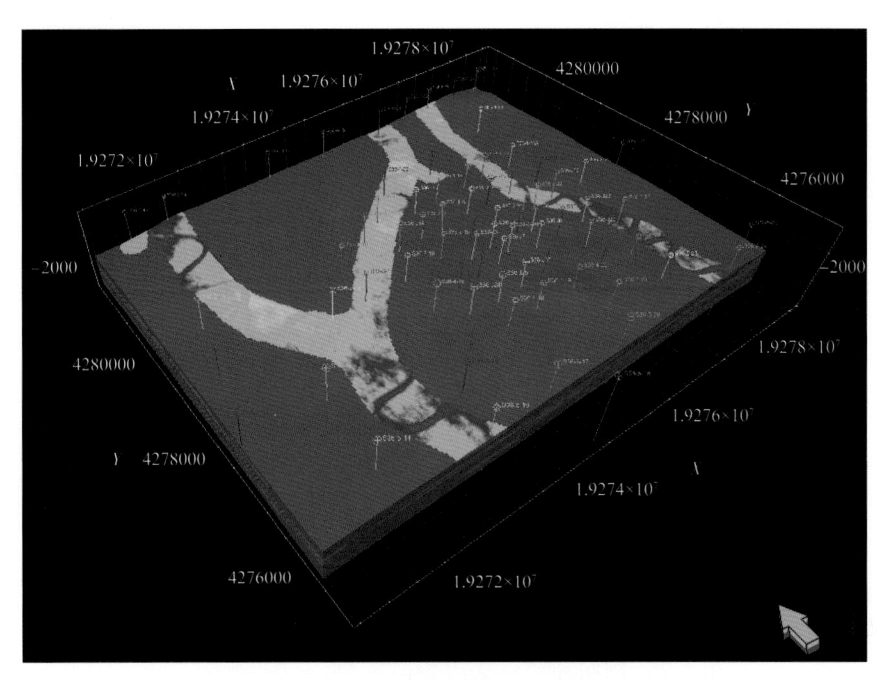

图 5-78　苏 36-11 密井网区三维渗透率模型

第六章　苏里格气田致密砂岩气藏储层砂体表征

苏里格气田是一个低孔、低渗透、低丰度、大面积分布的岩性气藏，砂体大面积分布。在辫状河砂岩大面积分布的背景下，有效砂体分布局限，连续性和连通性差，造成单井控制储量低，在动态上表现为压力下降快、恢复缓慢、稳产能力差。要想提高单井产量，要么寻找高效富集井位，要么利用水平井或大型压裂沟通多个孤立的有效砂体。这些措施的前提是必须搞清砂体与有效砂体的分布规律。

第一节　储层砂体

一、砂体垂向接触关系

砂体垂向接触关系，主要受控于异旋回作用。由于物源供给条件、盆底构造运动、海平面等沉积背景因素变化，后期沉积对前期河道的下切程度不同，造成空间沉积砂体接触关系具有不同类型（图 6–1）。

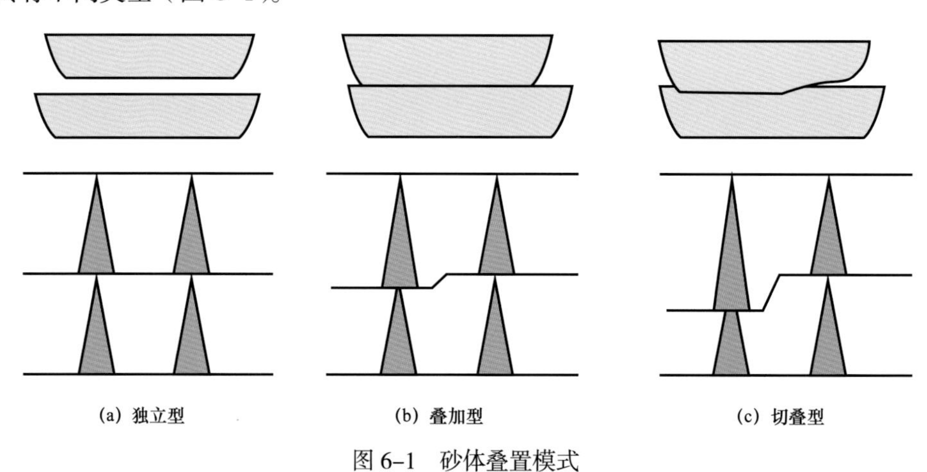

图 6–1　砂体叠置模式

1. 独立型

这种类型的两期河道砂体在垂向上尚未接触，其间尚有泛滥平原泥岩（作为两期河道之间的隔层）。

独立型砂体界面一般具有以下特征：（1）连续分布的泛滥平原泥岩；（2）河道下切及河底滞留；（3）测井曲线均有明显回返。

如图 6–2 所示，两套砂体之间有连续分布的泥岩，垂向砂体未接触，自然伽马曲线有较明显的回返，这是苏里格气田典型的独立型砂体分布模式。独立型砂体在盒 $8_{上}$亚段最为常见，山 1 段次之，盒 $8_{下}$亚段很少见。

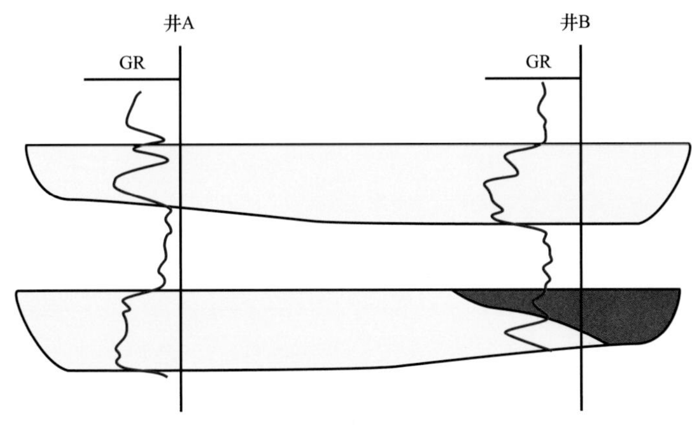

图 6–2 砂体垂向独立型叠置模式

2. 叠加型

叠加型砂体，垂向上两期河道砂体已经接触，即后期河道底部与先期河道顶部接触。虽然两期砂体叠置，但其间存在较明显的储层质量差异。

叠加型砂体一般具有如下的界面特征：（1）砂体内部有隔夹层；（2）测井曲线有一定程度的回返。

如图 6–3 所示，两期砂体在垂向上叠置，但后期河道并未与先期砂体形成明显下切关系（两期砂体间未见连续分布的泛滥平原泥岩，未见河道下切及河底滞留沉积。自然伽马曲线略有回返，两期河道间的接触界面有较薄的泥质夹层），只是垂向上接触，且下部砂体韵律完整，这种叠置类型即为典型的砂体垂向叠加型模式。叠置型砂体在山 1 段较为常见，盒 $8_{下}$亚段次之。

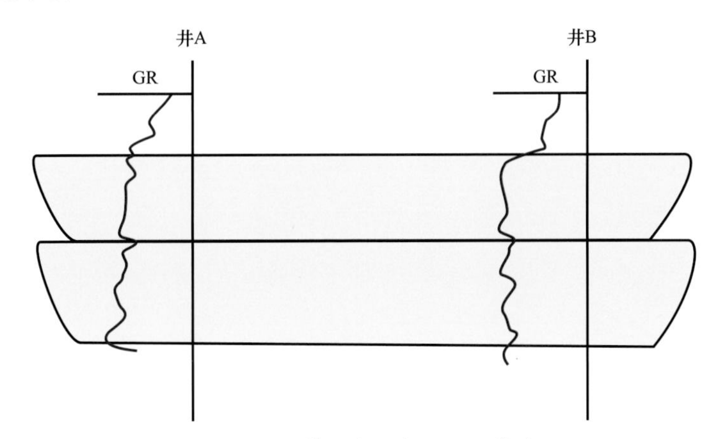

图 6–3 砂体垂向叠加型叠置模式

3. 切叠型

切叠型是指后期河道下切到先期河道砂体内部，随着河道下切程度持续增强，先期河道砂的上部往往被后来的河流冲刷掉，仅仅保留了下部的不完整旋回，不同时期的不完整旋回可叠置成非常厚的复合砂体。

切叠型砂体界面一般具有以下特征：（1）河道底部具有明显冲刷面；（2）自然伽马曲线略有回返；（3）邻井发育两期河道沉积。

如图 6-4 所示，井 B 钻遇上部砂体底部具有典型的河底冲刷面特征，后期河道下切到先期河道砂体内部，在下切界面处自然伽马曲线略有回返，两期河道切叠后形成了较厚的复合砂体。在井 A 处，这两期砂体中间保留泛滥平原泥岩，为独立型砂体。切叠型砂体在盒 $8_下$亚段较为常见。

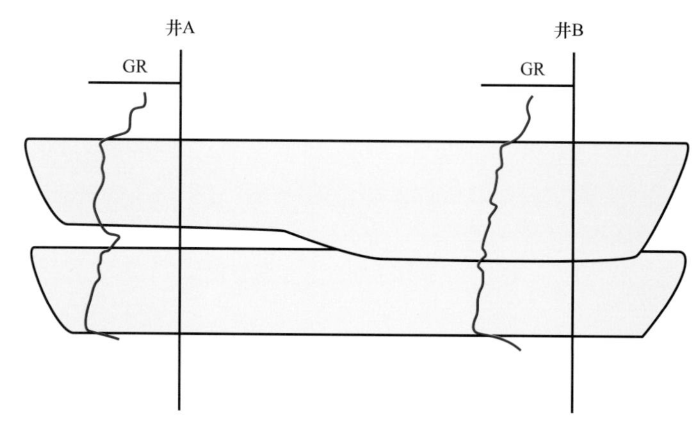

图 6-4　砂体垂向切叠型叠置模式

砂体的垂向接触关系与沉积时的可容空间大小相关，可容空间越大，则独立型砂体接触关系越多，反之则是切叠型叠置关系更为发育。苏里格气田密井网区砂体的垂向接触关系主要为切叠型和独立型，分别为 48% 和 45%（图 6-5）。

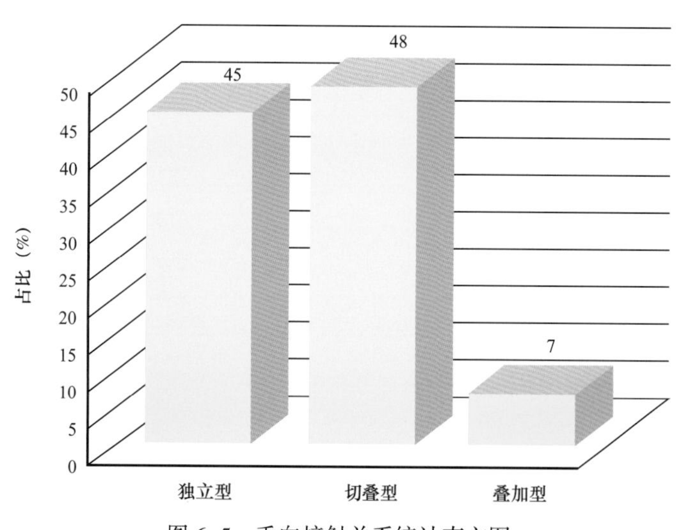

图 6-5　垂向接触关系统计直方图

二、储层砂体平面分布规律

1. 盒 $8_上$亚段

盒 $8_上$亚段属于曲流河沉积体系，按照沉积旋回特征及砂体发育状况，可将盒 $8_上$亚段细分为 4 个单层，自上而下分别为盒 $8_上^{1-1}$、盒 $8_上^{1-2}$、盒 $8_上^{2-1}$ 和盒 $8_上^{2-2}$。各单层内砂体分布受控于河道亚相，呈弯曲窄条带状分布，自北向南延伸。垂直河道方向上，在6km范围内，仅发育2～3条曲流河河道，单一河道砂体宽度小于1000m，河间沉积大面积发育，整体上呈现出“泥包砂”特征，河道砂体连片性较差。局部河道发生交汇，形成小型片状河道，河道砂体宽度可达2000～3000m（图6-6）。

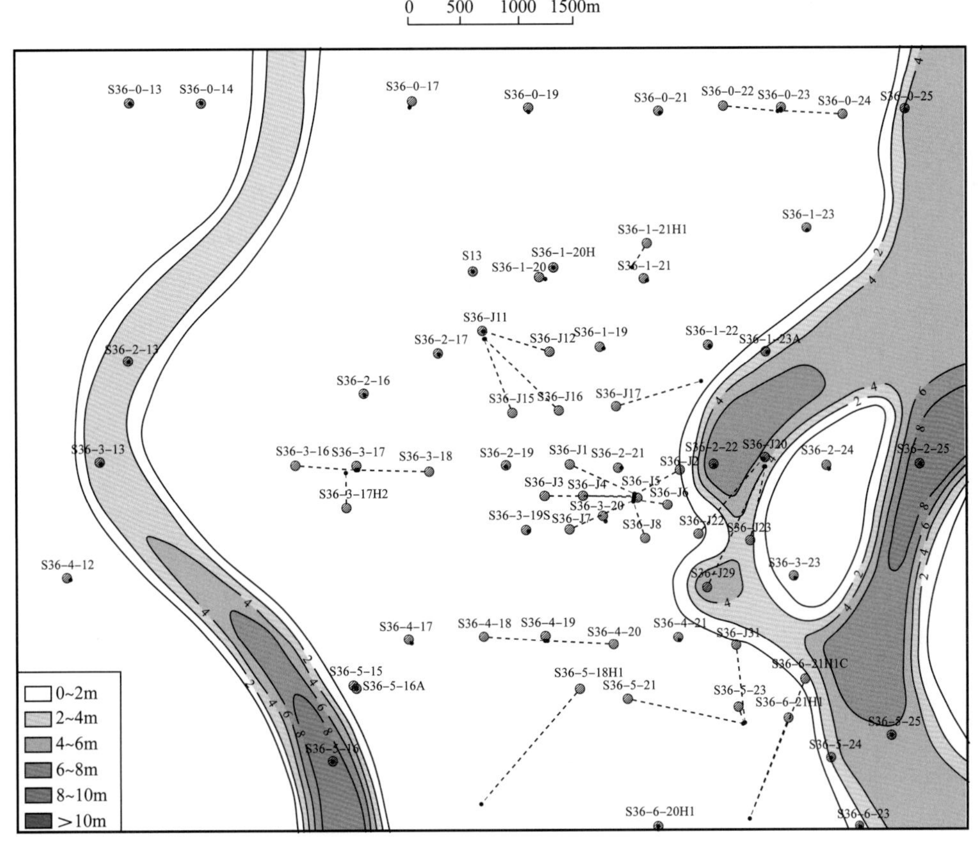

图6-6　盒$8_{上}^{1-2}$单层砂体等厚图

纵向上，各单层河道砂体厚度变化不大，分布在3.3～4.1m之间（图6-7）。其中盒$8_{上}^{2-1}$单层砂体平均厚度最大（平均为4.1m），盒$8_{上}^{1-1}$单层砂体平均厚度最小（平均为3.3m）。

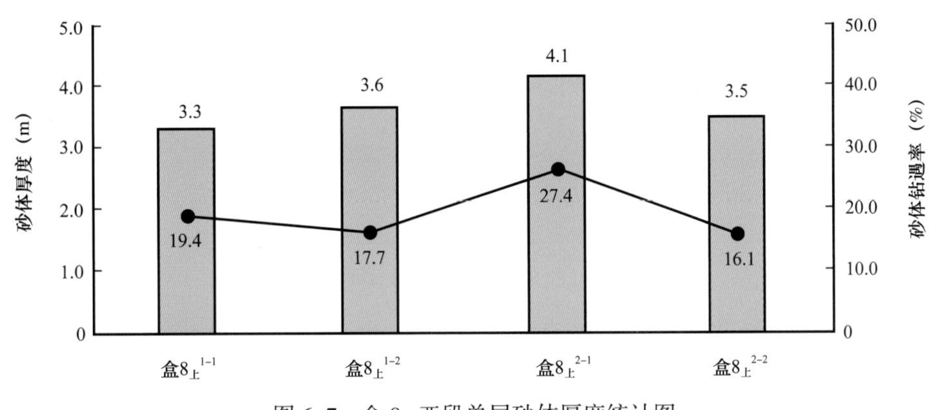

图6-7　盒$8_{上}$亚段单层砂体厚度统计图

从垂向变化看，自下而上，砂体厚度先变大，后逐渐变小。砂体钻遇率变化与砂体厚度变化基本一致，盒 $8_{上}^{2-1}$ 单层砂体钻遇率最高，达 27%。砂体厚度与砂体钻遇率的规律性变化反映了各单层沉积时期的水体能量变化。盒 $8_{上}^{2-2}$ 沉积期水体能量最小，河道宽度小，砂体沉积厚度小，砂体呈孤立状产出，连片性强；向上，水体能量逐渐增大，到盒 $8_{上}^{2-1}$ 沉积期，河道宽度最大，连片性最好，砂体沉积厚度也最大；再向上，水体能量又逐渐减弱，河道宽度、砂体沉积厚度逐渐小。

2. 盒 $8_{下}$亚段

盒 $8_{下}$亚段细分为 6 个单层，自上而下分别为盒 $8_{下}^{1-1}$、盒 $8_{下}^{1-2}$、盒 $8_{下}^{1-3}$、盒 $8_{下}^{2-1}$、盒 $8_{下}^{2-2}$ 和盒 $8_{下}^{2-3}$。沉积类型属辫状河沉积。砂体顺主河道方向呈宽条带状分布，仅在局部发育河间沉积，整体上呈现出“砂包泥”特征（图 6-8）。河道砂体宽度一般大于 2000m，局部河道发生交汇，砂体横向拼接，形成连片砂体。但在个别单层（如盒 $8_{下}^{1-2}$）河道砂体规模较小，宽度一般小于 1000m，连片性差，河间沉积发育（图 6-9）。

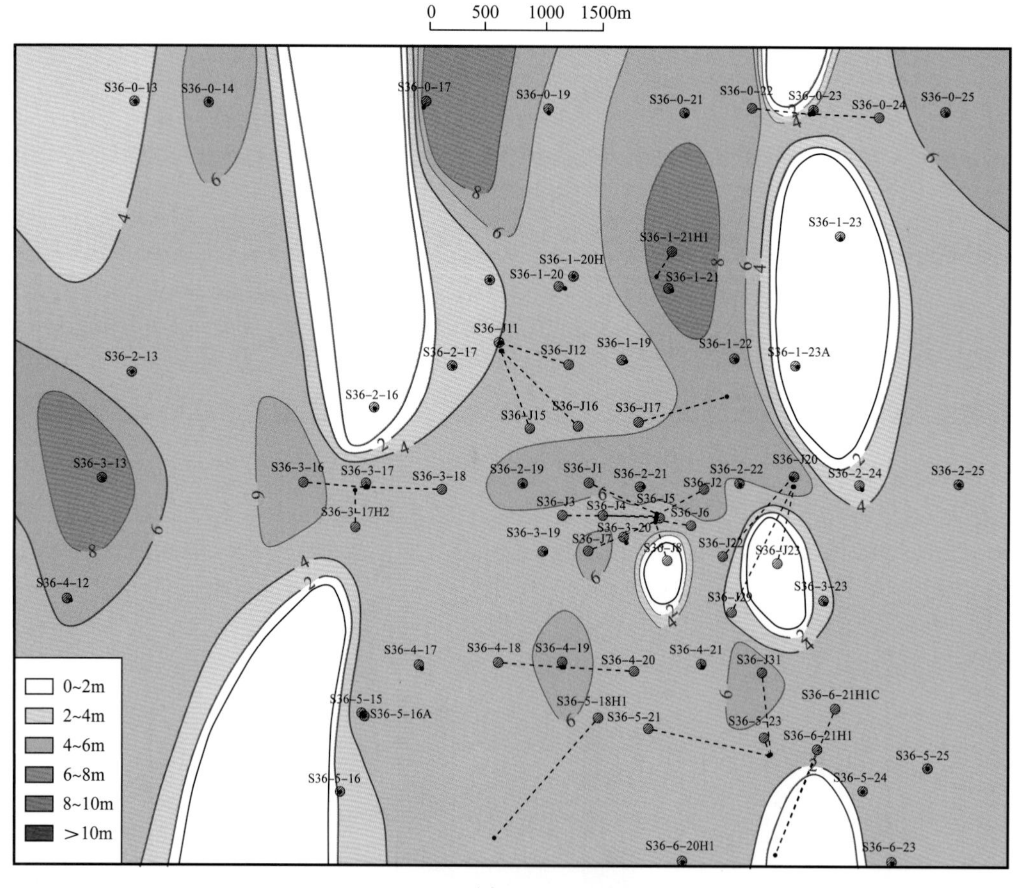

图 6-8 盒 $8_{下}^{1-2}$ 单层单砂体等厚图

各单层厚度变化不大，分布在 2.5～3.4m 之间，自下而上，砂体厚度呈逐渐增厚趋势（图 6-10）。其中盒 $8_{下}^{2-3}$ 单层砂体平均厚度最小（平均为 2.5m），盒 $8_{下}^{1-1}$ 单层砂体平均厚度最大（平均为 3.4m）。

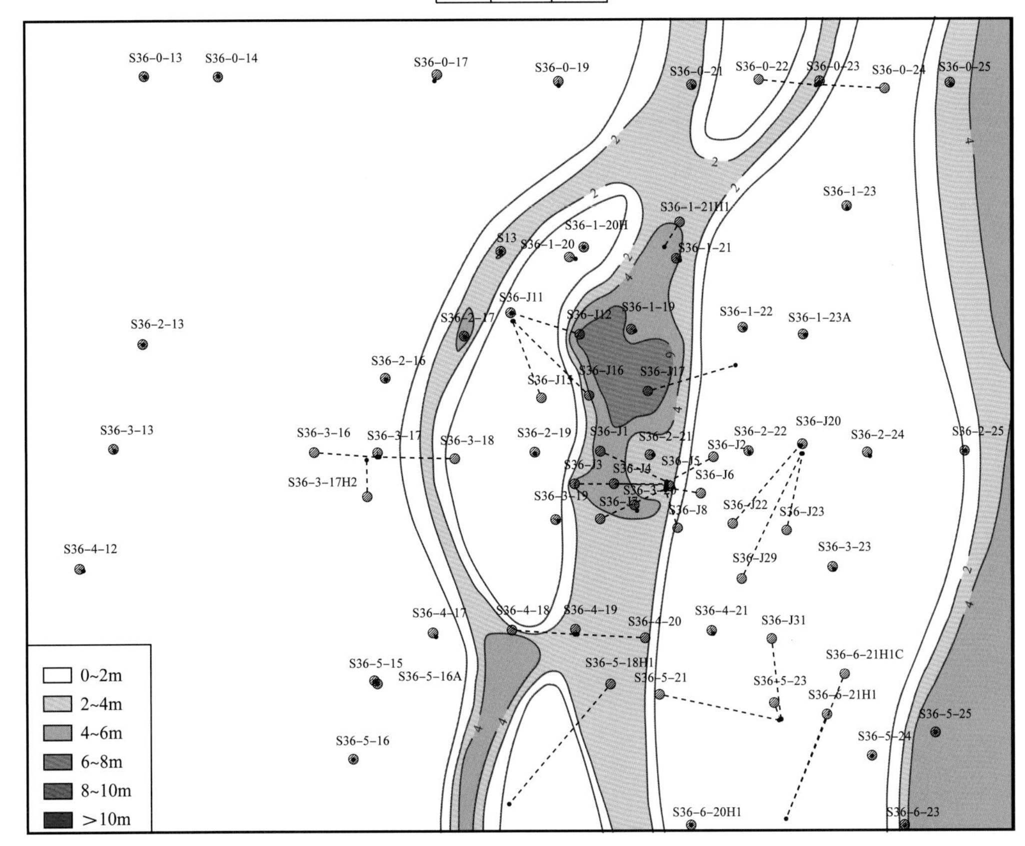

图 6-9　盒 $8_{下}^{2-1}$ 单层单砂体等厚图

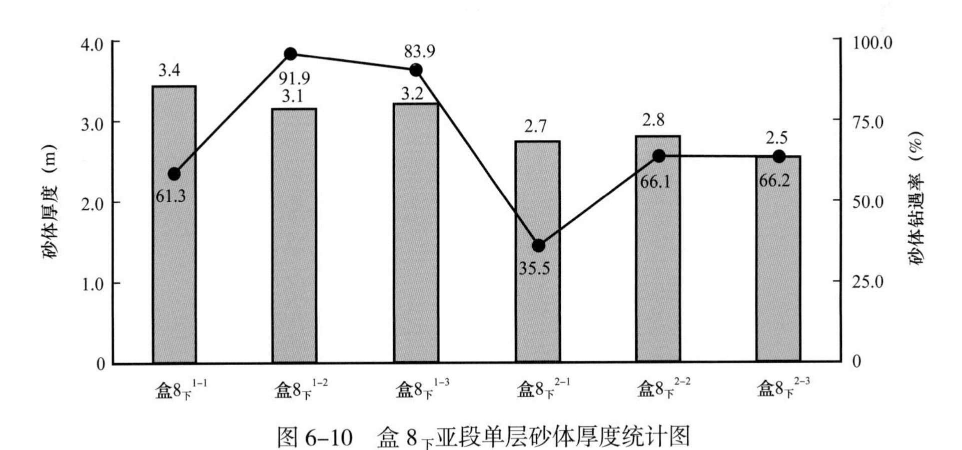

图 6-10　盒 $8_{下}$亚段单层砂体厚度统计图

砂体钻遇率变化与砂体厚度变化同步性较差，整体上表现为 2 个旋回（盒 $8_{下}^{2-3}$—盒 $8_{下}^{2-1}$，盒 $8_{下}^{1-3}$—盒 $8_{下}^{1-1}$），均是自下而上砂体钻遇率逐渐变小。每一个旋回都意味着河道砂体规模逐渐向上变小，河道砂体由宽而浅逐渐演化为窄而深。

3. 山 1 段

山 1 段细分为 6 个单层：山 1_1^1、山 1_1^2、山 1_2^1、山 1_2^2、山 1_3^1 和山 1_3^2。各单层均为曲流河沉积体系。单层内河道砂体以窄条带状分布为主，局部呈宽条带状分布

（图 6-11）。与盒 $8_上$亚段相比，其河道形态基本相同，但河道规模比盒 $8_上$亚段要大一些，河道连片性要好一些。

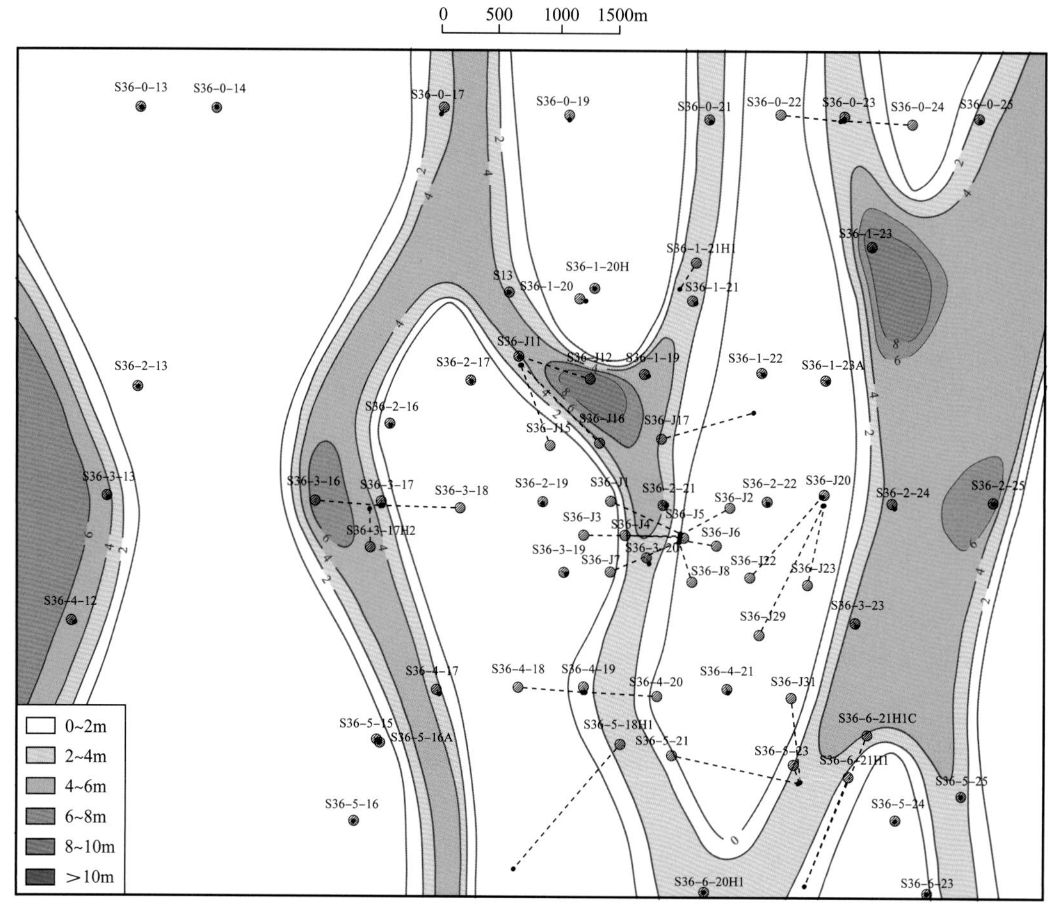

图 6-11　山 1_1^2 单层砂体等厚图

垂向上，各单层厚度变化不大，分布在 2.7～3.9m 之间。自下而上，砂体厚度呈逐渐减薄趋势（图 6-12）。其中山 1_3^2 单层砂体平均厚度最大（平均为 3.9m），山 1_1^1 单层砂体平均厚度最小（平均为 2.7m）。

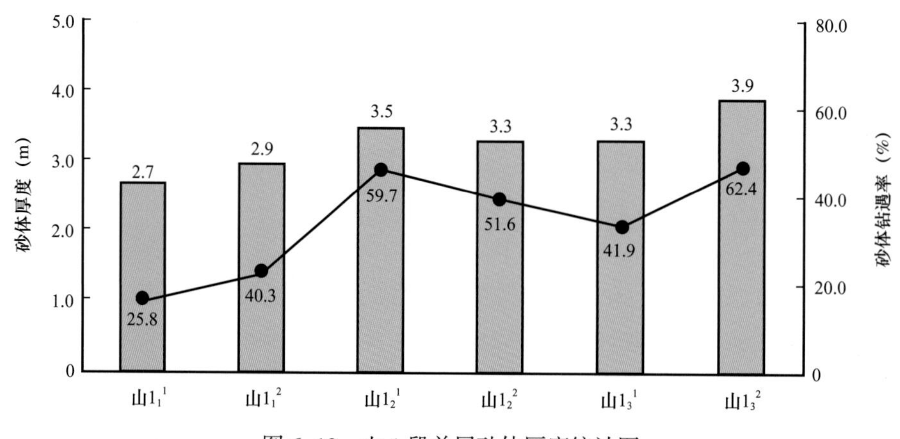

图 6-12　山 1 段单层砂体厚度统计图

山 1_3^2 单层砂体钻遇率最高，可达 62.4%，同时砂体厚度最大，表明山 1_3^2 沉积期，水动力条件好，能量强，砂体发育，连片性好，河道呈现宽而深特征；向上至山 1_3^1 单层，河道变窄变浅；再向上至山 1_2^2 单层，河道变宽变深；再向上河道变窄变浅。

第二节　储层有效砂体及连通性分析

一、有效砂体判别分类标准

苏里格气田在提交储量时，将孔隙度 5%、渗透率 0.1mD 确定为储层物性下限。本次分类沿用储层物性下限标准，将孔隙度小于 5%、渗透率小于 0.1mD 的储层划分为非储层。为进一步确定电性标准，选取密井网区孔隙度、渗透率，以及测井解释结论三条曲线，通过神经网络判别出所有有效储层（主要是指气层和含气层）孔隙度、渗透率的分布，分析可知，有效储层的下限为 GR≤64API；AC≥206μs/m；DEN≤2.55g/cm³；SH≤15.0%；SG≥50%（表 6–1）。

表 6–1　苏里格气田密井网区有效砂体判别标准

项目	物性参数		测井参数				
参数	渗透率（mD）	孔隙度（%）	自然伽马（API）	声波时差（μs/m）	含气饱和度（%）	泥质含量（%）	密度（g/cm³）
限值	≥0.1	≥5.0	≤64	≥206	≥50	≤15.0	≤2.55

依据上述判别标准对苏里格气田密井网区各井进行有效储层识别与划分，在此基础上，以沉积微相分布特征为约束，进行有效砂体空间分布的精细刻画。

二、有效砂体分布特征

苏里格气田密井网区井网密度达到 300m×400m，有利于进行有效砂体在构型要素内部的分布规律研究。在构型要素控制下，分析有效砂体分布规律。

1. 含气面积确定

根据储层构型、有效砂体在构型要素内的分布规律，再结合单井测井综合解释成果、有效砂体钻遇率圈定或推测各层内含气面积。其原则如下：

1）圈定含气面积原则

（1）单一构型要素内单井均钻遇有效砂体时，以该单一构型要素范围圈定含气面积。

（2）在单一构型要素内，相邻两井中 1 口井为有效砂体、1 口井为干层时，取两井井距 1/2 圈定含气面积。

2）推测含气面积原则

在某单层的某一条单一河道的某一构型要素（如点坝或心滩）内，未钻井的某一构型要素距离已钻井实证为含气层的同类构型要素越近时，该未钻井的构型要素为含气层的可能性越大，其可能性大小与该单层单一河道构型要素内的有效砂体钻遇率高低相关。

根据以上原则，在构型单元平面分布图上，绘制了各单层的含气面积图。

2. 辫状河有效砂体分布特征

1）5 级构型单元内有效砂体分布特征

盒 $8_下$亚段各单层有效厚度相对较厚，一般在 2.0～6.0m 之间，部分区域大于 6.0m，最大厚度为 8.1m。从有效砂体厚度分布图中可以看出（图 6–13），盒 $8_下$亚段辫状河储层有效砂体分布受控于储层构型单元的分布。有效砂体分布在河道亚相（5 级构型单元）内部，但有效砂体平面连续性因层而异，且垂向表现出明显的规律性。盒 $8_下^2$、盒 $8_下^1$ 两个砂层组均表现出明显正旋回特征，盒 $8_下^{2-3}$、盒 $8_下^{1-3}$ 单层有效砂体分布面积大，连片性好，有效砂体钻遇率分别达 45.2%，62.9%。含气砂体面积自下而上逐渐变小，盒 $8_下^{2-1}$、盒 $8_下^{1-1}$ 单层有效砂体钻遇率分别为 21.0%，11.3%，平面连续性逐渐变差，有效砂体形态由片状逐渐过渡为零散的孤立状。

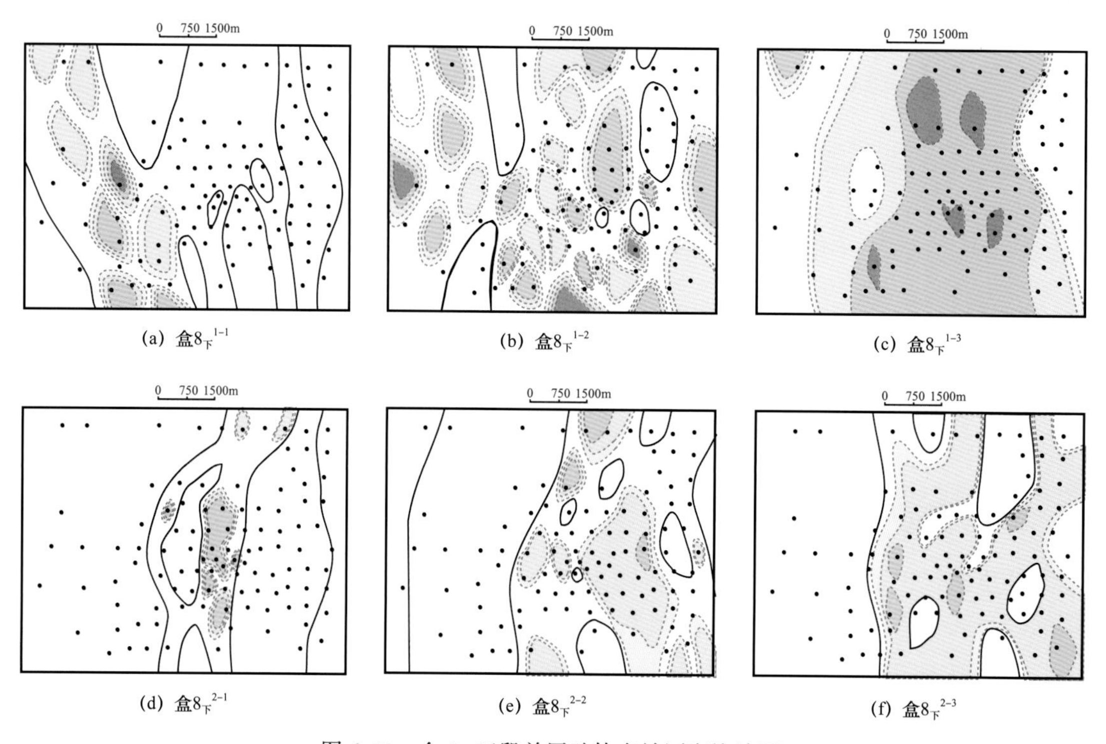

图 6–13　盒 $8_下$亚段单层砂体有效厚度统计图

从有效砂体剖面来看，盒 $8_下$亚段有效砂体主要位于辫状河心滩内，顺地层分布，呈透镜状或多个不同级别的有效砂体横向复合连片分布（图 6–14）。

2）4 级构型单元内有效砂体分布特征

从密井网区自南向北 4 条盒 $8_下^{1-3}$ 单层心滩构型要素与有效砂体叠合剖面看（图 6–15，图 6–16），有效砂体在心滩内顺层分布。顺水流方向，心滩迎水面含气和饱和度高，迎水面至背水面含气性逐渐变差，有效厚度逐渐变薄。局部发育的串沟将有效砂体分割为几部分，造成有效砂体连通性变差。垂直水流方向，心滩中部含气饱和度高，有效砂体厚度大；向两侧含气饱和度逐渐降低，有效砂体厚度逐渐减薄。垂向上，

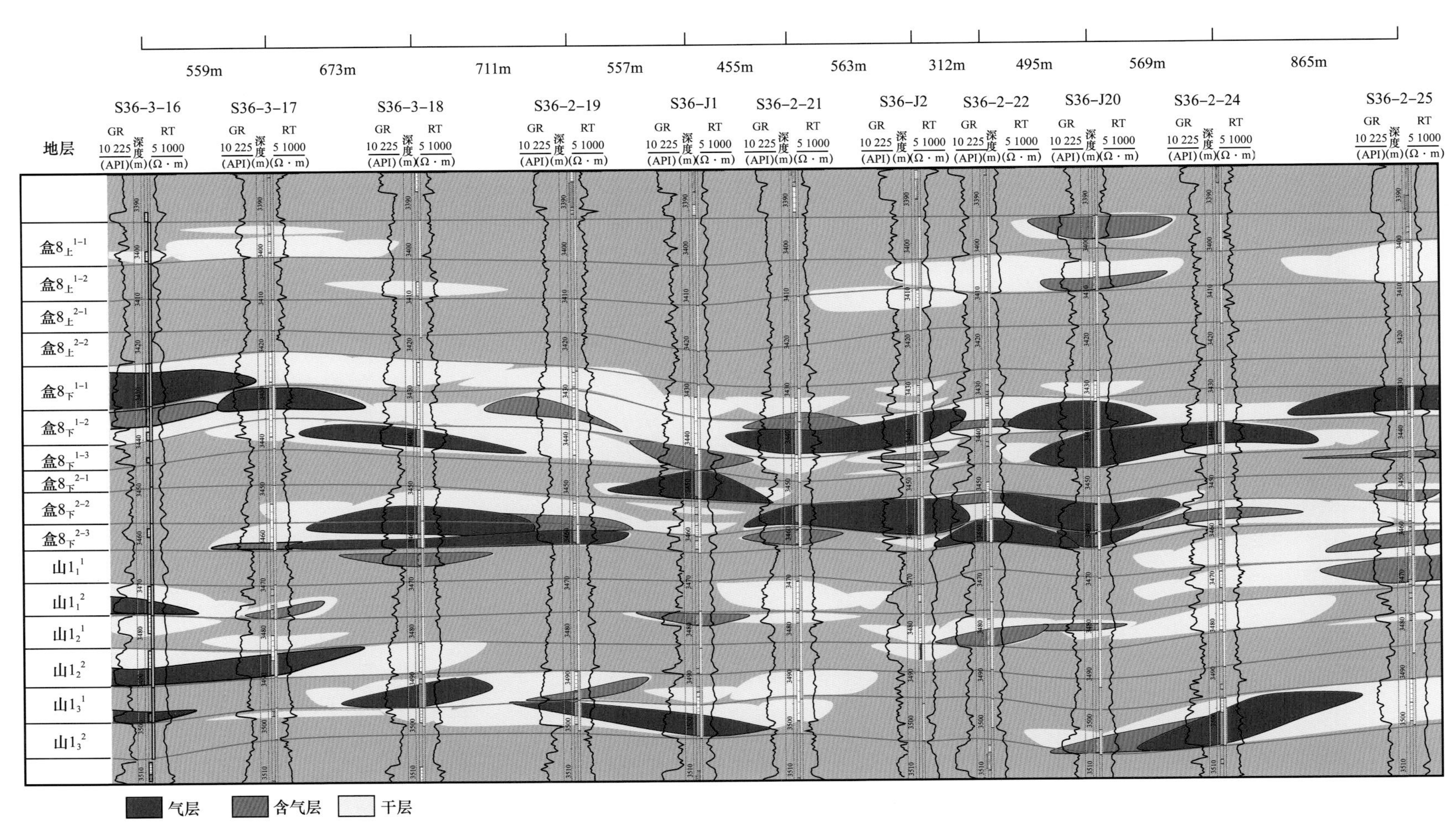

图6-14　盒$8_下^{1-3}$单层心滩的构型要素与有效砂体叠合剖面

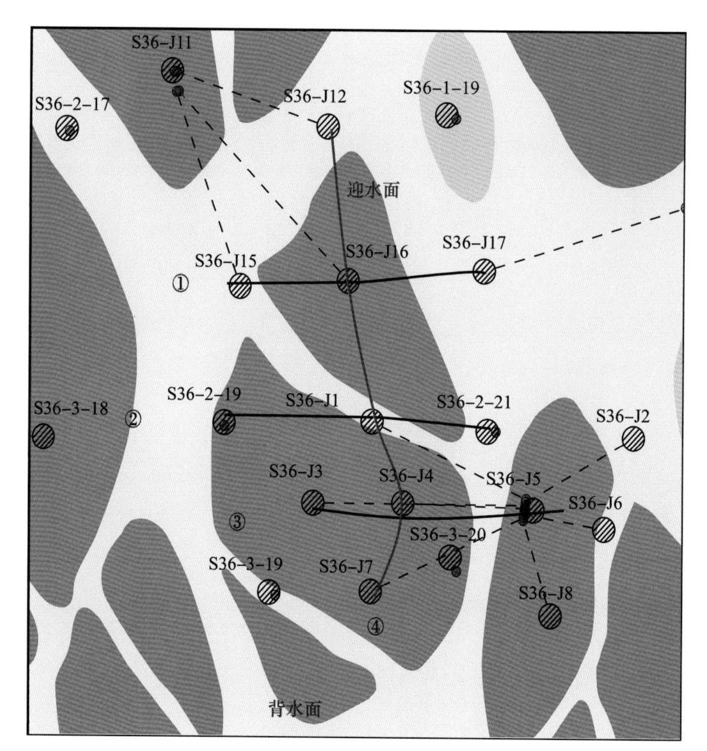

图 6-15　盒 $8_{下}^{1-3}$ 单层心滩构型要素与有效砂体叠合剖面平面位置图

心滩底部含气饱和度高，有效砂体面积大；向上含气饱和度低逐渐降低，有效砂体面积变小。

有效砂体空间分布主要受构型单元内物性差异控制，迎水面水动力强，沉积物粒度粗，孔隙度较大，含气性好，是有效砂体发育的主要部位；背水面水动力弱，沉积物粒度细，物性差，且落淤层发育，造成含气差。垂直水流方向，心滩中部沉积物粒度粗，向两侧逐渐过渡为辫流水道微相，沉积物粒度逐渐变细，物性变差，含气性变差。心滩砂体剖面呈底平顶凸状，底部宽、顶部窄，故心滩底部有效砂体面积大，顶部小。

3. 曲流河有效砂体分布特征

1）5 级构型单元内有效砂体分布特征

盒 $8_{上}$亚段、山 1 段均属于曲流河沉积，其沉积特征及有效砂体分布特征类似，仅以山 1 段进行详细阐述。

山 1 段各单层有效厚度相对较薄，一般在 2.0～4.0m 之间，部分区域大于 4.0m，最大厚度为 7.5m，总体厚度较盒 $8_{上}$亚段略厚。

从有效砂体厚度分布图中可以看出（图 6-17），山 1 段曲流河储层有效砂体分布受控于曲流河河道，溢岸砂内不发育有效砂体。有效砂体分布在河道亚相（5 级构型单元）内部，受曲流河点坝控制，以孤岛状分布为主，有效砂体规模小，横向不连续。山 1_3^2 单层有效砂体钻遇率较高，可达 23.5%；山 1_1^2、山 1_3^2 单层有效砂体钻遇率较高，分别为 56.5%、52.4%，但以差气层为主。

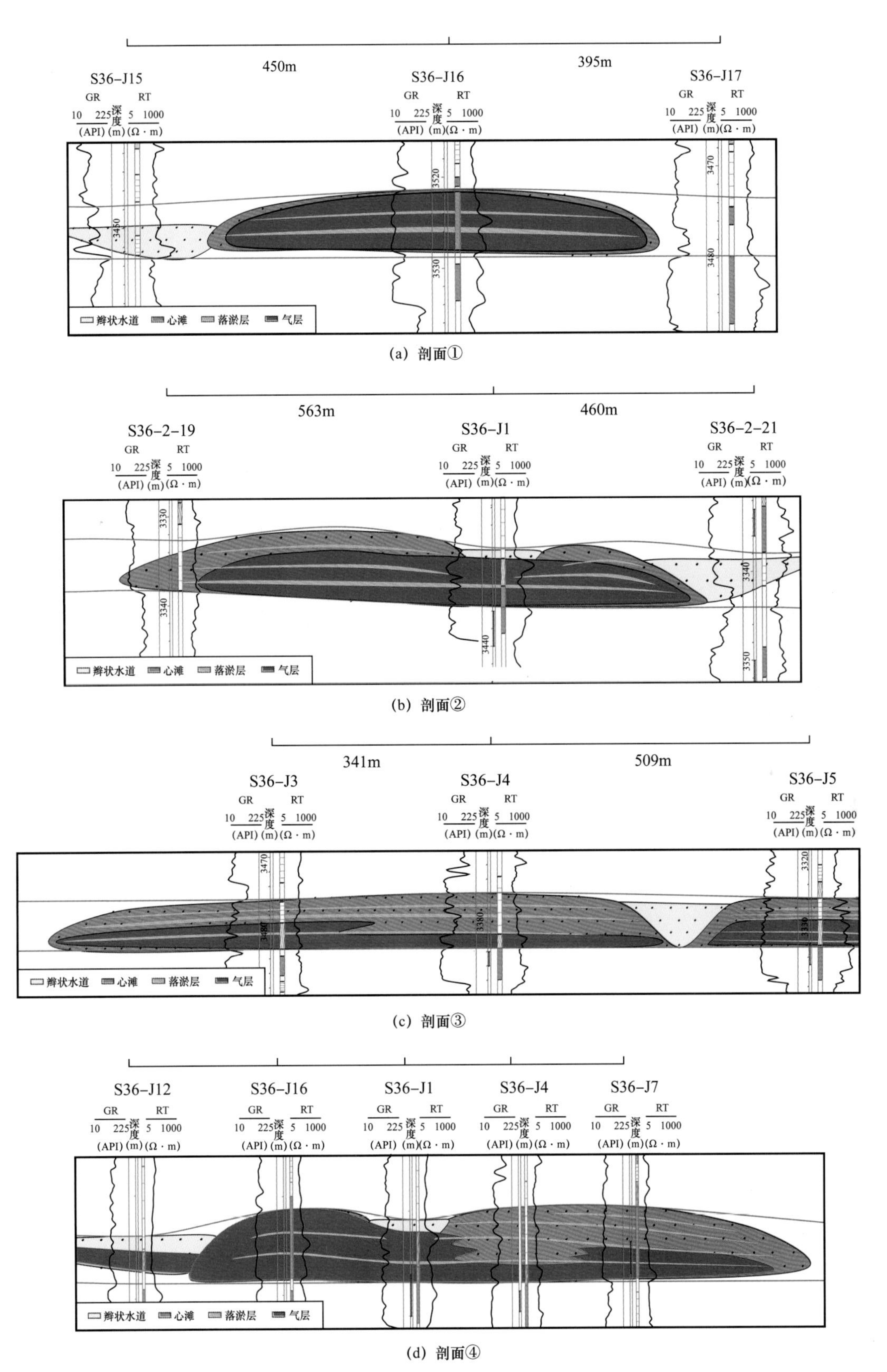

(a) 剖面①

(b) 剖面②

(c) 剖面③

(d) 剖面④

图 6-16 盒 $8_{下}^{1-3}$ 单层心滩构型要素与有效砂体叠合剖面

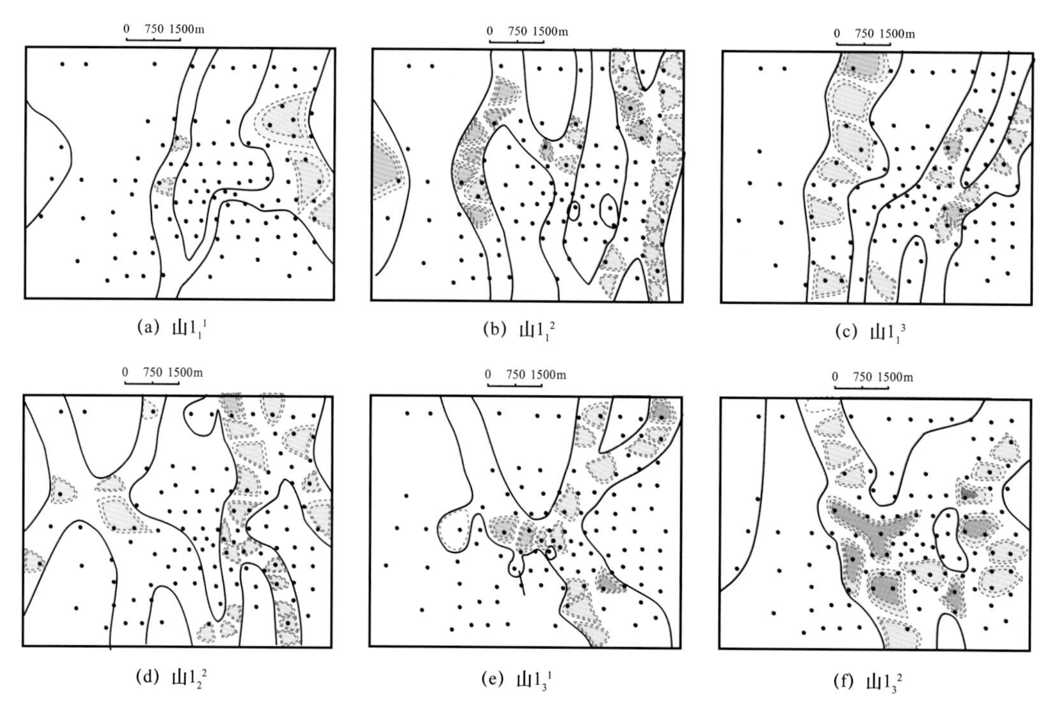

图 6-17 山 1 段单层砂体有效厚度统计图

从 5 级构型剖面看，山 1 段、盒 $8_{上}$亚段曲流河沉积内，有效砂体分布特征基本相同曲流河点坝内，以透镜状为主；与盒 $8_{下}$亚段辫状河有效砂体分布相比，其横向连续性差，砂体规模小。

2）4 级构型单元内有效砂体分布特征

从密井网区 4 条山 1_3^1 单层点坝构型要素与有效砂体叠合剖面看（图 6-18，图 6-19），曲流河的有效砂体仅分布在点坝侧积体内，沿侧积体分布。但并不是每一个点坝砂体内都发育有效砂体，相当大一部分点坝砂体均被解释为干层，统计表明山 1 段各单层的点坝内有效砂体钻遇率仅为 33.3%～56.5%。即使是在点坝砂体内发育有效砂体，有效砂体往往局限于某一侧积体，有效砂体规模通常比较小。

4. 有效砂体连通性分析

根据精细地层对比和沉积微相研究，结合测井解释成果，对有效砂体的连通性和叠置关系进行了研究。

盒 $8_{下}$亚段为辫状河沉积，处于低可容纳空间，沉积物供给充沛，河道大面积展布，横向复合连片。砂体类型以心滩砂体以及少量辫流水道砂体为主。有效砂体的分布主要受 4 级构型单元控制分布于边滩砂体中，辫流水道砂体内有效砂体不发育。从剖面看，由于心滩砂体长轴方向与河道方向平行，砂体连通性好，故有效砂体沿河道展布方向分布，有效砂体连续性较好，延伸范围较长，连通长度多数大于 1 个排距，平均连通长度为 952m（图 6-20）。垂直河道方向，由于受到“滩道相间”沉积模式的影响，有效砂体主要分布在粒度较粗的心滩砂体内部，辫流水道泥质含量高，几乎不发育有效砂体，因此有效砂体分布较为局限，横向往往被辫流水道分割，造成有效砂体延伸范围小，井间有效砂体几乎没有连通，单个有效砂体宽度通常小于 1 个井距，平均约为 350m

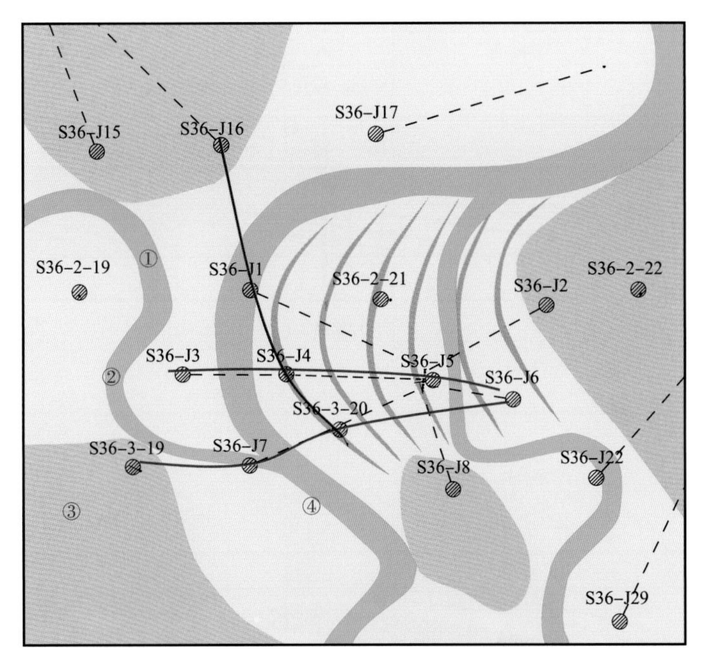

图 6-18　山 1_3^1 单层心滩构型要素与有效砂体叠合剖面平面位置图

（图 6-21）。垂向上呈多期叠置特征，局部由于后一期河道对前期河道的下切，常造成两期河道砂体相互连通。

盒 $8_上$亚段和山 1 段为曲流河沉积，处于高可容纳空间，同时沉积物供给较少，河道不发育，砂体分布较局限，主要发育点坝砂体。有效砂体主要分布于部分点坝砂体中，呈顺河道方向展布，受废弃河道阻隔，有效砂体连续性较差，连通长度相对辫状储层较小，平均连通长度为 527m（图 6-20）。从垂直物源剖面（图 6-21）中可以看出，有效砂体分布非常局限，横向连通距离通常不超过 1 个井距，平均宽度小于 500m。

5. 有效砂体主控因素

1）物源及母岩性质的影响

物源区母岩是有效砂体形成的物质基础，砂岩的储集性能与母岩性质密切相关。盆地北部存在两大物源区：西部为中元古界富石英物源区，母岩岩性以石英岩为主，石英含量可达 80%～95%；东部为太古宇相对贫石英物源区，母岩岩性以酸性侵入岩为主，石英含量仅为 25%～60%。

苏里格地区岩石类型可划分为三大类：岩屑砂岩、岩屑石英砂岩和石英砂岩。研究表明，不同类型的砂岩其储层物性存在明显的差别（图 6-22），石英砂岩储层物性明显好于岩屑石英砂岩和岩屑砂岩，储集砂岩的孔隙度、渗透率表现出与石英含量呈正相关，而与岩屑含量呈负相关的规律。因此石英砂岩和岩屑石英砂岩是形成有效储层的主要岩石类型。

2）沉积环境的影响

沉积环境是影响储层储集性能的地质基础，不同沉积微相砂岩储集性能之间存在明显

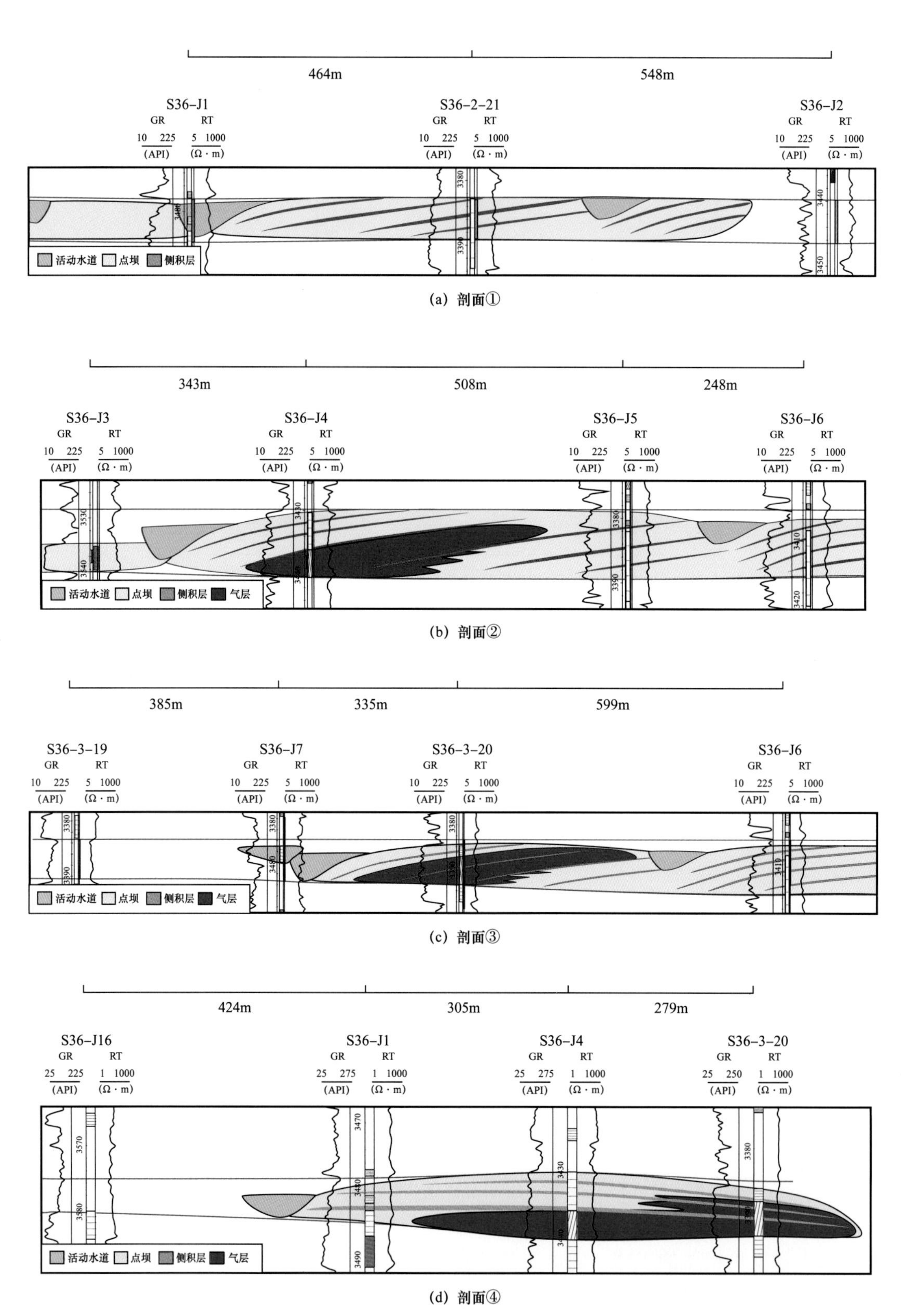

图 6-19 山 1_3^1 单层心滩构型要素与有效砂体叠合剖面

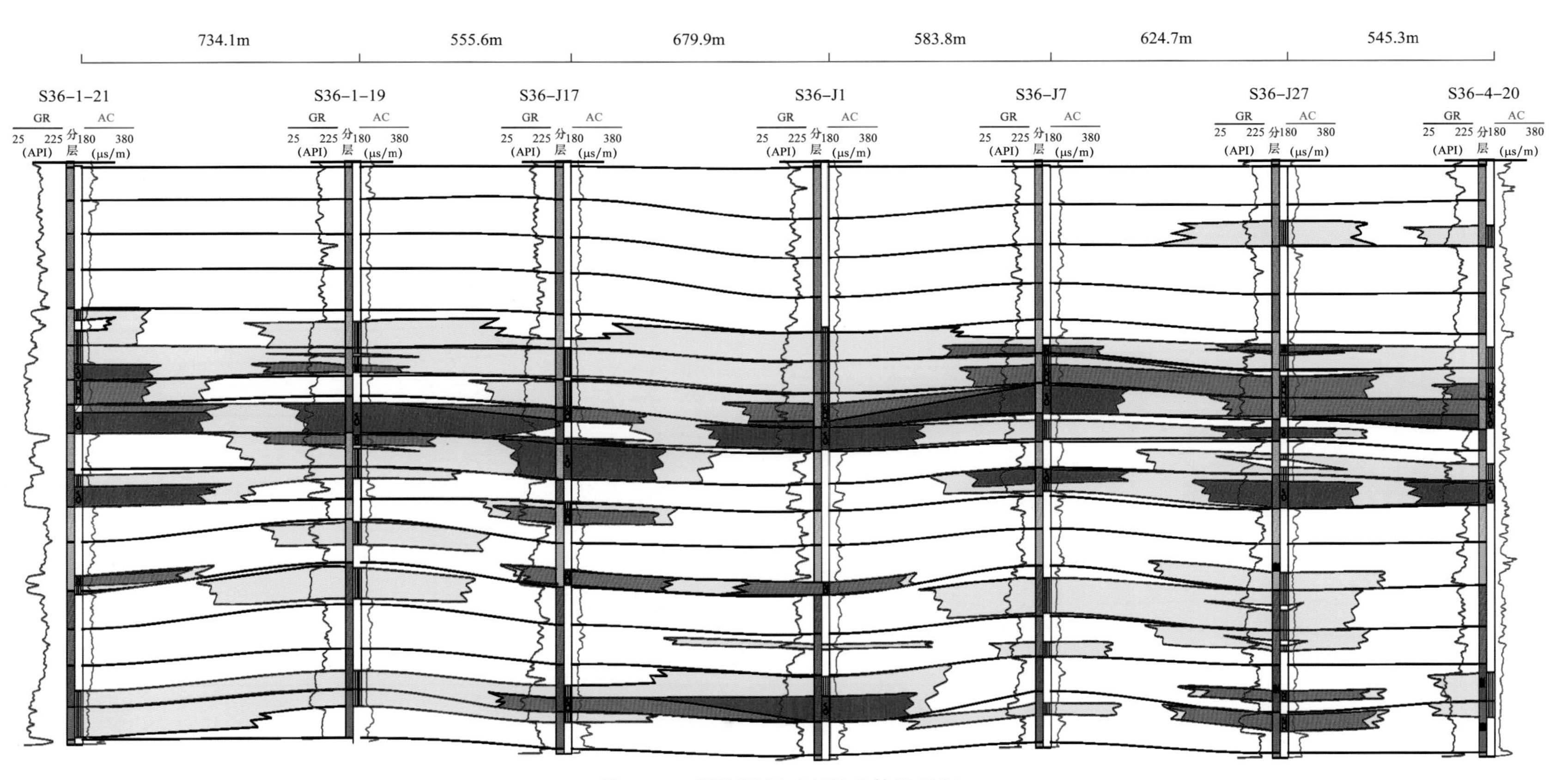

图 6-20　顺物源剖面有效砂体连通图

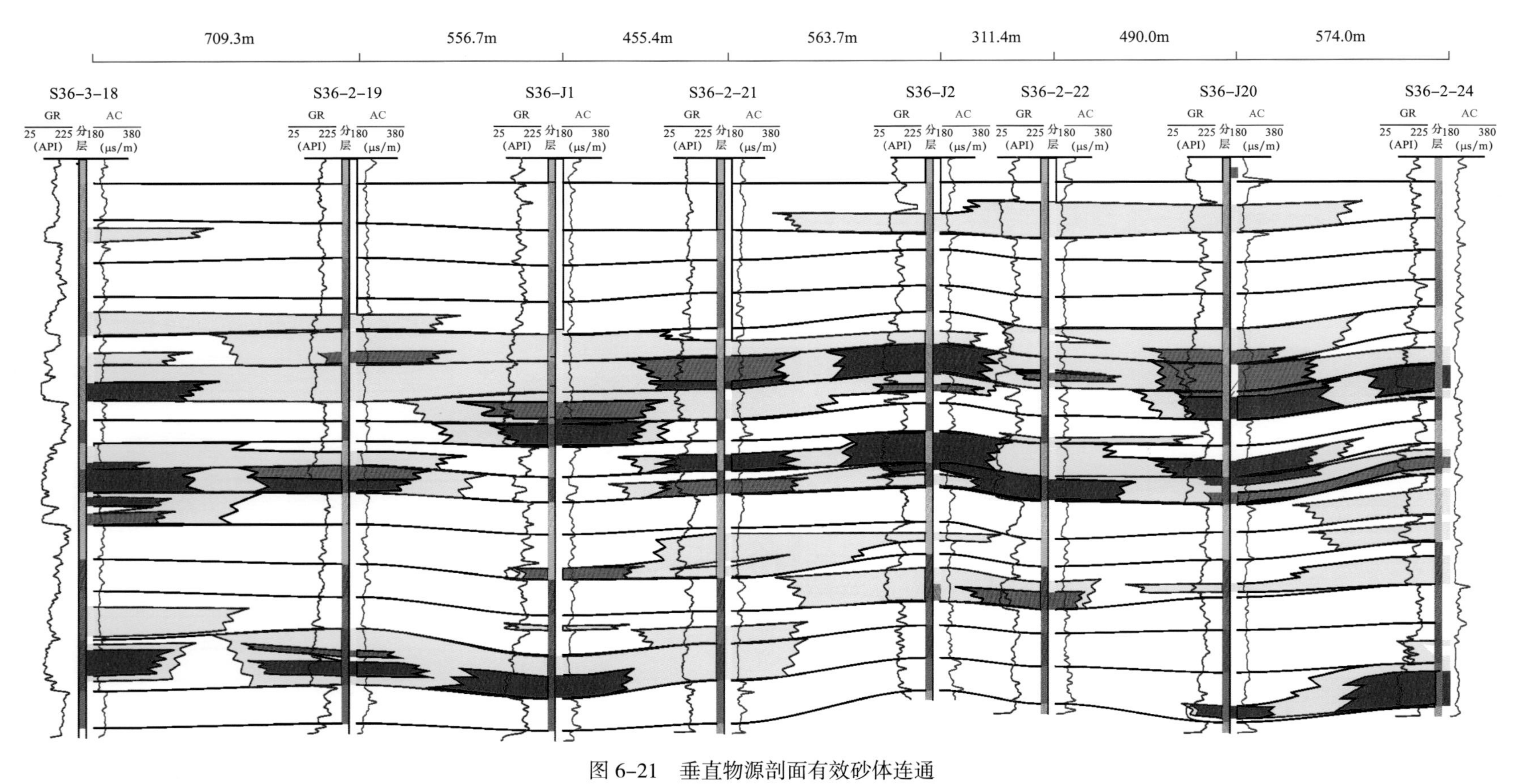

图 6-21 垂直物源剖面有效砂体连通

差异。其中曲流河沉积砂体规模较小，横向连片性较差；辫状河道频繁摆动迁移，砂体多期复合叠置，发育规模大，横向连片性较好。

(a) 岩屑砂岩

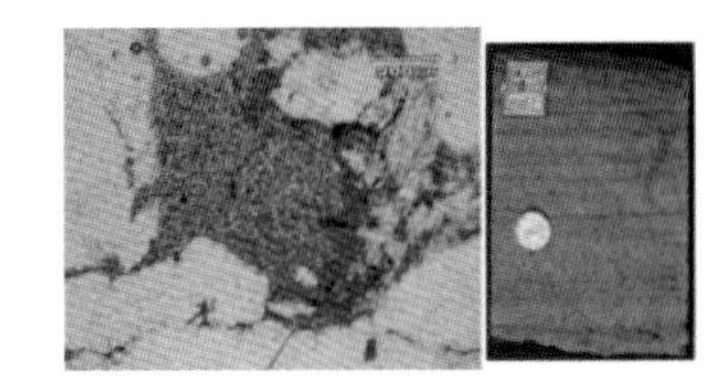

(b) 岩屑石英砂岩

(c) 石英砂岩

图 6-22　苏里格地区主要岩石类型

（a）压实致密成岩相，明显细歪度，孔隙不发育，进汞饱和度低；（b）不完全溶蚀微孔成岩相，孔喉均小，细歪度，分选较好；（c）粒间孔—颗粒溶孔成岩相，大孔细喉，粗歪度，分选较差

山 1 段、盒 $8_{上}$亚段沉积时期，为曲流河沉积，随着曲流河河道逐渐迁移改道，砂岩大多成串珠状分布或孤立分布，连续性差；由下向上有河流作用逐渐减弱的趋势。盒 $8_{下}$亚段沉积时期，为辫状河沉积，随着辫状河道频繁迁移改道，砂岩大面积连片分布，砂体连续性好，叠置多；由下向上有河流作用逐渐减弱的趋势。

有效储层的发育受沉积相控制明显，水动力较强的点坝和心滩及河道充填下部沉积的粗砂岩、含砾粗砂岩等粗岩相是形成有效储层的主要沉积部位。据不同沉积微相统计结果，储集砂体中，点坝、心滩储集物性较好。同一沉积微相不同部位的砂岩储层物性也存在差异，如水动力较强的点坝、心滩砂体中，主体部位储层物性较好，而向边缘地带，水动力减弱，颗粒变细，分选变差，孔隙度、渗透率相应变小。

3）成岩作用的控制

成岩作用对储层储集性能具有明显的控制作用，其影响包括改善和破坏两个方面。盒 8 段、山 1 段砂岩储集性能明显受到成岩作用的影响和改造，其中对储层物性改造较大的成岩作用主要有机械压实作用、胶结作用和溶蚀作用。

机械压实作用：使颗粒被压致密，是原生孔隙度降低的重要原因之一。抗压效果与储集岩的矿物成分有关。砂岩碎屑颗粒中，石英颗粒的抗压实能力最强，长石次之，岩屑抗压强度最小。盒 8 段、山 1 段砂岩岩性致密，在埋藏过程中，因强烈的压实作用，颗粒多呈点—线接触，以线接触为主，部分石英颗粒表面因压实作用出现微裂缝、波状消光以及次生加大；泥岩岩屑、云母等塑性颗粒经压实后，发生弯曲变形，甚至被挤入粒间孔隙中，造成假杂基产状，小颗粒嵌入大孔隙内，使原生粒间孔隙快速降低以至消失，导致储集物性变差。

胶结作用：其形成过程是缩小原生粒间孔隙的过程，对原生粒间孔隙造成一定的破坏，但是早期形成的环边薄膜的胶结物将松散的沉积物胶结成岩，提供了碎屑颗粒间的支撑，可有效地增强岩石的抗压实能力，使部分粒间孔隙得以保存，对储层物性的改善具有一定的积极作用。研究区储集岩的胶结物主要有碳酸盐、黏土矿物、硅质和长石，不同的胶结矿物对储层的影响有所差异。

溶蚀作用：是一种建设性成岩作用，可以形成大量的次生孔隙，能有效地改善储层的储集性能。

三、有效砂体规模

1. 辫状河有效砂体规模

对苏里格气田密井网区盒 $8_{下}$亚段各单层内有效砂体厚度、长度和宽度进行测量。根据测量结果建立该区辫状河有效砂体厚度、长度和宽度的频率直方图。

由频率直方图可知，盒 $8_{下}$亚段辫状河储层有效单砂体厚度一般为 1～8m，集中在 2～5m 之间，约占总数的 64%，有效单砂体平均厚度约为 3.7m（图 6-23）。

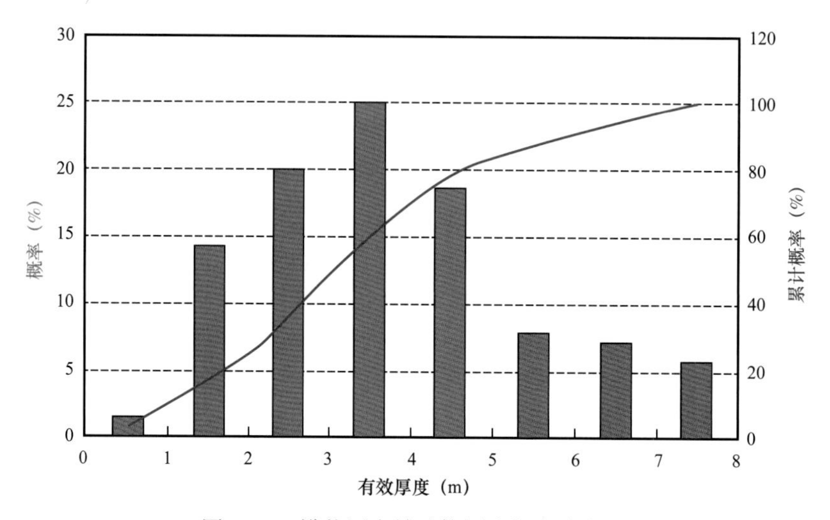

图 6-23　辫状河有效砂体厚度频率直方图

有效单砂体长度为 1000～2000m，约占总数的 64%；有效单砂体平均长度约为 1150m（图 6-24）。

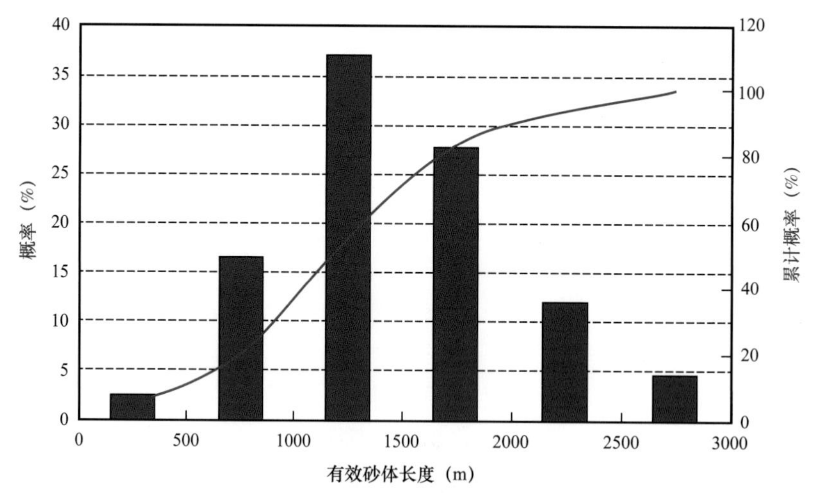

图 6-24　辫状河有效砂体长度频率直方图

有效单砂体宽度为 500～1100m，约占总数的 66%；有效单砂体平均宽度约为 570m（图 6-25）。

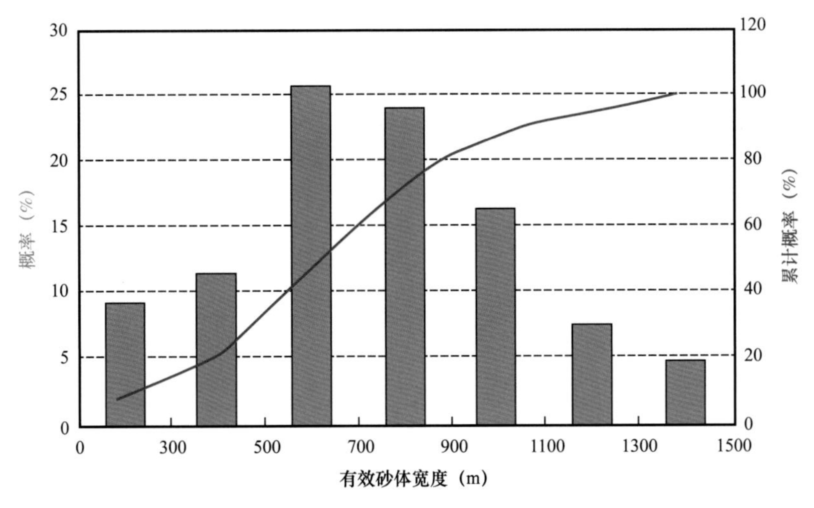

图 6-25　辫状河有效砂体宽度频率直方图

与前文通过剖面统计相比，通过平面图统计出的有效砂体规模偏大。其原因在于剖面位置受限，剖面通过位置与有效砂体长轴（或短轴）方位不一致，造成通过剖面统计出来的结果偏小。

2. 曲流河有效砂体规模

对苏里格气田密井网区盒 $8_{上}$亚段、山 1 段各单层内有效砂体厚度、长度和宽度进行测量。根据测量结果建立该区曲流河有效砂体厚度、长度和宽度的频率直方图。

由频率直方图可知，盒 $8_{上}$亚段、山 1 段内有效单砂体厚度分布在 2～5m 之间，约占总数的 64%。有效单砂体厚度平均约为 3.2m（图 6-26）。

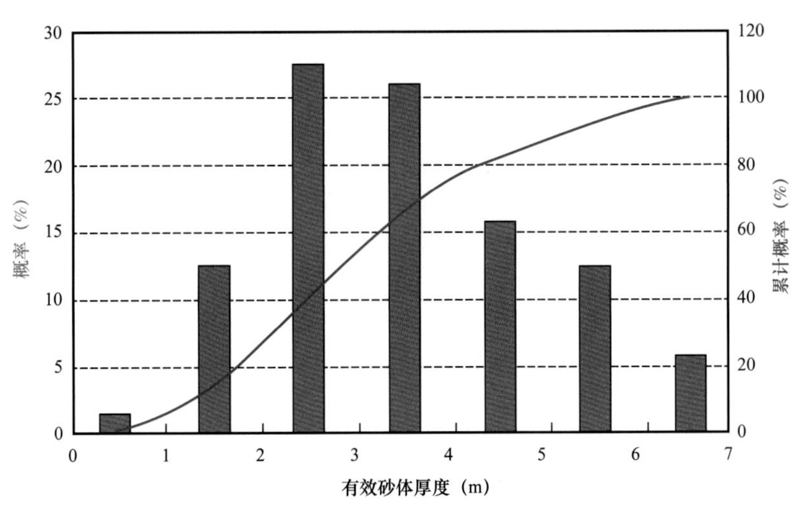

图 6-26　研究区曲流河有效砂体厚度频率直方图

有效单砂体长度为 500～900m，约占总数的 69%；有效单砂体平均长度约为 760m（图 6-27）。

有效单砂体宽度为 300～700m，约占总数的 75%；有效单砂体平均宽度约为 550m（图 6-28）。

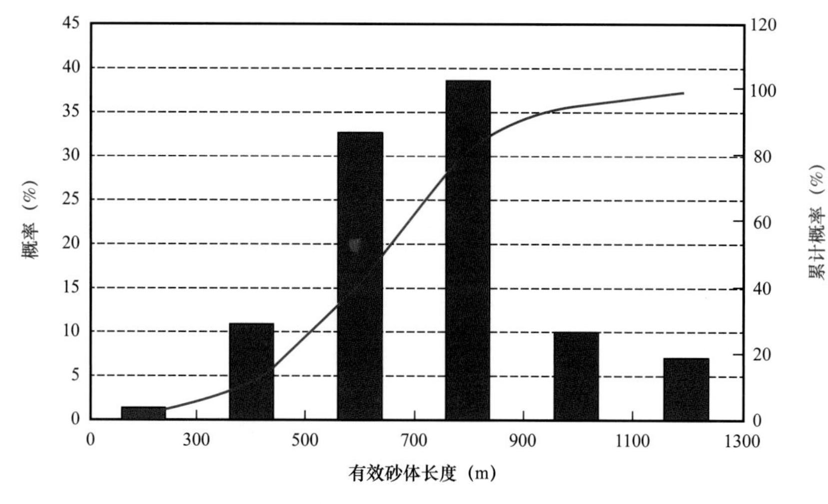

图 6-27　曲流河有效砂体长度频率直方图

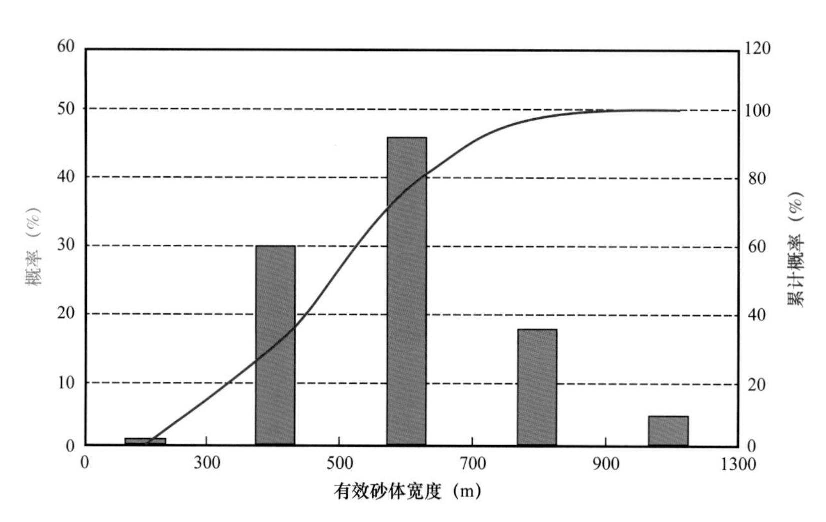

图 6-28　曲流河有效砂体宽度频率直方图

第七章　苏里格气田致密砂岩气藏储层地质知识库

第一节　储层地质知识库含义

储层地质知识库涉及范围广、包含内容多。按照不同沉积环境，可以将储层地质知识库分为不同类型，如扇三角洲地质知识库、高弯曲分流河道地质知识库和低弯曲分流河道地质知识库等。

目前，国内对储层地质知识库的研究较少，主要侧重于地质知识库的类型及应用研究，如陈程等利用滦平扇三角洲露头资料，基于扇三角洲不同微相、岩相及砂体规模尺度，建立扇三角洲地质知识库；利用双河油田密井网数据，建立扇三角洲前缘原型骨架模型，研究水下分流河道砂体的几何形态及分叉规律。贾爱林等研究丘陵油田地质特征，将露头地质知识库用于地质建模，有助于提高井间储层预测精度。

广义的储层地质知识库涵盖地质学研究的所有内容，狭义的地质知识库包括可定量表征各类砂体成因单元（建筑块或流动单元）的空间特征、边界条件和物理特征参数，以及定性表征的各种沉积模式。储层地质知识库是超越于单纯数字组合的综合性储层地质资料积累，可用于对未知储层进行分析、预测和地质建模。

储层地质知识库的建立是综合现代沉积、野外露头、水槽物理模拟试验和密井网解剖等方法，建立的定量表征各类砂体空间特征、边界条件和物理特征参数的一种数据库，涵盖了建模需要的地质统计信息，是储层随机建模中一项十分重要的基础工作，它直接影响到建模结果好坏（表 7-1）。所谓储层地质知识库是通过对研究目标的沉积成因，沉积规模，

表 7-1　辫状河储层地质知识库的结构与构建参数

级次	限定方式	构型要素	构建参数		
			构型要素特征	构型单元几何特征	物性特征
五级	古河床范围砂体带	辫流带	岩性、韵律、层理、岩心照片、测井响应	平面形态、横向规模、纵向规模、剖面特征、厚度、定量关系	砂地比、孔隙度、渗透率、变异因素
		溢岸			
		泛滥平原			
四级	辫状河单砂体	辫状河道			
		心滩坝			
三级	落淤层	沟道泥岩			

空间形态和展布规模等的总结和储层单井模型的统计分析。建立表征储层特征的地质知识，可以直接作为输入参数，参与储层随机建模或为某些参数确定模拟方法的选择及结果检验，提供数据或地质依据。

按照储层地质知识库的内容，可以两大类：定性部分和定量部分。

一、定性部分

定性部分主要是建立储层构型模型。研究的内容主要涉及四部分：

（1）利用资料进行地层的精细划分与对比，建立精细的小层对比与划分数据库；

（2）储层构型划分体系的建立，主要是在精细等时地层格架内进行岩石相分析和沉积学分析，建立构型划分体系；

（3）构型配置样式（模式）的总结，主要包括两个大的方面：一方面是通过小层划分界线发育规律分析和储层隔夹层发育特点刻画，来实现储层构型界面表征；另一方面是综合沉积、成岩作用、孔隙结构等储层宏观和微观特征，实现不同成因和级次储层单砂体构型单元自身发育规律研究；

（4）在上述研究基础上分析剩余油气分布规律，最终总结一套储层建筑结构表征技术，为储层有效开发和剩余油气挖潜提供指导。

二、定量部分

不同的随机模拟方法对所需的参数有所不同，总的说来，可以将储层定量地质知识库的主要内容概括为表 7–2。

表 7–2　储层定量地质知识库的基本内容（据李少华，修改）

类别	主要内容
油藏	坐标数据（包括井轨迹数据）、构造数据、分层（旋回划分）数据、断层数据、物源方向、相、亚相
储层骨架	微相类型、砂体规模（长、宽、厚）、砂体形态（长宽比、宽厚比、主轴方向、曲率）及概率分布、砂体频数（面积比）、不同构形要素测井响应特征（曲线形态及取值范围）
储层物性	孔隙度 / 渗透率 / 饱和度（分布直方图、最大值、最小值、均值、方差、变差函数特征值）及三者关系、孔隙度 / 渗透率的分形特征值、孔隙度与地震波阻抗、地震波速

（1）油藏基本信息：主要包括井位坐标、海拔、井深轨迹，井点处不同层位的顶底深度，断层方位，沉积微相顶底深度及编号。

（2）储层骨架参数，主要包括不同类型砂体长度、宽度、厚度及长宽比、宽厚比、主轴方向、曲率等，砂体数量（频数），各项参数表现出的统计学特征（概率分布），测井响应特征等。

（3）储层物性参数：孔隙度 / 渗透率 / 饱和度（分布直方图、最大值、最小值、均值、方差、变差函数特征值）及三者关系、孔隙度 / 渗透率的分形特征值。

第二节　储层地质知识库构建

储层地质知识库按照应用方式可以将其分为两大类，一类是基础数据库，包括坐标、井轨迹、构造数据、分层数据、断层数据、物源方向、测井曲线、解释结论等，这些数据是进行储层地质研究的基础，数据类型多样，有连续性数据，也有分散性数据；有定量数据，也有定性数据；有文本格式，也有图片格式；各种数据存储方式，已经应用方法各不相同。一类是砂体定量参数库，包括不同级别砂体的长度、宽度、厚度、长宽比、方位、频率等，这些数据的共同特征是全是数字类型的，具有地质统计学意义。根据这些数据建立的储层地质知识库，可以直接作为约束条件，应用到储层地质建模中，是本次研究的重点。

一、苏里格气田曲流河储层定量参数分析

1. 单一河道规模（5 级构型单元）

曲流河河道砂体呈弯曲条带状分布，自东北向西南分布，河道宽度较为稳定，局部河道侧向切割，发生交汇，造成河道宽度变宽。曲流河单一河道规模主要包括两个参数：河道厚度、河道宽度。从刻画结果看苏里格气田加密区河道宽度分布在 600～1000m 之间，平均为 870m（图 7–1）。单一河道厚度分布在 3.1～6.2m 之间，平均为 5.3m，平均宽厚比约为 164.2：1。

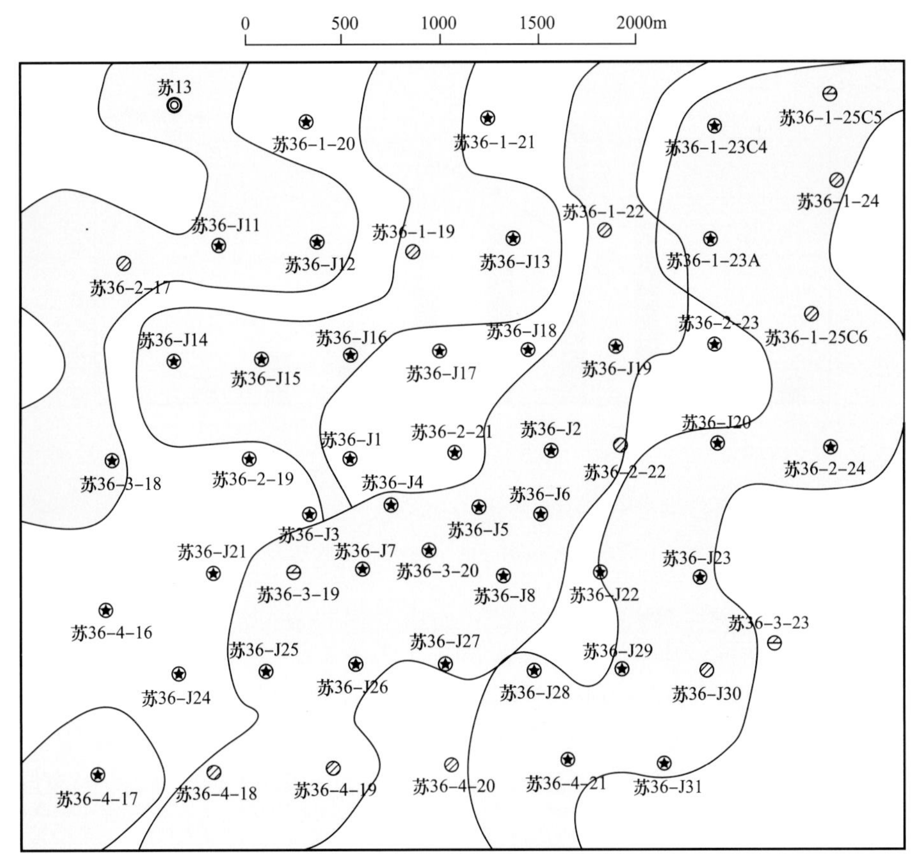

图 7–1　苏里格气田加密区盒 $8_{上}^{1-1}$ 曲流河河道平面图

2. 边滩规模（4 级构型单元）

边滩规模的表征主要包括三个参数：跨度、宽度和厚度，本次共统计样本 112 个。统计结果表明：苏里格气田加密区边滩砂体厚度分布在 2～9m 之间，平均为 5.1m（图 7–2）。由于钻井钻遇边滩砂体位置可能不是边滩砂体厚度的最大位置，故统计结果可能比实际砂体厚度要小。

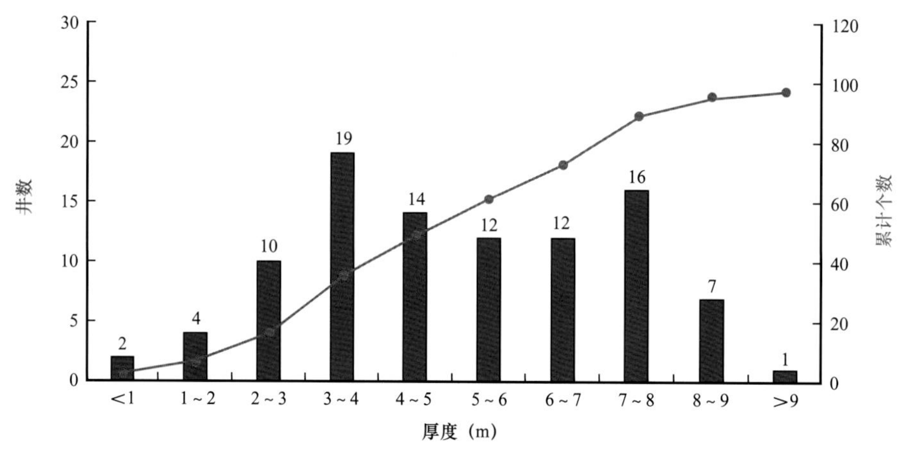

图 7–2　苏里格气田加密区边滩砂体厚度分布柱状图

边滩砂体宽度分布在 500～900m 之间，约占总数的 73.3%；宽度小于 500m 或大于 900m 的砂体较少。边滩砂体平均宽度约为 711.8m（图 7–3）。

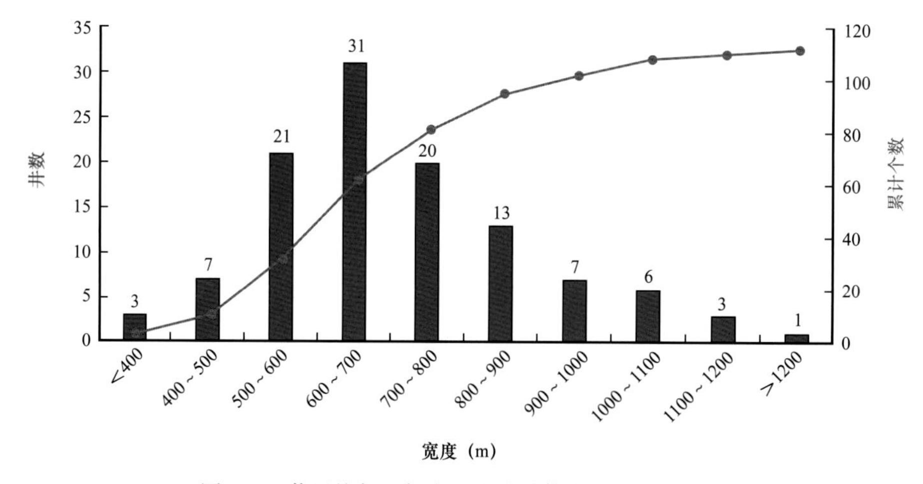

图 7–3　苏里格气田加密区边滩砂体宽度分布柱状图

边滩砂体跨度分布在 500～900m 之间，约占总数的 72.6%；跨度小于 500m 或大于 900m 的砂体较少。边滩砂体平均跨度约为 740m（图 7–4）。

对 112 个边滩砂体样本，分别统计了其跨度与宽度的比值，从统计结果看，跨度 / 宽度分布在 0.6：1～1.5：1 之间，平均跨度 / 宽度约为 1.1：1（图 7–5）。表明边滩砂体宽度、跨度相差不大，平面呈块状。宽厚比分布在 100：1～200：1 之间，平均宽厚比约为 175：1（图 7–6）。

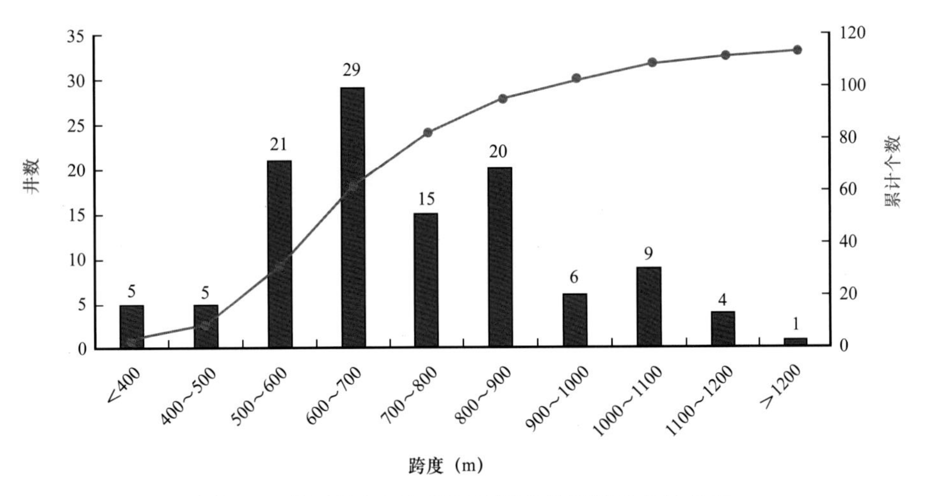

图 7-4　苏里格气田加密区边滩砂体跨度分布柱状图

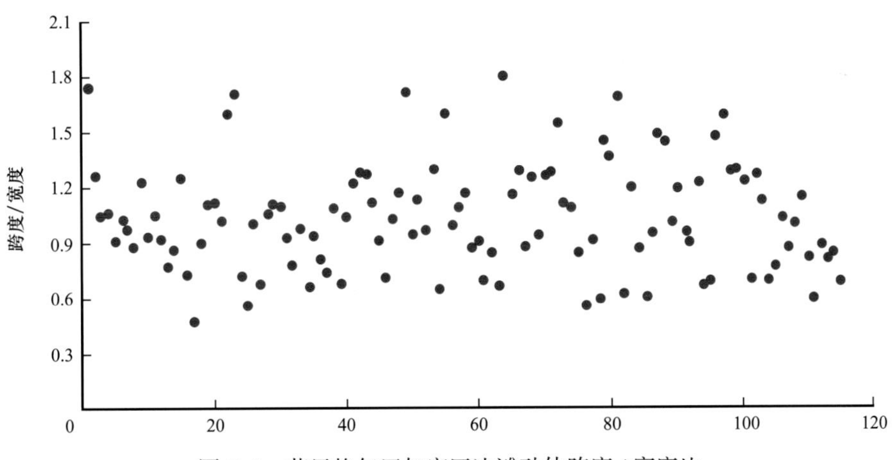

图 7-5　苏里格气田加密区边滩砂体跨度 / 宽度比

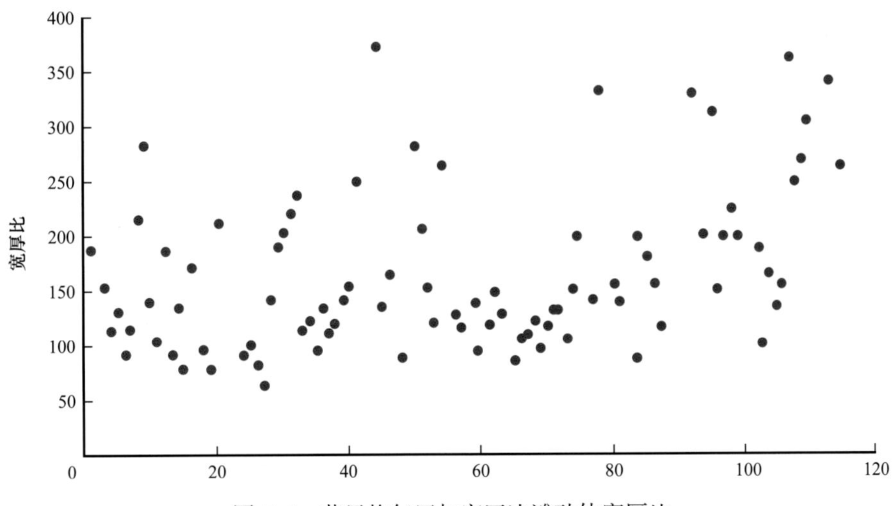

图 7-6　苏里格气田加密区边滩砂体宽厚比

二、苏里格气田辫状河储层定量参数分析

1. 单一河道规模（5 级构型单元）

辫状河河道砂体呈片状分布，自东北向西南分布，河道宽度较为稳定，仅局部发育河间沉积。辫状河单一河道规模表征主要包括河道厚度和河道宽度两个参数。从苏里格气田加密区盒 $8_下$亚段各单层刻画结果看，辫状河河道宽度分布在 600～3100m 之间，平均宽度约为 2140m（图 7–7）；河道砂体厚度分布在 4.1～7.6m 之间，平均厚度为 5.8m。平均宽厚比约为 368.9：1。

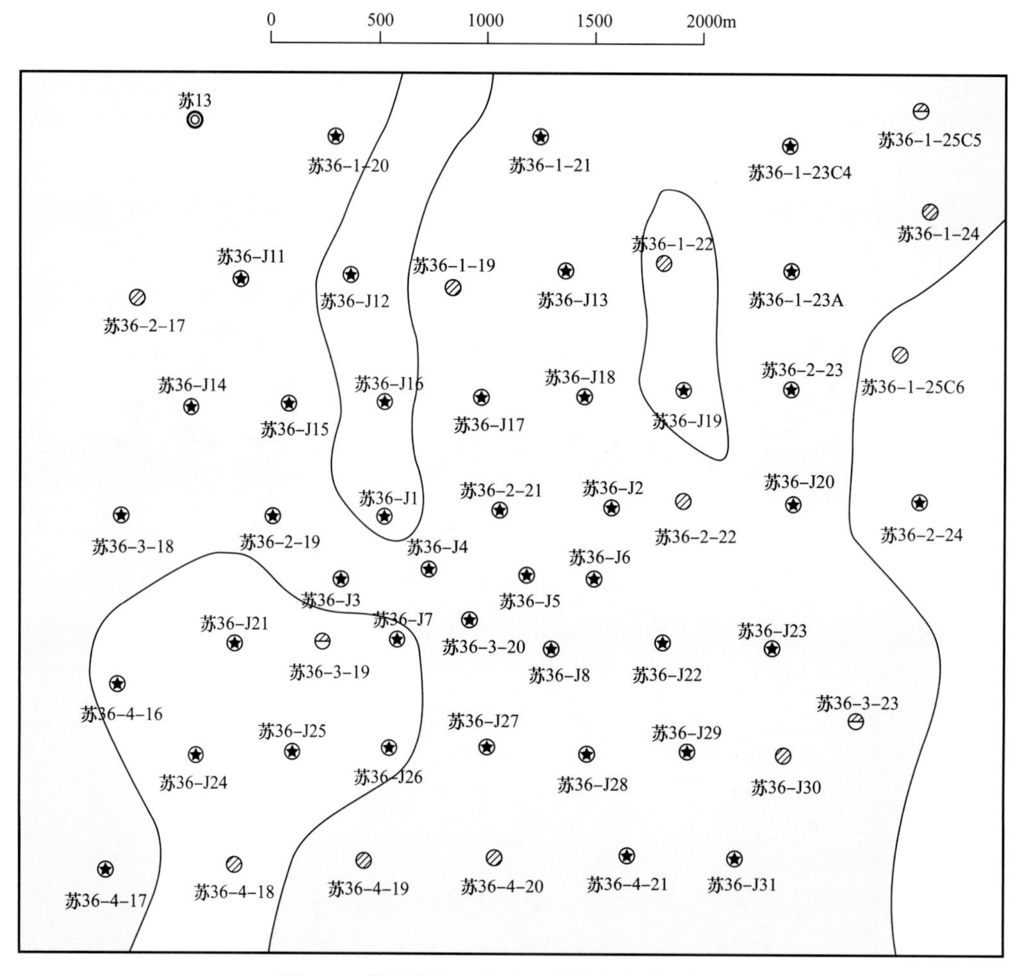

图 7–7　苏里格气田加密区辫状河河道平面图

2. 心滩规模（4 级构型单元）

心滩规模表征主要包括宽度、长度和厚度三个参数。通过苏里格气田加密区盒 $8_下$亚段辫状河储层构型解剖，获样本 181 个。统计结果表明：心滩砂体厚度分布在 2～7m 之间，约占总数的 76.2%；厚度小于 2m 或大于 7m 的心滩较少；心滩砂体平均厚度为 5.5m（图 7–8）。心滩砂体厚度资料主要来源于录井及测井，属于直接测量获得的数据，因此厚度可靠程度较高。

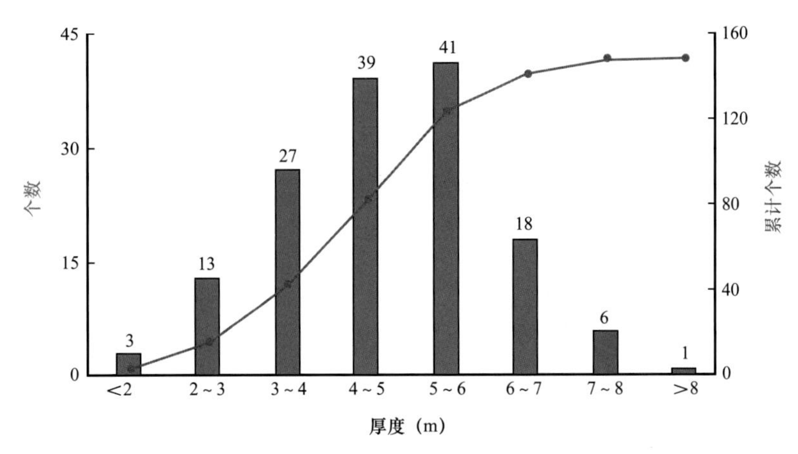

图 7–8 苏里格气田加密区心滩砂体厚度柱状图

心滩长度分布在600～1000m之间，约占总数的79.6%；长度小于600m或大于1000m的心滩较少；心滩砂体平均长度约为865m（图 7–9）。

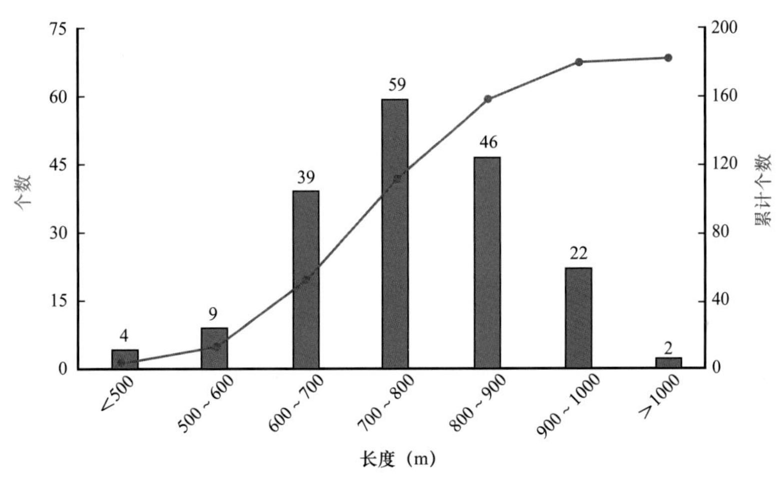

图 7–9 苏里格气田加密区心滩砂体长度柱状图

心滩砂体宽度分布在200～400m之间，约占总数的93.9%；宽度小于200m或大于400m的心滩较少；心滩砂体平均宽度约为323.8m（图 7–10）。

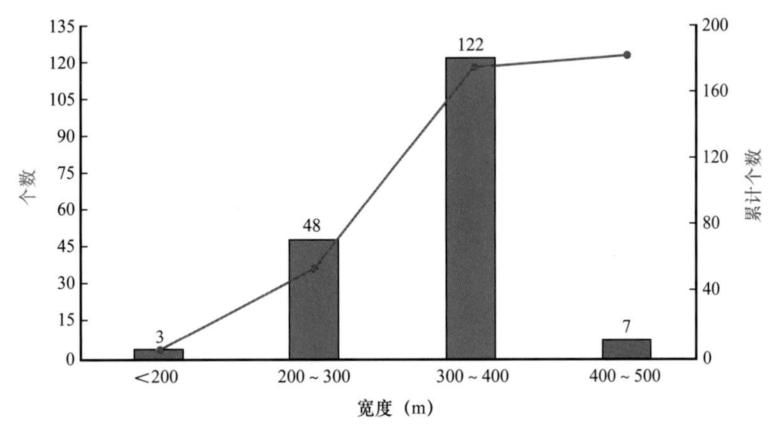

图 7–10 苏里格气田加密区心滩砂体宽度柱状图

对盒 8$_{下}$亚段各单层每一个心滩的长宽比进行了统计，其分布在 2：1～3：1 之间，平均宽厚比约为 2.4：1（图 7–11）。

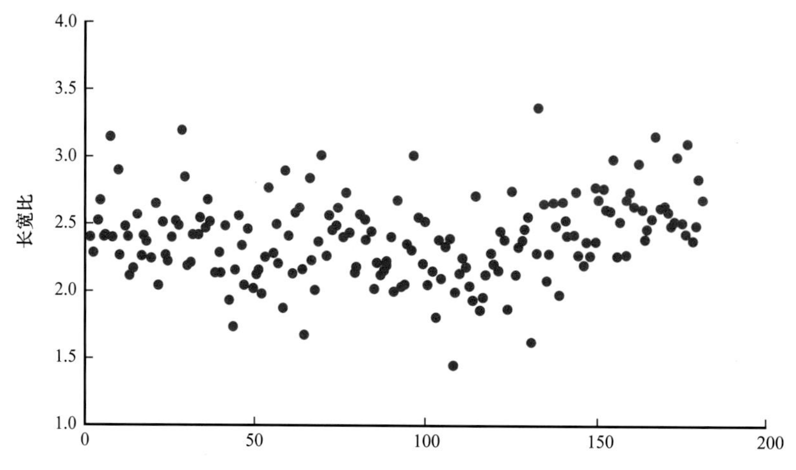

图 7–11　苏里格气田加密区心滩砂体长宽比

对各个单层心滩的宽厚比进行统计，心滩宽厚比分布在 30：1～120：1 之间，平均宽厚比约为 78.2：1（图 7–12）。个别心滩宽厚比超过 150：1，推测为心滩横向拼接为复合心滩，造成心滩砂体宽度增加。

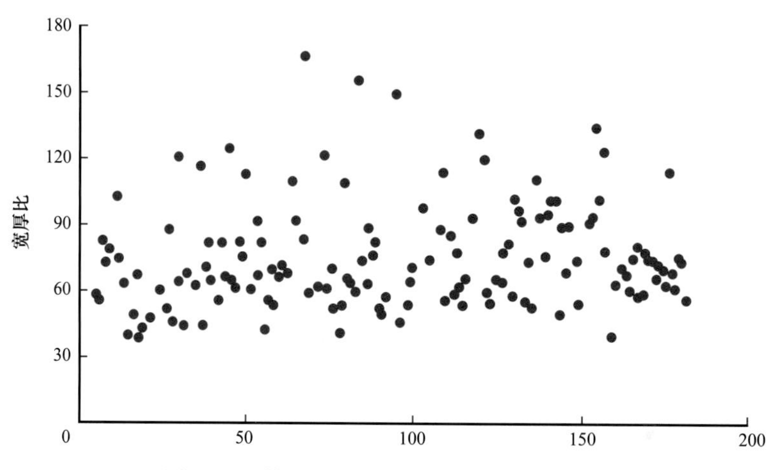

图 7–12　苏里格气田加密区心滩砂体宽厚比

心滩砂体平面刻画时，砂体边界在井间尖灭位置的确定，具有相当大的随意性，因此造成心滩砂体长度、宽度刻画不准确。因此砂体长度、宽度受井网约束较大，苏里格气田密井网区井距约为 300m × 400m。若进一步加密井网，解剖结果可能还会发生变化。

三、基于水平井及动态资料储层定量参数分析

1. 利用水平井资料确定砂体规模

苏里格气田密井网区邻区部署大量水平井，水平井在砂体平面规模预测中具有很大优势，根据连井剖面计算砂体规模，实现对水平井河道参数及一些动态参数的计算，并一定程度上可解释沉积微相的平面展布特点。

1）苏 36-3-17H2 井

苏 36-3-17H2 井实施层位为盒 $8_{下}^{1-1}$ 单层，为部署在辫状河沉积体系内的水平井，其方位为 180°，顺河道方向部署，故其钻遇砂体代表了心滩砂体的长度。

从苏 36-3-17H2 井剖面分析可见（图 7-13），该井水平段长度约 1000m，钻遇砂岩 958m，岩性为灰色（灰白色）中砂岩，GR 均值小于 56API，气测范围为 3.2%～40.2%。仅钻遇 3 段长度较小（＜20m）的泥质夹层，判断为心滩内部落淤层。综合分析该井位置盒 $8_{下}^{1-1}$ 单层心滩长度大于 1000m。

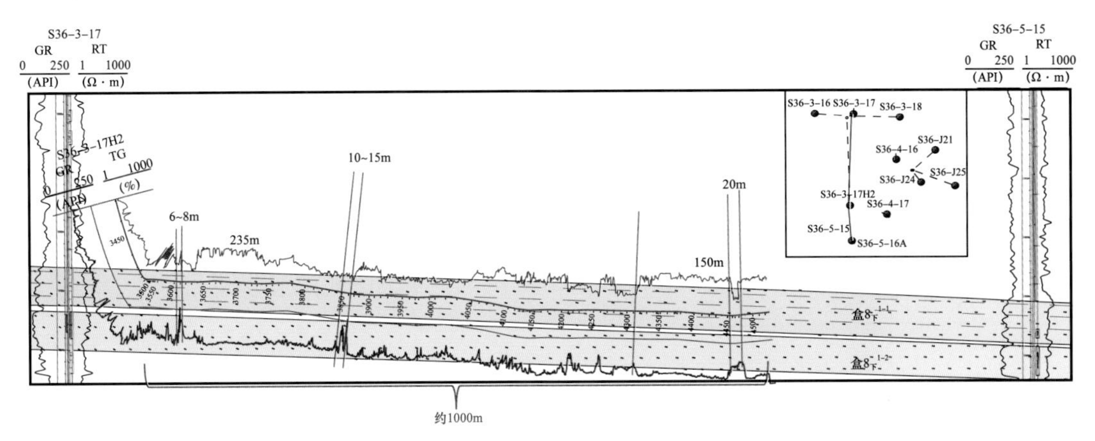

图 7-13　过 S36-3-17 井—S36-3-17H2 井—S36-5-16 井砂体剖面图

2）苏 36-1-21H1 井

苏 36-1-21H1 井实施层位为盒 $8_{下}^{1-2}$ 单层，为部署在辫状河沉积体系内的水平井，其方位为 189°，顺河道方向部署，故其钻遇砂体代表了心滩砂体的长度。

从苏 36-1-21H1 井实钻剖面分析可见（图 7-14），该井水平段长度约 1200m，钻遇砂岩 1098m，岩性为灰色（灰白色）中砂岩，GR 均值小于 52API，气测范围为 2.4%～22.8%。仅钻遇 2 段长度较小（＜15m）的泥质夹层，尾部钻出盒 $8_{下}^{1-2}$ 单层河道底部，钻遇盒 $8_{下}^{1-3}$ 单层顶部泥质泛滥平原泥岩。综合，这说明该井位置盒 $8_{下}^{1-2}$ 单层心滩长度大于 1000m。

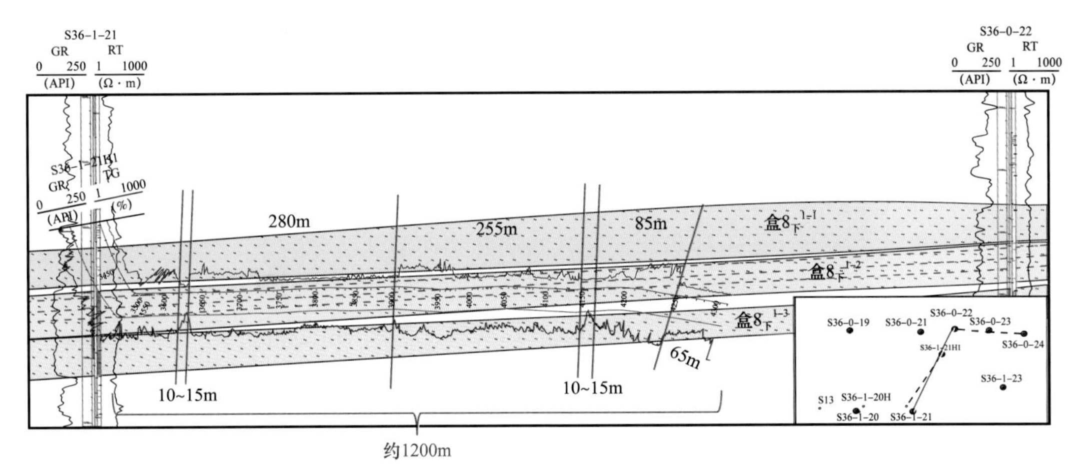

图 7-14　过 S36-1-21 井—S36-1-21H1 井—S36-0-22 井的砂体剖面图

3）苏 36-7-21H1 井

苏 36-7-21H1 井实施层位为盒 $8_{下}^{1-3}$ 单层，为部署在辫状河沉积体系内的水平井，其方位为 190°，顺河道方向部署，故其钻遇砂体代表了心滩砂体的长度。

从苏 36-7-21H1 井的水平段剖面分析可见（图 7-15），该井原水平段中—下部，钻遇大段泥岩段，分析认为水平井轨迹钻穿河道底部后，钻遇两河道间的泥岩段。后该井实施侧钻，该井新水平段长约 1200m，水平段中部钻遇约 90m 的泥岩段，分析认为该泥岩为两个心滩中间的泥质辫流水道，故根据该井水平段分析，认为心滩规模至少大于 500m。

综合 3 口水平井的水平段，认为研究区心滩规模多数大于 1000m，至少大于 500m。

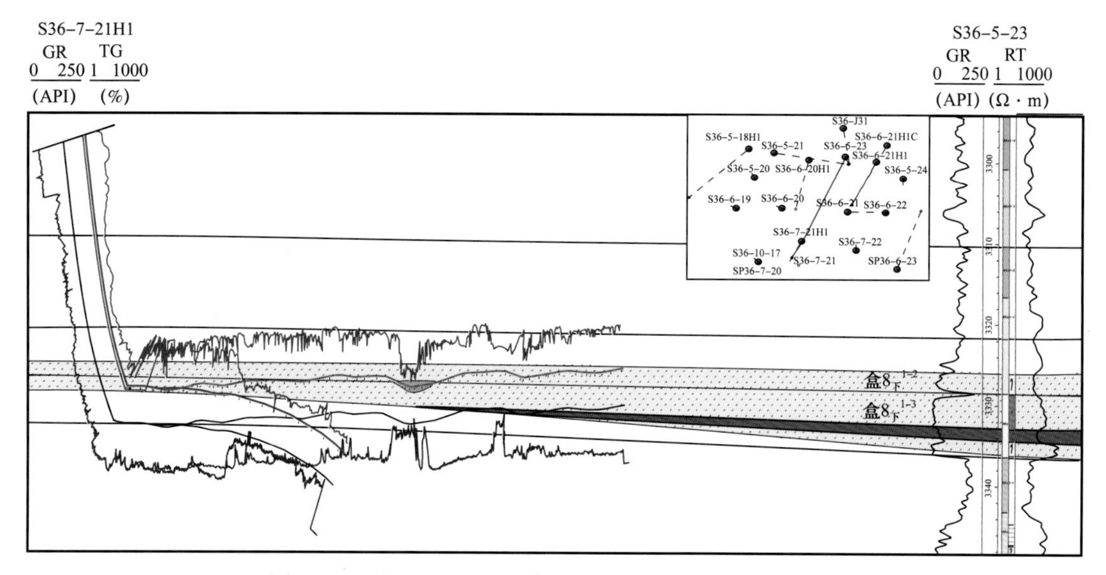

图 7-15　过 S36-7-21H1 井—S36-5-23 井的砂体剖面图

2. 利用干扰试井资料确定砂体规模

干扰试井（Interference Testing），由于测试施工时至少要两口以上的井，组成一个井对，参与现场操作，所以常统称为多井试井。干扰试井是多井试井中历史最长的一种方式，最早的干扰试井解释方法报道可以追溯到 1935 年，Theis 第一个给出了在均质无限大气藏中由其他点流速变化引起的压力变化的解，Jacob 称之为“干扰试井”；但是他指出，用干扰这个词，只是指在一口井关闭、另一口井生产时引起的压力变化与两口井同时生产时压力变化的一个比较。在 1941 年他还指出，利用实际数据与理论图版相拟合的方法有可能可以计算气藏的渗透率和孔隙度，正是他的这种思想为以后利用图版拟合方法进行干扰试井分析奠定了基础。理论样版曲线是在激动井工作制度变化时观测井的压力变化与时间的双对数曲线，这时的样版曲线即由我们所熟知的 Theis 线源解得到的曲线。进行图版拟合时，先在尺寸、图版都与样版曲线相同的透明纸上画出实测曲线（一般实测曲线只画点而不描线），然后把实测曲线图在理论图版上作上下和左右平移，平移过程中要保持两张图的对应坐标轴分别互相平行，直至找出与实测曲线拟合最好的曲线，并选择拟合点，然后便可以通过拟合点计算气藏参数。干扰试井的重要特点是，它所反映的储层信息，已不单单是测试井周围的情况，而是涵盖测试井组范围内一定区域的参数情况，包括井和井之间真实的连通关系。因而对于储层的了解能力，是一般的单井不稳定试井所不具备的。随着石油工业的发展，干扰试井被引用到油气田研究中，在测试手段和资料分析方法上进一步完善，应用高精度、高分辨率的电子压力计录取压力资料，并发展了相应的试井解释软件，从而发挥了重要的作用，形成了目前的油气田干扰试井方法。

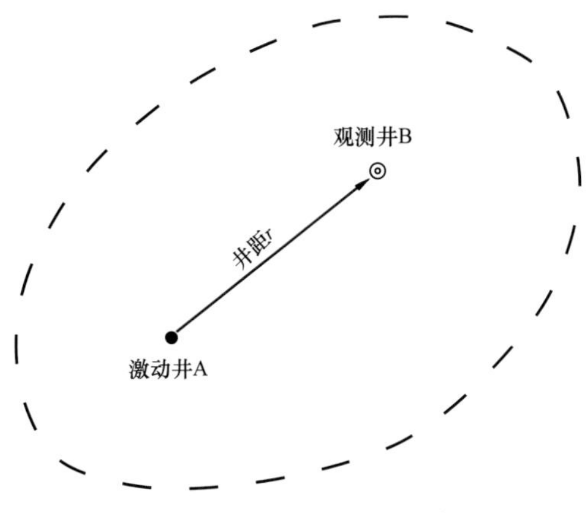

图 7–16　干扰试井井对示意图

干扰试井在现场施工时，可以针对 2 口井或多口井，但其基本单元仍然是由 2 口井组成的井对。在这个井对中，一口井被称为激动井，在测试中改变工作制度，从开井生产改变为关井，或从关井状态以产量 q 开井生产，从而对地层压力造成激动；另一口井被称为观测井，在测试中关井进入静止状态，并下入高精度、高分辨率的井下压力计，记录从激动井传播过来的干扰压力变化（图 7–16）。

在现场实施时，常常有多口井同时参与测试施工，如图 7–17 所示。

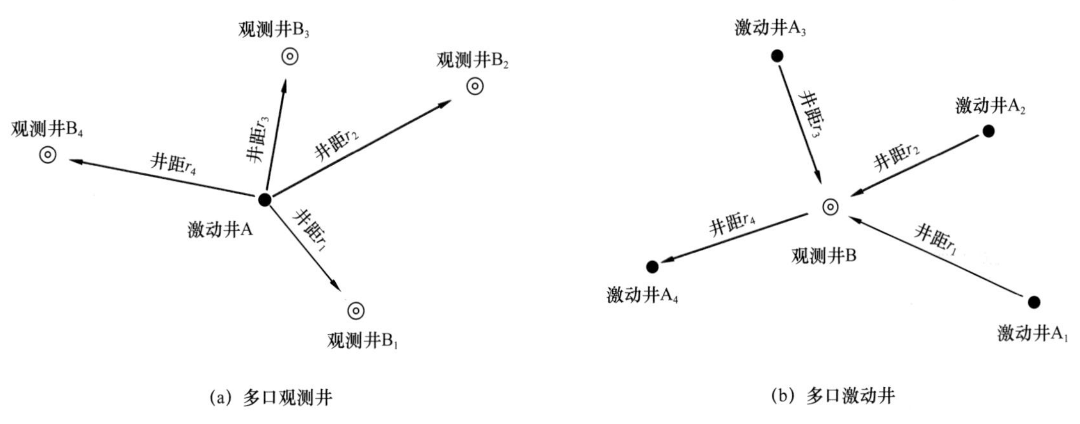

图 7–17　多口井参与的干扰试井示意图

不论有多少口井参与测试过程，但有一条基本原则必须遵守：在同一个时段中，可以有多个观测井同时进行观测，但只能有唯一的一口激动井改变工作制度产生激动信号，否则将使下一步的资料分析陷入混乱。

（1）如果有干扰压力反映，则不能够确认是从哪一口井传来的压力反映；

（2）在计算参数时，不知该用哪一口激动井的激动产量；

（3）如果计算了地层参数，不能确定是哪一个方位的地层参数。

上述简单的原则同样适用于偶然加入到测试井组来的干扰源。例如相邻井进行压裂作业施工，进行试油试气的完井放喷作业，注水井的试注，甚至是机械故障造成的关井等。

假定参与测试的井组中有 4 口激动井，分别是 A1、A2、A3 和 A4；4 口观测井，分别是 B1、B2、B3 和 B4。它们的开关井激动和下入压力计观测的时间顺序如图 7–18 所示。

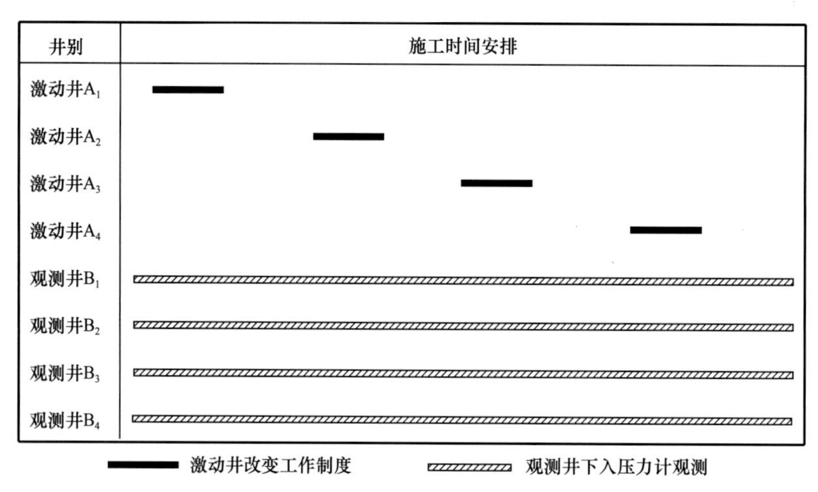

图 7-18　多口井参与的干扰试井时间安排顺序示意图

激动井的激动，不但时间上不能彼此重叠，而且由于干扰压力的反映具有一定的滞后时间，因此还要拉开一定间隔，至于间隔的大小，根据储层参数（渗透率 K，井距 r 等）数值，经过试井设计来确定。

通过干扰试井，在观测井中录取到一个从激动井传播过来的干扰压力，如图 7-19 所示。从中看到，整个测试过程分成三段。

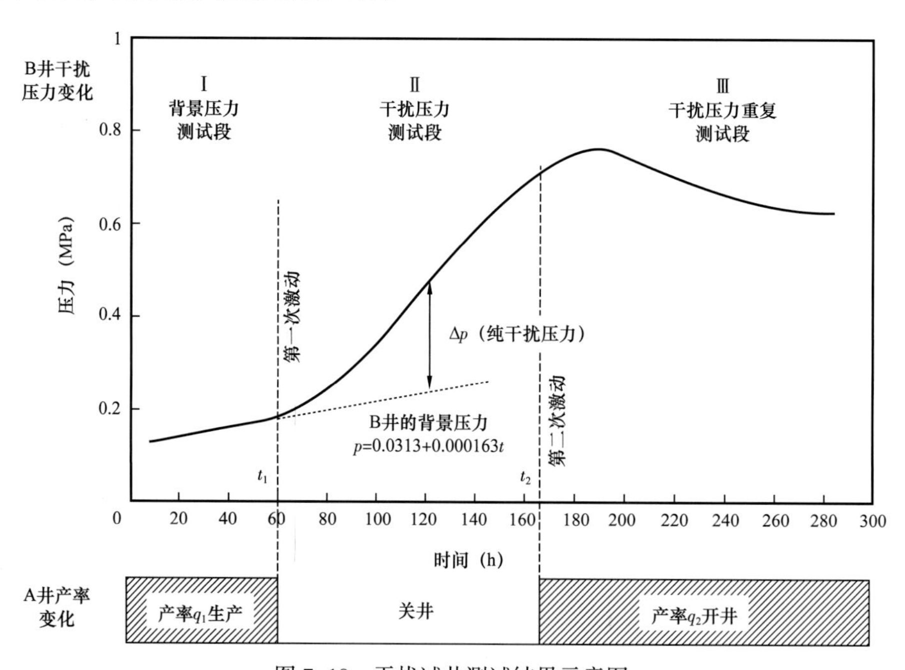

图 7-19　干扰试井测试结果示意图

1）背景压力测试

作为测试井，即使在未受到激动井影响的情况下，井底压力也以某种规律变化：或者基本保持稳定，或者以某种趋势上升，或者以某种趋势下降，或者存在某种波动和噪声。这样作为观测井的 B 井，在正式记录干扰压力以前，必须要预先安排足够长的时间，连续监测这种背景压力。

监测背景压力的目的有两个：

（1）了解观测井 B 是否胜任监测干扰压力的要求。

有以下几种情况说明 B 井是不胜任的：

① 存在 0.01～0.1MPa 的波动，而且不能确定其原因；

② 存在频率以秒计或以分计的噪声；

③ 存在每天超过 1MPa 的急剧压力上升或下降；

④ 压力偶尔出现不明原因的跳台阶。

油气井井底从来都是不平静的。因此在监测井观测干扰压力以前，必须要预先测试背景压力情况，排除不具备条件的观测井，或通过改进监测方式，达到合格监测井的要求。

（2）找出背景压力的变化规律。

如图 7-19 所示，背景压力可以用一个解析表达式来加以表示。从实测压力与背景压力的偏离情况，可以判断是否接受到干扰压力影响；另外从实测压力与背景压力的差值，可以分离出纯干扰压力值。

2）干扰压力测试段

这是干扰试井的主要数据段。从这一段，可以求出纯干扰压力值 Δp。用 Δp 值作成压力与时间 Δt 的双对数图，可以通过图版拟合求出储层参数。Δp 被称为纯干扰压力，它是在背景压力下，单纯由于激动井影响而产生的压力变化；Δt 被称为纯干扰时间，它的 0 点是激动井改变工作制度的时间 t_1。作为测试施工者来说，其工作场所是在 B 井，所以有时来不及顾及到相邻数百米至上千米以外 A 井的准确开关井时间，只靠生产记录来确定时刻 t_1。这有时会给解释工作带来误差。

第Ⅱ段数据，也是判断两井间是否有干扰影响的主要依据段。从图 7-19 看到，A 井对 B 井产生了干扰压力影响：

（1）激动井 A 井作为生产井，关井后不久，观测井 B 的压力偏离背景压力呈上升趋势；

（2）激动井 A 的关井，应该造成地层压力回升，这与 B 井的压力偏离趋势一致。

现场条件是复杂的，从多年的干扰试井现场实施中不难发现一些异常现象：或者在激动井 A 改变工作制度以前，即 t_1 时刻以前，B 井已开始发生变化；或者 A 井的关井激动，对应了 B 井的压力下降，这是一种不合情理的反向变化；或者 B 井的压力开始上升后又出现突然下降。这些都说明 B 井中的压力变化属于假象，应从干扰压力反映中排除。

3）干扰压力重复测试段

对于存疑的干扰试井成果，第Ⅲ段的重复测试无疑是最好的排除疑问手段。

此时作为激动井，往往要恢复原有的工作制度，所以只要在监测井中延长测试时间就可以完成了。从重复测试段中，同样可分析储层参数，并可用这一段的压力历史，做整个分析结果的验证。

苏 36-11 加密试验区在 2013 年和 2017—2018 年分别安排了 6 组和 15 组（共 21 组）干扰试验，干扰试验初步结果如表 7-3、图 7-20 所示。

表 7-3 干扰试验井组表

序号	激动井	观测井	井距（m）	干扰情况	备注
1	苏 36-2-21	苏 36-J2	500	见干扰	井距
2	苏 36-1-19	苏 36-J12	488	见干扰	
3	苏 36-1-19	苏 36-J13	516	见干扰	
4	苏 36-2-22	苏 36-J20	496	见干扰	
5	苏 36-1-22	苏 36-1-23A	565	未见干扰	
6	苏 36-1-22	苏 36-J13	462	未见干扰	
7	苏 36-2-21	苏 36-J1	527	未见干扰	
8	苏 36-2-22	苏 36-J2	350	未见干扰	
9	苏 36-2-22	苏 36-J22	627	见干扰	排距
10	苏 36-2-22	苏 36-J23	759	见干扰	
11	苏 36-1-22	苏 36-J18	706	见干扰	
12	苏 36-1-22	苏 36-J19	577	见干扰	
13	苏 36-2-21	苏 36-J6	530	见干扰	
14	苏 36-1-19	苏 36-J16	605	见干扰	
15	苏 36-1-19	苏 36-J18	760	见干扰	
16	苏 36-2-21	苏 36-J17	508	见干扰	
17	苏 36-2-21	苏 36-J4	414	未见干扰	
18	苏 36-2-21	苏 36-J5	306	未见干扰	
19	苏 36-1-19	苏 36-J17	522	未见干扰	
20	苏 36-2-21	苏 36-J18	639	未见干扰	
21	苏 36-2-22	苏 36-J19	497	未见干扰	

优选干扰试验井组中观察井井下两只压力计变化趋势一致且无异常、存在见干扰的试验井组，作为优选的干扰试验井组作试井精细解释，优选的干扰试验井组有苏 36-2-21 井与苏 36-J2 井井组、苏 36-2-21 井与苏 36-J6 井井组、苏 36-1-19 井与苏 36-J13 井井组、苏 36-1-19 井与苏 36-J12 井井组、苏 36-1-19 井与苏 36-J16 井井组、苏 36-1-19 井与苏 36-J18 井井组、苏 36-2-22 井与苏 36-J20 井井组、苏 36-2-22 井与苏 36-J23 井井组共 8 个井组。现以苏 36-2-21 井与苏 36-J2 井井组为例，进行砂体连通性分析。

观察井苏 36-J2 井与激动井苏 36-2-21 井相距 500m，苏 36-J2 井于 2012 年 9 月 15 日完钻，完钻井深 3488m，产气层为盒 8 段，气藏中深 3399.5m，未开展试气求产，估算无阻流量 $4.23\times10^4m^3/d$，为 II 类气井（表 7-4）。

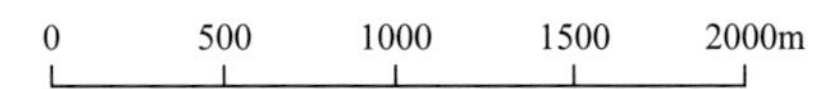

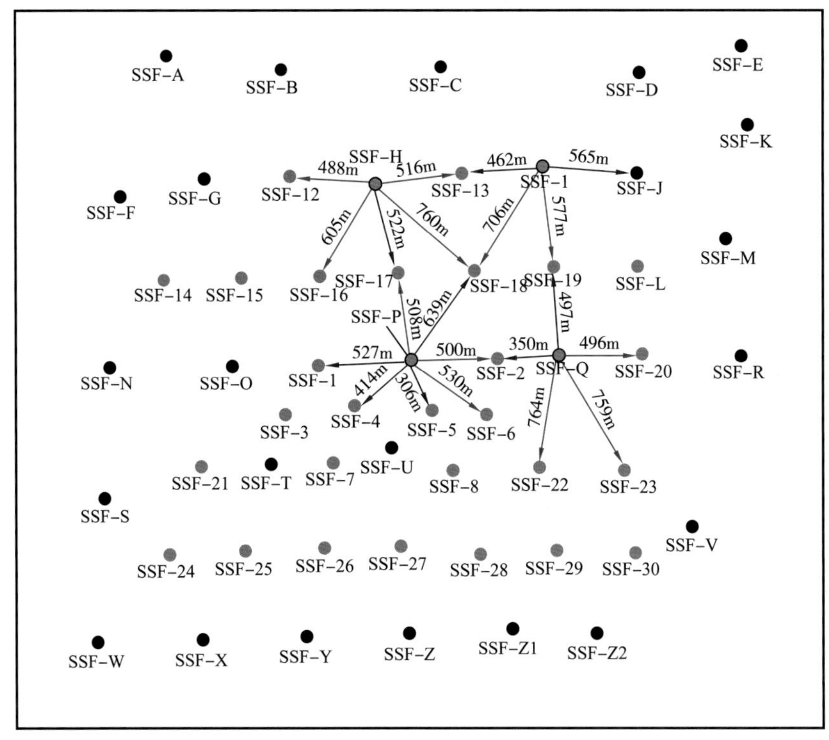

图 7-20　干扰试井井组平面示意图

表 7-4　苏 36-J2 井测井解释成果表

层位	井段（m）	孔隙度（%）	渗透率（mD）	含气饱和度（%）	解释结果	射孔井段（m）	射孔厚度（m）
3386.3～3392.3	6.00	13.21	2.73	73.72	气层	3388.0～3391.0	3.0
3403.6～3411.0	7.40	8.43	0.21	68.94	气层	3408.0～3411.0	3.0

苏 36-J2 井关井压力恢复 167 天，于 2013 年 5 月 9 日开展静压梯度测试，通井深度 3350m，压力计下深至 3350m，测得气藏中深（3399.5m）压力为 21.18MPa，温度为 102.54℃。

图 7-21 为苏 36-J2 井压力与深度关系曲线，从中可以看出，呈良好的直线关系，通过回归得到的压深关系为：

$$p=0.0014H+16.421$$

式中，p 为压力，MPa；H 为深度，m；即流压梯度为 0.14MPa/100m。

图 7-22 为苏 36-J2 井温度与深度的关系曲线，通过回归得到的温深关系为：

$$T=0.0266H+12.114$$

式中，T 为温度，℃；H 为深度，m；即静流温梯度为 2.66℃ /100m。

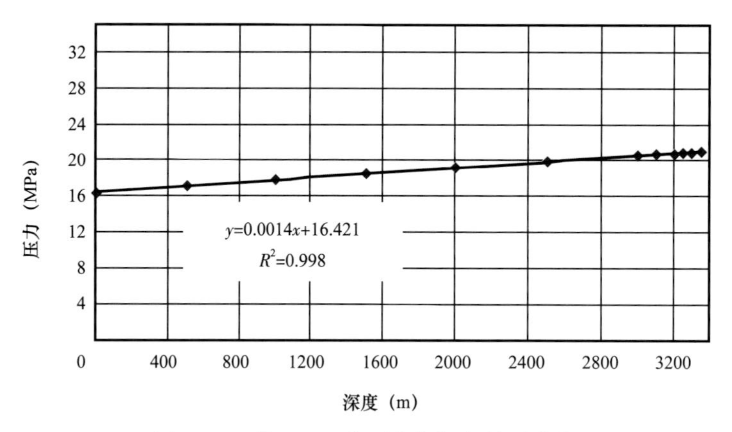

图 7-21　苏 36-J2 井压力与深度关系曲线

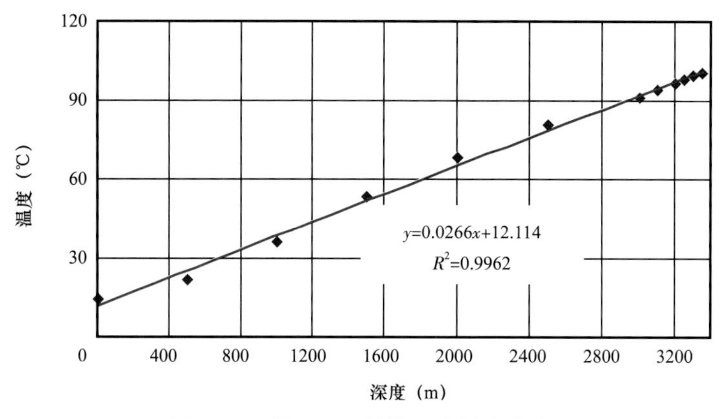

图 7-22　苏 36-J2 井静温度梯度曲线

2013 年 5 月 10 日进入干扰试井压力监测阶段，该井压力监测 65 天后，于 7 月 23 日回放井底压力数据，地层压力从 21.12MPa 恢复至 20.98MPa，明显见干扰（图 7-23）。

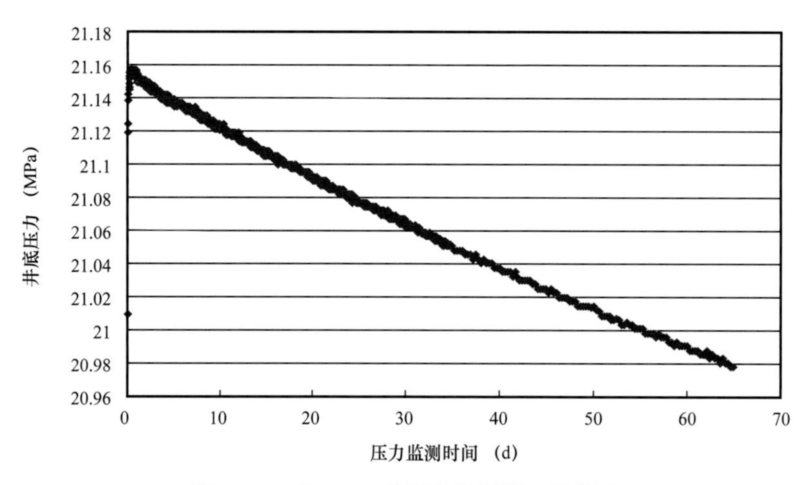

图 7-23　苏 36-J2 井压力监测第一段曲线

对比苏 36-2-21 井与苏 36-J2 井的干扰试验前后生产曲线图，确定激动井的激动产量和激动时间，再结合观察井井下压力计记录的干扰压力数据，依据上述资料数据对苏 36-2-21 井与苏 36-J2 井干扰试验井组进行干扰试井精细解释（图 7-24，图 7-25）。

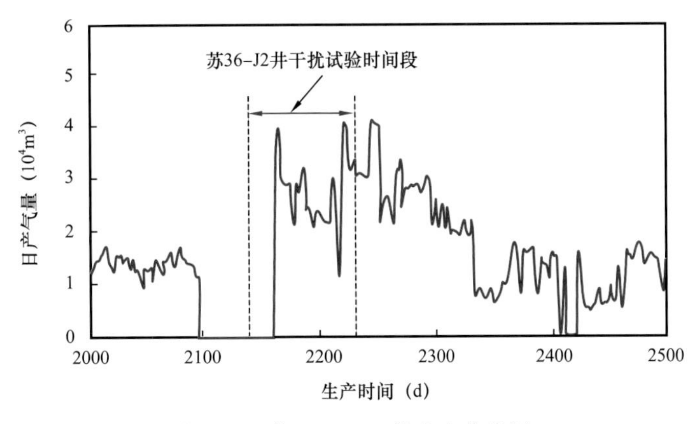

图 7-24　苏 36-2-21 井生产曲线图

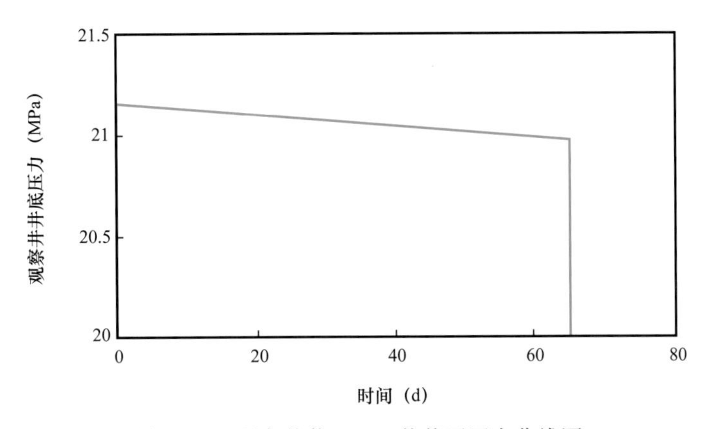

图 7-25　观察井苏 36-J2 井井下压力曲线图

苏 36-J2 井双对数拟合曲线图、半对数拟合曲线图和压力历史拟合曲线图表明干扰试井拟合效果较好（图 7-26 至图 7-28），故所解释的苏 36-2-21 井与苏 36-J2 井井组间的地层参数（表 7-5）较可靠，依据试井解释结果确定苏 36-2-21 井与苏 36-J2 井井间连通性较好。

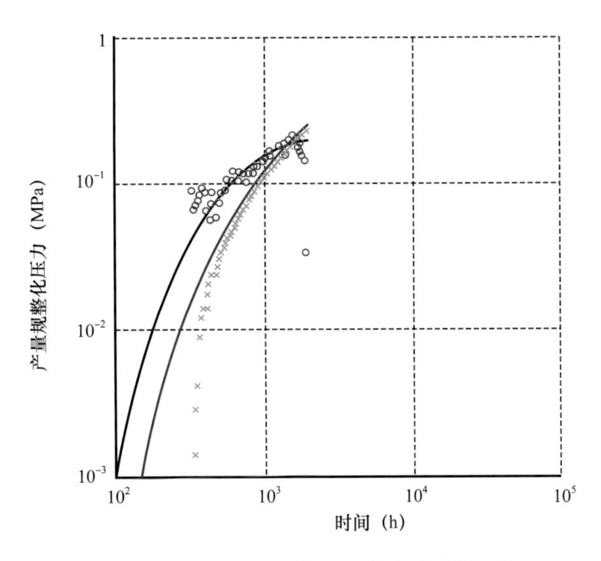

图 7-26　苏 36-J2 井双对数拟合曲线图

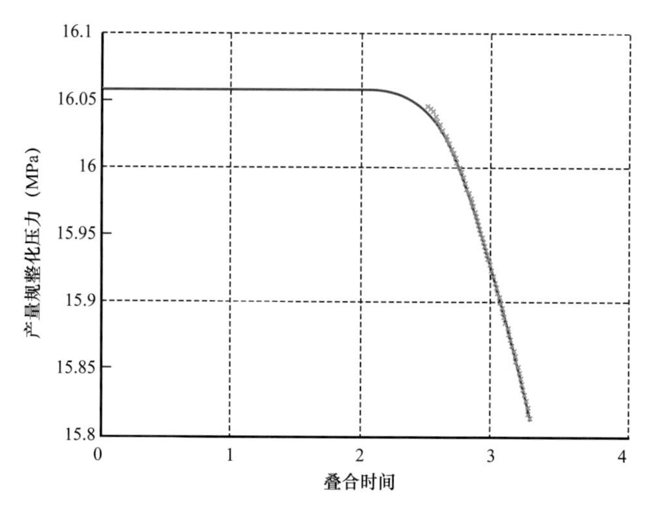

图 7-27　苏 36-J2 井半对数拟合曲线图

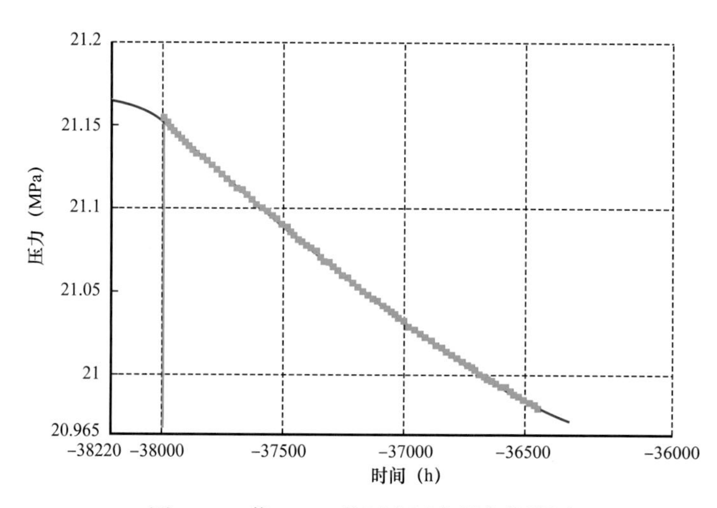

图 7-28　苏 36-J2 井压力历史拟合曲线图

表 7-5　苏 36-2-21 井与苏 36-J2 井井组干扰试井解释参数表

参数类别	参数名称	参数值及单位
井筒参数	井距	500m
	井筒有效厚度	13.4m
	井筒储集系数	15.29m^3/MPa
	表皮系数	1.073
储层参数	初始压力	21.165MPa
	孔隙度	0.090
	渗透率	1.347mD
	地层系数	12.321mD・m
	连通流动系数	156.909mD・m/（mPa・s）
	连通弹性储能系数	2.023×10^{-2}m/MPa

依据苏36-2-21井与苏36-J2井测井资料初步确定的地质模型，结合干扰试井解释的井间地层参数修正地质模型，确定苏36-2-21井与苏36-J2井砂体连通，其砂体横向规模大于500m。

对苏里格气田加密区历年（2008—2017）干扰试验井组解释结果进行了统计分析（表7-6，图7-29），其中井距26组、排距30组，确定了苏14密井网区临界连通井距为300～400m，苏6密井网临界连通井距为400～500m，苏36-11密井网区临界连通井距为300～400m。

表7-6　密井网试验区干扰试井解释结果分布表

井距（m）	井组	见干扰	干扰概率（%）	排距（m）	井组	见干扰	干扰概率（%）
≤400	9	6	66.7	≤600	15	9	60.0
400＜井距≤500	12	7	58.3	600＜排距≤700	4	1	25.0
500＜井距≤600	5	1	20.0	700＜排距≤800	9	3	33.3
＞600	0	0	—	＞800	2	0	0

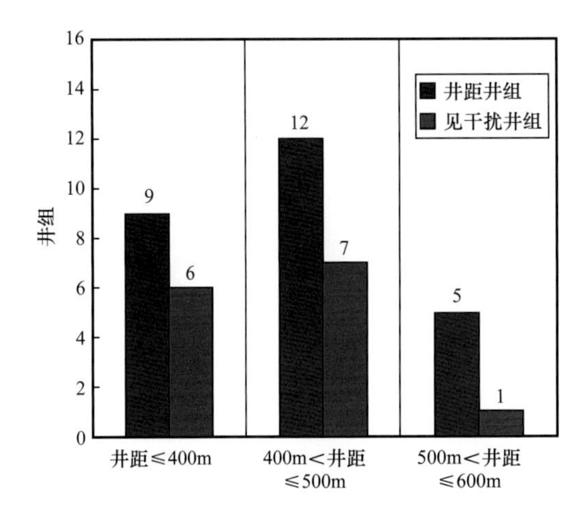

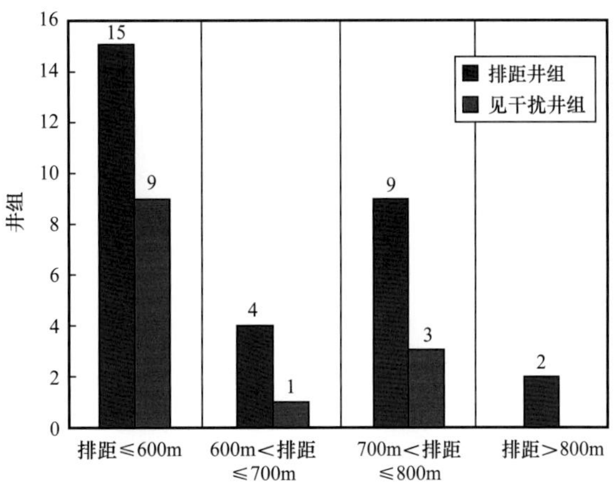

图7-29　密井网试验区历年井距、排距干扰试井结果图

四、多方法储层地质知识库构建

本次研究采用多资料、多手段、多视角的方法，并结合研究区砂体厚度及发育形态特征，基本确立了研究区曲流河沉积相河道、点坝两种主要微相类型及辫状河沉积相河道、心滩两种主要微相类型的地质知识库（表7-7，表7-8），为沉积微相的平面及纵向精细刻画提供了依据。

表 7–7　苏里格气田密井网区辫状河地质知识参数统计表

构型要素 有效砂体	构型级次	岩性	层理	旋回	测井响应	平面形态	剖面形态	计算公式	横向规模（主要范围 / 平均，m）	纵向规模（m）	厚度（m）
单一辫状河道	五级	粉砂岩—砾岩	大、小型槽状交错层理						500～4000 / 2500		2.0～6.0
复合心滩	四级—五级	中砂岩—细砾岩	大、小型槽状交错层理					L_b=1.3468$W_r^{1.0448}$ W_b=0.6011$W_r^{1.0118}$	320～2650 / 1650	890～7800 / 4800	6.0～10.0
单个心滩	四级	中砂岩—细砾岩	大、小型槽状交错层理						300～1500 / 680	1000～1750 / 1320	6.0～10.0
主水道	四级	细砂岩—细砾岩	槽状交错层理					W_c=0.1538$W_r^{1.0534}$	107～960 / 580		2.0～6.0
有效砂体									500～900 / 570	700～1500 / 1050	2～8 / 3.74

注：W_b—单一心滩宽度，m；L_b—单一心滩长度，m；W_c——辫状水道宽度，m；W_r—单一辫状河道宽度，m。

表 7–8　苏里格气田密井网区曲流河地质知识参数统计表

构型要素 有效砂体	构型级次	岩性	层理	旋回	测井响应	平面形态	剖面形态	计算公式	横向规模 （主要范围/ 平均，m）	纵向规模 （m）	厚度 （m）
单一曲流河道	五级	细砂岩、中砂岩、粉砂岩	交错层理、斜层理、平行层理					$W_c=6.80h^{1.54}$ $W_m=7.44W_c^{1.01}$	$\frac{600\sim900}{850}$		
点坝	四级	细砂岩、中砂岩	交错层理、斜层理、平行层理			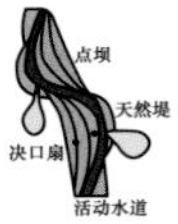 点坝 天然堤 决口扇 活动水道		$W_d=85\ln W_c+250$	$\frac{300\sim900}{730}$	$\frac{500\sim1100}{840}$	
活动水道	四级	粉砂岩、细砂岩	交错层理、斜层理			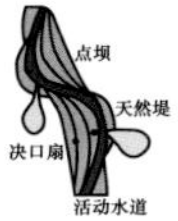 点坝 天然堤 决口扇 活动水道		$W_c=6.80h^{1.54}$	20～107		2.0～6.0
有效砂体		细砂岩、中砂岩				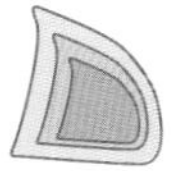			$\frac{300\sim900}{520}$	$\frac{500\sim900}{760}$	$\frac{2\sim6}{3.51}$

注：h—砂体厚度，m；W_c—活动水道宽度，m；W_m—单一曲流河道宽度，m；W_d—点坝长度，m。

第八章　苏里格气田致密砂岩气藏三维地质建模

地质建模是为了更好地表征油气藏的特征而出现，三维地质建模技术将抽象的、不可见的地下储层，依靠局限的已知资料，利用计算机算法，给直观地、可视化地呈现出来，包括地层格架、储层及隔夹层展布、储层属性参数特征、流体分布等等，虽然结果可能是不确定的，存在如何取舍与辨别真伪的问题，但已经大大消除了地质人员对于地下储层未知的迷茫与无助。借助于计算机技术的进步，大量空间数据的统计、交互式分析，油气田开发方案制定、调整措施效果模拟评价，在三维地质模型中都变得非常容易。在油气藏勘探、评价、开发各阶段，根据资料的详细程度及研究目的，构建不同精度的三维地质模型，随着开发程度的逐渐深入，资料不断丰富，一般构建的模型也更加逼近地下储层的真实情况。从油气田勘探到开发中—后期的各个阶段，三维地质建模始终是定量描述油气藏的重要技术手段，为有效开发及方案制定调整提供重要的参考依据。

本章介绍了地质模型的分类、地质建模方法（确定性建模和随机性建模）及流程，总结了苏里格气田致密砂岩气藏三维地质建模的特点，并通过实例阐述了储层地质知识库在地质建模中的指导作用。

第一节　储层地质模型的分类

储层地质模型的分类根据侧重描述对象或开发阶段的不同，有不同的分类方案。在各种分类方法中，按开发阶段的任务及模型建立精度进行划分为宜。不同油气田开发阶段，进行的工作量不同，对油气藏所取得的资料信息和认识程度存在着差异，所要解决的开发任务也就有所不同，总是随着油气藏开发程度的提高，由浅入深逐步向前推进。因此，不同开发阶段要求建立的储层地质模型也就有所不同。总的来说，随着油气田开发阶段的推移、油气藏开发程度的提高，对储层地质模型的要求也是由简到细、由粗到精。因此，本书采用裘怿楠（1991）的分类方案，将储层地质模型分为概念模型、静态模型和预测模型三大类。

一、概念模型

针对某一种沉积类型或成因类型的储层，把它代表性的储层特征（非均质性、连续性等）抽象出来，加以典型化和概念化，建立一个对这类储层在研究地区内具有普遍代表意义的储层地质模型，称为概念模型。概念模型并不是一个或一套具体储层的地质模型，但它却代表某一地区某一类储层的基本面貌。

概念模型广泛应用于一个油气田的开发早期。从油气田发现开始，到油气田评价阶段和开发设计阶段，主要应用储层概念模型研究各种开发战略问题。在这个阶段，油气田仅有少数大井距的探井和评价井，受资料条件限制，不可能对储层做出全油气藏的详细描述，只能依据少量信息，借鉴理论上的沉积模式、成岩模式和邻区同类沉积储层的原型模型，建立研究区储层概念模型。但是，这种概念模型对开发战略的确定是至关重要的，可以避免战略上的失误，如在井网部署上，对席状砂体可以采用大井距，河道砂体则需要小井距，块状底水油藏和苏里格气田强非均质致密砂岩气藏则采用水平井效果较好。

二、静态模型

针对某一具体油气田（或开发区）的一个（或一套）储层，将其储层特征在三维空间的变化和分布如实地加以描述而建立的地质模型，称为该油气田该储层的静态模型。

对储层进行全油气藏的如实描述，一般需要较密的井网，即开发井网钻成以后才有条件进行。静态模型主要为油气田开发方案实施、日常油气田开发动态分析、作业施工、配产方案和局部服务。

20 世纪 60 年代以来，我国各油气田透彻开发以后都建立了这样的静态模型，但大多数是手工编制的，如各种小层平面图、油气层剖面图和栅状图。个别油气田还做出实体模型以更直观地显现储层。这些静态模型在我国各大油气田开发实践中起到了必不可少的作用。

20 世纪 80 年代以来，国外利用计算机技术，逐步发展出一种依靠计算机存储和显示的三维静态模型，即把储层网格化后，用各网块参数按三维空间分布位置建立三维数据体。这样就可以进行储层的三维显示，可以任意切片和切剖面，显示不同层位、不同剖面的储层模型，以及进行其他各种运算和分析，更重要的是可以直接与数值模拟连接。

这种静态模型只是把多井井网揭示的储层面貌描述出来，不追求井间参数的内插精度及外推预测。从生产井的日常管理到油气田措施调整，其都是作为必不可少的地质基础。

三、预测模型

预测模型的提出，本身就是油气田开发深入的结果。它所建立的储层模型要比静态模型精度更高。预测模型是对控制点间及以外地区的储层参数能预测性地做一定精度的内插或外推。当然，在目前条件下，采用的各种井间预测的地质统计学方法尚不能表征井间任意一点储层参数的绝对值。

苏里格气田储层具有较强非均质性，一次井网开发后，井间存在仍未动用储层，需要进行加密井部署，提高储层动用程度，因而需要建立精度很高的地质模型和剩余未动用储量分布模型。剩余油气的存在，说明其与开发井之间存在着渗流边界，储层参数分布控制着流体分布。因此，油气田开发中—后期提高油气藏开发程度的措施制定要求将井间储层参数的变化及其绝对值预测出来，即建立储层精细预测模型（或精细油气藏地质模型）。

第二节　确定性建模方法

确定性建模（Deterministic Reservoir Modeling）是利用已有的硬数据推测出未知点处确定的、唯一的参数值。所谓硬数据是指进行建模时直接使用的输入数据，数据本身获取的过程可能具有不确定性，但利用数据进行建模预测时，则认为该数据是唯一的、不可更改的，例如井点测井曲线、分析化验结果、射孔数据、生产动态等。20世纪中叶，地质研究工作者多以手工编制图件的方法，建立油气藏的地质模型，这种方法主要依靠地质人员对已有资料的理解程度，勾绘出某一方面的（构造、砂体展布、物性分布等）的单一图件，主要靠人的主观意识构建，也属于确定性建模的范畴。常用的确定性建模方法一般有传统地质研究方法、储层地震学方法和计算机建模方法三种。

一、传统地质研究方法

即按照地质人员对已有资料的分析认识，人工勾绘出井间（井外）储层参数的唯一分布；借助计算机或其他绘图软件，将人工预测储层参数分布复制出来的方法也属于传统地质研究方法；其与计算机算法没有任何关联，适用于所有类型油气藏的地质建模。

储层沉积学方法主要用于建立储层沉积相模型，是一种重要的确定性建模方法。建模的主要过程是科学的井间砂体对比。应用层序地层学原理，识别并对比反映基准面高频变化的关键面或高频基准面转换旋回，为砂体对比提供等时地层框架；然后，在研究区（油气藏或区块）沉积模式指导下，综合应用岩心、测井甚至地震资料进行砂体对比分析与建模，也隶属于传统地质研究方法。

二、储层地震学方法

储层地震学方法主要是建立地震属性（如纵横波速比、振幅等）与储层参数（砂体、有效砂体、储层物性等）间的定量关系，进而反演出地层格架、储层展布及流体分布等的建模方法。除了常规三维地震外，目前出现了很多新的采集、处理、解释反演技术，如井间地震、四维地震、千分量到多分量地震等。地震属性反演能够很好地表征储层横向连续性，但垂向分辨率较低，一般在10m以上，对于更精细的储层建模，储层地震学方法尚需进一步研究。

三、计算机建模方法

计算机建模方法主要是依托计算机平台，利用插值算法对储层进行井间内插或井外推测。基础是井点数据，核心是算法，主要包括传统数理统计学插值方法和地质统计学插值方法。

1. 数理统计学插值方法

数理统计学插值方法很多，如三角网插值法、距离反比加权法、径向基函数插值法、多重网格逼近法、离散光滑插值法、样条插值法、最近邻点法、移动最小二乘法等。一般插值方法可分为局部插值与整体插值两大类。局部插值法的特点是每个插值点只影响其周围的局部区域，如距离反比、B样条插值等；整体插值法则基于整体插值点，一般要求解一个线性方程组，变动或改变一个插值点，就会改变整个插值曲面，如薄板样条插值等。

在储层建模中，应用该类方法的前提是地质参数在井间具有数理统计关系，即某种数学函数关系，如三角网法的前提是井间参数值是井孔参数与井间距离的线性函数。应用这一函数关系，即可对多井井间（二维剖面、二维平面及三维空间）进行储层参数插值，并建立储层地质模型。当然，这类方法也可整合地震信息进行插值。

不同插值方法内涵及应用范畴各有差别（表 8-1）。在实际应用中，应根据地质参数的空间分布特征、原始数据类及插值网格结点规模选择合适的插值方法。

表 8-1 主要数理统计插值方法简表

算法	算法描述	算法应用范围
三角网线性插值	首先基于已知点连接三角形网络，并以此为基础，将处于各个三角形内的未知点，通过各个三角形边作线性插值。算法稳定性好，效率高；插值结果数值介于已知点数值范围；在已知点少的情况下会出现明显的受三角形控制趋势；同时三角网络外的未知点将无法进行插值计算	在已知点数目较多且分布均匀的情况下插值效果较好，适合于构造或是平面参数分布插值；在已知点稀疏且分布不均的情况下，插值效果表现出明显的受已知点三角形控制的趋势
距离反比加权插值	将未知点值表示为其周围已知点的加权平均，权系数与到各已知点的距离成反比。算法简单、效率高；相比三角网法，可对每个未知点进行插值计算；插值结果数值介于已知点数值范围，但容易在井点处出现“牛眼”现象	应用最广的插值方法，可单独使用，也常与其他插值方法进行综合；基本上适合于任意类型的网格面或三维网格体属性插值
径向基函数插值	在径向基函数空间中，以各已知点为中心，距离 r 为变量的基函数的线性组合构建插值函数。采用不同特性的径向基函数，可适应不同建模模型的需要。该方法在求解基函数权系数时，需要解一个同已知点规模的线性方程组，因此已知点个数最好限定在一定规模	可适用于各种类型的网格化面插值，如构造层面、平面储层参数分布等；已知点个数不能太多，最好在 200 个左右，且分布均匀；只适用于井点数据，不能综合地震、等值线及断层信息
多重网格逼近法	基本思想是将整个插值过程分解为网格大小从粗到细的多次迭代计算。算法效率非常高、稳定性好；在没有原始点分布的位置处，也能保持很好的趋势	可综合地震、等值线及井点数据插值。例如，地震层位解释测线数据的网格化插值；按等值线或密集散点方式给出的构造面或平面储层属性参数的网格化插值
离散光滑插值	基于对目标体的离散化，通过设立目标准则及约束条件，将各种地质模型特征加入到算法中，并最终通过迭代方法求取模型的最优解。算法非常灵活，可根据不同情况，设立相适应的目标准则与约束条件。由于算法基于整体的迭代求解，当插值网格节点较大时，效率会变得很低	目前已成为地质体几何建模的主流技术，特别是对于复杂地质体几何外形建模，如岩浆侵入岩体、地层复杂断裂以及挠曲褶皱等。同时，可将地质目标体边界作为约束条件，实现平面相控储层参数插值等
样条插值法	使用某种数学函数，对一些限定的点值，通过控制估计方差，利用一些特征节点，用多项式拟合的方法来产生平滑的插值曲线。包括多种类型	适用于构造层面插值
最邻近点法	对每一个未知点，从所有已知点中找到与之最近的一个，然后将此已知点的值赋给这个未知点。计算结果是一个阶梯函数	适用于大规模已知点信息的计算
移动最小二乘法	在每一个未知点处拟合一个曲面，然后在此曲面上取未知点处的值，采用拟和误差平方加权和达到最小，作为函数优化条件	适用于各种类型的网格化面插值计算

2. 地质统计学插值方法

克里金方法是典型基于地质统计学的插值方法，是法国统计学家乔治斯·马瑟伦（Georges Matheron）为纪念南非矿业工程师克里格（D.G.Krige）而命名。克里格在矿山工作时发现矿石中金属分布并非完全随机，而是在空间上具有一定相关性，于 1951 年提出

"根据样品空间位置不同、样品间相关程度不同，对每个样品品位赋予不同的权，进行滑动加权平均，以估计中心块段平均品位"。乔治斯·马瑟伦（Georges Matheron）在此思路基础上做了进一步发展完善：根据待估点周围的若干已知信息，应用变差函数分析随机变量的空间相关性，据此确定待估点周围已知数据点的参数对待估点的贡献（即加权值）；然后对待估点的未知值做出最优（即估计方差最小）、无偏（即估计误差的数学期望为0）的估计，即最佳线性无偏估计（Best Linear Unbiased Estimator，简称BLUE），并提供估计误差。

在地质统计学中，地质变量为一类在空间上既有随机性又有相关性的变量，即区域化变量，空间相关性分析的工具为变差函数。

1）空间相关性分析中的几个概念

（1）随机变量与随机函数。

随机变量为一个实值，可根据一定的概率分布取得不同的数值，其空间分布通常依赖于所处空间位置，同时也随已知信息的变化而变化。随机函数是多个随机变量的集合。油气藏中空间某一未知点的砂体厚度，就可认为是一个随机变量，其值是随机的，受到沉积、成岩、压实等多种作用的影响，也受到人为提取、测量厚度时随机误差的影响，这体现了区域化变量的随机性；同时其值也受到与其相邻 ΔH 距离位置的属性值影响，这也体现了区域化变量空间具有相关性。

（2）变差函数。

是区域化变量空间变异性的一种度量，反映了空间变异程度随距离而变化的特征。变差函数强调三维空间上的数据构形，从而可定量地描述区域化变量的空间相关性，即地质规律所造成的储层参数在空间上的相关性。它是克里金技术以及随机模拟中的一个重要工具。

变差函数可用变差函数图（图8-1）来表征，从变差函数图中可以得出主要的几个关键参数。

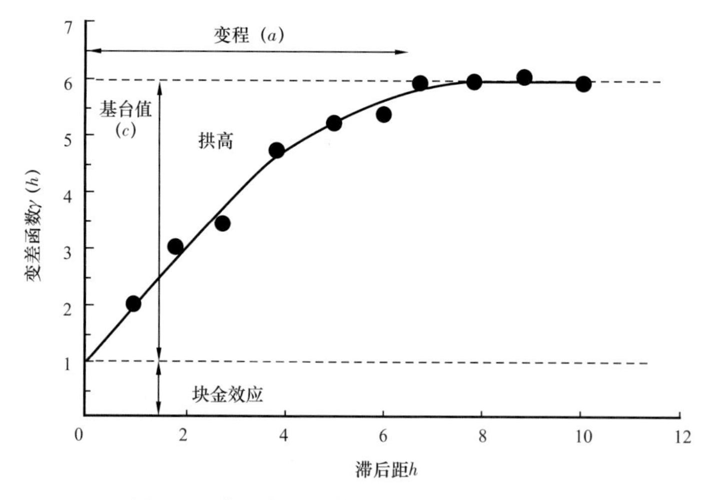

图8-1　典型变差函数图（据Journel，1978）

变程：区域化变量在空间上具有相关性的范围。变程之内，数据具有相关性，参与对待估点的计算；变程之外，数据间不具有相关性，对待估点不提供信息。变程的大小反映了变量空间的相关性大小，变程越大表面数据点在较大范围内具有相关性；反之，说明数据点间具有相关性的范围较小。对于各向异性储层，一般有垂向变程、顺物源主变程和垂直物源方向次变程三个变程。

块金值：变差函数如果在原点间断，在地质统计学中称为块金效应，表现为在很短距离内有较大的空间变异性，两个随机变量即便距离上无限靠近，都不相关。它可以由测量误差引起，也可以来自矿化现象的微观变异性。

基台值：代表变量在空间上的总变异性大小。即为变差函数在距离大于变程时的值，为块金值和拱高之和。拱高为在取得有效数据的尺度上，可观测得到的变异性幅度大小。当块金值等于 0 时，基台值即为拱高。

在变差函数最优拟合分析时，应依据地质规律的变化特征选择合理的理论变差函数模型（图 8–2），从而得到能够反映真实储层结构变化的最优理论变差函数曲线。

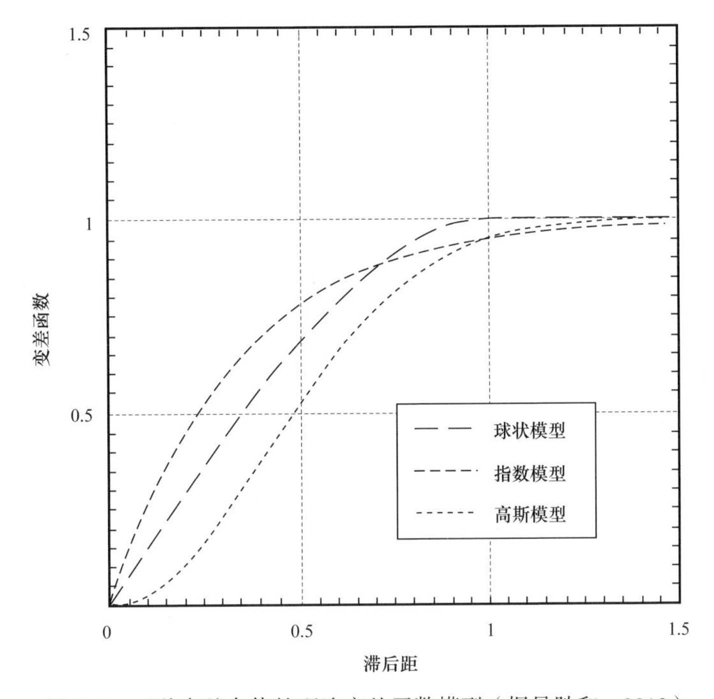

图 8–2　三种有基台值的理论变差函数模型（据吴胜和，2010）

球状模型：接近原点处，变差函数呈线性，在变程处达到基台值。原点处变差函数的切线在变程的 2/3 处与基台值相交。陆相碎屑岩沉积储层一般选此模型。

指数模型：变差函数渐近的逼近基台值。在实际变程 a 处，变差函数为 0.95c。模型在原点处为直线。一般适用于极强非均质性储层。

高斯模型：变差函数渐近的逼近基台值。在实际变程 a 处，变差函数为 0.95c。模型在原点处为抛物线。高斯模型为一种连续性好但稳定性较差的模型。

（3）趋势。

趋势指区域化变量值在空间范围内有规律地增加或减小。趋势反映了地质规律性，并对变差函数的计算有很大影响。

趋势可分为垂向趋势和平面趋势。垂向趋势为地质参数在垂向变化的规律性。例如，河道砂体粒度向上逐渐变细，导致储层孔隙度具有向上变小的正韵律。平面趋势为地质参数在平面上的变化规律，它对平面变差函数和垂向变差函数都有重要影响。

地质统计学建模要求变量在研究范围内具有平稳性。因此，如果变量表现出系统趋势性，必须首先确定这种趋势，并在计算变差函数和地质统计插值或模拟前去除掉，使得变差函数的计算及其后续的估值和模拟都是在去趋势后的基础上进行的，其后，再将趋势加入到估值和模拟结果上。趋势分析、去趋势、模拟结果后的逆转换等操作都可以在建模软件中通过流程实现。

2）克里金插值方法

克里金插值所利用的信息，通常为一组实测数据及其相应的空间结构信息。应用变差函数模型所提供的空间结构信息，通过求解克里金方程组计算局部估计的加权因子（即克里金系数），进行加权线性估计。

克里金方法优于传统方法（如三角剖分法、距离反比加权法等），在于它不但考虑到被估点位置与已知数据位置的相互关系，而且还考虑到已知点位置之间的相互联系，因此更能反映客观地质规律，估值精度相对较高，是定量描述储层的有力工具。简单克里金和普通克里金是最基本的克里金方法，是其他所有克里金方法的基础，通过与其他技术的融合，发展出了多种克里金方法。各种克里金方法的原理不一样，它们用于估计时，会产生不同的效果和作用。因此，各种克里金方法有其应用范畴（表 8–2）。

表 8–2　不同克里金方法的应用条件及技术关键点

算法名称	应用条件	技术关键点	备注
简单克里金（SK）	（1）满足二阶平稳假设； （2）随机函数的期望值（均值）m 为常数并已知； （3）适用于空间变异性相对较小变量的估值； （4）数据分布不能具有任何趋势	（1）通过统计直方图查看数据分布，验证数据空间变异性大小，并求取 m 值； （2）数据应近似正态分布，否则应进行截断、对数变换或正态变换； （3）通过观测数据与数学期望 m 的差值求取变差函数模型，并验证数据分布是否存在明显趋势； （4）如存在趋势，则进行趋势分析，将原始数据过滤掉趋势后再应用本算法	
普通克里金（OK）	（1）满足二阶平稳或内蕴假设； （2）各位置点随机函数的均值 m 存在，但可不同； （3）适用于空间变异性相对较大变量的估值； （4）数据分布不能具有任何趋势	（1）数据应近似正态分布，否则应进行截断、对数变换或正态变换； （2）通过观测数据直接求取变差函数模型，并验证数据分布是否存在明显趋势； （3）如存在趋势，则进行趋势分析，将原始数据过滤掉趋势后再应用本算法	
指示克里金（IK）	（1）需要知道以不同区间段为单位的数据分布特征（包括异常值段）； （2）综合地震数据进行插值	（1）设置各数据区间段的门槛值，将连续数据变为离散值（指示变换）； （2）分别求取各区间段的指示变差函数； （3）可通过其他各种克里金插值法对指示值进行估值； （4）在综合地震数据进行插值时，需求取各指示值与地震数据的概率相关性曲线	

续表

算法名称	应用条件	技术关键点	备注
泛克里金（UK 或 TK）	（1）适合于数据分布具有明显趋势的情况，原始数据模型可被分解为漂移与残差两部分； （2）原始数据过滤掉漂移后，应保证残差是平稳的； （3）漂移部分应有明确的物理意义，对于复杂的数据分布情况，漂移部分是难于求取的	（1）通过数据趋势分析及变差函数模型，分析数据分布是否具有明显趋势； （2）求取原始观测数据的变差函数模型，并据此推测残差的变差函数模型（二者在变程范围内变差函数曲线形态是一样的）； （3）设置漂移函数拟合的基函数	在漂移函数难于求取时，可直接应用趋势模型并通过简单或是普通克里金进行估值
具外部漂移克里金	（1）外部数据（二级变量）确实能够反映主变量（储层参数）的空间分布趋势； （2）原始数据过滤掉外部漂移后，应保证残差是平稳的； （3）外部变量必须在空间光滑地变化，否则可能导致算法不稳定； （4）在主变量的所有数据点和要估计的位置处，外部变量都必须是已知的	（1）求取原始观测数据的变差函数模型，并据此推测残差的变差函数模型（二者在变程范围内变差函数曲线是一样的）； （2）设置漂移函数拟合的基函数	可被协同克里金替代
协同克里金（CK）	（1）估值参数（如孔隙度）观测数据较少，同时存在与估值参数相关联的二级变量（如波阻抗）数据模型； （2）参数满足二阶平稳假设； （3）采用与普通克里金相同的估值方程	需要求取交互协方差函数或交互变差函数，但过程非常繁琐	为了减小交互协方差函数或交互变差函数的计算，发展了同位协同克里金替代本算法
同位协同克里金（Co-located CK）	（1）估值参数（如孔隙度）观测数据较少，同时存在于与估值参数相关联的二级变量（如波阻抗）数据模型； （2）参数满足二阶平稳或是内蕴假设； （3）采用与普通克里金相同的估值方程	（1）估值参数应近似正态分布，否则应进行截断、对数或是正态变换； （2）求取估值参数的变差函数模型； （3）计算估值参数与二级变量的相关系数	
贝叶斯克里金（BK）	（1）估值参数（如孔隙度）观测数据较少但精度高，同时存在与估值参数相关联的二级变量数据模型（如波阻抗）； （2）在估值参数观测数据分布相对集中区域，结果以观测数据估值为主，反之以二级变量为主； （3）参数满足二阶平稳或是内蕴假设； （4）采用与普通克里金相同的估值方程	（1）估值参数应近似正态分布，否则应进行截断、对数或是正态变换； （2）求取估值参数与二级变量的联合变差函数模型，以及二级变量单独的变差函数模型	

（1）各种克里金方法的应用范畴。

简单克里金和普通克里金方法是两种最基本的方法，都基于平稳假设，对于一般变化不大的地质数据能给出比较满意的光滑的结果。

泛克里金考虑了区域化变量的空间漂移性，所形成的网格化数据能突出局部异常，特别在研究区的边缘，能很好地给出光滑且符合地质特点的图形（如单斜的状态），而不像某些方法那样在边缘出现极值的情形，这样的处理结果可能更为石油地质学家所接受。

协同克里金能利用空间变量的相关性，应用多种信息协同进行估计，能极大程度地利用各种资料，但数学推导和计算复杂。

指示克里金方法是一种基于指示变换值的克里金方法，即对指示值而不是原始值进行克里金插值，其核心算法则是借用上述克里金方法。从这个意义上讲，克里金方法可分为两类：指示类与非指示类。上述克里金方法均可用于指示值的克里金插值，如简单指示克里金、普通指示克里金、泛指示克里金、协同指示克里金、同位协同指示克里金等。

这种方法具有明显的优点：① 可用于沉积相等离散变量的插值，这是任何非指示类插值方法所不能比拟的；② 可用于变异性较大的连续参数（如渗透率）的插值，通过对渗透率进行离散化处理并给定不同的变差函数，可处理高渗带、低渗带的复杂分布；③ 很容易结合各种软信息，如地震信息、动态信息及地质人员的思维等。

（2）克里金方法应用的局限性。

总的来说，克里金方法是一种实用、有效的插值方法。但是，在实际应用中，也要注意克里金方法应用的局限性。

在一些情况下，变差函数很难求准，从而使得基于变差函数的克里金估计失去了实际应用价值。当观测点的距离大于实际变程时，会由于观测尺度太大而出现块金效应，即块金效应的尺度效应。这时，难于了解观测点间的变化特性。例如，在一个 200m 的井网区内，储层孔隙度横向变化的实际变程为 100m，这时便难于了解井间孔隙度的变化，其变差函数在 200m 尺度上呈现为块金效应。在井点较少时（如某一方向只有 2～3 口井），可利用的数据对太少。一方面，算出的变差函数点太少而难于拟合理论变差函数曲线；另一方面，算出的变差函数值也不甚可靠。

克里金插值为局部估计方法，对估计值的整体空间相关性考虑不够，它保证了数据的估计局部最优，却不能保证数据的总体最优，因为克里金估值的方差比原始数据的方差要小。因此，当井点较少且分布不均时可能会出现较大的估计误差，特别是在井点之外的无井区误差可能更大。

克里金插值法为光滑内插方法，为减小估计方差而对真实观测数据的离散性进行了平滑处理，虽然可以得到由于光滑而更美观的等值线图或三维图，但一些有意义的异常带也可能被光滑作用而光滑掉了。所以，克里金方法有时被称为一种“移动光滑窗口”。

因此，在应用克里金方法进行井间插值和储层建模时，首先应根据实际地质情况和资料情况考虑克里金方法的适用性，如在井点较多，或既有一定的井点资料又有高质量地震资料，而且不要求研究参数的细微变化时，可应用克里金方法进行储层预测和建模研究。

第三节　随机性建模方法

地下储层的复杂性及不可见性，使得依靠井点的一孔之见和具有多解性的地震反演很难准确表征地下储层的真实特征及性质，尤其是对于陆相强非均质储层，垂向隔夹层发育，横向储层变化快，更难于精确表征。随机建模方法就是利用已有资料的统计规律，不确定地表征确定性的地层特征。其应用前提是地质统计规律能够代表研究区（气藏或区块）的地质分布规律。Haldorsen（1990）分析了将随机建模技术应用于描述确定性储层的六个原因:（1）用于表征储层空间展布、内部（几何）结构和岩石性质在不同范围变化的资料不完备;（2）储集体和相空间排列复杂;（3）难于掌握相对于空间位置和方向上岩石性质的变化和变化形式;（4）不了解岩石物性与用来求取平均值的岩石体积的关系（比例问题）;（5）静态储层资料（井点岩心、测井资料及地震资料）多于动态资料（时间变化效应、岩石结构影响采出过程等）;（6）随机模拟方便快捷。

一、随机建模的概念

所谓随机建模，是指以已知信息为基础，以随机函数为理论，应用随机模拟方法，产生可选的、等可能的储层模型方法。这种方法承认控制点以外的储层参数具有一定的不确定性，即具有一定的随机性。因此采用随机建模方法所建立的储层模型不是一个，而是多个，即一定范围内的几种可能实现（即所谓可选的储层模型，以满足油气田开发决策在一定风险范围的正确性的需要，这是与确定性建模方法的重要差别）。对于每一种实现（即模型），模拟参数的统计学理论分布特征与控制点参数值统计分布是一致的。各个实现之间的差别则是储层不确定性的直接反映。如果所有实现都相同或相差很小，说明模型中的不确定性因素少；如果各实现之间相差较大，则说明不确定性大。

由此可见，随机建模的重要目的之一便是对储层（属性分布、储量计算、开发动态等）的不确定性进行评价。另外，随机模拟可以超越地震分辨率，提供井间岩石参数米级或十米级的变化，因此，随机建模可对储层非均质性进行高分辨率表征。在实际应用中，利用多个等可能随机储层模型进行油气藏数值模拟，可以得到一簇动态预测结果，据此可对油气藏开发动态预测的不确定性进行综合分析，从而提高动态预测的可靠性。

随机模拟与克里金插值法有较大的差别，主要表现在以下三个方面：

（1）克里金插值法为局部估计方法，力图对待估点的未知值作出最优（估计方差最小）、无偏（估计值均值与观测点值均值相同）的估计，而不专门考虑所有估计值的空间相关性，而模拟方法首先考虑的是模拟值的全局空间相关性，其次才是局部估计值的精确程度。

（2）克里金插值法给出观测点间的光滑估值（如绘出研究对象的平滑曲线图），而削弱了真实观测数据的离散性（插值法为减小估计方差，对真实观测数据的离散性进行了平滑处理），从而忽略了井间的细微变化；而条件随机模拟结果在光滑趋势上加上系统的随机噪声，这一随机噪声正是井间的细微变化。虽然对于每一个局部的点，模拟值并不完全是真实的，估计方差甚至比插值法更大，但模拟曲线能更好地表现真实曲线的波动情况（图 8–3）。

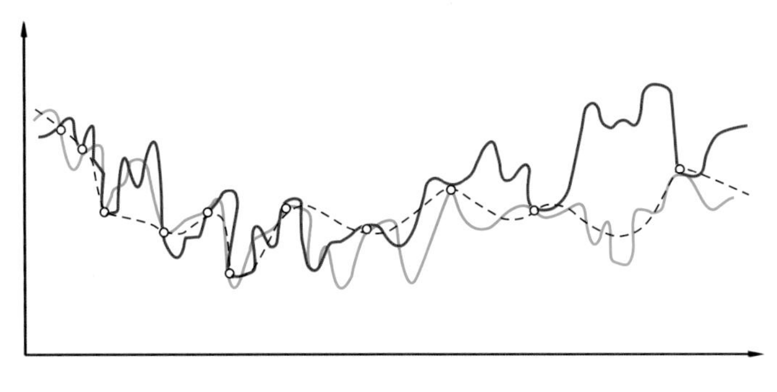

图 8–3　随机模拟与克里金插值的比较（据王仁铎，1989）

（3）克里金插值法（包括其他任何插值方法）只产生一个储层模型，因而不能了解和评价模型中的不确定性，而随机模拟则产生许多可选的模型，各种模型之间的差别正是空间不确定性的反映。

二、随机建模原理

随机模拟是以随机函数理论为基础的，由一个区域化变量的分布函数和协方差函数（或变差函数）来表征。其基本思想是从一个随机函数 $Z(u)$ 中抽取多个可能的实现，即人工合成反映 $Z(u)$ 空间分布的可供选择的、等概率的高分辨率实现，记为 $\{Z^{(l)}(u), u \in A\}(l=1, \cdots, L)$，代表变量 $Z(u)$ 在非均质场 A 中空间分布的 L 个可能实现。若用观测的实验数据对模拟过程进行条件限制，使得采样点的模拟值与实测值相同（即忠实于硬数据），就称为条件模拟，否则为非条件模拟。

以基于象元（网格）的随机模拟为例，其过程可分为两大环节，即条件累计分布函数的求取及抽样模拟。首先求取某网格的累计条件分布函数（图 8-4b），然后通过随机抽样，得到该网格的模拟值（图 8-4c）。

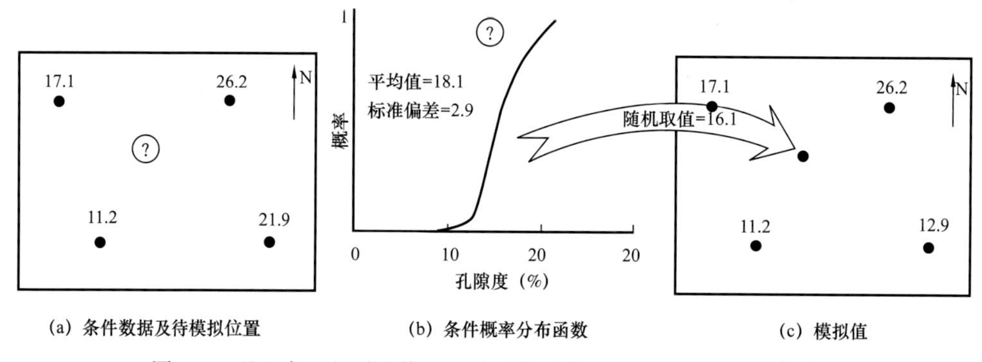

图 8-4　基于象元的随机模拟简单图示（据 Srivastava，1994，修改）

1. 条件累计分布函数

对于三维网格系统的每一个网格，在进行模拟前，首先要确定该网格的条件累计分布函数（conditional cumulative distribution function），简称 ccdf。式（8-1）、式（8-2）分别为连续变量与离散变量的 ccdf 表达式：

$$F(u; z|(n)) = \mathrm{Prob}\{Z(u) \leqslant z|(n)\} \tag{8-1}$$

$$F(u; k|(n)) = \mathrm{Prob}\{Z(u) = k|(n)\} \tag{8-2}$$

式中，n 为条件数据，k 为离散变量的类型（如相类型）。

概率分布函数的建立有如下两种途径：

1）参数化建模

这里的参数不是指储层参数，而是指概率模型的特征值，如高斯分布的均值和偏差。

在建立密度分布函数时，假定其符合某种概率模型类别，然后通过推断模型特征参数，确定分布函数。例如，假定随机变量符合高斯分布，则只需推断出均值和偏差两个参数，便可建立该网格的概率分布函数（图 8-5），将该函数很容易变换为条件累计概率分布函数（图 8-6）。

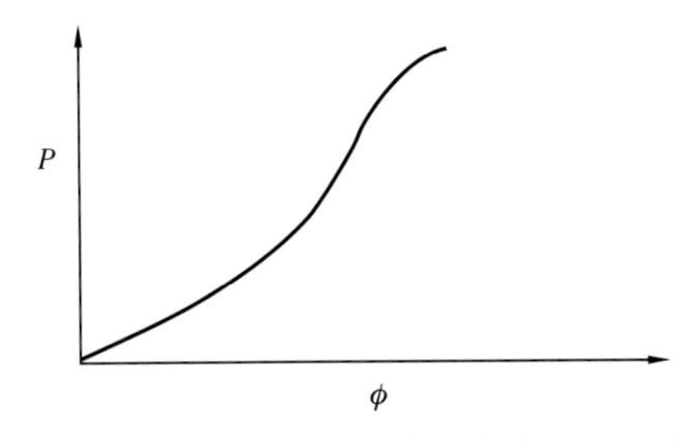

图 8-5　随机变量的概率分布曲线（cdf）

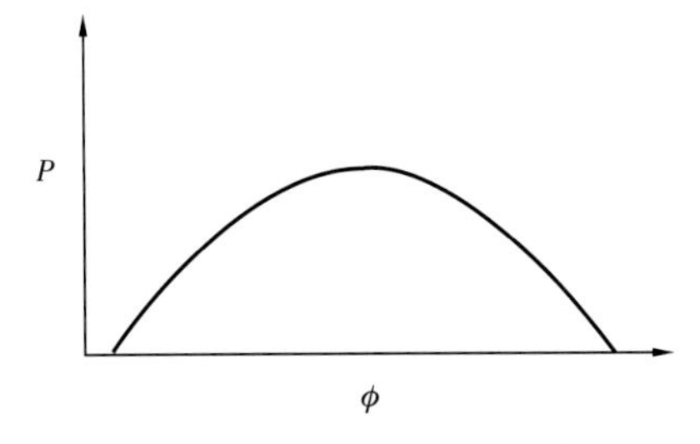

图 8-6　随机变量的累积概率分布曲线（ccdf）

高斯分布是最简单的概率分布模型之一。由于其简便性，在随机建模中应用得最为广泛，事实上也是最早应用的概率模型。因为只要知道均值和偏差，就可建立概率分布函数，而均值和偏差可通过克里金方法来求得。其中，克里金估值当作均值，而估值方差的平方根则作为偏差。这也是克里金方法广泛用于随机建模的根本原因。

当然，应用这一方法的前提是首先要确认实际的概率分布是否符合假定的概率模型，如是否符合高斯分布。一般地，可通过直方图分析，判别其分布特征。如果不符合高斯分布，而又希望应用高斯模型，则需要将原始变量通过正态得分变换变为高斯分布，而且对于变异性强的参数（如渗透率）还需首先进行对数变换，然后进行正态得分变换。随机模拟结束后，再对模拟结果进行反变换为实际的储层参数值。

2）非参数化建模

在建立密度分布函数时，不假定其符合任一概率模型类别，无须推断模型特征参数，而是通过各变量的概率，直接推断其分布函数。

这一方法适用于离散变量或离散化之后的连续变量。如对于研究区内的三种相（相A、相B和相C），针对某网格，首先求取三种相的概率，然后将其拟合成一条概率分布曲线（图 8-7）。显然，指示克里金是进行非参数化建模的首选方法之一。

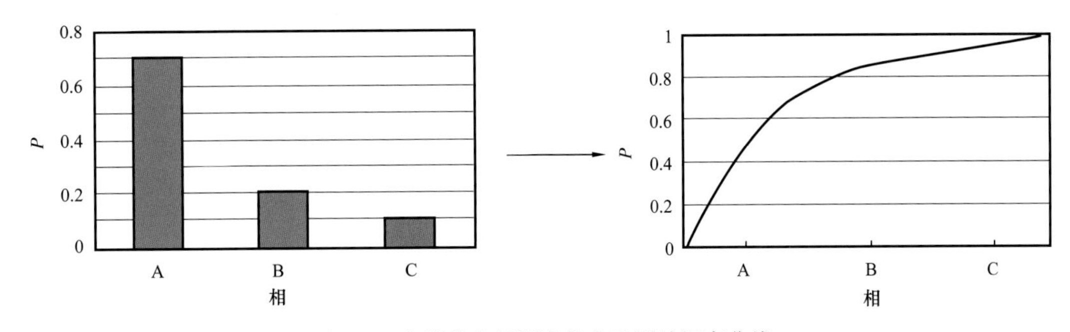

图 8-7　离散化变量概率分布及累计概率曲线

2. 随机模拟

针对某网格，在得到该网格的ccdf之后，通过抽样，便可得到该网格的一个实现。以图 8-4 为例，针对待模拟点的ccdf（图 8-4b），在纵坐标上任取一个随机数（为 0～1 的值），该随机数在ccdf曲线上对应的分位数，即该网格的模拟实现值。改变随机数（由计算机自动操作），又可得到另一个模拟实现值。对三维空间的所有网格，均进行ccdf的求取及模拟抽样，便可得到一个三维模拟实现，即随机建模的一个模型。

因此，随机模拟是一个抽样过程，抽取等可能的、来自随机模型的各个部分的联合实现。式（8–3）代表变量 $Z(u)$ 空间分布的 L 个可能的实现。每个实现亦称为随机图像。

$$\{Z^{(l)}(u) \mid u \in D\} \ (l=1, \cdots, L) \tag{8-3}$$

显然，随机建模的精度取决于 ccdf，而模拟过程只是描述多解性的一种方法。ccdf 曲线越平缓，模拟实现的取值范围越大，说明多解性越大，极端情况下，ccdf 为一条从 0 值开始的 45° 斜线，为纯随机情况；反之，ccdf 曲线越陡，模拟实现的取值范围越小，说明多解性越小；极端情况下，当 ccdf 为一条垂线时，所有的模拟实现都是同一值，此时，为确定性取值，即确定性建模（图 8–8）。

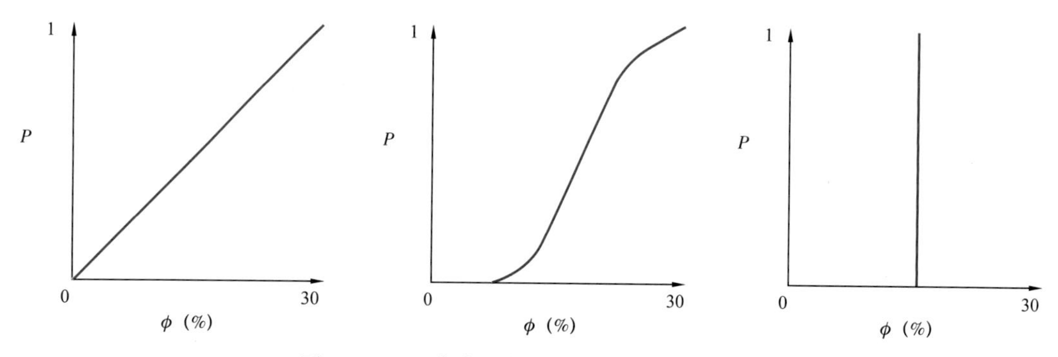

图 8–8　ccdf 曲线形态对随机建模结果的影响

因此，随机建模的关键是求准 ccdf，而为了提高随机建模的精度，地质建模人员须尽可能地应用多学科信息，缩小随机变量的取值范围（相当于使 ccdf 曲线变陡），减小多解性。值得注意的是，不能毫无依据地人为缩小取值范围。

三、随机建模方法

随机模拟是根据随机模型和模拟算法而产生模拟结果的技术或程序。一般分为基于目标对象的方法和基于象元的方法，基于象元的模拟方法又可分为基于两点统计学方法和基于多点地质统计学方法两类。

1. 基于目标对象的随机建模方法

基于目标的方法以目标物体为基本模拟单元，为基于目标的随机模型与优化算法的结合。

基于目标的方法通过对目标几何形态（如长、宽、厚及其之间定量关系）的研究，在建模过程中直接产生目标体。通过定义目标的不同几何形状参数以及各个参数之间所具有的地质意义上的关系，可以真实再现储层的三维形态。

此方法通过示性点过程模型和优化算法的结合，进行目标体（如沉积相、隔夹层、断层、裂缝等）的随机模拟。

早期的基于目标体结果的方法主要采用了布尔模型，如 Matheron 认为概率模型符合泊松（Poisson）点过程，即认为目标中心点位置符合齐次泊松点过程（homogeneous Poisson process）。随后，Chessa 等对齐次泊松点过程提出了改进措施，即在无井区，模拟采用非齐次泊松点过程，从而满足了井间与井点分布具有差异的要求，为了表征不同储层成因单元的相互关系，又提出了采用 Gibbs 点过程来描述砂体间相互关系。在目标形态再现方面，Syversvee 给出了再现泥岩顶底曲线特征的算法并对多井钻遇同一目标进行了考虑，通过引入泥岩配置参数，描述泥岩为多口井钻遇情况，从而再现多井钻遇同一目标的问题。C.V.Deutsch 等提出了基于目标的层次模型（Fluvsim）。在该方法中，使用基于目标的模拟方法模拟了河道、溢岸、决口扇和泛滥平原等四种相的联合分布。

Jones（2001，2003）提出了基于流线分布建立河流相储层模型的方法，通过一系列指示主要流动方向的线段来模拟沉积作用的流动趋势特征。利用古水流轨迹建立了指示河流流动方向的流线，局部随机修改方位角就可以再现河流流动方位变化特征。Patterson（2002）通过计算河流中线曲率，利用通用示性点过程结合流线的模拟对点坝位置及倾向模拟进行了探索性研究。

模拟过程中需要设置目标体几何形态，一般将泥岩相作为模型的背景相，将其他相作为目标相在背景相中逐一刻画出来。对于河道相主要包括波长、振幅、宽度、厚度等几个参数（图 8-9）。同时还需要提供主流线的方向，即物源方向。

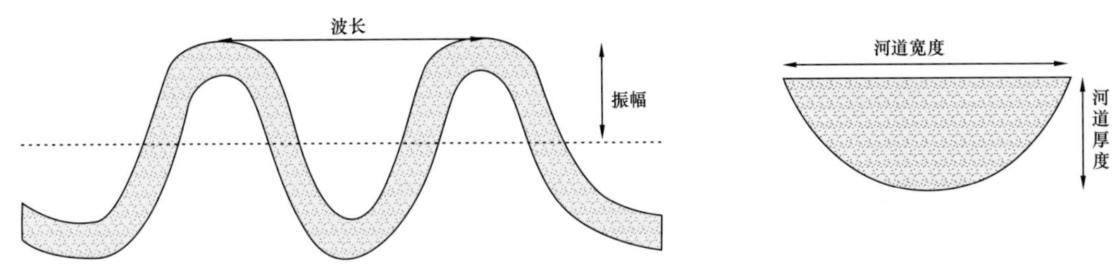

图 8-9　基于目标模拟河道相形态参数

基于目标的模拟方法具有其独有的优点：使用灵活，一些先验的地质知识可以容易地作为条件信息加入到模型中去，如各相百分比、砂体宽厚比、各种相空间分布规律等，这样就可以最大限度地综合地质家的认识。但是，基于目标的模拟方法要求很强的先验地质知识，因此，如何最大限度地获取这一先验地质知识并有效地组织到模型中去，是提高建模精度的关键。

2. 基于象元的随机建模方法

基本思路是首先建立待模拟网格的累计条件概率分布函数（ccdf），然后对其进行随机模拟，即从 ccdf 中随机地提取分位数，便得到该网格的模拟实现。按照求取 ccdf 方法的不同，又可分为高斯模拟（序贯高斯模拟、截断高斯模拟）、指示模拟（序贯指示模拟）、多点地质统计学模拟等。其中，前两种为基于两点的统计学模拟，后者为基于空间的多点地质统计学模拟。

1）基于两点统计学的方法

两点统计学是通过若干个点对来对变量的统计特征进行分析，分析工具为变差函数。主要方法有序贯高斯模拟、截断高斯模拟和序贯指示模拟。

（1）序贯高斯模拟。

序贯高斯模拟为一种应用高斯概率理论和序贯模拟算法产生连续变量空间分布的随机模拟方法。模拟过程是从一个象元到另一个象元序贯进行的，而且用于计算某象元 ccdf 的条件数据除原始数据外，还考虑已模拟过的所有数据。仅用于连续变量（孔隙度、渗透率、含油饱和度等）分布的随机模拟。该方法的特征是随机变量符合高斯分布（正态分布），当然，大多数地质数据并非是对称高斯分布的。在实际应用中，首先将区域化变量（如孔隙度、渗透率）进行正态得分变换（变换成高斯分布），模拟后，再将模拟结果反变换为区域化变量。

对于单纯应用井数据的序贯高斯模拟方法，输入参数主要为井数据（如测井解释的孔隙度数据）、变差函数参数（变程、块金效应等）等。如果是相控建模，还需输入三维相模型，并且对于每一类相，均应输入相应的变量统计参数和变差函数参数。

高斯模拟是应用广泛的连续性变量的随机模拟方法。但在应用过程中，应注意以下两点：

① 高斯模型不大适合各向异性很强特别是极值分布具方向性的连续性变量的随机模拟。在这种情况下，应采取相控建模方法。

② 高斯模拟结果强烈地依赖于变差函数，而变差函数参数的准确求取并非易事。从地质上看，其难点有二，一是当工区井点数较少或某一方向井点数较少时，会由于点对太少而难于建立变差函数模型；二是当工区砂体分布不稳定、砂体宽度小于井距时，数据构型已反映不了井间储层的实际变化，这时，由井点数据求取的变差函数（如果能建立变差函数模型的话）则不能用于储层非均质建模。这实际上是所有基于变差函数的随机模拟方法的共同问题。

其优点是：算法稳健，用于产生连续变量的实现；当用于模拟比较稳定分布的数据时，序贯高斯模拟能快速建立模拟结点的 ccdf。然而当模拟级差较大的变量数据时，高斯矩阵不稳定，且不能用于类型变量的模拟。

（2）截断高斯模拟。

截断高斯随机域属于离散随机模型，用于分析离散型变量或类型变量。模拟过程是通过一系列门槛值及截断规则对三维连续高斯分布进行截断而建立类型变量的三维分布。即定义不同类别的一系列门槛值（可以随着空间位置而变化）来截止连续实现，其结果是模拟类别的空间次序是固定的。这个条件有时有用，有时却能够制约方法的应用。

截断高斯主要包括门槛值确定、高斯变换和高斯场截断三个环节。其中，门槛值主要通过相比例分布的统计而获得，对于苏里格强非均质致密砂岩气藏来说，沉积相空间分布具有非平稳性，一般要制作相比例曲线以确定门槛值函数。截断高斯模拟一般能够很好地模拟沉积相区域渐近性的变化规律，一般海相地层应用该方法较多。

（3）序贯指示模拟。

序贯指示模拟既可用于离散的类型变量，又可用于离散化连续变量类别的随机模拟。该方法的基础为指示克里金和序贯模拟算法。

指示模拟有两个关键环节：

① ccdf 的求取。

与高斯类方法不同的是，该方法无需假设原始样本服从正态分布，而是通过给出一系列的门槛值，估计某一类型变量低于某一门槛值的概率，并拟合成条件累计概率分布函数（ccdf）。

对于三维空间的每一网格（象元），首先通过指示克里金估计各类型的条件概率，并归一化，使所有类型变量的条件概率之和为 1。然后，根据某网格各类型变量的条件概率，确定该处的累计条件概率分布函数（ccdf）。

② 随机模拟。

对于三维空间的每一网格（象元），随机提取一个 0～1 之间的随机数，该随机数在条件概率分布函数中对应的变量即为该象元的相类型。如图 8-10 所示，提取 P=0.68，对应分位数为 A 相，则待估点的模拟结果即为 A 相。这一过程在其他各个象元进行运行，便可得到研究区内相分布的一个随机实现。

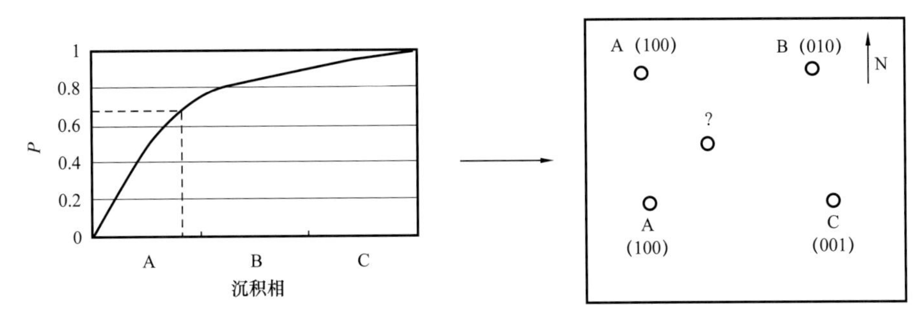

图 8-10 序贯指示模拟的取值示意图

与指示克里金不同的是，某一网格的相取值不是根据概率值的大小，而是通过 ccdf 的随机抽样得到。序贯指示模拟的输入参数主要为井数据（相数据）、各类型变量的体积含量或变差函数模型。

指示模拟最大的优点是可以模拟复杂各向异性的地质现象及连续性分布的极值。对于具有不同连续性分布的变量（如沉积相），可给定不同的变差函数，从而建立各向异性的模拟图像。另外，指示模拟除可以忠实硬数据（如井数据）外，还可忠实软数据（如地震、试井数据）。

然而，指示模拟也存在一些问题。其一，模拟结果有时并不能很好地恢复输入的变差函数；其二，在条件数据点较少且模拟目标各向异性较强时，难于计算各类型变量的变差函数；其三，像所有基于变差函数（两点统计学）的随机模拟一样，该方法不易恢复目标体的几何形态，由于未考虑象元间的交互相关性而使模拟实现中的相边界不甚光滑，出现星星点点的分布现象。

2）基于多点统计学的方法

多点地质统计学是相对于传统两点地质统计学而言的，地质变量空间相关性分析考虑空间多个点之间的结构关系，以训练图像代替两点地质统计学中的变差函数来表征储层空间数据的分布特征。训练图像相当于定量的相模式，它不必忠实于实际储层内的井信息，而是只反映一种先验的地质概念，为表述实际储层结构、几何形体及其分布模式的数字化图像。

训练图像的获取一般有野外露头、现代沉积卫星照片、基于目标体模拟的相模型、人工绘制、地震提取等方式。在随机建模时，对于同一地质体，可以给出多个训练图像（反映不同规模的非均质或同一规模不同解释情况的非均质）。

第四节　三维地质建模流程

三维地质建模一般包括数据准备、构造模型、相模型、属性模型等几个步骤，其中每一个环节时刻要进行数据质量控制，以保证下一步骤的输入数据有效、可靠。

一、三维地质建模软件简介

目前市场上常用的石油地质建模软件有很多，各个软件的功能和特点各不相同。

Petrel 软件为斯伦贝谢公司产品，是一套目前国际上占主导地位、基于 Windows 平台的三维可视化建模软件，它集地震解释、构造建模、岩相建模、油气藏属性建模和数值模拟为一体，为地质学家、地球物理学家、岩石物理学家、油气藏工程人员提供了一个共享信息平台。Petrel 可以帮助用户提高对油气藏内部细节的认识、精确描述透视油气藏属性的空间分布、计算其储量和误差、比较各风险开发模型、设计井位和钻井轨迹、无缝集成油气井生产数据和油气藏数值模拟器。

GOCAD 软件是美国 T-surf 油藏技术公司研发的一款三维地质建模软件，在地质工程、地球物理勘探、矿业开发、石油工程中有广泛的应用。这款软件是以工作流程为核心的新一代地质建模软件，达到了半智能化建模的水平，并能在几乎所有硬件平台上运行。GOCAD 软件具有三维建模、可视化、地质解释和分析的功能，既可以进行表面建模，又可以进行实体建模；既可以设计空间几何对象，也可以表现空间属性分布。该软件实现了从地震解释与反演、速度建模、构造建模、油藏建模到数值模拟、优化设计、风险评价的综合一体化。

此外，在石油行业中常用的建模软件还有原 Stratmodel 公司开发的 SGM（Straigraphic Geocelular Modeling）、Smedvig Technologies 公司研制开发的 RMS（Reservoir Modeling System）/ STORM（Stochastic Reservoir Modeling）、Reservoir Characterization Research & Consulting 公司开发的（RC）2 等。

二、储层建模的基本步骤

1. 数据准备

数据是开展三维地质建模的基础，数据的准确性和丰富性在很大程度上决定着所建模型的精确性。利用斯伦贝谢公司的 Petrel 软件进行地质建模时需要准备的数据见表 8-3。

表 8-3　模型基础数据表

数据类型	数据内容
井头数据	井名、地面井位坐标、地面补心海拔等
井斜数据	测深、井斜角和方位角组合；或测深、X 方向位移和 Y 方向位移组合
分层数据	井名，层号，层型，单井分层点测深等
断层数据	可由地震构造解释程序生成，也可间接从构造图数字化获得
相数据	深度：任何能反映相数据点三维空间位置的数据，最常用测深；相代码：为某一深度点处对应的不同沉积微相代码
测井数据	深度：最常用测深；测井值：为不同测井曲线在某一深度点对应的测井值

在数据准备好之后，需要对补心海拔和井斜进行相应校正。补心海拔校正的目的是消除地表起伏和补心高差异对油藏构造模型的影响，而对于斜井的井斜校正则通常由 Petrel 软件自动进行校正。

2. 构造模型

1）断层模型

建立断层模型是通过从各小层构造图上数字化所得的代表断层上下盘的断层线，以及地层对比所得的断点数据完成的；此外，也可以通过将断层数据导入 Petrel 系统自动得到一系列断层多边形，再结合实际需要调整生成的断层。

Petrel 软件提供根据断层多边形建立各种垂直断层、倾斜断层和弯曲断层等不同几何形状断层的功能，还提供了大量灵活实用的断层面编辑功能，在利用不同层面的断层多边形建立起初始面后，须利用断面编辑修改断面形态，利用单井地层对比获得的断点数据修正断层的位置和形态。无断层发育研究区，此步骤可省略。

2）层面模型

在建立层面模型之前，通过网格化对整个模型在横向和垂向的识别范围和分辨率做出确切规定，是一个地质模型的基石。分辨率的大小直接体现的是地质模型中沉积体被细分的程度，进而进一步影响其被模拟算法处理、运算的相关性。分辨率越高，细分后的沉积体（主要是砂体）参与模拟运算的数量（网格数量）就越大，模拟精度就越高。

层面模型反映的是地层层面的三维分布情况，是地质分层三维数字化的一种直观表现形式。叠合的层面模型即为地层格架模型。在建立断层模型和网格化后，在其基础上建立各个地层顶底的层面模型，从而建立一定网格分辨率的等时三维地层网格体模型。后续的储层属性建模及图形可视化，都将基于该网格模型进行。

3）岩石相模型

岩石相分布预测是储层研究中的重要研究内容。了解砂体发育的概率、规模、延伸方向、连通性以及砂体内部的建筑结构要素是建立砂体地质模型的关键。建立砂体预测模型能够在一定程度上对研究区砂体的展布情况进行预测，从而为油气田的开发提供参考。建立砂体模型主要基于井点砂体数据，利用随机建模的方法模拟储层砂体平面及纵向上的分布特征，为后续的相建模、属性建模提供支持。

4）沉积相模型

沉积相建模是储层随机模拟中最具代表性也是难度最大的一个环节，其目的是模拟不同微相在地层中的分布关系。基于研究区沉积体系的地质知识库研究，常用序贯指示模拟等随机建模方法建立沉积相模型。建立沉积模型的过程中，以前期的地质研究为出发点，结合建模单元的沉积旋回，在等时建模原则的约束指导下，合理选择适合不同对象的模拟参数组合，最后进行模拟插值运算得到待估点的相类型。

5）物性模型

在进行物性建模时一般采用相（岩石相、沉积微相）约束属性建模，尽可能保持不同相带之间的物性差异。物性模型包括孔隙度模型、渗透率模型和含水饱和度模型。由于影响流体流动的主控因素是孔隙度和渗透率，因而渗透率分布模型是储层地质工作中所要建立的重要的储层物性分布模型。储层参数属于连续性变量，因而储层物性模型属于连续性模型的范畴。

6）模型质量检验

地质模型模拟结果的可靠性可从两方面评价：（1）模拟得出的井点数据的忠实程度，可以通过抽稀检验、水平井验证等方法与单井一维解释模型对比进行检验；（2）与生产开发实际进行对比，主要通过数值模拟技术来完成验证。随机模拟的主观性很强，其主要目的就是为了实现大多数地质工作者所能接受的某一概率的地质概念模型，并将其以等概率地质体的形式输出，从而选择最优模型，为后续的油气藏数值模拟提供三维网格化数据体。

第五节　致密砂岩储层三维地质建模特点与方法

鄂尔多斯盆地致密砂岩气藏，储层垂向厚度薄，隔夹层发育，横向相变较快，非均质性强。同时，由于地震资料限制及气藏井网条件制约，三维地质模型符合率普遍偏低，这也成为影响气藏高效开发的主要因素之一。

一、致密砂岩储层三维地质建模特点

1. 河道多期叠置

苏里格气田属于曲流河和辫状河沉积，河流下切侵蚀作用强，横向迁移摆动频繁，多期河道沉积堆积叠置，地层界面地震、测井响应特征不明显，建模地层框架构建难度加大；同时，隔夹层、薄层砂岩发育，砂泥岩相模型统计学规律不易寻找。

2. 非均质性强

储层沉积特征决定了储层的强非均质性，尤其是苏里格气田作为典型的“三低”致密砂岩气藏，横向储层参数变化快，垂向薄互层发育，传统二维变差函数方法很难统计出分布规律，即便显示一定特征，由此建立的模型，其符合率也比较低。

3. 气藏井网稀疏

气藏与油藏特点决定了气藏开发不可能达到油藏一样的开发井网，油藏开发井网多为80m×100m，加密区为50m×80m，苏里格气田目前常规开发井网为500m×650m，早期开发井网更大。气藏井网很难控制构型要素规模，预测难度大，定量分析结果不确定性及随机性大。

4. 地震资料品质差

苏里格气田被大面积巨厚黄土层覆盖，储层深度地震资料品质受到严重影响，地震频带为10～33Hz，砂体分辨率低，利用常规地震处理与解释方法无法实现对储层特征的精细表征。

5. 单一建模方法效果差

精细地质建模技术方法有多种，确定性算法能够符合地质认识，却无法体现储层的复杂性，随机算法能够体现地下地质情况的复杂性，但结果的随机性、多解性又为后续工作开展带来诸多困扰。

二、致密砂岩储层三维地质建模方法

不同模拟算法各有优缺点与适应性（表 8–4）。针对苏里格致密砂岩气藏，主力层辫状河砂体非均质性强、有效砂体描述难度大的特点，需要多学科联合、利用多种信息进行综合建模。

表 8–4　常用沉积相建模方法对比

算法	随机算法（Stochastic Algorithms）				确定性算法（Deterministic Algorithms）	
具体方法	序贯指示模拟（Sequential Indicator Simulation）	基于目标（Object Modeling）	多点地质统计学（Multi-point Facies Simulation）	截断高斯（Truncated Gaussian Simulation）	指示克里金（Indicator Kriging）	赋值（Assign Values）
随机性	强	强	强	适中	无	无
接触关系	差	好	好	较好	一般	好
优点	变差函数表达储层两点相关性，适用范围广	各相形态完整	训练图像表达储层三维空间形态，适用稀井网	“确定性 + 趋势约束”的随机	快速、平滑	符合地质认识
缺点	井控程度低，变差函数求取困难	与单井相硬数据不完全匹配	可靠性取决于基于地质知识库的训练图像	精度受概率体影响较大	简单插值	唯一性、与单井相不完全匹配

1. 地质与气藏工程相结合

传统建模方法在常规气藏的应用取得良好效果，而在致密砂岩储层中应用效果普遍较差，因为致密砂岩储层的独有特征不能通过软件统计得到很好体现，因此在建模过程中进行地质与气藏工程相结合，人为加入实践经验证明的储层分布特征、生产特征，能够大大提高储层三维地质模型的精度。

2. 确定性与随机性相结合

确定性和随机性建模方法都有其独特的优势，在实际应用过程中缺点也比较突出，尤其是在气田开发的中—后期，单一建模结果对气田开发的决策指导作用较片面，随机的多解性指导作用比较弱。因此，将确定与随机建模方法二者融合起来，一定程度约束下适当的随机，既体现了储层的复杂性，同时也体现了研究方法的科学性，能够较好地指导气田高效开发。

3. 地质知识库约束下随机建模

气田开发井网比油藏开发井网普遍偏大，地质特征的获取相对比较困难。充分利用已有加密区构型分析结果，总结相似沉积储层规模分布，对稀疏井网区建模具有很好的指导作用。储层地质知识库无论是指导基础地质研究，还是随机性地质建模，都能够提供较好的参考标准。通过地质知识库约束，能够克服建模过程中因井网井距、资料匮乏等造成的不确定性与多解性，降低建模的复杂程度，提高模型的精度。

第六节　储层地质知识库约束下的三维地质建模

储层地质知识是基于密井网试验区静动态资料的深度分析，将地质规律定量化、数字化的统计学表征。三维地质建模准确表征储层空间展布的前提是参数设置无限逼近真实的地质规律。因此，储层地质知识库约束地质模型构建，必将大幅提高地质模型的精度。根据气田开发阶段及建模目标需求，本节重点分析地质知识库在密井网区和稀疏井网区三维地质建模中的应用。

苏里格气田是鄂尔多斯盆地致密砂岩气藏的典型代表，主力含气层位为盒 8 段—山 1 段。太原组沉积末期，整个华北地台抬升，鄂尔多斯盆地的区域构造格局和沉积环境发生了巨大变化，海水从盆地向东南退出，沉积环境由海相转变为陆相。山 1 段沉积时期可容纳空间较大，发育低弯度曲流河沉积；盒 $8_{下}$亚段沉积时期，构造进一步抬升，陆源碎屑物质在盆地快速堆积，相对湖平面下降，导致 A/S 远小于 1，发育一套辫状河沉积，砂体相互拼接、叠置。盒 $8_{上}$亚段基准面上升，逐渐转变为曲流河沉积，有效储层多为孤立状分布。

一、密井网区三维地质建模

密井网是一个相对的概念，更多的是从储量动用及开发效果角度定义，密井网区的井距、排距并不一定能够反映、控制储层规模，尤其是对于苏里格致密砂岩气藏开发。假如储层规模为 100m，由于储层的垂向叠置、侧向拼接，相邻井处于同一渗流单元，300m 的井网极大可能已经实现井间储量完全动用，但是利用井点资料解剖出的储层展布必定远大于 100m 的规模。尽管不能完全真实反映储层规模，但密井网区的储层构型解剖仍然可以很好地回答气田开发中的实际问题，密井网区储层地质模型能够为气藏开发指标评价、井网论证及开发后期数字化管理等提供重要的技术手段，提高气藏的经济有效开发。密井网区地质认识比较深入，因此采用确定性建模方法。

1. 基础资料准备

确定性建模方法基础数据资料主要包括两部分：一是不需要进行二次解释，直接加载到软件中的数据（井位、曲线等）；二是通过原始资料进行分析，得出的成果类数据（构造图、砂体分布图等）。

1）直接输入数据

（1）井位数据。

井位数据主要包括井名、横纵坐标、补心海拔、井型、静（动）态分类等。其中井名、坐标和补心海拔是必须的，其他井信息非必须，但是可以方便后期地质规律数据统计及模型管理。

（2）井斜数据。

Petrel 软件可以识别四种形式的井斜数据：测深—井斜角—方位角，横、纵坐标—海拔，横、纵坐标—垂深，横、纵坐标变化值—垂深。其中，测深—井斜角—方位角用到较多。

（3）测井数据。

包括 GR、AC、RLLD、RLLS 等测井曲线，以及测井解释出的泥质含量、孔隙度、渗透率、含气饱和度等属性参数曲线。干层、气层、差气层等井点离散型测井解释结论也可以按照测井曲线格式进行加载。

（4）分层数据。

井点分层数据并非必须加载，Petrel 软件中提供了专门的分层工具，可以在软件中进行。部分地质人员习惯纸质测井图进行地层划分与对比，录入到计算机，然后加载分层数据。

2）间接成果类数据

（1）构造数据。

主要指构造等值线、构造面数据，由井点分层数据处理得来，如果地震数据品质较好，也可以通过地震提取。但苏里格气田地震资料品质一般，构造数据多是通过井点数据插值，结合地质人员经验认识，人机交互得到。

（2）沉积相数据。

包括单井相、平面相数据，多是通过储层构型精细解剖，得出的沉积演化过程，这也是确定性建模最核心的数据。

（3）储层分布数据。

主要指砂体厚度等值线图、有效砂体等值线图、隔夹层分布图等平面数据，由井点插值出的孔隙度、渗透率、含气饱和度分布也可以按照等值线或平面图的格式进行加载。

2. 模型建立

模型建立在上述数据整理完备的基础上进行，包括网格化后的地层格架、层面模拟、相模型及属性模型建立。

1）构造模型

构造模型主要包括网格设计和层面模型建立。

（1）网格设计。

密井网试验区井距较小，为充分刻画横向变化快、垂向隔夹层发育特征，在计算机硬件允许条件下，网格应尽量小。本次研究密井网区面积为 $60km^2$，设置平面分辨率为 $25m \times 25m$，垂向分辨率为 0.2m，共计 1628×10^4 个网格节点，并为接下来的各种属性模型提供载体。

（2）层面模拟。

层面模型其实就是建立每一个分层面的构造等值线图。密井网区利用足够的井点分层数据，进行插值得出构造等值线图，结合地质认识做进一步完善调整，并将其导入到

Petrel 软件中。

（3）构造模型建立。

网格设计、层面模拟这两步是相互独立的，网格设计结果就是单纯的一个几何网格，没有地质的概念，层面模拟结果也只是单纯的一个层面，构造模型就是两者结合的结果。通过 make horizon 的过程，将网格赋予地质意义，同时将层面组合，建立相应深度的数字化地质体框架，为后续属性填充提供载体（图 8-11）。

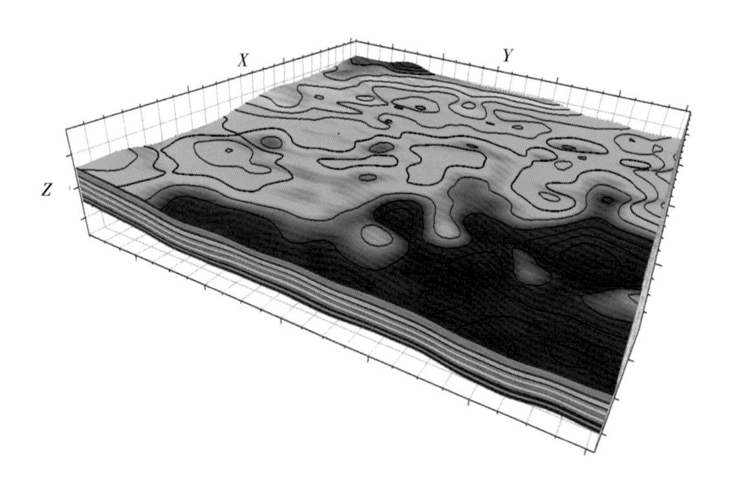

图 8-11 密井网区数字化的三维构造模型

2）沉积相模型

沉积相模型建立依然采用前期基础地质研究成果，将沉积相平面分布图数字化到 Petrel 软件中。沉积模式认为心滩或点坝“镶嵌”在河道中，河道“漂浮”于泥岩背景的河道间或泛滥平原上，相与相之间有明确的接触关系，因此采用二级相建模方法。

（1）一级相建模。

一级相建模是在泥岩背景上刻画出砂岩的河道相，采用赋值的方式，将河道相平面分布图“复制”到三维地质模型中（图 8-12a）。

（2）二级相建模。

将心滩或点坝在河道相中“雕刻”出来，仍然采用赋值的方法，在心滩或点坝发育的每个网格位置，将代表心滩或点坝沉积微相的代码替换掉代表河道相的代码（图 8-12b）。

分级相建模的顺序应该是有严格要求的，这也是分级的意义所在。但是对于这种赋值型的确定性建模方法，通过适当的参数处理，二者的建模顺序也是可以替换的，最终的结果差别不大。但是，如果第二级相建模采用随机的方法，那么分级相建模的顺序则不能打乱，否则模拟不出预想的结果。

3）属性模型

属性模型建立主要采用高斯随机函数的随机模拟算法，在沉积微相和平面研究成果趋势的双重地质约束下建立起孔隙度、渗透率和含气饱和度模型，其中，渗透率模型相控条件下用孔隙度作为第二变量进行约束，净毛比按照一定属性参数下限值截取进行设定（图 8-13）。

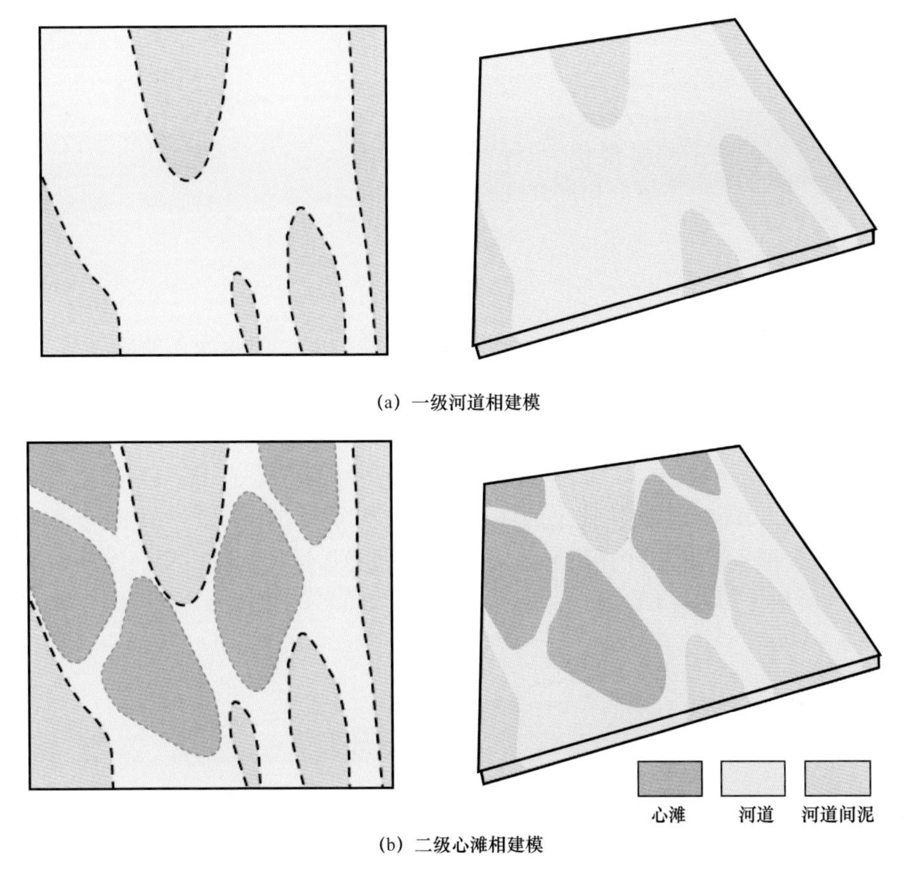

(a) 一级河道相建模

(b) 二级心滩相建模

图 8-12　密井网区二级相建模建立沉积相模型

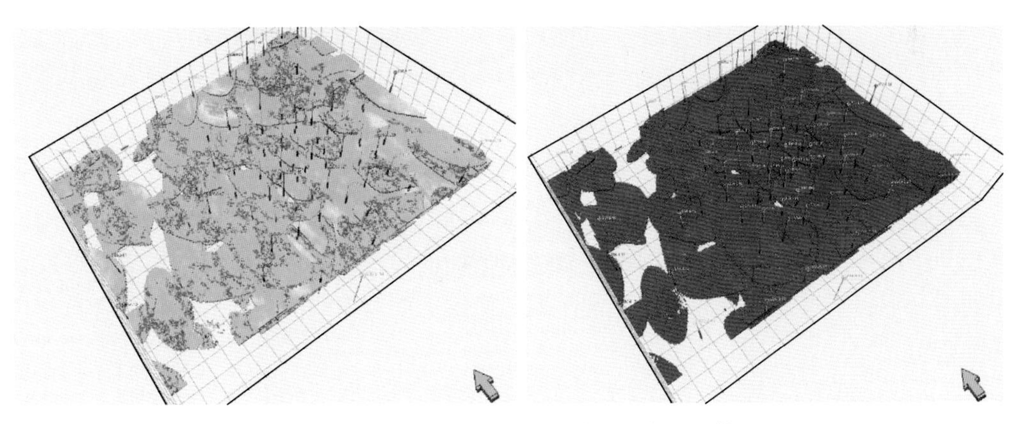

图 8-13　密井网区含气饱和度模型及净毛比模型

二、稀疏井网区三维地质建模

油气田井网加密试验区一般是为了摸清地质认识，了解储层展布。常规油气田开发井网一般比较稀疏，Petrel 软件进行储层建模过程中单纯依靠井点资料进行地质规律统计，统计结果必然受到井网影响，密井网统计规模小，稀疏井网统计规模大，不能很好反映真实的储层展布。因此，对于稀疏井网区三维地质建模，利用相同沉积背景下密井网区建立的储层地质知识库应该发挥更加重要的作用，指导建模过程中的参数设置，以便建立更加逼近真实地质情况的三维地质模型。

1. 数据准备

稀疏井网区因为资料少，数据准备相对比较简单，一般只需准备井点数据，包括井位、井斜、测井曲线等直接输入数据。

2. 模型建立

1）构造模型

稀疏井区构造模型单纯依靠井点数据插值，误差较大，即便加入地质人员认识，受到资料缺乏的限制，本身也存在较大的不确定性，因此稀疏井区构造模型应尽可能多的利用地震资料。

稀疏井区范围一般较大，考虑研究尺度及计算机能力，平面网格设计最小不低于80m，最大不超过150m，本次研究工区面积700km^2，设计平面网格为100m×100m，垂向网格1m。层面模拟主要利用计算机插值后进行人机交互修正，然后将三维网格进行赋值，建立三维构造模型（图8–14）。

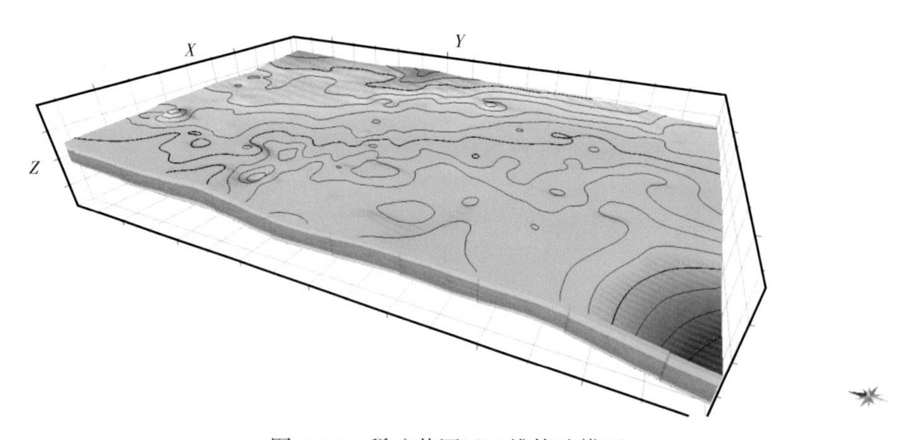

图8–14　稀疏井网区三维构造模型

初始随机插值生成的层面模型通常会出现凹凸不平、上下串层的情况，这种情况一方面是受井控程度的影响，另一方面是受系统插值构面过程算法的影响。在核实井分层数据无误的情况下，平滑每个层面中的异常区域，使层面中等值线的走向、趋势符合自然规律和实际认识。

2）沉积相模型

稀疏井网区相建模一般采用随机建模方法，同时将基础地质研究成果作为约束条件。随机建模算法一般采用序贯指示模拟或多点地质统计学模拟。对相的几何形态及相互间接触关系要求不太严格，一般采用序贯指示模拟，且后期局部数据更新比较方便；对相的形态及接触关系要求较高，一般采用多点地质统计学模拟，但此方法无法进行局部数据更新，只能对整个单层（Zone级别）进行重新训练模拟。

（1）序贯指示模拟相建模。

序贯指示模拟算法的本质是变差函数参数的求取，常规做法是利用井点数据进行变差函数分析求取主变程、次变程及物源方位角。稀疏井网区变差函数分析可能出现两种情况，一是变差函数分析无规律，参数难以确定；二是虽然存在统计规律，但统计规模大于地质认识的规模。此时，就可以利用储层地质知识库指导参数设置。

① 变差函数分析。

首先要确定变差函数类型，Petrel 软件中提供了指数模型、球状模型和高斯模型三种类型，根据储层非均质化程度进行选择，球状模型一般适用于陆相河流沉积储层，指数模型适用于非均质性比较强的变质岩储层，高斯模型一般适用于海相地层，鄂尔多斯盆地盒 8 段—山 1 段属于河流沉积，一般选择球状模型。变差函数分析的另一个关键是要确定一个搜索方向，即主物源方向，并计算这个搜索方向上的带宽、搜索半径等参数，求出这个搜索方向上的变程值，从而体现出实际数据的空间相关性。变差函数主变程、次变程分析一般需要提前设置以下几个参数：

步长：工区最小井距；

步数：在满足搜索范围（search radius）＞2/3 区块的长（宽）的基础上，兼顾步长，取尽可能多的步数；

带宽：拟合函数的调整参数之一，一般应该大于主河道宽度的一半；

厚度：不大于垂向最小网格厚度的 2 倍；

主变程方位：主物源方向。

变差函数分析尺度有两种，如果各层沉积规模变化较大，变差函数分析要分层分微相进行逐一分析，得出每一个层位每一个沉积微相的主变程、次变程；如果同一沉积背景下的多个层位沉积微相规模差别不大，可以将同一沉积背景下的多层同时进行变差函数分析，得出不同沉积微相的主变程、次变程。变差函数参数步长、步数、厚度参数设置后，微调整带宽、主变程方位对变差函数进行拟合，得出主变程和次变程。

从曲流河和辫状河各沉积微相变差函数分析来看，垂向变程分析不受井网影响，只与垂向网格分辨率有关，规律比较明显，各沉积微相厚度一般在 6～7m 之间（图 8–15a）。主变程、次变程分析，大多数规律不明显，拟合线前段斜率逐渐上升段数据点缺失（图 8–15b），这主要是井距较大和储层横向变化较快所致；部分沉积微相主变程、次变程拟合线规律比较明显（图 8–15c，d），虽然能够较好地确定变程位置，但同样存在两个问题：一是由于井距较大，分析变程可能大于真实沉积体规模；二是同一沉积微相按照统计规律分析出的主变程、次变程，部分存在主变程小于次变程的情况（图 8–15c，d），这既不符合地质认识，又不满足建模算法的要求。

② 地质知识库约束下的变差函数参数修正。

通过上述可知，稀疏井网条件下的变差函数分析主要存在两个问题，一是统计无规律，变程不易求取；二是统计规律存在，得出变程大于地质认识的规模，或者主变程小于次变程。这两种情况都需要进行解决，否则无法进行后续建模进程。

将实际分析所得的变程与前期所建立的储层地质知识库进行对比，参考储层地质知识库对变差分析结果进行修正。修正原则包括三个层次：首先，统计规律比较明显得出的结果若在地质知识库范围之内，则保留统计分析结果，同时依据地质体的长宽比确保主变程大于次变程；其次，统计规律不明显的主次变程取值，主要参考地质知识库进行人为设置，一般情况下不超过统计分析的结果；最后，全局考虑同一沉积背景下各沉积微相的规模相互关系，不能出现冲突或错误。

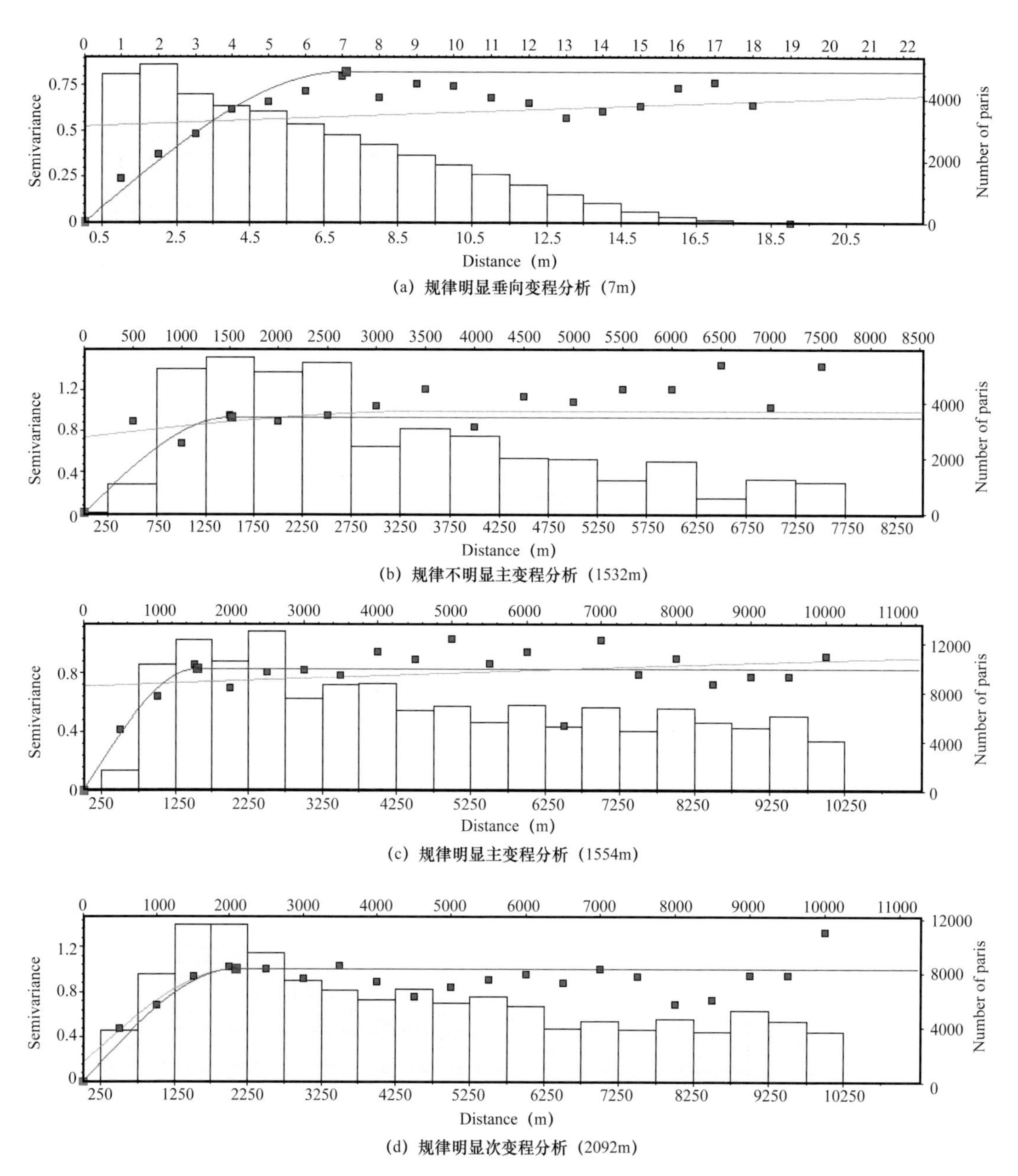

(a) 规律明显垂向变程分析（7m）

(b) 规律不明显主变程分析（1532m）

(c) 规律明显主变程分析（1554m）

(d) 规律明显次变程分析（2092m）

图 8–15　不同沉积背景下各沉积微相变差函数分析示意图

对比修正前后可以看出（表 8–5，表 8–6），曲流河修正参数相对较多，其中点坝修正规模达到 1404m，而辫状河修正参数相对较少，这与曲流河蛇曲条带状分布、辫状河沉积大面积分布有关。

③ 沉积相模型建立。

变差函数参数确定后，序贯指示模拟随机算法的核心问题便得到了解决，进行模拟时分层、分微相进行主变程、次变程、垂向变程及主物源方位角设置。同时，还可以加入软数据作为约束条件，软数据主要包括基础地质研究图件、地震数据体、储层特征变化函数等，本次模型建立主要以地质知识库约束修正后的变差参数为相关条件，随机建立沉积相模型（图 8–16，图 8–17）。

表 8-5　地质知识库约束下的曲流河各沉积微相变差参数修正

沉积微相	泛滥平原			河道充填			点坝		
变程	主变程（m）	次变程（m）	垂向（m）	主变程（m）	次变程（m）	垂向（m）	主变程（m）	次变程（m）	垂向（m）
修正前	1523	944	7	1650	1040	6	2604	635	6
修正后	2200	1200	7	1400	800	6	1200	635	6
校正值	676	255	0	–250	–240	0	–1404	0	0

表 8-6　地质知识库约束下的辫状河各沉积微相变差参数修正

沉积微相	河道间泥			辫状河道			心滩		
变程	主变程（m）	次变程（m）	垂向（m）	主变程（m）	次变程（m）	垂向（m）	主变程（m）	次变程（m）	垂向（m）
修正前	1554	2092	8	1400	1308	6	1498	677	5
修正后	15541	1000	8	1800	1308	6	1498	677	5
校正值	0	–1092	0	400	0	0	0	0	0

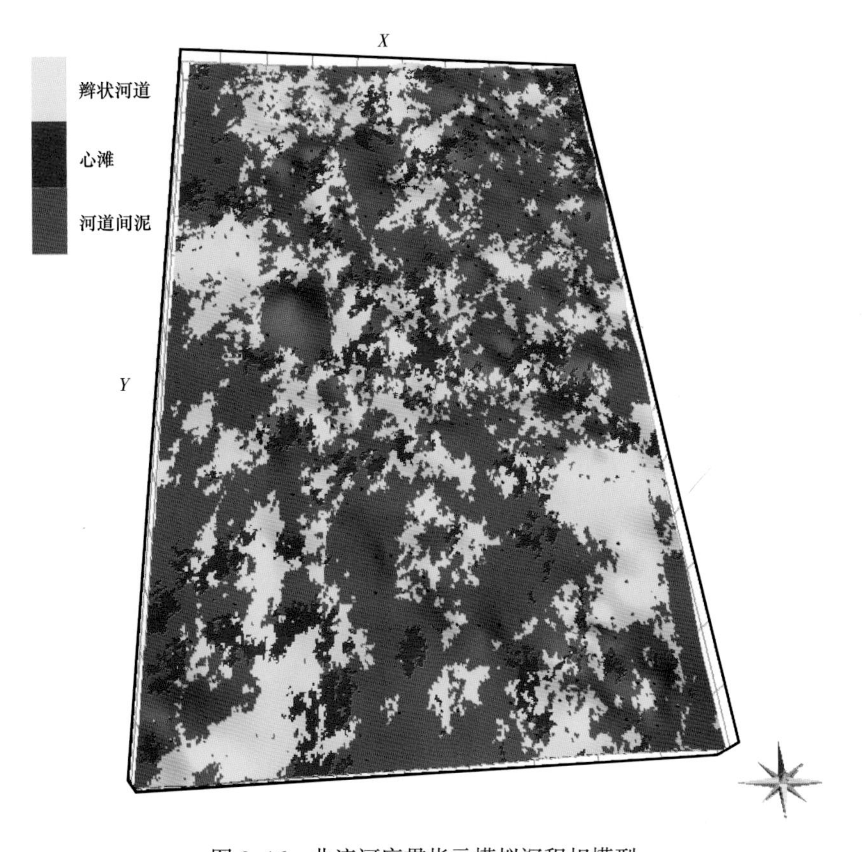

图 8-16　曲流河序贯指示模拟沉积相模型

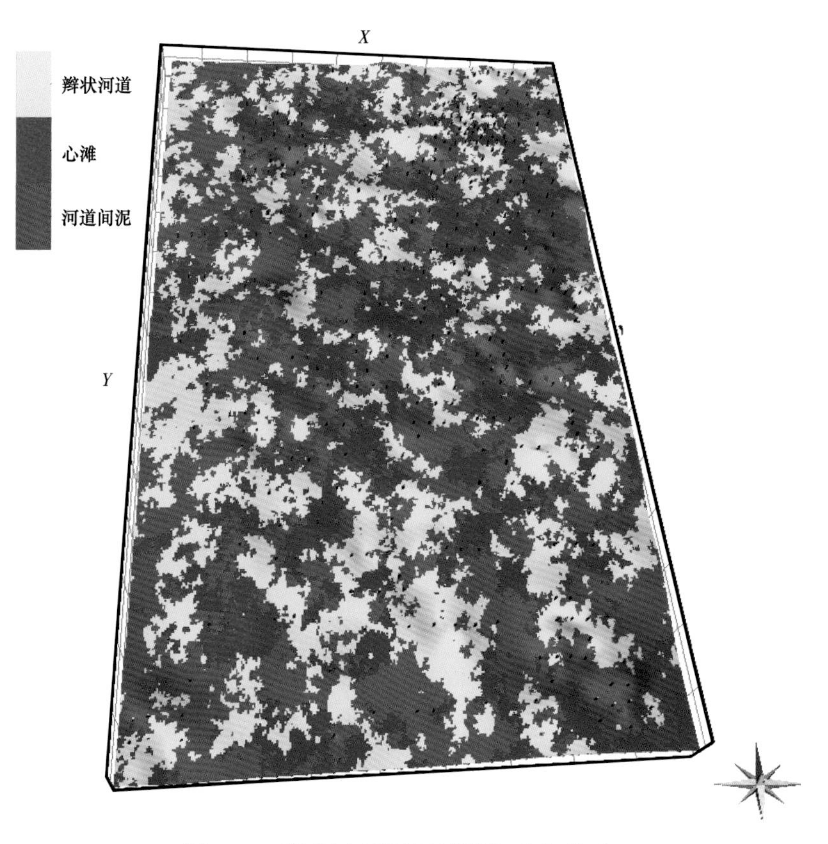

图 8-17　辫状河序贯指示模拟沉积相模型

（2）地质知识库在多点地质统计学相建模的应用。

序贯指示模拟是基于两点地质统计分析规律，多点地质统计学是基于空间三维体的多点分析规律的建模方法，其核心是训练图像，类似于序贯指示模拟中的变差函数，因此，得到科学合理的训练图像是该方法的关键。

训练图像的获取一般有地震属性提取、人工绘制、现代卫星照片扫描、基于目标对象随机模拟产生等多种方法，储层地质知识库指导多点地质统计学的应用之一就是利用基于目标对象随机模拟产生训练图像，即在泥岩沉积背景模型上，随机模拟河道展布，其中河道参数取值采用地质知识库中的值，然后利用二级相控建模方法，在河道中随机产生点坝或心滩，其中点坝或心滩的规模参数取值同样参考储层地质知识库中的值，由此随机产生一个包含泛滥平原 / 河道间、河道充填、点坝 / 心滩的三相地质模型，此三维地质模型即为训练图像，然后将其应用于全区进行沉积相建模。在相同沉积背景下的各层沉积规律变化不大的情况下，可采用同一个训练图像；差别较大则需要分别建立训练图像。地质知识库在多点地质统计学建模中的应用主要在训练图像的获取，后续进程多为验证，作为输入数据参与基本较少（图 8–18）。

3）属性建模

采用相控条件下的高斯随机函数随机建模方法得到孔隙度模型，并在相控的同时，利用孔隙度作为第二变量实现渗透率模拟及含气饱和度模拟（图 8–19，图 8–20）。

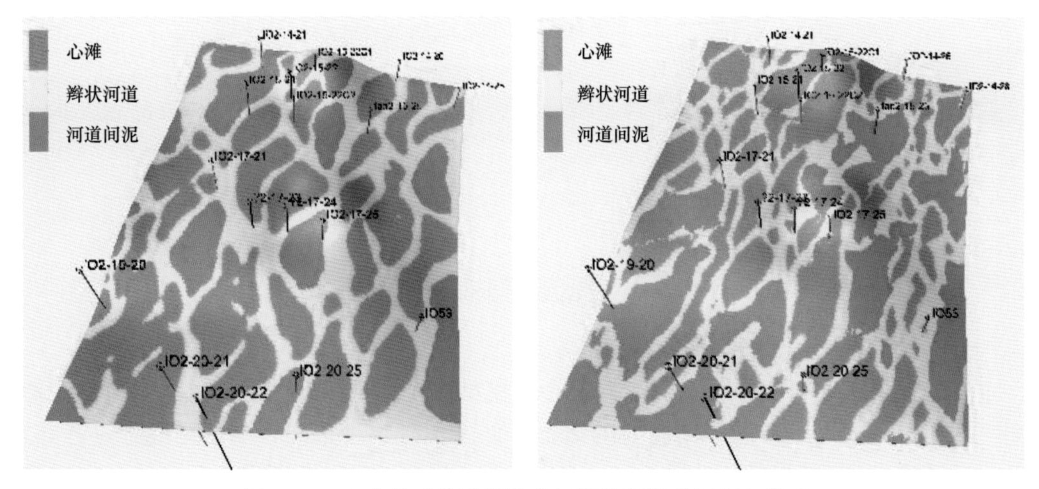

图 8-18　多点地质统计学辫状河训练图像及沉积相模型

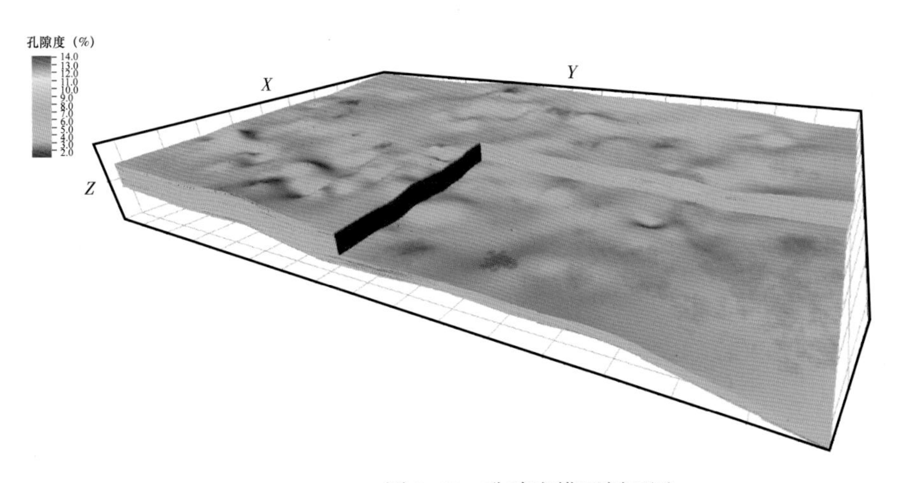

图 8-19　孔隙度模型剖面图

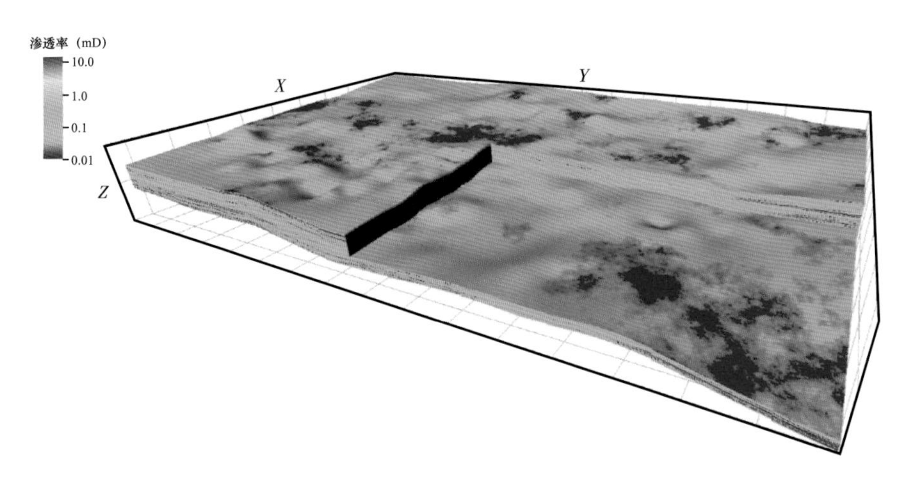

图 8-20　孔隙度模型剖面图

第七节　三维地质模型检验及应用

储层地质模型必须经过检验，确定精度符合要求才能在模型中进行井位部署、水平井导向、井网论证及气藏综合评价等工作。

一、地质模型检验

模型检验通过静态地质和动态模拟两个方面进行。

1. 静态地质检验

主要靠地质人员对研究区的综合认识，对模型质量进行综合判断。首先，建立的地质模型不能出现明显与地质认识不相符的情况，如果出现这种情况，则要对模型进行修正，或者将其剔除，不参与多种实现的综合概率评价；其次，建立的模型各项参数分布应该与输入数据分布保持一致，误差一般控制在 5% 以内；最后，通过未参与模型建立的抽稀井进行检验，抽稀井参与模型建立与否不能影响变差函数分析结果。

2. 数值模拟

静态模型最终要为生产服务，因此其与生产实际的拟合程度是检验模型质量的重要手段之一。静态模型网格精度较高，数值模拟时需要进行网格粗化，拟合率较低时，反过来修正模型，再重复粗化、拟合。粗化时重要的地质现象要保留，非主力层位、不太重要网格单元粗化后网格尺寸可以适当放大，进而降低总网格数，减少数值模拟耗时。生产历史拟合是检验静态模型精度最主要的动态方法。

二、模型应用

通过模型可以开展储层综合评价、井网优化、水平井地质导向等工作。

1. 井位部署及水平井轨迹设计

苏里格气田通过精细化地质模型建立及储层综合评价，优选富集区约 2000km^2，结合剩余未动用储量分布，优化井型组合，部署开发井 1000 余口。同时，根据建立的砂泥岩模型、含气饱和度模型或 GR 体模型，进行水平井靶点设计及轨迹参数优化。

T2–10–7H2 井依据建立三维 GR 体模型，设计方位 190°，其中三维网格 GR 值大于 90API 为泥岩（蓝色），GR 值在 60~90API 之间的为干层（黄色），不大于 60API 的为含气层（红色）。模型预测沿水平段方向砂体顶部构造先抬升（9.7m/km）后下降（8.3m/km），设计入靶点（靶点 A）为有效储层顶以下 4m 处，水平段从入靶点 A 沿 GR 低值区每 200m 一个控制靶点钻进 1200m，到达靶点 G，垂向位移 1m（图 8–21）。

2. 水平井地质导向

水平段地质导向主要依据实测伽马、现场录井资料判断目前钻遇地质情况，当钻遇泥岩后调整措施制定遵循两个原则：一是钻遇内部薄夹层暂不做调整；二是钻遇隔层或厚层泥岩，根据视地层倾角，满足工程条件下尽快穿过泥岩段。

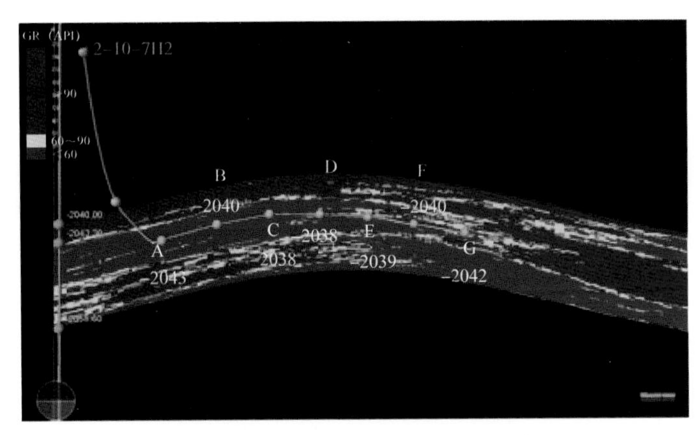

图 8-21　T2-10-7H2 靶点轨迹设计

模型中进行地质导向，首先随机产生等概率的多个岩相模型，并将水平井随钻数据导入模型，对多个模型进行局部更新。其次，提取砂泥岩相在三维空间整体展布及分布概率，预测水平井钻进过程中可能钻遇泥岩的不同地质情况及概率，进而依据实钻数据指导水平井地质导向。

TX-Y 井区利用质量控制后优选的 48 个三维砂泥岩模型，得出水平井 TX-YH1 水平段钻进过程中可能遇到以下三种情况（图 8-22）：

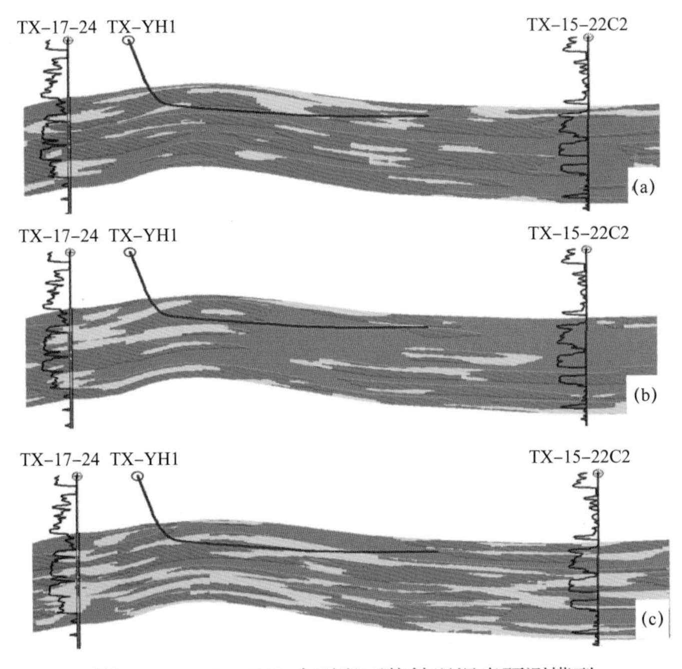

图 8-22　TX-YH1 水平段可能钻遇泥岩预测模型

（1）钻遇两期河道泥岩隔层（图 8-22a）。水平段沿设计轨迹钻进到 150m 左右时，从河道底部穿出，约 680m 时重新从河道底部钻入。出现该情况模型个数 5 个，出现概率 10.4%。

（2）钻遇河道间泥（图 8-22b）。水平段沿设计轨迹钻进到 300～600m 时，可能从河道侧向穿出。出现该情况模型个数 2 个，出现概率 4.2%。

（3）从河道顶部穿出（图 8-22c）。水平段沿设计轨迹钻进到 1000～1200m 时，从河道顶部穿出。出现该种情况模型个数 41 个，出现概率 85.4%。

TX-YH1 在水平井水平段 353m 时，井斜 89.6°，GR 由 45API 逐渐升高到 180API，岩性由灰白色含气中砂岩过渡为浅灰色细砂岩与浅灰色泥岩互层，结合模型判断钻遇隔心滩内部串沟概率较大，因此调整井斜为 90.5°，钻进 57m 后，重新钻遇含气中砂岩。水平段 625m 时，井斜 90.3°，GR 平均值 110API，岩性浅灰色细砂岩夹泥质砂岩，判断为层内泥质夹层，轨迹暂不做调整。水平段 1136m 时，井斜 90.2°，GR 值由 50API 突然升高到 200API，岩性由灰白色含气中砂岩突变为灰色泥岩，结合模型判断从河道顶部穿出，调整井斜 88.5°～89° 钻进，钻进 112m 后，岩性变为灰白色含气中砂岩，重新钻入河道（图 8-23）。

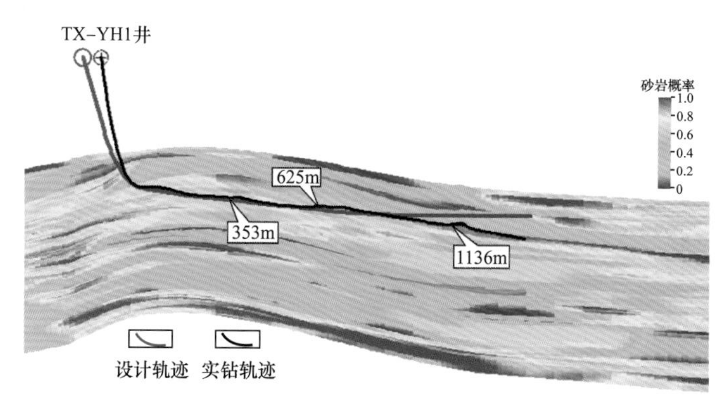

图 8-23　TX-YH1 水平段实钻及地质导向跟踪图

3. 数值模拟分析及井网优化

常规建模方法与基于地质知识库约束方法建立的气藏模型的数值模拟分析表明，基于地质知识库约束比常规方法建立的静态模型（图 8-24），数值模拟一次符合率提高 15% 左右，为后期井网优化及稳产方案制定提高了较好的地质模型。

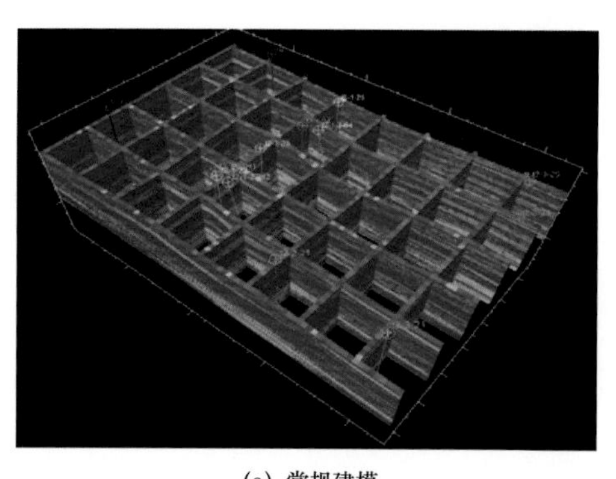

(a) 常规建模

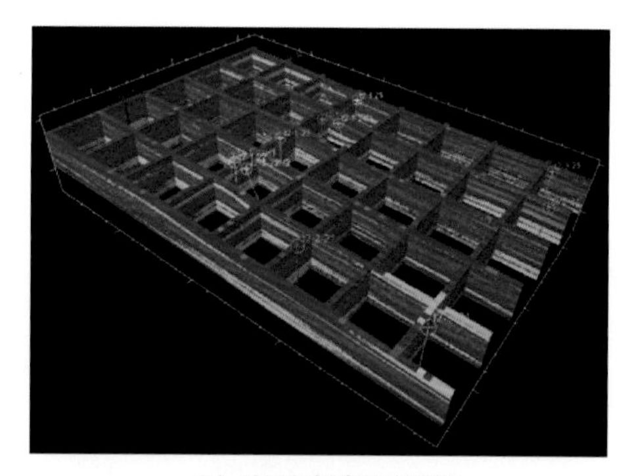

(b) 地质知识库约束建模

图 8-24　不同建模方法下的气藏模型

通过单井生产历史拟合，按照不同储量分类进行不同井距条件下数值模拟分析，预测气井开发指标和生产期末最终采收率，综合论证、评价不同井网条件下经济效益（图 8-25、图 8-26）。

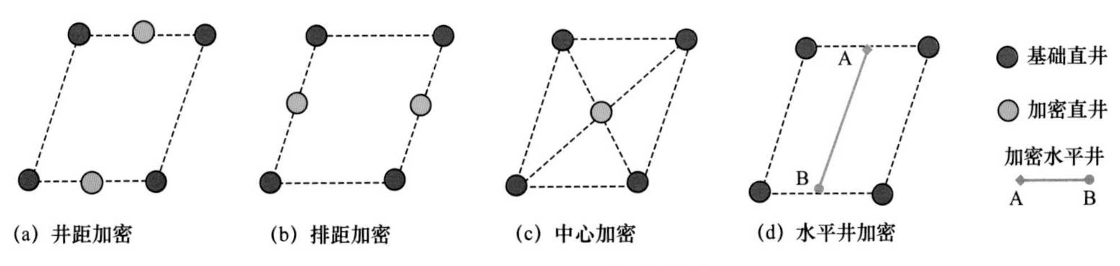

图 8-25　四种井网加密方式

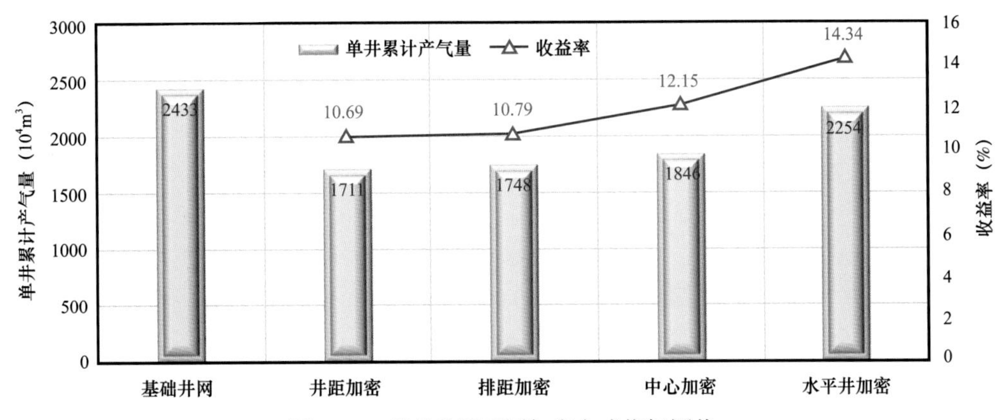

图 8-26　基础井网不同加密方式指标评价

参考文献

白振强，2010. 辫状河砂体三维构型地质建模研究 . 西南石油大学学报（自然科学版），32（6）：21–24.

白振强，王清华，杜庆龙，等，2009. 曲流河砂体三维构型地质建模及数值模拟研究 . 石油学报，30（6）：898–907.

长庆油田分公司苏里格气田研究中心，2017. 苏里格气田水平井开发技术与实践 . 北京：石油工业出版社 .

常森，罗静兰，付晓燕，等，2015. 苏里格气田水平井地质三维导向技术 . 吉林大学学报（地球科学版），45（6）：1609–1619.

陈珊，2017. 薄储层的地震表征方法 . 地质论评，63（b04）：111–112.

单敬福，2017. 河流相储层构型方法 . 北京：科学出版社 .

单敬福，李占东，李浮萍，等，2015. 一种厘定复合辫状河道砂体期次的新方法义 . 天然气工业，35（5）：8–14.

单敬福，张彬，赵忠军，等，2015. 复合辫状河道期次划分方法与沉积演化过程分析：以鄂尔多斯盆地苏里格气田西区苏 X 区块为例 . 沉积学报，33（4）：773–785.

冯国庆，陈浩，张烈辉，2005. 利用多点地质统计学方法模拟岩相分布 . 西安石油大学学报（自然科学版），20（5）：9–11.

付金华，段晓文，席胜利，2000. 鄂尔多斯盆地上古生界气藏特征 . 天然气工业，20（6）：16–19.

付锁堂，田景春，陈洪德，等，2003. 鄂尔多斯东北部山西组—上石盒子组砂岩特征及物源分析 . 成都理工大学学报（自然科学版），34（3）：305–311.

付锁堂，田景春，陈洪德，等，2003. 鄂尔多斯盆地晚古生代三角洲沉积体系平面展布特征 . 成都理工大学学报（自然科学版），30（3）：236–241.

郝骞，卢涛，李先锋，等，2017. 苏里格气田国际合作区河流相储层井位部署关键技术 . 天然气工业，37（9）：39–47.

何光怀，李进步，王继平，等，2011. 苏里格气田开发技术新进展及展望 . 天然气工业，2：12–16+120.

何文祥，吴胜和，唐义疆，等，2005. 河口坝砂体构型精细解剖 . 石油勘探与开发，32（5）：42–46.

何自新，付金华，孙六一，2002. 鄂尔多斯盆地西北部地区天然气成藏地质特征与勘探潜力 . 天然气工业，7（1）：56–66.

何自新，付金华，席胜利，等，2003. 苏里格大气田成藏地质特征 . 石油学报，24（2）：6–12.

侯景儒，尹镇南，李伟明，1998. 实用地质统计学 . 北京：地质出版社 .

胡光义，范廷恩，陈飞，等，2017. 从储层构型到"地震构型相"——一种河流相高精度概念模型的表征方法 . 地质学报，91（2）：465–478.

霍进，史晓川，张一军，等，2008. 新疆油田水平井地质导向技术研究及应用 . 特种油气藏，15（3）：93–96.

贾爱林，2010. 精细油藏描述与地质建模技术 . 北京：石油工业出版社 .

贾爱林，程立华，2012. 精细油藏描述程序方法 . 北京：石油工业出版社 .

贾存富，余卫江，王继鹏，2011. 水平井地质导向技术在涠洲油田的应用 . 中外能源，16（9）：43–46.

焦巧平，高健，侯加根，等，2009. 洪积扇相砂砾岩体储层构型研究方法探讨 . 地质科技情报，28（6）：57–63.

金振奎，杨有星，尚建林，等，2014. 辫状河砂体构型及定量参数研究——以阜康、柳林和延安地区辫状

河露头为例 . 天然气地球科学，25（3）：311–317.
金振奎，杨有星，尚建林，等 . 辫状河砂体构型及定量参数研究——以阜康—柳林和延安地区辫状河露头为例 . 天然气地球科学，25（3）：311–317.
兰朝利，何顺利，门成全，2005. 利用岩心或露头的交错层组厚度预测辫状河河道带宽度——以鄂尔多斯盆地苏里格气田为例 . 油气地质与采收率，12（2）：16–18.
李进步，付斌，赵忠军，等，2015. 苏里格气田致密砂岩气藏储层表征技术及其发展展望 . 天然气工业，35（12）：1–7.
李少华，1999. 储层建模算法剖析 . 北京：石油工业出版社 .
李少华，尹艳树，张昌民，2007. 储层随机建模系列技术 . 北京：石油工业出版社 .
李少华，张昌民，尹艳树，2012. 储层建模算法剖析 . 北京：石油工业出版社 .
李顺明，宋新民，蒋有伟，等，2011. 高尚堡油田砂质辫状河储集层构型与剩余油分布 . 石油勘探与开发，38（4）：474–481.
李义军，樊爱萍，李浮萍，等，2009. 苏里格气田二叠系砂体储集性能及其控制因素 . 特种油气藏，16（6）：12–14.
李跃刚，徐文，肖峰，等，2014. 基于动态特征的开发井网优化——以苏里格致密强非均质砂岩气田为例 . 天然气工业，33（11）：56–61.
李忠平，冉令波，黎华继，等，2016. 窄河道远源致密砂岩气藏断层特征及天然气富集规律——以四川盆地中江气田侏罗纪沙溪庙组气藏为例 . 天然气工业，36（7）：1–7.
廖保方，张为民，李列，等，1998. 辫状河现代沉积研究与相模式：中国永定河剖析 . 沉积学报，16（1）：34–40.
林煜，吴胜和，岳大力，等，2013. 扇三角洲前缘储层构型精细解剖——以辽河油田曙 2–6–6 区块杜家台油层为例 . 天然气地球科学，24（2）：335–344.
蔺宏斌，侯明才，陈洪德，等，2009. 鄂尔多斯盆地苏里格气田北部下二叠统山 1 段和盒 8 段物源分析及其地质意义 . 地质通报，28（4）：483–492.
刘钰铭，侯加根，宋保全，等，2011. 辫状河厚砂层内部夹层表征——以大庆喇嘛甸油田为例 . 石油学报，32（5）：836–840.
刘钰铭，侯加根，王连敏，等，2009. 辫状河储层构型分析 . 中国石油大学学报（自然科学版），33（1）：7–11.
刘云燕，康毅力，庞彦明，2008. 油藏表征技术在低丰度、薄油层水平井设计与导向中的应用 . 大庆石油学院学报，32（4）：16–19.
刘站立，焦养泉，1996. 曲流河成因相构成及其空间配置关系——鄂尔多斯盆地中生代古露头沉积学考察 . 大庆石油地质与开发，15（3）：6–9.
卢涛，李文厚，杨勇，2006. 苏里格气田盒 8 气藏的砂体展布特征 . 矿物岩石，26（2）：100–105.
卢涛，张吉，李跃刚，等，2013. 苏里格气田致密砂岩气藏水平井开发技术及展望 . 天然气工业，8：38–43.
罗超，贾爱林，郭建林，等，2016. 苏里格气田有效储层解析与水平井长度优化 . 天然气工业，36（3）：41–48.
罗顺社，代榕，刘忠保，等，2014. 苏里格地区盒 8 段大面积砂体成因沉积模拟实验研究 . 北京：石油工业出版社 .

罗顺社，朱珊珊，2012. 苏里格地区下石盒子组 8 段物源分析 . 石油天然气学报，34（9）：193−194.
马凤荣，张树林，王连武，等，2003. 现代嫩江大马岗段河流沉积微相划分及其特征 . 大庆石油学院学报，25（2）：8−11.
马立驰，2013. 地球物理技术在河道砂岩中的应用及问题探讨——以济阳坳陷新近系为例 . 特种油气藏，20（3）：23−26.
马世忠，吕贵友，闫百泉，等，2008. 河道单砂体“建筑结构控三维非均质模式”研究 . 地学前缘，15（1）：57−64.
马世忠，孙雨，范广娟，2008. 地下曲流河道单砂体内部薄夹层建筑结构研究方法 . 沉积学报，26（4）：632−638.
马世忠，杨清彦，2000. 曲流点坝沉积模式——三维构型及其非均质模型 . 沉积学报，18（2）：241−247.
马志欣，付斌，王文胜，等，2016. 基于层次分析的辫状河储层水平井地质导向策略 . 天然气工业，27（8）：1380−1386.
马志欣，张吉，薛雯，等，2018. 一种密井网区辫状河心滩砂体构型解剖新方法 . 天然气工业，38（7）：16−22.
毛美丽，2006. 苏里格气田开发模式及经济效益评价 . 天然气经济，5：60−63+80.
牛博，高兴军，赵应成，等，2014. 古辫状河心滩坝内部构型表征与建模——以大庆油田萨中密井网区为例 . 石油学报，36（1）：89−100.
欧成华，冯国庆，李波，等，2018. 油气藏开发地质建模 . 北京：石油工业出版社 .
秦宗超，刘迎贵，邢维奇，等，2006. 水平井地质导向技术在复杂河流相油田中的应用 . 石油勘探与开发，33（3）：378−382.
裘怿楠，薛叔浩，应凤祥，1997. 中国陆相油气储集层 . 北京：石油工业出版社 .
沈玉林，郭英海，李壮福，2006. 鄂尔多斯盆地苏里格庙地区二叠系山西组及下石盒子组盒八段沉积相 . 古地理学报，8（1）：53−62.
时丕同，蔺建武，米乃哲，等，2014. 延长油田水平井地质导向技术及其应用 . 非常规油气，1（3）：29−36.
孙洪泉，1990. 地质统计学及其应用 . 徐州：中国矿业大学出版社 .
孙天建，穆龙新，吴向红，等，2014. 砂质辫状河储层构型表征方法——以苏丹穆格莱特盆地 Hegli 油田为例 . 石油学报，35（14）：715−724.
孙天建，穆龙新，赵国良，2014. 砂质辫状河储集层隔夹层类型及其表征方法——以苏丹穆格莱特盆地 Hegli 油田为例 . 石油勘探与开发，41（1）：112−119.
谭中国，卢涛，刘艳侠，等，2016. 苏里格气田“十三五”期间提高采收率技术思路 . 天然气工业，36（3）：30−40.
王国勇，2012. 苏里格气田水平井整体开发技术优势与条件制约 . 特种油气藏，19（1）：62−65.
王国勇，2012. 致密砂岩气藏水平井整体开发实践与认识——以苏里格气田苏 53 区块为例 . 石油天然气学报，5：153−157+8.
王海峰，范廷恩，宋来明，等，2017. 高弯度曲流河砂体规模定量表征研究 . 沉积学报，35（2）：279−288.
王继平，李跃刚，王宏，等，2013. 苏里格西区苏 X 区块致密砂岩气藏地层水分布规律 . 成都理工大学学报（自然科学版），4：387−393.

王继平，任战利，单敬福，等，2011. 苏里格气田东区盒 8 段和山 1 段沉积体系研究 . 地质科技情报，30（5）：41–48.
王家华，张团峰，2001. 油气储层随机建模 . 北京：石油工业出版社 .
王涛，侯明才，王文楷，等，2014. 苏里格气田召 30 井区盒 8 段层序格架内砂体构型分析 . 天然气工业，34（5）：27–33.
王文胜，张吉，马志欣，等，2017.Adaptive Channel 沉积相建模在水平井地质导向中的应用 . 特种油气藏，27（6）：111–115.
王勇，徐晓蓉，付晓燕，等，2007. 苏里格气田苏 6 井区上古生界沉积相特征研究 . 西北大学学报（自然科学版），37（2）：266–271.
温立峰，吴胜和，王延忠，等，2011. 河控三角洲河口坝地下储层构型精细解剖方法 . 中南大学学报（自然科学版），42（4）：1072–1078.
文华国，郑荣才，高红灿，等，2007. 苏里格气田苏 6 井区下石盒子组盒 8 段沉积相特征 . 沉积学报，25（1）：90–98.
吴春英，韩会平，康锐，等，2014. 鄂尔多斯盆地苏里格南部地区盒 8 段沉积相特征及其意义 . 地球科学与环境学报，36（4）：77–86.
吴胜和，2010. 储层表征与建模 . 北京：石油工业出版社 .
吴胜和，纪友亮，岳大力，等，2013. 碎屑沉积地质体构型分级方案探讨 . 高校地质学报，19（1）：12–22.
吴胜和，金振奎，黄沧钿，等，1999. 储层建模 . 北京：石油工业出版社 .
吴胜和，岳大力，刘建民，等，2008. 地下古河道储层构型的层次建模研究 . 中国科学：D 辑 地球科学，38（增刊 I）：111–121.
吴胜和，翟瑞，李宇鹏，2012. 地下储层构型表征：现状与展望 . 地学前缘，19（2）：15–23.
向传刚，2015. 运用多点地质统计学确定水下分流河道宽度及钻遇率 . 断块油气田，22（2）：164–167.
辛治国，2008. 河控三角洲河口坝构型分析 . 地质论评，54（4）：527–531.
邢宝荣，2014. 辫状河储层地质知识库构建方法——以大庆长垣油田喇萨区块葡一组储层为例 . 东北石油大学学报，38（6）：715–724.
薛培华，1991. 河流点坝相储层模式概论 . 北京：石油工业出版社 .
李阳，2007. 油藏地质建模与数值模拟技术文集 . 北京：地质出版社 .
杨华，傅锁堂，马振芳，等，2001. 快速高效发现苏里格大气田的成功经验 . 中国石油勘探，6（4）：89–94.
杨俊杰，1991. 陕甘宁盆地下古生界天然气的发现 . 天然气工业，11（2）：1–6.
杨丽莎，陈彬滔，李顺利，等，2013. 基于成因类型的砂质辫状河泥岩分布模式——以山西大同侏罗系砂质辫状河露头为例 . 天然气地球科学，24（1）：93–98.
杨奕华，包洪平，贾亚妮，等，2008. 鄂尔多斯盆地上古生界砂岩储集层控制因素分析 . 古地理学报，10（1）：25–32.
伊振林，吴胜和，杜庆龙，等，2010. 冲积扇储层构型精细解剖方法——以克拉玛依油田六中区下克拉玛依组为例 . 吉林大学学报（地球科学版），40（4）：940–945.
尹太举，张昌民，樊中海，等，2002. 地下储层建筑结构预测模型的建立 . 西安石油学报（自然科学版），17（3）：7–10，14.

尹旭，彭仕宓，李海燕，等，2007. 基于流动单元的辫状河储层沉积微相研究——以王官屯油田官 142 断块侏罗系储层为例 . 地质科技情报，26（3）：26–27.

尹志军，余兴云，鲁国永，2006. 苏里格气田苏 6 井区块盒 8 段沉积相研究 . 天然气工业，26（3）：27–30.

尹志军，余兴云，鲁国永，2006. 苏里格气田苏 6 井区块盒 8 段沉积相研究 . 天然气工业，3：26–27+157.

印森林，吴胜和，冯文杰，等，2013. 基于辫状河露头剖面的变差函数分析与模拟 . 中南大学学报（自然科学版），44（12）：4988–4994.

曾祥平，2010. 储集层构型研究在油田精细开发中的应用 . 石油勘探与开发，37（4）：483–489.

张昌民，尹太举，喻辰，等，2013. 基于过程的分流平原高弯河道砂体储层内部建筑结构分析——以大庆油田萨北地区为例 . 沉积学报，31（4）：653–661.

张吉，陈凤喜，卢涛，等，2008. 靖边气田水平井地质导向方法与应用 . 天然气地球科学，19（1）：137–140.

张吉，马志欣，王文胜，等，2017. 辫状河储层构型单元解剖及有效砂体分布规律 . 特种油气藏，24（2）：1–5.

张金亮，王金凯，徐文，等，2018. 河流储层构型和建模技术 . 北京：石油工业出版社 .

张明禄，达世攀，陈调胜，2002. 苏里格气田二叠系盒 8 段储集层的成岩作用及孔隙演化 . 天然气工业，22（6）：13–16.

张为民，魏晨吉，刘卓，等，2017. 油气田开发地质学 . 北京：石油工业出版社 .

赵杰，付晨东，王艳，等，2017. 综合成像测井和常规测井资料计算致密油薄互层砂地比 . 测井技术，41（5）：583–589.

赵文智，卞从胜，徐兆辉，2013. 苏里格气田与川中须家河组气田成藏共性与差异 . 石油勘探与开发，40（4）：400–408.

赵文智，汪泽成，朱怡翔，等，2005. 鄂尔多斯盆地苏里格气田低效气藏的形成机理 . 石油学报，26（5）：9–13.

赵文智，汪泽成，朱怡翔，等，2005. 鄂尔多斯盆地苏里格气田低效气藏的形成机理 . 石油学报，26（5）：9–13.

赵永军，舒晓，胡勇，等，2015. 一种复杂曲流带储层三维构型建模新方法 . 中国石油大学学报（自然科学版），39（1）：1–6.

赵政璋，赵贤正，何海清，2002. 中国石油近期新区油气勘探成果及面临的挑战与前景展望 . 中国石油勘探，7（3）：2–6.

赵政璋，赵贤正，王英民，等，2005. 储层地震预测理论与实践 . 北京：科学出版社 .

赵忠军，李进步，马志欣，等，2017. 苏 36–11 提高采收率试验区辫状河储集层构型单元定量表征 . 新疆石油地质，38（1）：55–61.

周银邦，吴胜和，岳大力，等，2008. 地下密井网识别废弃河道方法在萨北油田的应用 . 石油天然气学报，30（4）：33–36.

周银邦，吴胜和，岳大力，等，2010. 复合分流河道砂体内部单河道划分 . 油气地质与采收率，17（2）：4–8.

朱卫星，郭喜佳，杨柳河，等，2014. 基于模型的地震波阻抗反演在水平井随钻跟踪中的应用 . 海洋石油，34（1）：32–35.

A Dehane，D Tiab and S O Osisanya，2001. Performance of Horizontal Wells in Gas–Condensate Reservoirs,

Djebel Bissa Field, Algeria. SPE 65504: 6–8.

Best J L, Ashworth P J , Bristow C S, et al, 2003. Three–dimensional sedimentary architecture of a large mid–channel sand braid bar, Jamuna River, Bangladesh. Journal of Sedimentary Research, 73 (4): 516–530.

Boualem M, 2005. Performance of Horizontal Wells in Gas Condensate Reservoirs. University of Oklahoma : Norman Oklahama : 1–15.

Economides M J, Zolotukhin A B, 1993. Horizontal wells for mature hydrocarbon fields in Russia and CIS. The 1993 Energy Technology Conference and Exhibition, Houston.

Fincher RW, 1987. Short Radius Lateral Drilling : A CompletionAlternative. Petroleun Engineering International : 29–35.

Ghazi S, Mountney N P, 2009. Facies and architectural element analysis of a meandering fluvial succession : The Permian Warchha Sandstone, Salt Range, Pakistan.Sedimentary Geology, 221: 99–126.

H Michael, Trinidad, Milliken, et al, 2003. Finding New Limitswith Horizontal Wells in a Thin Oil Column in the Mahogany Gas Field, offshore Trinidad. SPE 81090: 27–30.

Joshi S D, 1991. Horizontal Well Technology. Tulsa : PennWell Books.

Kelly S, 2006. Scaling and hierarchy in braided rivers and their deposits : Examples and implications for reservoir modeling//SAMBROOK Smith G H, BEST J L, BRISTOW C S, et al. Braided rivers : process, deposits, ecology and management. Oxford : Blackwell Publishing : 75–106.

Leeder M R, 1973. Fluvial fining–up wards cycles and the magni–tude of paleochannels. Geology Magazine, 110 (3): 265–276.

Lunt I A, Bridge J S, Tye R S, 2004. A quantitative, three–dimensional depositional model of gravelly braided rivers. Sedimentology, 51: 377–14.

Lunt I A, Sambrook Smith G H, Best J L, et al, 2013. Deposits of the sandy braided South Saskatchewan River : Implications for the use of modern analogs in reconstructing channel dimensions in reservoir characterization. AAPG Bulletin, 97 (4): 553–576.

Lynds R, Hajek E, 2006. Conceptual model for predicting mudstone dimensions in sandy braided–river reservoirs. AAPG Bulletin, 90 (8): 1273–1288.

Ma Zhixin, Zhang Ji, Xue Wen, et al, 2017. Technology and Application on Reservoir Architecture Characterization Basedon Sandbodies Spatial Orientation. IFEDC2017: 290–300.

Miall A D, 1985. Architectural–element analysis : A new method of facies analysis applied to fluvial deposits. Earth–Science Reviews, 22 (2): 261–308.

Miall A D, 1996. The Geology of Fluvial Deposits : Sedimentary Facies, Basin Analysis and Petroleum Geology. Berlin, Heidelberg. New York : Springer–Verlag : 74–98.

Peakall J, Ashworth P J, Best J L, 2007. Meander–bend evolution, alluvial arthitecture, and the role of cohesion in Sinuous river channels : a flume study. Journal of Sedimentary Research, 77: 197?12.

Robinson J W, Mccabe P J, 1997. Sandstone–body and shale–body dimensions in a braided fluvial system : Salt Wash Member (Morrison Formation), Garfield County, Utah. AAPG Bulletin, 81 (8): 1267–1291.

Roudakov V, Rohwer C, 2006. Successful Hydraulic Fracturing Techniques in Horizontal Wells for Sandstone Formations inthe Permian Basin. SPE 102370: 3–6.

Skellya R L, Bristowb C S, Ethridge F G, 2003. Architecture of channel–belt deposits in an aggrading shallow sandbed braided river : the lower Niobrara River, northeast Nebraska.Sedimentary Geology, 158: 249−270.

Wang Wensheng, Zhang Ji, Sun Weifeng, et al, 2017. Application of adaptive channel facies modeling to geo−steering of horizontal wells.IFEDC2017: 1198−1209.

Zhang Ji, Wang long, Ma Zhixin, et al, 2017. Determination of the Distribution of Braided River Sedimentary Micro−phases by Combining the Lithology Thickness Ratio and Logging Facies−Take the Lower Layer He of Block A in Sulige Gas Field as an Example. IFEDC2017: 550−559.

Zhang Ji, Wang Wensheng, Sun Yanhui, et al, 2017. Study on the law of gas reservoir production decling basede on Grey GM（2, 1）. IFEDC2017: 98−106.